国家林业局职业教育园林类专业"十三五"规划教材

园林花卉

（第 2 版）

芦建国　杨艳容　刘国华　主编

中国林业出版社

内 容 简 介

本教材分总论与各论两部分，共 7 单元。前 6 单元为总论，第 7 单元为各论。总论部分主要介绍了花卉的分类、花卉的生长与发育、花卉生长与环境的关系、花卉栽培设施、花卉的繁殖与栽培及花卉的应用。各论部分分科介绍了常见花卉的形态特征、分布与习性、繁殖与栽培以及园林用途。

本教材配套花卉图片光盘一张，重点介绍了 400 种花卉的识别、设施栽培及工厂化生产、花卉的应用形式，有利于学生的学习。

图书在版编目（CIP）数据

园林花卉／芦建国，杨艳容，刘国华主编. —2 版. —北京：中国林业出版社，2016.7（2024.3 重印）
国家林业局职业教育园林类专业"十三五"规划教材
ISBN 978-7-5038-8630-0

Ⅰ. ①园… Ⅱ. ①芦… ②杨… ③刘… Ⅲ. ①花卉—观赏园艺—高等职业教育—教材 Ⅳ. ①S68

中国版本图书馆 CIP 数据核字（2016）第 167612 号

国家林业局生态文明教材及林业高校教材建设项目

中国林业出版社·教育出版分社
策划、责任编辑：康红梅
电话：83143551 **传真：83143561**

出版发行　中国林业出版社（100009　北京市西城区德内大街刘海胡同 7 号）
　　　　　E-mail：jiaocailublic@163.com　电话：(010) 83143550
　　　　　http：//lycb. forestry. gov. cn
经　　销　新华书店
印　　刷　中农印务有限公司
版　　次　2006 年 7 月第 1 版（共印 6 次）
　　　　　2016 年 7 月第 2 版
印　　次　2024 年 3 月第 3 次印刷
开　　本　787mm×1092mm　1/16
印　　张　21.5
字　　数　533 千字
定　　价　58.00 元

凡本书出现缺页、倒页、脱页等质量问题，请向出版社图书营销中心调换。

《园林花卉》（第2版）
编写人员

主　编
芦建国　杨艳容　刘国华

副主编
黄宝华

编写人员（以姓氏笔划为序）
刘国华（江苏农林职业技术学院）
齐安国（河南科技学院）
芦建国（南京林业大学）
张春芳（浙江宁波城市职业技术学院）
杨艳容（湖北襄樊职业技术学院）
黄宝华（福建漳州职业技术学院）

主　审
汤庚国（南京林业大学）

《园林花卉》（第1版）
编写人员

主　编

芦建国　杨艳容

副主编

黄宝华

编写人员（以姓氏笔划为序）

刘国华（江苏农林职业技术学院）

齐安国（河南科技学院）

芦建国（南京林业大学）

张春芳（浙江宁波城市职业技术学院）

杨艳容（湖北襄樊职业技术学院）

黄宝华（福建漳州职业技术学院）

主　审

汤庚国（南京林业大学）

第2版前言

Edition 2nd Preface

《园林花卉》（第1版）是由教育部高职高专教育林业类专业指导委员会牵头的《高职高专教育林业类专业教学内容与实践教学体系研究》项目的重要成果，反映当时我国高等职业教育有关院校的实际情况和本课程教学大纲的要求。本教材出版至今已有10年，经6次重印，累计发行2万余册，得到业内好评。同时也因为编写水平和质量较高，本教材于2008年获得中国林业教育学会"第二届高、中等院校林（农）类优秀教材评奖"职业技术教育教材类一等奖。但随着时间的推移，本教材中的一些问题逐渐显现，需要重新修订。本次修订重点为以下几个方面。

（1）园林行业近几年发展迅速，一些新兴的园林花卉、花卉栽培设施大量发展起来，需要对教材内容进行及时的补充更新。

（2）随着时代的发展，信息交流日益迅速，互联网的快速发展，同名异物、同物异名的现象越来越严重，各种花卉的商业名称鱼龙混杂，然而作为辨别花卉植物身份有着极高威望的拉丁文在此发挥着至关重要的作用，本着认真负责的态度，再版中我们对部分存在争议的拉丁文进行了校正。

（3）对每个章节增加了知识目标及技能目标两项要求，使学生及业内人士在学习过程中明确自己的方向，有所侧重，为今后理论及实践工作的进一步提高奠定基础，使其更具实用性。

（4）由于受到当时水平的局限，光盘中部分图片不清晰，再版中更新了部分图片。

由于编者水平有限，书中定有不当之处，恳请读者不吝指正，以便今后调整和修订。

编　者
2016 年 5 月

第1版前言

Edition¹ˢᵗ Preface

　　时代在进步，人们对生活的需求在不断变化，变得更加多姿多彩。花卉作为一种重要的消费品已经走进大众的生活，不断增加的需求，使花卉新品种不断涌现。《园林花卉》作为园林专业教学的重要专业基础课程，也随着现代科技的进步和人们对生活的需求，需要不断地更新内容，以满足教学和生产实践的需求。

　　本书由具有多年教学和实践经验的南京林业大学芦建国副教授拟定和编写大纲，确定本书的主要内容；参加编写的教师来自华南、华中和华东地区，且都是多年来从事花卉学教学的骨干教师。在编写的过程中，编委们通过多次磋商、研讨，并结合不同地区的特点，以及多年来积累的教学经验与体会，进行了认真的编排和撰写。本书不仅具有以往花卉学教材的优点，同时还具有自身的特点：本书常见花卉按恩格勒系统（A. Engler）排列，收录91科313属400余种，既包括我国园林中常用的传统优良花卉，又介绍了近几年在园林中引种的新、优、特花卉；重要科的花卉做了分属检索表，是一本良好的花卉学识别教科书；同时本书附有光盘，基本做到了文字与图片的相对应，图文并茂，使读者可以形象地学习花卉学，也方便读者自学。

　　本书由芦建国和杨艳容担任主编，黄宝华担任副主编。各编委分工如下：刘国华编写第一至第二章；芦建国编写第三至第四章；齐安国编写第五和第六章；杨艳容编写第七章蕨类植物和双子叶植物胡椒科至仙人掌科部分；张春芳编写双子叶植物千屈菜科至菊科部分；黄宝华编写单子叶植物部分。最后由芦建国和杨艳容统稿。李雪莹、杜灵娟、赵渊、吴平等参加了本书的资料整理工作。

　　光盘部分的图片大部分由芦建国副教授拍摄，黄超群提供了蕨类部分的一些照片。整理与编辑由杨金红、赵燕燕、武翠红、连洪燕、徐新洲、杜培明、芦迪、李悦等参与完成。因本书收录的花卉种类繁多，有些种类的图片收集不全，在征得同意之后引用了徐晔春老师的一些图片，在此表示感谢。对于其他参考资料我们在参考文献中一并表示感谢。本书由南京林业大学汤庚国教授审稿。

　　由于编者水平有限，书中定有不当之处，恳请读者不吝指正，以便今后调整和修订。

编　　者

2006.06

目录

Contents

单元 1

花卉概述

学习目标 | 【知识目标】
(1)掌握花卉的含义;
(2)了解花卉的用途;
(3)掌握花卉的8种分类类型。
【技能目标】
(1)理解花卉的含义;
(2)掌握依生活型与生态习性花卉分类及代表种类;
(3)掌握花卉依原产地分类及其代表种类。

【内容提要】花卉在园林中广泛应用,并起着重要作用。本单元介绍了花卉的概念、用途和分类。花卉的概念包括广义和狭义两个方面;花卉在园林绿化和人民的生产、生活中有巨大的作用。花卉种类繁多,分类方法也很多,本单元重点介绍花卉依生活型与生态习性和原产地的分类;简单介绍了其他分类方法。

1.1 花卉含义和用途

1.1.1 花卉含义

"花卉"是由"花"和"卉"组成,"花"是种子植物的有性繁殖器官,延伸为有观赏价值的植物;"卉"是草的总称。花卉的概念包括狭义与广义两个方面。狭义的花卉,仅指草本的观花植物和观叶植物,如一串红、仙客来、菊花、凤仙花、彩叶草等。广义的花卉,除指具有一定观赏价值的草本以外,还包括有观赏价值的灌木、乔木、藤本、草坪和地被植物等,如牡丹、玉兰、橡皮树、杜鹃花等。总之,花卉是指具有一定观赏价值并经过一定技艺进行栽培管理和养护的植物。

1.1.2 花卉用途

1.1.2.1 花卉在园林绿化中的作用

花卉美丽的色彩和细腻的质感,使其形成细致的景观,常常作前景或近景,形成亮丽的色彩景观。在园林应用中,花卉是绿化、美化、彩化、香化的重要材料。它可以用作盆栽和地栽。盆栽装饰厅堂,布置会场和点缀房间。地栽布置花坛、花境和花带等。丛植或孤植强调出入口和广场的构图中心,点缀建筑物、道路两旁、拐角和林缘,在烘托气氛、丰富景观方面有其独特的效果。

1.1.2.2 花卉在人们精神生活中的作用

随着社会的进步和人民生活水平的不断提高,花卉已经成了现代人生活中不可缺少的消费品之一。花卉除了大量应用于园林绿化外,还可用来进行厅堂布置和室内装饰,也可以用作盆花和切花。花卉美化了人们的生活环境,增强了人们的审美情趣,提高了人们的精神文化生活水平。

　　近年来，花卉对人体生理的影响越来越受到关注。"园艺疗法"应运而生，"园艺疗法"是指人们从事园艺活动时，在绿色的环境里得到情绪平复和精神安慰，在清新的空气和浓郁的芳香中增添乐趣，从而达到治病、保健和益寿的目的。因此，在医院、家庭、社区和公园等专门开辟绿地用于园艺疗法，是花卉应用的新内容。

1.1.2.3　花卉在经济生产中的作用

　　花卉作为商品本身就具有重要的经济价值，花卉业是农业产业的重要内容，而且花卉业的发展还带动了诸如基质、肥料、农药、容器、包装和运输等许多相关产业的发展。如盆花生产，鲜切花生产，种子、球根和花苗等的生产，其经济效益远远超过一般的农作物、水果和蔬菜。鲜切花一般每公顷产值在 15 万 ~ 45 万元及以上，春节盆花产值一般在 45 万 ~ 75 万元及以上，种苗生产的效益则更高，所以，花卉生产有着较高的经济效益。花卉还能出口换取外汇，如漳州水仙、兰州百合、云南山茶、菊花、香石竹、荷兰的郁金香和风信子、日本的百合和月季等，花卉业已成为高效农业之一，已发展成为一种重要产业。

　　另外，许多花卉除观赏效果以外，还具有药用、香料和食用等多方面的实用价值，这些常常是园林绿化结合生产从而取得多方面综合效益的重要内容。

1.2　花卉分类

1.2.1　依生活型与生态习性分类

1.2.1.1　露地花卉

　　露地花卉是指在自然条件下，在露地完成其整个生命周期的花卉。

　　(1)一年生花卉

　　一年生花卉指在一年内完成其生长、发育、开花、结实直至死亡的生命周期，即经过春天播种，夏秋开花、结实，后枯死。所以又称春播花卉。如一串红、鸡冠花、万寿菊、孔雀草、千日红、翠菊、麦秆菊、波斯菊、硫华菊、百日草、半支莲、五色草、藿香蓟、凤仙花等。

　　(2)二年生花卉

　　二年生花卉指在两年内完成其生长、发育、开花、结实直至死亡的生命周期，即经过秋天播种、幼苗越冬，翌年春夏开花、结实，后枯死。所以又称秋播花卉。如须苞石竹、毛地黄、羽衣甘蓝、金盏菊、雏菊、金鱼草、三色堇、桂竹香、风铃草、矮雪轮、矢车菊等。

　　(3)多年生花卉

　　多年生花卉指地下茎和根年年生长，地上部分多次开花和结实的一类花卉，其个体寿命超过两年。根据其地下部分的形态不同，可分为两类：

① 宿根花卉　地下部分的形态正常，不发生变态现象。如福禄考、芍药、菊花、蛇鞭菊、金鸡菊、宿根天人菊、金光菊、紫松果菊、一枝黄花、乌头、耧斗菜、铁线莲、荷包牡丹、蜀葵、剪秋罗、随意草、桔梗、射干、火炬花、萱草、玉簪、万年青、吉祥草、麦冬、沿阶草等。

② 球根花卉　地下部分的根或茎发生变态，肥大呈球状或块状等，如郁金香、风信子、水仙、唐菖蒲、石蒜、葱兰、晚香玉、球根鸢尾、葡萄风信子、贝母、百合、铃兰、秋水仙、白及、韭兰、火星花、番红花、美人蕉、大丽花、花毛茛等。根据地下茎或根的形态不同，可分为鳞茎类、球茎类、块茎类、根茎类、块根类。

(4) 水生花卉

水生花卉指生长在水中或沼泽地中耐水湿的花卉。常见的如荷花、睡莲、萍蓬草、菖蒲、香蒲、黄菖蒲、水葱、芡实、千屈菜、凤眼莲等。

(5) 岩生花卉

岩生花卉指耐旱性强，适合在岩石园栽培的花卉，如虎耳草、香堇、薹草、景天类等。

(6) 草坪地被花卉

草坪地被花卉主要指覆盖地表面呈低矮、匍匐状的，质地优良，扩展性强的禾本科植物、莎草科植物以及一些多年生适应性强的其他草本植物和茎叶密集的低矮灌木、竹类、藤本植物等。如天堂草328、天堂草419、狗牙根、结缕草、沟叶结缕草、细叶结缕草、紫羊茅、假俭草、早熟禾、高羊茅、匍匐剪股颖、黑麦草、白三叶、红三叶、马蹄金、'金叶'过路黄、铺地竹、菲白竹等。

1.2.1.2　温室花卉

温室花卉指原产热带、亚热带及南方温暖地区的花卉，在北方寒冷地区栽培必须在温室内培育，或冬季必须在温室内保护越冬。通常可分为：

(1) 一、二年生花卉

如彩叶草、蒲包花、瓜叶菊、报春花等。

(2) 宿根花卉

如非洲紫罗兰、鹤望兰、百子莲、非洲菊、花叶竹芋、蜘蛛抱蛋等。

(3) 球根花卉

如仙客来、大岩桐、香雪兰、马蹄莲、球根秋海棠、彩叶芋等。

(4) 兰科植物

依其生态习性不同，又可分为两类。地生兰类：如春兰、建兰、蕙兰、墨兰、寒兰等；附生兰类：如卡特兰、蝴蝶兰、石斛等。

(5) 多浆植物

多浆植物指茎叶具有特殊贮水能力，呈肥厚多汁变态状的植物，并能耐干旱。如仙人掌、蟹爪兰、昙花、芦荟、绿铃、生石花、玉米石、龙凤木、龙舌兰等。

(6) 蕨类植物

蕨类植物又称羊齿植物，如铁线蕨、肾蕨、巢蕨、圆叶巢蕨等。

(7) 食虫植物

如猪笼草、捕蝇草、瓶子草等。

(8) 凤梨科植物

如斑叶凤梨、火轮凤梨、金边凤梨、筒凤梨等。

(9) 草木本植物

草木本植物又称亚灌木花卉，如天竺葵、倒挂金钟、香石竹、竹节海棠等。

(10) 花木类

如一品红、龙血树、龟背竹、米仔兰、珠兰、棕榈科植物等。

(11) 水生花卉

如王莲、热带睡莲等。

1.2.2 依花期分类

根据长江中下游地区的气候特点和花卉自然开花的盛花期进行分类。

(1) 春季花卉

春季花卉指 2~4 月期间盛开的花卉，如三色堇、金盏菊、虞美人、郁金香、花毛茛、风信子、水仙等。

(2) 夏季花卉

夏季花卉指 5~7 月期间盛开的花卉，如凤仙花、金鱼草、荷花、火星花、芍药、石竹等。

(3) 秋季花卉

秋季花卉指在 8~10 月盛开的花卉，如石蒜、一串红、菊花、万寿菊、翠菊、大丽花等。

(4) 冬季花卉

冬季花卉指在 11 月至翌年 1 月开花的花卉。因冬季严寒，长江中下游地区露地栽培的花卉能盛放的种类稀少，常用观叶花卉取而代之，如羽衣甘蓝、红叶甜菜。温室内开花的有多花报春、鹤望兰等。

1.2.3 依观赏部位分类

按花卉可观赏的花、叶、果、茎等器官进行分类。

(1) 观花类

以观花为主的花卉，欣赏其色、香、姿、韵。如火炬花、月季、牡丹、山茶、鸢尾、虞美人、菊花、风信子、荷花、霞草、飞燕草、晚香玉等。

(2) 观叶类

以观叶为主的花卉，其叶形奇特，或带彩色条斑，富于变化，具有很高的观赏价值，如金边吊兰、花叶芋、彩叶草、五色草、蔓绿绒、旱伞草、蕨类等。

(3)观果类

植株的果实形态奇特、艳丽悦目，挂果时间长且果实干净，可供观赏。如金橘、五色椒、金银茄、冬珊瑚、佛手、乳茄、钉头果等。

(4)观茎类

这类花卉的茎、分枝或叶常发生变态，具有独特的观赏价值。如文竹、竹节蓼、山影拳、虎刺梅等。

(5)观芽类

主要以观赏其肥大的叶芽或花芽，如富贵竹、银芽柳等。

(6)其他

有些花卉的其他部位或器官具有观赏价值，如马蹄莲观赏其色彩美丽、形态奇特的苞片；海葱则观赏其硕大的绿色鳞茎。

1.2.4　依经济用途分类

(1)食用花卉

如百合、菊花脑、黄花菜、落葵、藕、芡实等。

(2)香料花卉

如晚香玉、香雪兰、香堇、玉簪、薄荷等。

(3)药用花卉

如百合、芍药、麦冬、桔梗、贝母、石斛等。

(4)其他花卉

其他花卉指可生产纤维、淀粉及油料的花卉，如鸡冠花、扫帚草、黄秋葵、马蔺、含羞草、蜀葵等。

1.2.5　依园林用途分类

依园林用途分为花坛花卉、盆栽花卉、室内花卉、切花花卉、观叶花卉和荫棚花卉等。

1.2.6　依自然分布分类

依自然分布分为热带花卉、温带花卉、寒带花卉、高山花卉、水生花卉、岩生花卉和沙漠花卉等。

1.2.7　依栽培方式分类

依栽培方式分为露地栽培、温室栽培、切花栽培、促成栽培、抑制栽培、无土栽培、荫棚栽培和种苗栽培等。

1.2.8 依花卉的原产地分类

1.2.8.1 中国气候型

中国气候型也称大陆东岸气候型。其特点是冬寒夏热，年温差较大，夏季降水量较多。属此气候型的地区有：中国的大部分地区、日本、北美东部、巴西南部、大洋洲东部、非洲东南部等地。依冬季气温的高低可分为温暖型和冷凉型。

(1)温暖型

温暖型包括中国长江以南、日本南部、北美东南部等地。原产的花卉有：非洲菊、报春花、福禄考、凤仙花、美女樱、马蹄莲、中国石竹、百合、石蒜、天人菊、矮牵牛、半支莲、麦秆菊、一串红、唐菖蒲等。

(2)冷凉型

冷凉型包括中国北部、日本东北部、北美东北部等地。原产的花卉有：翠菊、非洲矢车菊、荷兰菊、花菖蒲、燕子花、菊花、黑心菊、荷包牡丹、芍药、金光菊等。

1.2.8.2 欧洲气候型

欧洲气候型亦称大陆西岸气候。其特点是冬季温暖，夏季气温不高，一般气温不超过15~17℃；降水量较少，但四季较均匀。属此气候型的地区有：欧洲大部分、北美西海岸中部、南美西南部、新西兰南部等地。原产的花卉有：羽衣甘蓝、雏菊、三色堇、耧斗菜、毛地黄、铃兰、矢车菊、紫罗兰、宿根亚麻、喇叭水仙等。

1.2.8.3 地中海气候型

地中海气候型以地中海沿岸气候为代表。其特点是冬季温暖，最低温度为6~7℃；夏季温度为20~25℃；自秋季至翌年春末为降水期，夏季极少降水，为干燥期。多年生花卉常呈球根状态。属于该气候型的地区有：南非好望角附近、大洋洲和北美的西南部、南美洲智利中部、美国加利福尼亚等地。原产这些地区的花卉有：高山石竹、紫罗兰、金盏菊、风信子、君子兰、郁金香、水仙、瓜叶菊、香雪兰、蒲包花、天竺葵、鹤望兰等。

1.2.8.4 墨西哥气候型

墨西哥气候型又称热带高原气候型。特点是周年温度14~17℃，温差小，降水量因地区不同，有的雨量充沛均匀，也有集中在夏季的。属于该气候型的地区除墨西哥高原之外，尚有南美洲的安第斯山脉、非洲中部高山地区、中国云南省等地。主要花卉有：百日草、波斯菊、大丽花、晚香玉、万寿菊、藏报春、一品红、球根秋海棠、旱金莲等。

1.2.8.5 热带气候型

该气候型的特点是周年高温，约30℃，温差小；空气湿度较大，有雨季与旱季之分。此气候型又可分为两个地区：

(1)亚洲、非洲、大洋洲的热带地区

原产该地区的花卉有：鸡冠花、彩叶草、凤仙花、猪笼草、非洲紫罗兰、蟆叶秋海棠、虎尾兰、万带兰等。

（2）中美洲和南美洲热带地区

原产该地的花卉有：紫茉莉、卵叶豆瓣绿、四季秋海棠、竹芋、大岩桐、椒草、美人蕉、水塔花、卡特兰、朱顶红等。

1.2.8.6 沙漠气候型

该气候型的特点是周年降水少，气候变化极大，昼夜温差也大，干旱期长；多为不毛之地，土壤质地多为沙质或以沙砾为主。属于该气候型的地区有：非洲、大洋洲中部、墨西哥西北部及我国海南岛西南部。原产花卉有：芦荟、龙舌兰、仙人掌类、龙须海棠、伽蓝菜等多浆植物。

1.2.8.7 寒带气候型

该气候特点是气温偏低，尤其冬季漫长而寒冷，夏季短暂而凉爽。植物生长期只有2～3个月。我国西北、西南及东北山地一些城市，地处海拔1000m以上也属高寒地带，栽培花卉时要考虑到气候型的因素。属于该气候型的地区有：阿拉斯加、西伯利亚、斯堪的纳维亚等寒带地区及高山地区。主要的花卉有绿绒蒿、细叶百合、镜面草、雪莲、龙胆等。

 思考题

1. 花卉的含义是什么？花卉有哪些主要用途？

2. 露地花卉依生活型和生态习性分类，可分为哪几类？

3. 露地花卉和温室花卉的概念各是什么？

4. 一年生花卉和二年生花卉有什么不同？并举出一些代表性花卉。

5. 宿根花卉和球根花卉的概念各是什么？并举出一些代表性花卉。球根花卉依地下茎变态的不同可分为哪几类？每一类举出一些代表性花卉。

6. 花卉依原产地分类可分为几类？并举出一些代表性花卉。

 推荐阅读书目

中国花经．陈俊愉，程绪珂．上海文化出版社，1990.

花卉园艺．章守玉．辽宁科学技术出版社，1982.

园林花卉．陈俊愉，刘师汉．上海科学技术出版社，1980.

园林花卉学（第3版），刘燕．中国林业出版社，2016.

单元 2

花卉的生长与发育

学习目标 | 【知识目标】
(1)了解花卉的生长发育规律;
(2)了解各类花卉的生育特点;
(3)了解花芽分化的理论、过程及类型。
【技能目标】
(1)掌握春化作用及光周期作用的概念及代表花卉。
(2)理解花芽分化的概念和掌握花芽分化的类型及种类。

【内容提要】本单元主要介绍花卉的生长发育规律及各类花卉的生育特点;花芽分化的理论、过程及类型。花卉种类不同,其生长发育类型和对外界的要求也不同。只有充分了解花卉的生长发育过程,才能合理地应用和栽培花卉。花卉在一年或整个生命周期中的生长发育有一定的规律,不同的花卉也有不同的生育特点和花芽分化的特点。

2.1 花卉生长发育特性

2.1.1 花卉生长发育的规律

生长是植物体积的增大和重量的增加,发育是植物的器官和机能的形成和完善,表现有顺序性。花卉在个体发育过程中,多数种类经历种子休眠和萌发、营养生长和生殖生长三大时期(无性繁殖的种类可以不经过种子时期)。这种从种子萌发、生长开花、结实到死亡的顺序现象称为生命周期。由于花卉种类繁多,不同花卉个体生长发育所经历的时间是不同的,不同种类花卉的生命周期长短差异很大。一般花木类的生命周期从数年至数百年不等,如牡丹的生命周期可达300～400年之久;草本花卉的生命周期短的只有几日(如短命菊),长至一二年和数年(如翠菊、三色堇、万寿菊、凤仙花、金鱼草、须苞石竹、蜀葵、毛地黄、美女樱等)。

花卉在一年中进行有节奏的形态和生理机能的变化,如一定时期进行旺盛生长即生长期,一定时期又呈现停顿状况即休眠期,这种变化为花卉的年周期。但是,由于花卉种和品种极其繁多,原产地立地条件也极为复杂,同样,年周期的情况也多变化,尤其是休眠期的类型和特点又多种多样:一年生花卉由于春天萌芽后,当年开花结实,而后死亡,仅有生长期的各时期变化,因此年周期即为生命周期,较短而简单;二年生花卉秋播后,以幼苗状态越冬休眠或半休眠;多年生的宿根花卉和球根花卉则在开花结实后,地上部分枯死,地下贮藏器官形成后进入休眠进行越冬(如萱草、芍药、鸢尾以及春植球根类的唐菖蒲、大丽花、荷花等)或越夏(如秋植球根类的水仙、郁金香、风信子等,它们在越夏中进行花芽分化),还有许多常绿多年生花卉,在适宜环境条件下,几乎周年生长保持常绿而无休眠期,如万年青、书带草和麦冬等。

植物生长到一定大小或株龄时才能开花,并把开花前的这段时期称为"花前成熟期"或"幼期"(在果树学和树木学中称为"幼年期"),这段时期的长短因植物种类或品种的不同而异。花卉不同种或品种间的花前成熟期差异很大,有的短至数日,有的长至数年乃至几十年。例如，矮牵牛，在短日照条件下，子叶期就能诱导开花；瓜果类的落花生在种子中花芽原基已经形成；红景天不同品种间的花前成熟期具明显差异；唐菖蒲早花品种一般种植后 90d 就可开花，而晚花品种则需要 120d；瓜叶菊播种后 8 个月才能开花；牡丹播种后需 3~4 年甚至 4~5 年才能开花；有些木本观赏树更长，可达 20~30 年，如欧洲冷杉为 25~30 年，欧洲落叶松为 10~15 年。一般来讲，草本花卉的花前成熟期短，木本花卉的花前成熟期较长。

2.1.2 各类花卉的生育特点

2.1.2.1 春化作用

某些植物在个体生育过程中要求必须通过一个低温周期，才能引起花芽分化，继续下一阶段的发育。这个低温周期就叫春化作用，也称感温性。植物通过该阶段所要求的主要外界环境条件是低温，而不同植物所要求的低温值和通过的低温时间各不相同。依据要求低温值的不同，可将花卉分为 3 种类型：

(1)冬性植物

这一类植物在通过春化阶段时要求低温，在 0~10℃ 的温度下，能够在 30~70d 的时间内完成春化阶段。在近于 0℃ 的温度下进行得最快。如二年生花卉中的美国石竹、矢车菊、月见草、毛地黄、毛蕊花等为冬性植物。在秋季播种后，以幼苗状态度过严寒的冬季，满足其对低温的要求而通过春化阶段，使植物正常开花。这些植物若在春季气温回暖时播种，便不能正常开花，因其未经低温的春化阶段。但若春季播种前经过人工春化处理，可使其当年开花，但缺点是植株矮小，花梗较矮，若作为切花是不利的。

(2)春性植物

这一类植物在通过春化阶段时，要求的低温值(5~12℃)比冬性植物高，同时完成春化作用所需要的时间也比较短，为 5~15d。一年生花卉和秋季开花的多年生花卉为春性植物。

(3)半冬性植物

在上述两种类型之间，还有许多种类，在通过春化阶段时，对于温度的要求不甚敏感，这类植物在 5℃ 的温度下也能够完成春化作用，但是，最低温度不能低于 3℃，其通过春化阶段的时间是 15~20d。如紫罗兰属植物。

不同的花卉种类通过春化阶段的方式也不相同，通常有两种方式，以萌芽种子通过春化阶段的称作种子春化；以具一定生育期的植物体通过春化阶段的称作植物体春化。多数花卉种类是以植物体方式通过春化阶段，如紫罗兰、六倍利等。而种子春化的种类至今还不太清楚。

2.1.2.2 光周期作用

光周期是指一日中日出到日落的时数(也即一日的日照长度)或指一日中明暗交替的时数。植物的光周期现象是指植物生长发育对光周期的反应，它是植物生育中一个重要的因素，不仅可以控制某些植物的花芽分化及其发育开放过程(称作成花)，而且还影响植物的其他生长发育现象。例如，分枝习性，块茎、球茎、块根等地下器官的形成以及其他器官的衰老、脱落和休眠，所以光周期与植物的生命活动有密切的关系。

2.2　花芽分化

花芽的分化和发育在植物一生中是关键性的阶段，花芽的多少和质量的高低不但直接影响观赏效果，而且也影响到花卉的种子生产。因此，了解和掌握各种花卉的花芽分化时期和规律，确保花芽分化的顺利进行，对花卉栽培和生产具有重要意义。当前不少国家在花卉生产上广泛采用遮光生产、电照生产、移地栽培等技术措施，对菊花、一品红、兰花等控制花期，进行周年生产，达到周年供应的目的，这是正确掌握每种花卉花芽分化规律，制定合理栽培技术的结果。

2.2.1　花芽分化的理论

近年来，随着花卉生产事业的迅速发展，大大促进了植物开花生理的研究和发展，不少中外学者多方面探讨有关花芽分化的机理问题并发表了不少有关的学说，如碳氮比(C/N)学说、"成花激素"学说等。

(1)碳氮比学说

碳氮比学说即认为花芽分化的物质基础是植物体内糖类(即碳水化合物)的积累，并以C/N值来表示。这种学说认为植物体内含氮化合物与同化糖类含量的比例，是决定花芽分化的关键，当糖类含量比较多，而含氮化合物少时，可以促进花芽的分化。

在同化养分不足的情况下，也就是营养物质供应不足时，花芽分化将不能进行，即使有分化，其数目也少。一些花序花数较多的种类，特别是一些无限花序的花卉，在开花过程中，通常基部的花先开，花形也最大，越向上部，花形渐小，至最上部，花均发育不全，花芽停止分化，这说明同化养分的多少决定花芽分化与否和开花的数目。同化养分的多少，也决定花的大小，如在菊花、芍药、香石竹的栽培中，为使花朵增大，常将一部分花芽疏去，以便养分集中于少数花中，使花朵增大。

(2)"成花素"学说

成花素也可称开花激素，这种学说认为花芽分化是由于成花素的作用，认为花芽的分化是以花原基的形成为基础的，而花原基的发生则是由于植物体内各种激素趋于平衡所致。形成花原基以后的生长发育速度也主要受营养和激素所制约。综合有关的研究和报道，目前都广泛认为花原基的发生与植物体内的激素有重要关系。

花芽分化必须具备组织分化基础、物质基础和一定的外界条件，也就是说，花芽分化是在内外条件综合作用下产生的，而物质基础是首要因素，激素和一定的外界环境因子则是重要条件。

2.2.2　花芽分化的过程

当植物进行一定的营养生长，并通过春化阶段及光照阶段后，即进入生殖阶段，营养生长逐渐缓慢或停止，花芽开始分化，芽内生长点向花芽方向形成，直至雌、雄蕊完全形成为止。整个过程可分为生理分化期、形态分化期和性细胞形成期，三者顺序不可改变，缺一不可。生理分化期是在芽的生长点内进行生理变化，通常肉眼无法观察；形态分化期进行着花部各个花器的发育过程，从生长点突起肥大的花芽分化初期，至萼片形成期、花瓣形成期、雄蕊形成期和雌蕊形成期。

2.2.3　花芽分化的类型

（1）冬春分化类型

一些二年生花卉和春季开花的宿根花卉仅在春季温度较低时进行花芽分化。如金盏菊、雏菊、紫罗兰、三色堇、鸢尾等，只要通过低温春化，又满足长日照要求，即使植株体较小也能开花。

（2）夏秋分化类型

花芽分化一年一次，于6～9月高温季节进行，至秋末花器主要部分的分化已完成，翌年在早春低温下进行性细胞分化，到春暖时开花，如许多春季开花的木本类花卉。球根类花卉也在夏季较高温度下进行花芽分化，如郁金香、风信子、水仙等秋植球根在进入夏季后，地上部分全部枯死，进入休眠状态后停止生长，花芽分化在夏季休眠期间进行，此时温度不宜过高，超过20℃，花芽分化受阻，通常最适温度为17～18℃，但也视种类而异。春植球根则在夏季生长期进行分化。

（3）当年一次分化类型

一些当年夏秋开花的种类，在当年枝的新梢上或花茎顶端形成花芽。如夏秋开花的宿根花卉萱草、菊花、芙蓉葵等。另外，春植球根和一部分秋植球根花卉，花芽分化是在叶片生长到一定阶段以后才能进行，如唐菖蒲其早花型的品种通常在主茎上长有2片叶时，生长点才进行花芽分化，要求最低气温在10℃以上；晚花型品种通常在主茎上长有4片叶时，要求最低气温在12℃以上。

（4）多次分化类型

一年中多次发枝，每次枝顶均能形成花芽并开花。如茉莉、倒挂金钟、香石竹等四季性开花的花木及宿根花卉，在一年中都可继续分化花芽，当主茎生长达一定高度时，顶端营养生长停止，花芽逐渐形成，养分即集中于顶花芽。在顶花芽形成过程中，其他花芽又继续在基部生出的侧枝上形成，如此在四季中可以开花不绝。这些花卉通常在花芽分化和开花过程中，其营养生长仍继续进行。一年生花卉的花芽分化时期较长，只要营养生长达到一定大小，即可分化花芽而开花，并且在整个夏秋季节气温较高时期，继续形成花蕾而开花。决定开花的早晚依播种出苗时期和以后生长的速度而定。

（5）不定期分化类型

每年只分化一次花芽，但无一定时期，只要达到一定的叶面积就能开花，主要视植物体自身养分的积累程度而异，如凤梨科和芭蕉科的某些种类。

2.2.4　各类花卉的花芽分化实例

万寿菊在高温下，仅在短日照下开花；在12～13℃条件下，仅在长日照下开花。

百日草短日照下，花芽形成得早，但是花朵小而茎细，植株分枝不多；长日照下虽然开花迟，但株丛紧密，花朵也大。

香堇在短日照和低温条件下，可促进花芽的形成。

大岩桐花芽的形成没有特定的日照和低温的要求。植株成长后，花芽开始形成，因此，生长越迅速，开花越早。温度低，生长缓慢时，侧枝增多，花数也相应增多。

报春花在低温下，无论长日照或短日照均可开花，但是温度高时，仅在短日照下开花。

大丽花在 10～12h 短日照下，花芽发育速度快，开花也早；长日照下，侧枝多，花也多，但是花的发育比较慢；在短日照下，生育结束得早也能促进块根的形成。

 思考题

1. 什么叫春化作用？依据要求低温值的不同，花卉的春化作用可分为几类？
2. 花芽分化可分为几种类型？每种类型有哪些代表性花卉？

 推荐阅读书目

园林花卉学(第 3 版)．刘燕．中国林业出版社，2016.

花卉学．赵祥云，侯芳梅，陈沛仁．气象出版社，2001.

花卉学．赵祥云，陈沛仁，孙亚莉．中国建筑出版社，1996.

单元 3

花卉与环境的关系

学习目标

【知识目标】
(1)了解花卉与温度、光照、水分、土壤、营养及气体等环境的关系；
(2)了解依据各环境因子的划分的花卉类型。

【技能目标】
(1)掌握依据温度、光照、水分、土壤等环境因子分类类型；
(2)掌握栽培花卉土壤的类型。

【内容提要】本单元介绍花卉与环境的关系，包括花卉与温度、光照、水分、土壤、营养和气体的关系。这些因子对花卉的生长与发育起着直接和间接的作用。适宜的环境因子促进花卉的良好生长。花卉的生长发育与外界的环境因子有密切的关系。温度可以影响花卉的生长发育、花芽分化和花色等；光照影响花卉的光合作用、生长发育和花色等；不同的花卉在不同的生长时期对水分的需求不同；露地花卉和温室花卉需要的土壤类型也不尽相同；此外，营养元素和气体也是影响花卉生长发育的重要因子。

3.1　花卉与温度

3.1.1　不同花卉对温度的要求

温度是影响花卉生长发育最重要的环境因子之一，关系也最为密切，因为它影响着植物体内的一切生理变化。每一种花卉的生长发育，对温度都有一定的要求，都有温度的"三基点"，即最低温度、最适温度和最高温度。由于原产地不同，花卉对温度的要求有很大的差异，温度的"三基点"也不同。

原产热带的花卉，生长的基点温度较高，一般在18℃开始生长。如热带水生花卉王莲的种子，需在30~35℃水温下才能发芽生长；仙人掌科的蛇鞭柱属多数种类则要求28℃以上的高温才能生长。

原产温带的花卉，生长基点温度较低，一般在10℃左右就开始生长。原产温带的芍药，在冬季低于-10℃条件下，地下部分不会枯死，翌春10℃左右即能萌动出土。

原产亚热带的花卉，其生长的基点温度介于两者之间，一般在15~16℃开始生长。

生长最适温度是最适于植物生长的温度。这里所指的生长最适温度不同于植物生理学中所指的最适温度，即生长速度最快时的温度，而是说在这个温度下，不仅生长快，而且生长很健壮、不徒长。

依不同花卉对温度的要求将花卉分成如下3类。

(1)耐寒性花卉

如原产于温带及寒带的二年生花卉及宿根花卉，抗寒力强，在我国寒冷地区能露地越冬。一般能耐0℃以上的温度，其中一部分种类能忍耐-10~5℃的低温。在南京，如三色堇、诸葛菜、金盏菊等能露地越冬。多数宿根花卉如蜀葵、玉簪、鸢尾、萱草等，当冬季严寒到来时，地上部分全部干枯，到翌年春季又重新萌发新芽而生长开花。二年生花卉在生长时期不耐高温,因此,在炎夏到来之前完成其结实阶段而枯死。

(2)半耐寒性花卉

这一类花卉多原产于温带较暖和地区,耐寒力介于耐寒性与不耐寒性花卉之间,通常要求冬季温度在0℃以上,在中国长江流域能露地越冬,在北方需防寒才可越过冬季。如石竹、雏菊、紫罗兰等,通常在秋季露地播种育苗,在早霜到来前移于冷床(阳畦)中,以便保护越冬,待春季晚霜过后定植于露地,此后在春季冷凉气候下迅速生长开花,在初夏较高温度中结实,夏季炎热时期到来后死亡。

(3)不耐寒性花卉

原产于热带及亚热带的一年生花卉及不耐寒的多年生花卉属此类,在生长期间要求高温,不能忍受0℃以下的温度,其中一部分种类甚至不能忍受5℃左右的温度,在这样的温度下则停止生长甚至死亡。如彩叶草、吊兰、秋海棠类、大岩桐等,因此,这类花卉的生长发育能在一年中无霜期内进行,在春季晚霜过后开始生长发育,在秋季早霜到来时死亡。

3.1.2 不同花卉生长发育时期对温度的要求

同一种花卉的不同生长发育时期对温度有不同的要求,即从种子发芽到种子成熟,对于温度的要求是不断改变的。以一年生花卉来说,种子萌发可在较高温度下进行,幼苗期间要求温度较低,但从幼苗到开花结实阶段,对温度的要求逐渐增高。二年生花卉种子的萌芽在较低的温度下进行,在幼苗期间要求温度更低,否则不能顺利通过春化阶段,而当开花结实时,则要求稍高于营养生长时期的温度。栽培中为使花卉生长迅速,最理想的条件是昼夜温差要大,白天温度应在该花卉光合作用的最佳温度范围内;夜间温度应尽量在呼吸作用较弱的温度限度内,以得到较大的差额,使积累的有机物质更多,才能生长迅速。

植物对昼、夜最适温度的要求,是植物生活中适应温度周期性变化的结果,即季节变化和昼夜变化。这种周期性变温环境对许多植物的生长和发育是有利的,而不同气候型植物,其昼夜的温差也不相同,一般热带植物的昼夜温差为3~6℃,温带植物为5~7℃,沙漠地区原产的植物,如仙人掌类则为10℃或以上。当然昼夜温差也有一定范围,并非温差越大越好,否则对生长也不利。

3.1.3 温度对花卉花芽分化的影响

温度对花卉的花芽分化和发育有明显的影响,如前所述,春化阶段的通过是花芽分化的前提,但通过春化阶段以后,也必须在适宜的温度条件下,花芽才能正常分化和发育。花卉种类不同,花芽分化和发育所要求的适温也不同,大体上有以下两种情况。

(1)在高温下进行花芽分化

许多花木类如杜鹃花、山茶、梅、桃、樱花和紫藤等都在6~8月气温高至25℃以上时进行分化,入秋后,植物体进入休眠,经过一定低温后结束或打破休眠而开花。许多球根花卉的花芽也在夏季较高温度下进行分化,如唐菖蒲、晚香玉、美人蕉等春植球根于夏季生长期进行,而郁金香、风信子等秋植球根是在夏季休眠期进行。

（2）在低温下进行花芽分化

许多原产温带中北部以及各地的高山花卉，其花芽分化多要求在20℃以下较凉爽的气候条件下进行，如八仙花、卡特兰属和石斛属的某些种类在低温13℃左右和短日照下促进花芽分化，许多秋播草花如金盏菊、雏菊等也要求在低温下分化。

温度对于分化后的花芽发育有很大影响，荷兰的 Blaauw 和一些共同研究者在"温度对几种球根花卉花芽发育的影响"研究中，认为花芽分化以高温为最适温度的有：郁金香、风信子、水仙等。花芽分化后的发育，初期要求低温，以后温度逐渐升高能起促进作用，此时的低温最适值和范围因花卉种和品种不同而异，郁金香为 2～9℃，风信子为 9～13℃，水仙为 5～9℃，必要的低温时期为 6～13 周。

3.1.4　温度对花色的影响

温度是影响花色的主要环境因素，温度和光强对很多花卉花色有很大影响，它们随着温度的升高和光强减弱，花色变浅，如落地生根属和蟹爪属，尤其是落地生根的品种不同，对不适环境条件的反应非常明显，有些品种在弱光、高温下所开的花，几乎不着色，有些品种的某些花色变浅，但仍很鲜艳。产生这些现象的原因尚还不清楚。据 Harder 等人研究，在矮牵牛蓝和白的复色品种中，蓝色部分和白色部分的多少，受温度影响很大，如果在30～35℃高温下，开花繁茂时，花瓣完全呈蓝色或紫色，可是在15℃条件下，同样开花很繁茂时，花色呈白色，而在上述两者之间的温度下，就呈现蓝和白的复色花。蓝色和白色的比例随温度而变化。温度变化近于30～35℃时，蓝色部分增多；温度变低时，白色部分增多。

原产墨西哥的大丽花，如果在暖地栽培，一般炎热夏季不开花，即使有花，花色暗淡，至秋凉后才变得鲜艳，在寒冷地区栽培的大丽花，盛夏也开花。月季的花色在低温下呈浓红色，在高温下呈白色。还有菊花、翠菊以及其他草花于寒冷地区栽培时，其花色均比在暖地时浓艳。

3.1.5　非规律性温度变化对花卉生长发育的影响

自然界的一些非规律性温度变化，如骤然的高温与低温对花卉生长和发育也有很大影响，温度过低、过高都会使花卉受到损害或死亡。

低温可使花卉生理活性停止，甚至死亡。如当温度低于 5～10℃时，一些温室花卉就会死亡。忍受低温的能力常以植物的生长状况而异，休眠的种子可以耐极低的温度，而生长中的植物体其耐寒力很低，但经过秋季和初冬冷凉气候的锻炼，可以提高植物忍受较低温度的能力，可是在春季新芽萌发后，耐寒力即失去。因此，耐寒力在一定程度上是在外界环境条件作用下获得的。增强花卉耐寒性是一项重要工作，在温室或温床中培育的盆花或花苗，在移植露地前，必须加强通风，逐渐降温以增强其耐寒力。在早春寒冷时播种，幼苗对于早春的霜冻有显著的抵抗力。增加磷钾肥料，减少氮素肥料的施用，也是增强抗寒力的栽培措施之一。

常用的简单防寒措施是于地面覆盖稻草、落叶、马粪、塑料薄膜等。另外，低温又是很多种子打破休眠期的关键。

高温障碍是由于强烈的光照与急剧的蒸腾作用相结合引起的。高温同样会伤害花芽，当气温升高到生长的最适温度以上时，生长速度反而下降，如温度继续升高，就会引起植物体失水，产生原生质脱水、蛋白质凝固，使植株死亡。不同的花卉种类其耐热性也不同，一般耐寒力强的花卉种类其耐热力弱，而耐寒力弱的其耐热力较强，但在温度高于该种花卉的最高温度时，则该种花卉必将受到损害。一般花卉种类在 35~40℃ 温度下生长就缓慢下来，虽然有些花卉种类在 40℃ 以上仍能继续生长，但再增长至 50℃ 以上时，除热带干旱地区的多浆植物外，绝大多数花卉种类的植株便会死亡。为防止高温的伤害，应经常保持土壤湿润，以促进蒸腾作用的进行，使植物体温降低。叶面喷水可以降低叶面温度 6~7℃。在栽培中常用灌溉、松土、地面铺草或设置荫棚等措施免除高温对植物的伤害。

3.2 花卉与光照

阳光是花卉赖以生存的必要条件，是植物制造有机物质的能量源泉，它对花卉生长发育的影响主要表现在 3 个方面：光照强度、光照长度和光的组成。

3.2.1 光照强度对花卉的影响

光照强度常依地理位置、地势高低以及云量、雨量的不同而变化，其变化是有规律性的：随纬度的增加而减弱，随海拔的升高而增强。一年之中以夏季光照最强，冬季光照最弱；一天之中以中午光照最强，早晚光照最弱。光照强度不同，不仅直接影响花卉光合作用的强度，而且还影响到一系列形态和解剖上的变化，如叶片的大小和厚薄、茎的粗细、节间的长短、叶肉结构以及花色浓淡等。另外，不同的花卉种类对光照强度的反应也不一样，多数露地草花，在光照充足的条件下，植株生长健壮，着花多，花也大；而有些花卉，如玉簪、万年青等在光照充足的条件下生长极为不良，在半阴条件下就能健康生长。因此，常依花卉对光照强度要求的不同分为以下几类。

(1) 喜光花卉

该类花卉必须在完全的光照下生长，才能正常生长发育，发挥最大的观赏价值。如果光照不足，则枝条细长、枝叶徒长、叶片黄瘦、花小而不艳、香味不浓甚至开花不良或不开花。原产于热带及温带平原上、高原南坡上以及高山阳面岩石的花卉均为喜光花卉，如多数露地一、二年生花卉及宿根花卉、仙人掌科、景天科等多浆植物。

(2) 耐阴花卉

该类花卉要求在适度庇荫下才能生长良好，不能忍受强烈的直射光线，生长期间一般要求有 50%~80% 庇荫度的环境条件。它们多生于热带雨林下或分布于林下及阴坡，如蕨类植物、兰科植物、凤梨科、姜科、天南星科以及秋海棠科等植物大多数为耐阴花卉。许多观叶植物也多属于此类。

(3) 中性花卉

该类花卉对于光照强度的要求介于上述二者之间，一般喜阳光充足，但在微阴下生长也良好，如萱草、耧斗菜、桔梗等。

一般植物的最适需光量为全日照的 50%~70%，多数植物在 50% 以下的光照时生长不良。当日光不足时，因同化作用及蒸发作用减弱，植株徒长，节间延长，花色及花的香气不足，分蘖力减弱，且易感染病虫害。

光照强弱对花蕾开放时间也有很大影响。酢浆草必须在强光下开花，紫茉莉、晚香玉在傍晚时盛开且香气更浓，昙花更需在夜间开花，牵牛只盛开于每日的晨曦中，而大多数花卉则晨开夜闭。

光照强度对花色也有影响，紫红色的花是由于花青素的存在而形成的，花青素必须在强光下才能产生，在散光下不易产生，如春季芍药的紫红色嫩芽以及秋季红叶均为花青素的颜色。花青素产生的原因除受光强影响外，一般还与光的波长和温度有关。春季芍药嫩芽显紫红色，这与当时的低温有关，白天同化作用产生的碳水化合物，由于春季夜间温度较低，在转移过程中受到阻碍，滞留叶中，而成为花青素产生的物质基础。

光照强弱对矮牵牛某些品种的花色有明显影响，如前所述，Harder 等人的研究指出：具蓝和白复色的矮牵牛花朵，其蓝色部分和白色部分的比例变化不仅受温度影响，还与光强和光的持续时间有关，用不同光强和温度共同作用的试验表明：随温度升高，蓝色部分增加；随光强增大，则白色部分变大。

3.2.2 日照长度对花卉的影响

日照长度是每一种植物赖以开花的必需因子，但除开花以外，植物的其他生长发育过程，如植物种类的分布、植物的冬季休眠、球根的形成、节间的伸长、叶片发育以及花青素的形成等都与日照长度有一定关系。

日照长度与植物的分布：日照长度的变化随纬度而不同，植物的分布也因纬度而异，因此日照长度也必然与植物的分布有关。在低纬度的热带和亚热带地区(赤道附近地区)，由于全年日照长度均等，昼夜几乎都为 12h，所以原产该地区的植物必然属于短日照植物；偏离赤道南北较高纬度的温带地区，夏季日照渐长而黑夜缩短，冬季日照渐短而黑夜渐长，所以原产该地区的植物必然为长日照植物。也就是说，长日照植物仅分布在南温带和北温带，而短日照植物常分布于热带和亚热带。

常依据植物或花对日长条件的要求划分为长日照植物、短日照植物和中性植物。

(1) 长日照植物

这类植物要求较长时间的光照才能成花。一般每天有 14~16h 的日照时，可以促进开花，若在昼夜不间断的光照下，则有更好的促进作用。相反，在较短的日照下，便不开花或延迟开花。二年生花卉秋播后，在冷凉的气候条件下进行营养生长，在春天长日照下迅速开花。瓜叶菊、紫罗兰于温室内栽培时，通常 7~8 月播种，早春 1~2 月便可开花，若迟至 9~10 月播种，在春季长日照下也可开花，但因植株未能充分成长而变得很矮小。早春开花的多年生花卉，如锥花福禄考若在冬季低温条件下满足其春化要求，也能在春季长日照下开花。

(2) 短日照植物

这类植物要求较短的光照就能成花。在每天 8~12h 的短日照条件下能够促进开花，而在较长的光照下便不能开花或延迟开花。一年生花卉在自然条件下，春天播种发芽后，在长日照下生长茎、叶，在秋天短日照下开花繁茂。若春天播种较迟，当进入秋天后，虽植株矮小，但由于在短日照条件下，仍如期开花。如波斯菊通常 4 月播种，9 月中旬开始开花，株高可达 2m；如迟至 6~7 月播种，至 9 月中旬仍可开花，但株高仅 1m。

秋天开花的多年生花卉多属短日照植物，如菊花、一品红等在短日照条件下才能开花，因此为使它们在国庆节开花，必须进行遮光处理。

(3) 中性植物

这类植物在较长或较短的光照下都能开花，对于光照长短的适应范围较广。约在 10~16h 光照下均可开花，这类花卉有：大丽花、香石竹、扶桑、非洲紫罗兰、花烟草、非洲菊等。但是荷兰的维恩(R. V. D. Veen)和梅杰(G. Meijer)及日本某些教授都认为上述假定极限是不确切的，并指出应按照临界日照长度划分为宜。临界日照长度即为能诱导开花的日照长度。并根据临界日照长度的不同，将植物分成下列 6 种类型。

① 短日照植物　指在少于临界日照长度下进行花芽分化的植物。如为一年生草花的凤仙花和波斯菊、牵牛、金莲花、冬性金鱼草等。

② 长日照植物　指在长于临界日照长度下进行花芽分化的植物。如为二年生花卉的金盏菊、矢车菊等。

③ 中性植物　指不受日照长短影响而开花的植物。如紫茉莉属植物。

④ 定日或中间性植物　指在短日照或长日照下都不进行花芽分化，必须在特定的日照长度下才进行花芽分化的植物。

⑤ 长短日照植物　指花原基在长日照下形成，在短日照下花原基才能发育成花者。如翠菊，在长日照过程中形成花芽和莲座，并开始伸长，如继续用长日照，莲座则继续伸长。如改用短日照，莲座则停止伸长，提前开花。

⑥ 短长日照植物　指花原基在短日照下形成，在长日照下才能开花者。如大花天竺葵及风铃草，只有当短日照周期之后跟随着另一个长日照周期才能被诱导开花。不同品种的花卉对日照长度的反应也不相同。

植物的春化作用和光周期反应两者之间有密切的关系，既相互关联又可相互取代。许多春化要求中性植物，往往对光周期反应也很敏感，如不少长日照植物，如果在高温下，即使在长日照条件下也不会开花或大大延迟花期，这是由于高温"抑制"了长日照对发育影响的缘故。

一般在自然条件下，长日和高温(夏季)、短日和低温(冬季)总是相互伴随着。另外，短日照处理在某种程度上可以代替某些植物的低温要求；在某些情况下，低温也可以代替光周期的要求，因此应当把光周期和温度因子结合起来进行分析。

日照长度还能促进某些植物的营养繁殖，如某些落地生根属的种类，其叶缘上的幼小植物体只能在长日照下产生，虎耳草腋芽发育成的匍匐茎，也只有在长日照中才能产生。另外，长日照还能促进禾本科植物的分蘖。根据凡·德·圣蒂·贝克威仁(Van de Sande Bakhuizen)的研究，短日照能促进某些植物块茎、块根的形成和生长。例如，菊芋块茎的发育是在短日照中发生的，于长日照下只在土层下产生匍匐茎，并不加粗。反之，在短日照下匍匐茎会膨大起来形成块茎。大丽花块根的发育对日照长度也很敏感，某些在正常日照中不能很快产生块根的变种，经短日照处理后也能诱导形成块根，并且在以后的长日照中也能继续形成块根。具有块茎类的秋海棠，其块茎的发育也为短日照所促进。日照长度对温带植物的冬季休眠有重要意义和影响：短日照通常促进休眠，长日照通常促进营养生长。因此，休眠能够在短日照处理的暗周期中间，采用间歇光照，从而获得长日照效应。

3.2.3 光的组成对花卉的影响

光的组成是指具有不同波长的太阳光谱成分。根据测定，太阳光的波长范围主要在 150～4000nm，其中可见光(即红、橙、黄、绿、蓝、紫)波长在 380～760nm，占全部太阳光辐射的 52%；不可见光即红外线占 43%，紫外线占 5%。植物同化作用吸收最多的是红光和橙光，其次为黄光，而紫外光的同化作用效率仅为红光的 14%，在太阳直射光中红光和黄光最多只有 37%，而在散射光中却占 50%～60%，所以散射光对半阴性花卉及弱光下生长的花卉效用大于直射光，但直射光所含紫外线比例大于散射光，对防止徒长，使植株矮化的效用较大。

不同波长的光对植物生长发育的作用不同。经试验证明：红光、橙光有利于植物碳水化合物的合成，加速长日照植物的发育，延迟短日照植物的发育。相反，蓝紫光能加速短日照植物发育，延迟长日照植物发育。蓝色有利于蛋白质的合成，而短光波的蓝紫光和紫外线能抑制茎的伸长和促进花青素的形成，紫光还有利于维生素 C 的合成。一般高山上紫外线较多，能促进花青素的形成，所以高山花卉的色彩比平地的艳丽，热带花卉的花色浓艳也是因热带地区含紫外线较多之故。

另外，光对花卉种子的萌发有不同的影响。有些花卉的种子，曝光时发芽比在黑暗中发芽的效果好，一般称为好光性种子，如报春花、秋海棠等，这类好光性种子，播种后不必覆土或稍覆土即可。有些花卉的种子需要在黑暗条件下发芽，通常称为嫌光性种子，如喜林芋属等，这类种子播种后必须覆土，否则不会发芽。

3.3 花卉与水分

3.3.1 花卉对水分的要求

水为植物体的重要组成部分和光合作用的重要原料之一，也是植物生命活动的必要条件。植物生活所需要的元素除碳和少量氧外，都来自水中的矿物质，这些矿物质被根毛所吸收后供给植物体的生长和发育。光合作用也只有在水存在的条件下，光作用于叶绿素时才能进行，所以植物需水量很大。由于花卉种类不同，需水量有极大差别，这同原产地的雨量及其分布状况有关。为了适应环境的水分状况，植物体在形态上和生理机能上形成了特殊的要求。通常依花卉对水分的要求分为以下几类：

(1)旱生花卉

这类花卉耐旱性强，能较长期忍受空气或土壤的干燥而继续生活。为了适应干旱的环境，它们在外部形态上和内部构造上都产生许多适应的变化和特征，如叶片变小或退化成刺毛状、针状或肉质化，表皮层角质层加厚，气孔下陷；叶表面具厚茸毛以及细胞液浓度和渗透压变大等，这就大大减少了植物体水分的蒸腾，同时该类花卉根系都比较发达，能增强吸水力，从而更增强了适应干旱环境的能力。常见的有仙人掌类、仙人球类、生石花、芦荟、龙舌兰等。

（2）湿生花卉

该类花卉耐旱性弱，生长期间要求经常有大量水分存在，或有饱和水的土壤和空气，它们的根、茎和叶内多有通气组织的气腔与外界互相通气，吸收氧气以供给根系需要。如原产热带沼泽地、阴湿森林中的植物，一些热带兰类、蕨类和凤梨科植物，还有荷花、睡莲、王莲等水生植物。

（3）中生花卉

该类花卉对于水分的要求和形态特征介于以上两者之间。此外，有些种类的生态习性偏向旱生花卉特征；另一些种类则偏向湿生花卉的特征。大多数露地花卉属于这一类。在园林中，一般露地花卉要求适度湿润的土壤，但因花卉种类不同，对抗旱能力也有较大的差异。凡根系分枝力强，并能深入地下的种类，能从干燥土壤里及下层土壤里吸收必要的水分，其抗旱力则强。一般宿根花卉根系均较强大，并能深入地下，因此多数种类能耐干旱。一、二年生花卉与球根花卉根系不及宿根花卉强大，耐旱力亦弱。

3.3.2　花卉在不同生长发育时期对水分的要求

同一种花卉在不同生长时期对水分的需要量也不同。种子发芽时，需要较多的水分，以便透入种皮，有利于胚根的抽出，并供给种胚必要的水分。种子萌发后，在幼苗时期因根系弱小，在土壤中分布较浅，抗旱力极弱，必须经常保持湿润。到成长时期抗旱能力虽较强，但若要生长旺盛，也需给予适当的水分。生长时期的花卉，一般都要求湿润的空气，但空气湿度过大时，植株易徒长。开花结实时，要求空气湿度小，不然会影响开花和花粉自花药中散出，使授粉作用减弱。在种子成熟时，更要求空气干燥。

水分对花芽分化及花色的影响：控制对花卉的水分供给，以控制营养生长，促进花芽分化，在花卉栽培中应用很普遍。如广州的盆栽年橘就是在 7 月控制水分，使花芽分化，开花结果而获得的。凡球根花卉类型中其含水量少，则花芽分化也早；早掘的球根或含水量高的球根，花芽分化延迟。球根鸢尾、水仙、风信子、百合等可用 30～35℃的高温处理，使其脱水而达到提早花芽分化和促进花芽伸长的目的。

花色的正常色彩需适当的湿度才能显现，一般在水分缺乏时花色变浓，在水分不足的情况下，色素形成较多，所以色彩变浓，如蔷薇、菊花等。在花卉栽培中，当水分不足时，即呈现萎蔫现象，叶片及叶柄皱缩下垂，特别是一些叶片较薄的花卉更易显露出来。中午由于叶面蒸发量大于根的吸水量，常呈现暂时的萎蔫现象，此时若使它在温度较低、光照较弱和通风减少的条件下，就能较快恢复过来；若让它长期在萎蔫状况下，老叶及下部叶子就先脱落死亡，如果采取措施能迅速补救，可避免进一步损害。多数草花在干旱时，所呈现的症状虽没有上述明显，但植株各部分由于木质化的增加，常使其表面粗糙而失去叶子的鲜绿色泽。相反，水分过多时，植株呈现的情况极似干旱，这是由于水分过多使一部分根系遭受损伤，同时由于土壤中缺乏空气，使根系失去正常作用，吸水减少而呈现生长不正常的干旱状态。水分过多，还常使叶色发黄或植株徒长，易倒伏，易受病菌侵害。因此，过干、过湿对植株生长都不利。

3.4 花卉与土壤

3.4.1 土壤性状与花卉的关系

土壤性状主要由土壤矿物质、土壤有机质、土壤温度、土壤水分及土壤微生物、土壤酸碱度等因素所决定。通常按照矿物质颗粒粒径的大小将土壤分为砂土类、黏土类及壤土类3种。

(1)砂土类

土粒间隙大、通透性强、排水良好，但保水性差；土温易增易降，昼夜温差大；有机质含量少，肥力强但肥效短；常用作培养土的配制成分和改良黏土的成分，也常作为扦插用土或栽培幼苗和耐干旱的花卉。

(2)黏土类

土粒间隙小，通透性差，排水不良但保水性强；含矿质元素和有机质较多，保肥性强且肥效也长；土温昼夜温差小，尤其是早春土温上升慢，对幼苗生长不利，除适于少数喜黏质土壤的种类外，对大多数花卉的生长不利，常与其他土类配合使用。

(3)壤土类

土粒大小居中，性状介于二者之间，通透性好，保水保肥力强，有机质含量多，土温比较稳定，对花卉生长比较有利，适应大多数花卉种类的要求。

土壤有机质是土壤养分的主要来源，在土壤微生物的作用下，分解释放出植物生长所需要的多种大量元素和微量元素，所以有机质含量高的土壤，不仅肥力充分而且土壤理化性质也好，有利于花卉的生长。

土壤空气、土壤温度和水分直接影响花卉的生长和发育。如根系的呼吸，养分的吸收，生理生化活动的进行以及土壤中一些物质的转化等都与这些因子有密切的关系。

土壤酸碱度对花卉的生长发育有密切关系，由于酸碱度与土壤理化性质和微生物活动有关，所以土壤有机质和矿质元素的分解及利用，也与土壤酸碱度紧密相关。土壤反应有酸性、中性和碱性3种情况，过强的酸性或碱性对花卉的生长都不利，甚至使花卉无法适应而死亡。各种花卉对土壤酸碱度的适应力有较大差异，大多数露地花卉要求中性土壤，仅有少数花卉可以适应强酸性(pH 4.5~5.5)、碱性(pH 7.5~8.0)土壤。温室花卉几乎全部种类都要求酸性或弱酸性土壤。

土壤酸碱度对某些花卉的花色变化有重要影响，八仙花的花色变化即由土壤 pH 值的变化而引起。著名植物生理学家莫里驰(Molisch)的研究结果指出，八仙花蓝色花朵的出现与铝和铁有关，还与土壤 pH 值的高低有关，pH 值低，花色呈现蓝色；pH 值高，则呈现粉红色。另外，随着 pH 值的减少，萼片中铝的含量增多。

3.4.2 各类花卉对土壤的要求

花卉的种类极为繁多，其生长和发育最适宜的土壤条件有所不同，而同一种花卉在不同发育时期对于土壤的要求也有差异，同时花卉对土壤的要求有时又决定于栽培的目的。

(1)露地花卉

一般露地花卉除砂土及重黏土只限于少数种类能生长外，其他土质大致均可适应多数花卉种类的要求。

① 一、二年生花卉　在排水良好的砂质壤土、壤土及黏质壤土上均可生长良好，在重黏土及过度轻松的土壤上生长不良；适宜的土壤是表土深厚、地下水位较高、干湿适中、富含有机质的土壤。夏季开花的种类最忌干燥的土壤，因此要求灌溉方便。秋播花卉如金盏菊、矢车菊等，以表土深厚的黏质壤土为宜。

② 宿根花卉　根系较一、二年生花卉的根系更为强大，入土较深，应有 40~50cm 的土层。栽植时应施入大量有机质肥料，以维持长期良好的土壤结构。这样，一次栽植后可以多年继续开花。当土壤下层土中混有砂砾，排水良好，而表土为富含腐殖质的黏质壤土时，花朵开得更大。宿根花卉在幼苗期间与成长植株对于土壤的要求也有差异，一般在幼苗期间喜腐殖质丰富的疏松土壤，而在第二年以后以黏质壤土为佳。

③ 球根花卉　对于土壤的要求更为严格，球根花卉一般都以富含腐殖质而排水良好的砂质壤土或壤土为宜。尤以下层为排水良好的砂砾土，而表土为深厚之砂质壤土最为理想。但水仙、晚香玉、风信子、百合、石蒜及郁金香等，则以黏质壤土为宜。

(2) 温室花卉

温室盆栽花卉通常局限于花盆或栽培床中生长，所用盆土容量有限，因此，营养物质丰富、物理性质良好的土壤，才能满足其生长和发育的要求，所以温室花卉必须用经过特制的培养土来栽培。培养土的最大特点是富含腐殖质。由于大量腐殖质的存在，土壤松软，空气流通，排水良好，能长久保持土壤的湿润状态，不易干燥；丰富的营养可充分供给花卉的需要，以促进盆花的生长和发育。

① 一、二年生花卉　如瓜叶菊、蒲包花、报春等，所用培养土腐殖质含量应较多。需要多次移植时，幼苗初期所用培养土中腐叶土含量要更多，腐叶土在培养土中约占 5 份，而园土占 3.5 份，河沙占 1.5 份。定植时腐叶土的含量为 2~3 份，壤土占 5~6 份，河沙占 1~2 份。

② 宿根类花卉　对腐叶土的需要量较少，配比为腐叶土 3~4 份，园土 5~6 份，河沙 1~2 份。

③ 温室球根　如大岩桐、仙客来及球根秋海棠等，所用培养土中腐叶土的含量应略高，为 3~4 成。实生苗要用更多的腐叶土，通常为 5 成左右。

④ 温室木本花卉　在播种苗及扦插苗培育期间，在培养土中要求较多的腐殖质，待植株成长后，腐叶土的量应减少，河沙应有 1~2 成。

3.4.3　常见的主要花木培养土的配置比例

(1) 实生苗和扦插苗
该类花木培养土的配置为：腐叶土∶园土∶河沙为 4∶4∶2。

(2) 桩景及盆栽树木
这类花木腐叶土及堆肥土适量，河沙必须占有 10%~20%，主要解决排水问题。
随着现代无土栽培技术的发展，各种新的轻质无臭栽培基质，如蛭石、珍珠岩、岩棉、苔藓、木屑、树皮、蚯蚓粪等得到广泛使用，对花卉生长起到了良好作用。

3.5 花卉与营养

3.5.1 花卉对营养元素的要求

植物生长发育必需的元素共有 16 种。由于植物对元素的需要量不同，又可分为大量元素和微量元素。大量元素是指植物营养需要量较多的元素，它们的含量达到植物体干重的 0.1%～10%，其中有碳、氢、氧、氮、磷、硫、钾、钙、镁共 9 种。在植物生活中，氧、氢两元素可自水中大量取得，碳素可取自空中，矿物质元素均从土壤中吸收。氮素不是矿物质元素，天然存在于土壤中的数量通常不足以满足植物生长所需。

微量元素是指植物营养需要量较少的元素，其中有铁、硼、铜、锌、锰、氯、钼等 7 种。它们在植物体内含量甚少，约占植物干重的 0.0001%～0.001%。此外尚有多种超微量元素，对植物生长有益，如钒、钴、硒、硅等，有促进植物生长的作用。

在植物栽培中，除大量元素以不同形态作为肥料供给植物需要外，各种微量元素已开始应用于栽培中。主要元素对花卉生长的作用如下：

（1）氮

促进植物的营养生长，促进叶绿素的产生，使花朵增大、种子丰富。但如果超过花卉的生长需要就会延迟开花，使茎徒长，并降低对病害的抵抗力。

一年生花卉在幼苗时期对氮肥的需要量较少，随着生长的需要而逐渐增多。二年生花卉和宿根花卉，在春季生长初期即要求大量的氮肥，应该满足其要求。观花的花卉和观叶的花卉对氮肥的要求是不同的，观叶花卉在整个生长期中，都需要较多的氮肥，以使其在较长的时期中，保持叶丛美观；对观花种类来说，只是在营养生长阶段需要较多的氮肥，进入生殖阶段以后，应该控制使用，否则将延迟开花期。

（2）磷

磷肥能促进种子发芽，提早开花结实，这一功能正好与氮肥相反。磷肥还能使茎发育坚韧，不易倒伏；能增强根系的发育；能调整氮肥过多时产生的缺点，增强植株对于不良环境及病虫害的抵抗力。因此，花卉在幼苗营养生长阶段需要有适量的磷肥，进入开花期以后，磷肥需要量更多。

（3）钾

钾肥能使花卉生长强健，增强茎的坚韧性，不易倒伏，促进叶绿素的形成和光合作用的进行，因此在冬季温室中，当光线不足时施用钾肥有补救效果。钾能促进根系的扩大，对球根花卉如大丽花的发育有极好的作用。钾肥还可使花色鲜艳，提高花卉的抗寒、抗旱及抵抗病虫害的能力。但过量的钾肥使植株生长低矮，节间缩短，叶子变黄，继而变成褐色而皱缩，以致在短时间内枯萎。

（4）钙

钙用于细胞壁、原生质及蛋白质的形成，促进根的发育。钙可以降低土壤酸度，在我国南方酸性土地区亦为重要肥料之一。钙可以改进土壤的物理性质，重黏土施用石灰后可以变得疏松；砂质土施用钾肥后，可以变得紧密。钙可以为植物直接吸收，使植物组织坚固。

（5）硫

硫为蛋白质成分之一，能促进根系的生长，并与叶绿素的形成有关。硫可以促进土壤中微生物的活动，如豆科根瘤菌的增殖，可以增加土壤中氮的含量。

（6）铁

在叶绿素的形成过程中有重要作用，当铁缺少时，叶绿素不能形成，因而不能制造碳水化合物。在通常情况下不发生缺铁现象，但在石灰质土或碱土中，由于铁易转变为不可给态，虽土壤中有大量铁元素，仍会发生缺铁现象。

（7）镁

在叶绿素的形成过程中，镁是不可缺少的，镁对磷的可利用性有很大的影响，因此植物的需要量虽少，但有重要的作用。

（8）硼

硼能改善氧的供应，促进根系的发育和豆科根瘤的形成，还有促进开花结实的作用。

（9）锰

锰对叶绿素的形成和糖类的积累转运有重要作用；对于种子发芽和幼苗的生长以及结实均有良好影响。

3.5.2　花卉的营养贫乏症

在花卉的生长发育过程中，当缺少某种营养元素时，在植株的形态上就会呈现一定的病状，这称为花卉营养贫乏症。

但各元素缺少时所表现的病状，也常因花卉的种类与环境条件的不同而有一定的差异。为便于参考，将主要花卉营养贫乏症特点摘录如下（录自 A. laurie 及 C. H. Poesch）：

1. 病症通常发生于全株或下部较老叶子上。

2. 病症经常出现于全株，但常是老叶黄化而死亡。

（1）叶淡绿色，生长受阻，茎细弱并有破裂，叶小，下部叶比上部叶的黄色淡，叶黄化而干枯，呈淡褐色，少有脱落，缺氮。

（2）叶暗绿色，生长延缓；下部叶的叶脉间黄化，而常带紫色，特别是在叶柄上，叶早落，缺磷。

3. 病症常发生于较老、较下部的叶上。

（1）下部叶有病斑，在叶尖及叶缘常出现枯死部分。黄化部分从边缘向中部扩展，以后边缘部分变褐色而向下皱缩，最后下叶和老叶脱落，缺钾。

（2）下部叶黄化，在晚期常出现枯斑，黄化出现于叶脉间，叶脉仍为绿色，叶缘向上或向下反曲，而形成皱缩，叶脉间常在一日之间出现枯斑，缺镁。

4. 病症发生于新叶。

5. 顶芽存活。

6. 顶芽通常死亡。

（1）嫩叶的尖端和边缘腐败，幼叶的叶尖常形成钩状。根系在上述病症出现以前已经死亡，缺钙。

（2）嫩叶基部腐败；茎与叶柄极脆，根系死亡，特别是生长部分，缺硼。

7. 叶脉间黄化，叶脉保持绿色。

（1）病斑不常出现。严重时叶缘及叶尖干枯，有时向内扩展，形成较大面积，仅有较大叶脉保持绿色，缺铁。

(2)病斑通常出现，且分布于全叶面，极细叶脉仍保持为绿色，形成细网状。花小而花色不良，缺锰。

(3)叶淡绿色，叶脉色泽浅于叶脉相邻部分。有时发生病斑，老叶少有干枯，缺硫。

3.6 花卉与气体

3.6.1 空气成分对花卉生长发育的影响

(1)氧气(O_2)

植物呼吸需要氧气，空气中氧含量约为21%，能够满足植物的需要。在一般栽培条件下，出现氧气不足的情况较少，只在土壤过于紧实或表土板结时才引起氧气不足。当土壤紧实或表土板结层形成时，会影响气体交换，致使二氧化碳大量聚集在土壤板结层之下，使氧气不足，根系呼吸困难。种子由于氧气不足，会因酒精发酵毒害种子使其停止发芽甚至死亡。松土使土壤保持团粒结构，空气可以透过土层，使氧气达于根系，以供根系呼吸，也可使土壤中二氧化碳同时散发到空气中。

(2)二氧化碳(CO_2)

空气中二氧化碳的含量虽然很少，仅有0.03%左右(约$300mL/m^3$)，但对植物生长影响却很大，是植物光合作用的重要物质之一。增加空气中二氧化碳的含量，就会增加光合作用的强度，从而可以增加产量。多数试验证明，当空气中二氧化碳的含量比通常含量高出10~20倍时，光合作用则有效地增加，但当含量增加到2%~5%以上就会引起光合作用过程的抑制。

一般温室可以维持在$1000~2000mL/m^3$。过量的二氧化碳，对植物有危害，在新鲜厩肥或堆肥过多的情况下，二氧化碳含量会高达10%左右，如此大量的二氧化碳，会对植物产生严重危害。在温室或温床中，施过量厩肥，会使土壤中二氧化碳含量增多至1%~2%，若土壤中的二氧化碳浓度维持时间较长，植物将发生病害现象。给予高温和松土，可防止这一危害的发生。

(3)氮气(N_2)

在空气中，氮气的含量为78%以上，但它不能为多数植物直接利用，只有通过豆科植物以及某些豆科植物的根际固氮根瘤菌才能将其固定成氨和铵盐，然后经过硝化细菌的作用转变成硝酸盐或亚硝酸盐，才能被植物吸收，进而合成蛋白质，构成植物体。

3.6.2 空气污染对花卉生长发育的影响

(1)二氧化硫(SO_2)

二氧化硫主要是由工厂的燃料燃烧而产生的有害气体。当空气中二氧化硫含量增至0.002%($20mL/m^3$)，甚至为0.001%($10mL/m^3$)时，便会使花卉受害，浓度越高，危害越严重。因二氧化硫从气孔及水孔侵入叶部组织，破坏细胞叶绿体，使组织脱水并坏死。表现症状即在叶脉间发生许多褐色斑点，受害严重时，叶脉变为黄褐色或白色。各种花卉对二氧化硫的敏感程度不同，常发生不同的症状，综合一些报道材料，对二氧化硫抗性强的花卉有金鱼草、蜀葵、美人蕉、金盏菊、晚香玉、鸡冠花、大丽花、唐菖蒲、玉簪、酢浆草、凤仙花、扫帚草、石竹、菊花等。监测二氧化硫的花卉有：向日葵、波斯菊、紫花苜蓿等。

(2) 氨 (NH_3)

在保护地中大量施用有机肥或无机肥常会产生氨，氨含量过多，对花卉生长不利。当空气中含量达到 0.1% ~ 0.6% 时就可发生叶缘烧伤现象；含量达到 0.7% 时，质壁分离现象减弱；含量若达到 4%，经过 24h，植株即中毒死亡。施用尿素后也会产生氨，最好在施后盖土或浇水，以避免发生氨害。

(3) 氟化氢 (HF)

氟化氢是氟化物中毒性最强、排放量最大的一种，主要来源于炼铝厂、磷肥厂及搪瓷厂等厂矿地区。它首先危害植株的幼芽和幼叶，先使叶尖和叶缘出现淡褐色至暗褐色的病斑，然后向内扩散，以后出现萎蔫现象。氟化氢还能导致植株矮化、早期落叶、落花及不结实。抗氟化氢的花卉有：棕榈、大丽花、一品红、天竺葵、万寿菊、倒挂金钟、山茶、秋海棠等。抗性弱的有：郁金香、唐菖蒲、万年青、杜鹃花等。

(4) 其他有害气体

其他有害气体如乙烯、乙炔、丙烯、硫化氢、氯化氢、氧化硫、一氧化碳、氯、氰化氢等，它们多从工厂烟囱中散出，对植物有严重的危害。即使空气中含量极为稀薄，如乙烯含量只有 $1mL/m^3$，硫化氢含量仅有 40 ~ 400mL/m^3 时，也可使植物遭受损害。冶炼厂放出的沥青气可使距厂房附近 100 ~ 200m 地面上的花草萎蔫或死亡。此外，从冶炼厂放出的烟尘中含有铜、铅、铝及锌等矿石粉末，常使植物遭受严重损害。因此，在工厂附近建立防烟林，选育抗有害气体的树种、花草及草坪地被植物，用于净化空气是行之有效的措施。在污染地区还应重视和选用敏感植物作为"报警器"，以监测预报大气污染程度，起指示植物的作用。

常见的敏感指示花卉有：

监测氯气：百日草、波斯菊等。

监测氮氧化物：秋海棠、向日葵等。

监测臭氧：矮牵牛、丁香等。

监测过氧乙酰硝酸酯：早熟禾、矮牵牛等。

监测大气氟：地衣类、唐菖蒲等。

 思考题

1. 花卉生长的温度三基点是什么？根据不同花卉对温度的要求可将花卉分成哪几类？并举出一些典型花卉。

2. 依花卉对光照强度要求的不同可将花卉分为哪几类？并举出一些典型花卉。

3. 依据植物对日长条件的要求可划分为哪几类？举例说明。

4. 依花卉对水分的要求分为几类？举例说明。

5. 不同类型露地花卉生长所需的土壤条件有哪些？

推荐阅读书目

中国花经．陈俊愉，程绪珂．上海文化出版社，1990．

花卉学．北京林业大学园林系花卉教研室．中国林业出版社，1990．

花卉学．赵祥云，侯芳梅，陈沛仁．气象出版社，2001．

花卉学．赵祥云，陈沛仁，孙亚莉．中国建筑出版社，1996．

单元 4

花卉栽培设施

学习目标 | 【知识目标】
(1)了解温室的作用、种类;
(2)了解温室的特点和设计等;
(3)了解塑料大棚、荫棚等花卉栽培设施;
(4)了解花卉的灌溉设施、加降温设施及栽培容器等花卉栽培设施。
【技能目标】
(1)掌握温室的种类;
(2)掌握各类型温室的特点;
(3)掌握塑料大棚的设计。

【内容提要】本单元介绍花卉的栽培设施,包括温室、塑料大棚、荫棚和其他栽培设施及容器。重点介绍了温室的作用、种类、特点和设计等;简介了其他栽培设施的特点和应用等。随着花卉生产技术的进步,花卉的设施栽培也更加广泛。不同类型的花卉需要不同类型的温室,要根据花卉的生长习性进行温室的设计;除了温室外其他栽培设施如塑料大棚、荫棚、灌溉和加温、降温等设施在花卉栽培中也大量地应用。这些栽培设施的应用可以提高花卉的生产质量,达到周年生产的目的。

4.1 温 室

温室是花卉栽培中最重要的,同时也是应用最广泛的栽培设施,与其他花卉栽培设施(如大棚、荫棚等)相比,它对环境因子的调节和控制能力更强、更全面。

4.1.1 温室栽培的作用

(1)花卉周年生产的需要

人们对于花卉有周年供应的要求,因此,在冬春寒冷季节,在自然条件不适合植物生长的场合,应用温室创造适于植物生长的环境,可在缺花季节供应鲜花,满足市场的需要。

(2)营造环境满足植物生长发育的需要

对热带和亚热带植物而言,它们原产地的气温较高,年温差小,如在温带地区栽培,必须在冬季设置温室以满足对温度的要求。

(3)促成或抑制栽培需要

通常在露地栽培的花卉,在冬季利用温室进行促成栽培,可提早并延长花期。一些原产于温暖地而不能露地越冬的花卉,常利用低温温室来保护越冬,也用于春播花卉的提前播种。

4.1.2　温室发展概况

4.1.2.1　我国近代温室发展概况及存在的问题

20 世纪 50 年代以前，我国一直沿用风障、阳畦、地窖、土温室等简易保温、保湿设施栽培花卉。到 20 世纪 50 年代初才大量应用土温室，后来出现了日光温室以及废热加温温室，并在 60 年代得到很大发展。至 1970 年，全国温室面积达 1330hm²，1978 年达5330 hm²。20 世纪 80 年代，各地温室事业发展很快，在结构设计、设备改进和栽培管理技术各方面都有显著的进展，同时也从国外引进温室超过20hm²。进入 90 年代，也就进入了我国有史以来花卉业发展最快的时期，遍及全国的"花卉热"带起了"洋温室引进热"，至 1997 年，引进温室已达 100hm²，从近几年的应用情况看，美国温室值得借鉴。因为中美两国气候很相似，美国温室较好地解决了"冬季加温，夏季降温"这一顽症，而且其造价和运行成本也较低。

美国独资企业的胖龙温室工程有限公司把降低温室的运行成本融汇到各项技术的引进、开发和设计中，他们在充分消化吸收国际先进技术的基础上，自主开发出适合中国国情的温室，推出的"双层充气薄膜"大大降低了温室的运行成本，目前可提供以玻璃、聚酯板、塑料薄膜为覆盖材料的三大类、十几种温室产品。能够适应从海南到哈尔滨，从华北平原到青藏高原的所有气候条件。

由北京的超越京鹏温室工程公司推出的新型高效节能日光温室，以轻质保温材料作墙体围护，采用计算机优化采光曲线，轻型无柱式钢架桁架，新型复合保温被作覆盖，卷铺机构实现保温被的整体卷放作业，具有结构设计合理、外形美观、采光好、保温性能优越、室内作业方便等突出优点，被同行专家誉为"我国节能日光温室技术的新突破"。使用这样的温室，我国北方广大地区即使冬季不加温，也可以生产出喜温果菜，符合今后的能源发展方向。他们还在现代化连栋温室开发方面，结合中国国情，研制出现代化智能连栋温室系列，还有特色双连栋、三连栋温室、南方型塑料大棚、荫棚等满足了不同地区广大用户的要求。同时因地制宜，根据不同的需要，设计不同结构的新产品，如符合华南沿海地区要求的抗台风的温室等。

总的看来，目前我国花卉生产温室，虽有引进的洋温室，也有利用国外技术改良的温室，但大多数仍是结构较简单，设备较陈旧，生产效率较低的温室，因这些温室能因地制宜，节省能源和投资，故在一定时期内仍有利用价值。为适应花卉产品越来越高的质量要求，温室发展一定会立足国情，逐步实现专业化、现代化。

4.1.2.2　国外温室发展历史概况

17 世纪，当今的"花卉王国"荷兰使用了单斜面玻璃日光温室，这是西方世界最早的温室结构类型。以后随着美洲大陆的移民，温室技术传到了美国。1764 年，美国出现了第一家商业温室。至 20 世纪，随着科学技术日新月异的发展，温室的结构和设备不断完善，机械化、自动化水平日益提高。1949 年，美国加利福尼亚州 Farhort 植物实验室，创建了世界上第一个完全由人工控制环境条件的人工气候室。人工气候室的发明，是温室业划时代的成果，促进了温室花卉产业的不断发展。世界上一些工业比较发达的国家，如荷兰、

图 4-1　北京植物园温室

日本、意大利、美国和英国等，其温室事业发展很快，目前已呈现三大特点，即温室大型化、温室现代化和花卉生产工厂化(图 4-1、图 4-2)。

(1) 温室大型化

其优点为：

① 在结构相同的条件下，温室越大型化，室内温度越稳定，夜间最低温度不太低，白天最高温度不太高，即日夜温差较小。

② 便于机械化操作，实现温室作业机械化。

图 4-2　温室产业化生产

③ 造价低，单位面积的建筑费和设备费都较低。

由于有以上优点，温室建筑有向大型化、超大型化发展的趋向。如荷兰着重发展超大型温室，小的 1 栋 $1hm^2$，中型的 $3hm^2$，大型的 $6hm^2$；而日本由于防风、防雪、寒冷等问题，未发展超大型温室，90% 的温室 1 栋不超过 $0.3hm^2$，70% 为面积 $0.13hm^2$ 左右的轻型钢架和钢木混合结构温室；罗马尼亚在布加勒斯特建有 1 栋 $6hm^2$ 的超大型温室。但是，大型温室常有日照较差和空气流通不畅的缺点，应当注意。

(2) 温室现代化

① 温室结构标准化　根据当地的自然条件、栽培制度、资源情况等因素，设计适合当地条件，能充分利用太阳辐射能的一种至数种标准型温室。构件由工厂进行专业化配套生产。

② 温室环境调节自动化　根据花卉种类在一天的不同时间或不同条件下对温度、湿度及光照的要求，定时、定量地进行调节，保证花卉有最适合的生长发育条件，并用电子

计算机自动控制。目前，日本、荷兰、美国、以色列等发达国家可以根据温室作物的要求和特点，对温室内的诸多环境因子进行自动调控。美国和荷兰还利用温差管理技术，对花卉、果树等产品的开花和成熟期进行控制，以满足生产和市场的需要。研究的现状正朝着完全自动化和无人化方向发展。此外，对自动化温室环境优化控制研究正在进行。日本还利用传感器和计算机技术，进行多因素环境远距离控制装置的开发；英国伦敦大学农学院研制的温室计算机遥控技术，可以观测 50km 以外温室内的光、温、湿、气、水等环境状况，并进行遥控。此外，英国农业部正在一些农业工程研究所里进行温室环境(温室小气候、温、光、湿、通风、二氧化碳、施肥等)与植物生理、温室自动控制技术研究。

③ 栽培管理机械化　灌溉、施肥、中耕及运输作业等，都应用机械化操作。

④ 栽培技术科学化　温室现代化本身就要求我们对花卉的生态习性有更深一步的认识。花卉在不同季节、不同发育阶段、不同气候条件下，对各种生态因子的要求都有一整套具体指标。一切栽培管理都按栽培生理指标进行。温度、光照、水分、养分及二氧化碳的补充等措施都要根据当时测定的数据进行科学管理。温室环境条件的调节和控制已经由一般的机械化、电气化发展到电子计算机控制，并生产了专门适用于温室管理的园艺电子计算机。可以控制温室的小气候，控制温室附设的各种设备，进行远距离操纵。做到节省人力，提高效率，及时精确管理，创造更稳定、更理想的栽培环境。

(3) 花卉生产工厂化

1964 年在维也纳建成了世界上第一个绿色工厂，主要种植花卉。这条"植物工业化连续生产线"采用三维式光照系统，植物用营养液栽培，室内温度、湿度、营养液和水分的供给，二氧化碳的补充等均自动监测和控制。

这种"植物工业化连续生产线"具有许多优点：

① 应用范围广，可生产花卉、蔬菜、树苗、青饲料、蘑菇、草莓等多种植物。

② 占地面积小，单位面积产量高(可比露地高 10 倍)。

③ 周年连续均衡生产；厂房是密闭的，并采用无土栽培方式，通常不用杀虫剂，所以产品基本没有污染。

④ 操作机械化、自动化，节省人工。

⑤ 连续生产供应市场，产品有良好的新鲜度。

⑥ 建于消费中心地带，可减少贮存运输的消耗和损失。

⑦ 大大缩短生产周期。如树苗，在常规栽培下 3 年的生长量，这里 1 年即可达到。

这种绿色工厂不用日光能，全靠人工光照，能源消耗很大，被称为第二代人工气候室(相对于美国 1949 年创建的人工气候室而言)。后来进行改进，采用了自然光照系统，称为第三代人工气候室。20 世纪 90 年代中期发展起来的活动屋面温室，在国际上发展速度很快，通过对屋面的卷起、折叠或推向一边(有的温室侧墙也可卷起)，保证获得最大的通风量，使室内保持适中的温度和湿度。同时，关闭的屋面又可保证作物免受极端气候的影响及雨雪、冰雹的危害。该设施最大程度地利用了外界光、热等资源，从而大大降低了运行费用，并能改善温室的适用性。其最大特点是灵活的屋面系统，屋面柔性覆盖材料能满足方便卷放和易于折叠的功能要求。瑞典研制开发的增强编织复合塑料膜和防雨复合塑料膜，具有很高的抗拉强度和良好的柔韧性。

4.1.3 温室的种类

温室的种类很多，通常依据温室应用的目的、栽培用途、温度、植物种类、结构形式及设立的位置等区分。

4.1.3.1 依应用目的而区分

(1) 观赏温室

这种温室专供陈列观赏花卉之用，一般建于公园及植物园内，外形要求美观、高大，以吸引和便于游人观赏、学习。如上海植物园的展览温室和北京植物园的温室等。在一些国家更设有大型的温室，内有花坛、草坪、水池、假山、瀑布等，冬季供游人游览，特称"冬园"。如美国宾夕法尼亚州的长木(Longwood)花园的大温室花园即属此类。

(2) 生产栽培温室

以花卉生产栽培为主，建筑形式以符合栽培需要和经济实用为原则，不追求外形美观与否。一般建筑低矮，外形简单，热能消耗少，室内生产面积利用充分，有利于降低生产成本。如各种日光温室和连栋温室等。

(3) 繁殖温室

这种温室专供大规模繁殖之用，温室建筑多采用半地下式，以便维持较高的湿度和温度。

(4) 促成或抑制栽培温室

供温室花卉催延花期，保证周年供应使用。要求温室具有较完善的设施，如温度和湿度调节、加光、遮光、增施二氧化碳等。

(5) 人工气候室

人工气候室室内的全部环境条件，皆由人工控制。一般供科学研究用，可根据实际需要调节各项环境指标。现在的大型自动化温室在一定的意义上已经成为人工气候室。

4.1.3.2 依温度而区分

(1) 低温温室

室温保持在 $3 \sim 8 \, ^\circ\text{C}$，用于保护不耐寒植物越冬，也作耐寒性草花栽培。夜间应保持在 $3 \sim 5 \, ^\circ\text{C}$。如瓜叶菊、报春花、紫罗兰、小苍兰、倒挂金钟等一般在低温温室中生长良好。

(2) 中温温室

室温保持在 $8 \sim 15 \, ^\circ\text{C}$，用来栽培亚热带植物及对温度要求不高的热带花卉。夜间温度需要 $8 \sim 10 \, ^\circ\text{C}$ 以上。如仙客来、香石竹、天竺葵等适于在中温温室中生长。

(3) 高温温室

室温在 $15 \, ^\circ\text{C}$ 以上，也可高达 $30 \, ^\circ\text{C}$ 左右，主要栽培热带植物，也用于花卉的促成栽培。夜间温度 $10 \sim 15 \, ^\circ\text{C}$。如筒凤梨、变叶木、发财树等需在高温温室中生长。

4.1.3.3 依栽培植物而区分

植物种类不同，对温室环境条件有不同的要求，常依一些专类花卉的特殊环境要求，分别设置专类温室，如棕榈科植物温室、兰科植物温室、蕨类植物温室、仙人掌科和多浆植物温室、食虫植物温室等。

4.1.3.4 依建筑形式而区分

温室的形式决定于观赏或生产栽培上的需要。观赏温室的建筑形式很多，有方形、多角形、圆形、半圆形及多种复杂的形式等，尽可能满足美观上的要求，屋面也有部分采用有色玻璃的。栽培温室的形式只要求满足栽培上的需要，通常形式比较简单，基本形式有4类(图4-3)。

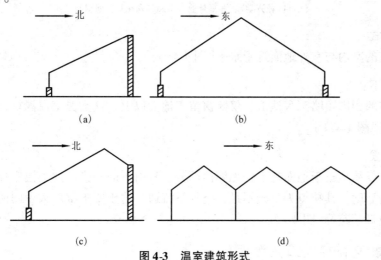

图 4-3 温室建筑形式

(a)单屋面温室　(b)双屋面温室　(c)不等屋面温室　(d)连栋式温室

(引自《花卉学》，北京林业大学园林系花卉教研组)

(1)单屋面温室

温室屋顶只有一向南倾斜的玻璃屋面，其北面为墙体[图4-3(a)]。

(2)双屋面温室

温室屋顶只有2个相等的玻璃屋面，通常南北延长，屋面分向东、西两方，但也偶有东西延长的[图4-3(b)]。

(3)不等屋面温室

温室屋顶具有2个宽度不等的屋面，向南一面较宽，向北一面较窄，两者的比例为4:3或3:2[图4-3(c)]。

(4)连栋式温室

连栋式温室又名连续式温室，由相等的双屋面或不等屋面温室借纵向侧柱或柱网连接起来，相互通连，可以连续搭接，形成室内串通的大型温室[图4-3(d)]。

4.1.3.5 依温室设置的位置而区分

以温室在地面设置的位置可分为3类（图4-4）：

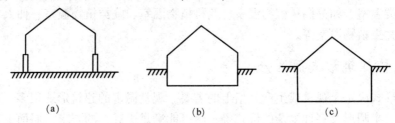

（a）　　　　　　　　　（b）　　　　　　　　（c）

图4-4　温室设置位置

（a）地上式　（b）半地下式　（c）地下式

（引自《花卉学》，北京林业大学园林系花卉教研组）

(1) 地上式

这类温室的室内与室外地面近于水平［图4-4(a)］。

(2) 半地下式

这类温室的四周短墙深入地下，仅侧窗留于地面以上。这类温室保温好，且室内可维持较高的湿度［图4-4(b)］。

(3) 地下式

该类温室仅屋顶露于地面之上，无侧窗部分，只由屋面采光。此类温室保温最好，也可保持很高的湿度。其缺点为日光不足，空气不流通，适于要求湿度大及耐阴的花卉，如蕨类植物、热带兰花等［图4-4(c)］。

4.1.3.6 依是否有人工热源而区分

由维持温室温度的方法不同分为以下两种。

(1) 不加温温室

不加温温室也称为日光温室或冷室，利用太阳辐射来维持室内温度，冬季保持0℃以上的低温。通常作为低温温室来应用。

(2) 加温温室

这类温室除利用太阳辐射外，还采用烟道、热水、蒸汽、电热等人为加温的方法来提高温室温度。中温温室与高温温室多属此类。

4.1.3.7 依建筑材料而区分

(1) 木结构温室

结构简单，屋架及门窗框等都为木制。所用木材以坚韧耐久、不易弯曲者为佳。木结构温室造价低，但使用几年后，温室密闭度常降低。使用年限一般为15~20年。

(2) 钢结构温室

柱、屋架、门窗框均用钢材制成，坚固耐久，可建筑大型温室。用料较细，遮光面积较小，能充分利用日光。缺点是造价较高，容易生锈，由于热胀冷缩常使玻璃面破碎。一般可用20～25年。

(3)钢木混合结构温室

此种温室除中柱、桁条及架用钢材外，其他部分都为木制，由于温室主要结构应用钢材，可建较大的温室，使用年限也较久。

(4)钢铝混合结构

温室柱、屋架等采用钢制异形管材结构，门窗框等与外界接触部分是铝合金构件。这种温室具有钢结构和铝合金结构二者的长处，造价比铝合金结构的低，是大型现代化温室较理想的结构。

(5)铝合金结构温室

结构轻、强度大，门窗及温室的结合部分密闭度高，能建大型温室。使用年限很长，可用25～30年。但是造价高，是国际上大型现代化温室的主要结构类型之一。荷兰此种结构温室应用较多。

4.1.3.8 依屋面覆盖材料而区分

(1)玻璃温室

这是指以玻璃为屋面覆盖材料。有为了防雹使用钢化玻璃的。玻璃透光度大，使用年限久。

(2)塑料温室

设置容易，造价低，更便于用作临时性温室，近20年来应用极为普遍。形式多为半圆形或拱形，也有采用双屋面等形式的。另外，用玻璃钢(丙烯树脂加玻璃纤维或聚氯乙烯加玻璃纤维)可建大型温室。在日本应用较为广泛。目前国际上大型现代化温室多用塑料板材(玻璃纤维塑料板、聚氯乙烯塑料板、丙烯硬质塑料板等)覆盖。

4.1.4 各类温室的特点

依建筑形式作为分类依据的各类温室，其特点分述如下。

(1)单屋面温室

这种温室仅有一向南倾斜的玻璃屋面，构造简单，小面积温室多采用此种形式。一般跨度3～6m，玻璃屋面倾斜角度可较大，以便充分利用冬季和早春的直射光线；温室北墙可以阻挡冬季的西北风，温度容易保持。通常北墙高270～350cm，前墙60～90cm，前墙不宜过高，否则会遮挡光线，通常以栽培种类的高矮而定。如植株较矮，且要定植于地床者，前墙以矮为宜，所以也有前墙全部改为玻璃窗者；栽培植株低矮的盆花，而放置于植物台上者，则可较高。这种温室以光线充足、保温良好、建筑容易为其优点，但其光线仅自南面一面射入，因此植株有向南一面弯曲的缺点，尤其对生长迅速的花卉种类，如草花影响较大，要经常进行转盆，以调整株态，而对木本花卉影响较小。

(2)不等屋面温室

由于南北两屋面不等，向南一面较宽，日光自南面照射较多，因此室内植物仍有向南弯曲的缺点,但比单屋面温室稍好。北向屋面易受北风影响,保温不及单屋面温室,南向屋面的倾斜角度一般为28°～32°,北向屋面为45°。前墙高60～70cm,后墙高200～250cm,一般室宽为500～800cm,宜于小面积温室用。此类温室北墙高南墙低,而南向的屋面倾斜角度较北向的屋面为小,因此,在建筑上及日常管理上都感不便,一般较少采用。

(3)双屋面温室

这种温室因有向东、向西两个相等的玻璃屋面,因此,室内有均匀的光照,植物没有弯向一面的缺点。通常建筑较为宽大,一般跨度600～1000cm,也有达1500cm。宽大的温室具有很大的空气容积,当室外气温变化时,温室内温度和湿度不易受到影响,有较大的稳定性,但温室过大时有通风不良之弊。双屋面温室四周短墙的高度,在高设栽培床时,高60～90cm;在低设栽培床时,高40～50cm。此种温室玻璃屋面倾斜角度较单屋面式为小,一般为28°～35°,由于玻璃屋面较大,散热较快,所以必须有完善的加温设备。

(4)连栋式温室

双屋面温室由于建筑设计上的限制,不宜过大。如为玻璃屋面,宽度不宜超过1000cm,长度不要超过5000cm,即面积不宜大于500m^2。若为合成树脂屋面者,宽度可增大至1500cm,即面积可增至750m^2。若需要面积再大就应选用连栋式。国际上大型、超大型温室皆属此式,大的一栋面积可达6hm^2。

连栋式温室可以使用简单的屋架结构,造价较低,加温容易,温度也比较容易维持。就一般情况看,对花卉和花木类的栽培尚为适宜。在冬季多降大雪的地区,不宜采用,因为屋面连接处大量积雪容易发生危险。

现代化的连栋式温室土地利用率高,内部作业空间大,每日有充足的阳光直射,自动化程度较高,内部设备配置齐全,便于机械化操作和工厂化生产。内部配置上的设备一般包括自然通风系统、强制通风系统(湿帘/风扇降温系统)、加温系统、外遮阳系统、内保温遮阴系统、灌溉系统、施肥泵系统、二氧化碳施肥系统、苗床系统、补光系统、计算机控制系统、防虫网系统等。

4.1.5　温室设计

(1)温室设计的基本要求

设计温室的基本依据是栽培花卉的生态要求。温室设计是否科学和实用,主要是看它能否最大限度地满足栽培花卉的生态要求。也就是说,要求温室内的主要环境因子,如温度、湿度、光照、水分等都要符合栽培花卉的生态习性。不同的花卉,生态习性不同,如多浆植物,喜强光、耐干燥,而蕨类植物则喜庇荫又潮湿的环境。同时栽培花卉在不同生长发育阶段,对环境也有不同的要求。

因此,要求温室设计者对各类花卉的生长发育规律和不同生长发育阶段对环境的要求有确切的了解,充分运用建筑工程学等学科的原理和技术,才能获得较理想的设计效果。所以说,温室设计实际上是建筑工程学和花卉栽培学密切结合的产物。

另外,温室设计要考虑到符合使用地区的气候条件,不同地区气候条件各异,温室性能只有符合使用地区的气候条件,才能充分发挥其作用。如我国南方夏季潮湿闷热,若温室设计成无侧窗，用冷湿帘加风机降温，则白天温室温度会很高，难以保持适于温室植物生长的温度，不能进行周年生产。再如昆明地区，四季如春，只需简单的冷室设备即可进行一般的温室花卉生产，若设计成具有完善加温设备的温室，则完全不适用。因此，要根据温室使用地区的不同气候条件，设计和建造温室。

（2）设置地点的选择

温室设置的地点，必须有充足的日光照射，不可有其他建筑物及树木的遮阴，否则光照不足有碍植物的生长发育。在温室的北面和西北面宜有防风屏障，最好北面有山，或有高大建筑物及防风林等，以防寒风侵袭，形成温暖的小气候环境。要求土壤排水良好，地下水位较低之处，因温室加温设施通常在地面以下，而且有些温室建筑采用半地下式，如地下水位高则难以设置，日常管理及使用也较困难。

在选择地点时还应注意水源便利、水质优良、交通方便。

（3）温室的排列

在规划各温室地点时，应首先考虑避免温室之间互相遮阴，但不可相距过远，过远不仅工作不便，而且对防风、保温不利，还因延长铺设管线，增加设备投资和能源消耗。

因此，在互不遮阴的前提下，温室间的距离越近越有利。温室间的合理距离决定于温室的高度及各地纬度的不同。当温室为东西向延长时，南北两排温室间的距离通常为温室高度的 2 倍；当温室为南北向延长时，东西两温室之间的距离应为温室高度的 2/3。当温室高度不等时，其高的应设置在北面，矮的设置在南面，工作室及锅炉房应设在温室的北面或东西两侧。若要求温室设施比较完善，建立连栋式温室较为经济实用，温室内部可区分成独立的单元，分别栽培不同的花卉。

（4）玻璃屋面倾斜度的确定

太阳辐射热是温室基本热量的来源之一，温室屋面角度的确定是能否充分利用太阳辐射能和衡量温室性能优劣的重要标志。如单屋面温室太阳辐射热的吸收主要是通过向南倾斜的玻璃面吸收的，而吸收太阳辐射热的多少，取决于太阳的高度角和向南玻璃屋面的倾斜角度。

太阳高度角在一年之中是不断变化的，在北半球冬季以冬至（12 月 22 日）的太阳高度角为最小，此时气温最低。所以，通常以冬至中午太阳高度角来确定玻璃屋面倾斜角度。

我国不同纬度的地区，冬至中午太阳高度角不同，太阳的辐射强度也有差别。当太阳光射向玻璃屋面的投射角为 90°时，其辐射强度最大。以河南洛阳为例，冬至中午太阳高度角约为 31°，若投射角为 90°，则玻璃屋面的倾斜角应为 60°，但在温室结构上不易处理。所以在设计温室时，既要尽量考虑多吸收太阳辐射热，又要处理好温室结构。一般投射角以不小于 60°为宜。如洛阳地区，南向玻璃屋面的倾斜角应不小于 30°最理想。其他地区可根据此原理做相应的处理。

东西向温室玻璃面的倾斜角不论其倾斜度大小，太阳投射玻璃面的投射角与水平面相同，所以中午前后室温低于南向温室的温度。因此，在设计时可按一般工程建筑处理，保持 26°～30°即可。

4.2 塑料大棚

塑料大棚是花卉栽培及养护的主要设施之一，可以用来代替低温温室。由于塑料薄膜有良好的透光性，白天阳光能透过薄膜照到土壤上，地温可提高3℃左右，夜间气温下降时，因薄膜又具有不透气性，使热气散发减少，起到保温作用。在春季气温回升，昼夜温差大时，塑料大棚增温效果更为明显。如早春月季、唐菖蒲、晚香玉等，在棚内生长比露地生长可提早15~30d开花，晚秋时又可延长1个月花期。

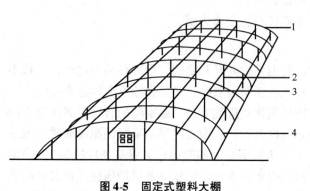

图4-5 固定式塑料大棚
1. 拱杆 2. 立柱 3. 拉杆 4. 压杆

4.2.1 塑料大棚类型

(1)固定式塑料大棚

利用钢材、木料、水泥预制件作骨架，其上盖一层塑料薄膜，这种形式称为固定式塑料大棚。其规格有单栋大棚、连栋大棚等，其结构由立柱、拱杆、拉杆、压杆、薄膜、压杆拉线、门窗等组成。目前国内已有生产定型大棚，骨架配套，可长期固定使用。不需拆卸，薄膜2~3年更换一次(图4-5)。

(2)简易式塑料大棚

利用轻便器材如竹竿、木棍、钢筋等，做成半圆形或屋脊形等支架，然后罩上塑料薄膜，就成了简易式塑料大棚，多用于扦插育苗及盆花越冬等使用，用后即可拆除。

上述形式不论哪种，一般出入门留在南侧，薄膜之间连接牢固，接地四周用土压紧，以保持棚内温度，免遭风害。天热时可揭开薄膜通风换气。大棚拆除后，土地仍可继续栽培花卉。

对于温度、湿度要求较高的播种、扦插育苗，还可在大棚内设置塑料小拱棚，以起到增温保湿的效果。

4.2.2 塑料大棚设计

(1)建造场地的选择

棚址宜选在背风、向阳、土质肥沃、便于排灌、交通方便的地方。棚内最好有自来水设备。

(2)大棚的面积概算

从光、温、水、肥、气等因素综合考虑，江苏一带单栋式大棚面积一般以300 m² 左右较为有利。当然，不同种类的花卉，对环境要求也不同，大棚的长、宽、高、面积可酌情变动。连栋式大棚较少用，因为不利于各种栽培环境因素的调节。

（3）大棚的方向设置

从光照强度及受光均匀性方面考虑，大棚一般多按南北长、东西宽的方向设置。

（4）棚间距离的确定

集中连片建造大棚，又是单栋式结构时，一般两棚之间要保持 2m 以上的距离，前后两排距离要保持 4m 以上。当然，也可依棚高等因素酌情确定。总之，以利于通风、作业和设排水沟渠、防止前后排遮阴为原则。

4.3　荫　棚

荫棚也是花卉栽培必不可少的设备。大部分温室花卉夏季移出温室后，都要置于荫棚下养护。一部分露地栽培的切花花卉也需要在荫棚下栽培才能保证切花质量。夏季扦插和播种也需要在荫棚下进行。

温室花卉使用的荫棚一般是永久性的，多设在温室近旁不积水而通风良好的地方。用钢管或水泥柱构成主架，一般高度为 2 ~ 2.5m，棚架上覆盖竹帘、苇帘或遮阳网等进行遮阴。同时根据不同花卉耐阴程度调整覆盖的密度。有的地方采用葡萄、凌霄等藤本植物作荫棚，也比较经济实用。在荫棚的东西两端还要设荫帘，避免上下午太阳光射入荫棚内。永久棚架下一般设置花台或花架，温室的盆花放在台架上最好，如果要放置在地面，应在地面上铺煤渣或粗沙以便排水，也可防止下雨泥水溅污花盆和枝叶。

切花栽培使用的荫棚多为临时性的。一般多用木材作立柱，棚上用铁丝拉成格，然后覆盖遮阳网。遮阴程度通过选用不同规格的遮阳网即能调整。设置临时性荫棚对切花轮作栽培有利，可根据切花地块变更而拆迁。夏季扦插和播种床所用荫棚也是临时性的，一般比较低矮，高度为 50 ~ 100cm。用木棒支撑，以竹帘或苇帘覆盖。在扦插未生根或播种未出芽前可覆盖厚些；当开始生根或发芽时可减少覆盖物；等根发出，苗出齐后可全部拆除。

4.4　其他栽培设施与栽培容器

4.4.1　灌溉设施

（1）漫灌

漫灌是我国农业上传统的灌溉方式。漫灌系统由水源、动力设备和水渠组成，设备比较简单。灌溉时由水泵将水提至水渠，然后分流至各级支渠，最后送至田间。一般是大水漫灌，水面灌满种植畦。目前仍有部分切花生产者沿用这种灌溉方式。

用这种方式灌溉，一方面，无法准确测量田间需水量，也无法有效地控制灌水量；另一方面，当水源通过各级水渠时，渗漏损失严重。因此，这种灌溉方式水资源利用率最低。此外，漫灌方式由于水流浸透整个表土层，在一定时间内，水分充满了所有毛细管，而将其中的空气排出，使花卉处于缺氧状态，无法进行呼吸，影响花卉的正常生长发育。这种缺氧状态对土壤微生物的繁衍亦极为不利。若长期使用这种灌溉方式，表土层会逐渐变得板结，土壤通透性越来越差，对花卉和土壤微生物均十分有害。

（2）滴灌

滴灌是现代花卉栽培广泛采用的灌溉方式。标准滴灌系统应包括水源(要有一定的压力)、过滤器、肥料注入器、输入管道、滴头和控制器等。使用滴灌系统进行灌溉，水分在根系周围的分布情况与漫灌时的情况大不相同。滴灌时水分仅浸透根系主要分布的局部土壤，保证该区域水分的稳定供应，有效地避免了土壤板结，大大降低了土壤表面蒸发的损失(图4-6)。

图4-6 月季栽培滴灌

此外，滴灌常与施肥结合进行，大大提高了肥料的利用率。如胖龙温室工程有限公司生产的滴灌设备与水流驱动水肥混合泵配套使用，使施肥实现了自动定量化。先锋园艺率先引进的适合中国国情的先进的 D－M 自动滴灌系统，控制概念先进，水肥配比和供给的每一个环节、每一个过程都由一套完整的程序来控制，为中国花卉产品标准化生产提供了条件。

（3）喷灌

与滴灌相仿，喷灌也是现代花卉栽培多用的灌溉方式。其优点在于：水量可以较为准确地控制，节约用水，灌溉均匀；可以增加空气湿度，具有一定的降温作用。

喷灌系统的原则是：喷水速率略低于基质的渗水速率；每次喷水量应等于或略小于基质最大的持水量，只有这样才能避免水资源的浪费和土壤结构的破坏。

喷灌系统有两种形式：移动式和固定式。移动式喷灌的喷水量、喷灌时间和两次喷灌之间的间隔时间等均能自动控制，且使用方便，故温室花卉栽培中常被采用。相比之下，固定式喷灌的设施较简单。

另外，目前生产上广泛采用的全光照自动间歇喷雾装置，能自动控制喷雾次数，在花卉扦插育苗中多采用。

4.4.2 加温设施

（1）**热水加温**

通过锅炉加热，将热水送至热水管，再通过管壁辐射，使室内温度增高。这种加温方法温度均衡持久，缺点是费用大。若能利用附近工厂中冷却排出的废热水，不失为一种较为经济的加温方法。

（2）蒸汽加温

利用蒸汽锅炉发生的蒸汽加热，热量分布均匀，能迅速提高室温，较适应大型的温室。缺点是停火后散热器冷却快，不易经常维持室温的均衡。其设备费用较高，耗燃料也较多。

（3）电热加温

电热加温是一种比较灵活方便的方法，它是采用电加热元件对温室内空气进行加温或将热量直接辐射至植株上。可根据加温面积的大小，相应采用电加温线、电加温管、电加温片、电加温炉等。但由于电耗费大，难以大面积推广使用（图4-7）。

图 4-7　电热加温

（4）热风机加温

近几年，在花卉温室栽培中，多采用热风机加温，其主要燃料为柴油、天然气或液化气，故分别称为燃油热风机或燃气热风机，主要是利用燃料在燃烧室中燃烧产生巨大的热量，将机内空气加热，再由强排风机将热空气排出，通过强制室内空气循环使热量分配到温室内各处，而起到加温效果。有些较先进的加温机，如意大利产倍利加温机，在机内加装了热能交换器，使燃烧器内的热量不是直接送入空气中，而是通过交换器与空气进行热量交换，再由强排风机送出，使热效率达到90％，从而可节省大量燃料。与其他加热方式相比，热风机具有安装操作方便，初装和运行成本低，热利用率高的优点（图4-8）。

图 4-8　热风机

4.4.3 降温设施

(1) 通风窗降温

我国传统的温室(如单屋面温室)中,一般没有完善的降温系统,仅在温室的顶部、侧方和后墙设置通风窗,当气温升高时,将所有通风窗打开,以通风换气的方式达到降温的目的。通风窗降温法无能量的损耗,但其降温效果不够理想。

(2) 排风扇和水帘降温

现代化的温室,具有高效的降温系统,一般由排风扇和水帘两部分组成。排风扇装于温室的一端(一般为南端),水帘装于温室的另一端(一般为北端)。水帘由一种特制的"蜂窝纸板"和回水槽组成。启动后,冷水由上水管经"蜂窝纸板"缓缓下流,由回水槽流入缓冲水池。另一端的排风扇同时启动,将热空气源源不断地排出室外。如此,经过水冷的空气进入温室,吸收室内热量之后,又被排出室外,从而有效地降低了温室内的温度,同时增加了空气的湿度(图4-9)。

图4-9　连栋温室的排风装置

(3) 微雾降温

微雾降温法是当今世界上最新的温室降温技术。其降温原理是:利用多功能微雾系统,将水以微米级的雾滴形式喷入温室,使其迅速蒸发,利用水蒸发潜热大的特点,大量吸收空气中的热量,然后将湿热空气排出室外,从而达到降温目的。

微雾降温法的降温成本较低,降温效果明显,降温能力一般在 $3 \sim 10 ℃$,对自然通风温室尤为适用。

4.4.4 栽培容器

花盆是花卉栽培中广泛使用的栽培容器,其种类很多,通常依质地和使用目的分类。

4.4.4.1 依质地分类

(1) 素烧盆

素烧盆又称瓦盆,以黏土烧制,有红盆及灰盆两种。虽质地粗糙,但排水良好,空气流通，适于花卉生长，价格低廉，一般常用。素烧盆通常为圆形，大小规格不一，最常用的盆口直径与盆高大致相等。根据栽培种类不同，其要求最适宜的深度不一，如杜鹃花盆、球根花卉盆较浅，牡丹盆与蔷薇盆较深，播种与移苗用浅盆，一般深 8～10cm。最小口径为 7cm，最大不超过 50cm。通常盆径在 40cm 以上时因瓦盆易破碎而多用木盆，这一类大素烧盆边缘有时需加厚，有一明显的盆边，盆底设有排水孔，以排除多余水分。

(2) 陶瓷盆

陶瓷盆有两种，一种叫素陶盆，用陶泥烧制而成，有一定的排水、通气性；另一种叫釉陶盆，即在素陶盆的外面加一层彩釉，精致美观，主要产于广东及江苏宜兴。陶瓷盆多由白色高岭土烧制而成，上涂彩釉，质地细腻，加工精巧，以江西景德镇产品最受欢迎。釉陶盆和陶素瓷盆外形美观，但透气性差，不宜花卉栽培，一般作套盆或作短期观赏使用。陶瓷盆除圆形外，也有方形、菱形、六角形等。

(3) 紫砂盆

紫砂盆以江苏宜兴产品为最好，河南、山西也生产，形式多样，造型美观，透气性能稍差，多用来养护室内名贵盆花及栽植树桩盆景。

(4) 木盆或木桶

素烧盆如过大时容易破碎，因此，当需要用 40cm 以上口径的盆时，多采用木盆。木盆形状仍以圆形较多，但也有方形的，盆的两侧应设把手，以便搬动。木盆形状也应上大下小，以便于换盆时能倒出土团。盆下应有短脚，否则需垫以砖石或木块，以免盆底直接放置地上而腐烂。木盆用材宜选材质坚硬而不易腐烂的材料，如红松、栗、杉木、柏木等，且外部刷以油漆，既防腐，又美观，内部应涂以环烷酸铜以防腐，盆底需设排水孔，以便排水，此种木盆多用于花木盆栽。装饰用盆也多为木制，其形式很多，以长方形为主。

(5) 塑料盆

塑料盆质轻而坚固耐用，可制成各种形状，色彩也极为丰富，是国外大规模花卉生产常用的容器，国内也应用较多。水分、空气流通不良为其缺点，应注意培养土的物理性状，使之疏松通气，以克服此缺点。在育苗阶段，常用小型的软质塑料盆，使用方便。

(6) 纸盆

纸盆仅供培养幼苗之用，特别用于不耐移植的种类，如香豌豆、香矢车菊等在定植露地前，先在温室内纸盆中进行育苗。

4.4.4.2　依使用目的分类

(1) 水养盆

水养盆专用于水生花卉盆栽之用，盆底无排水孔，盆面阔大而较浅，形状多为圆形。此外，室内装饰的沉水植物，则应采用较大的玻璃槽，以便观赏。球根水养用盆多为陶制或瓷制的浅盆，如我国常用的"水仙盆"。风信子也可采用特制的"风信子瓶"，专供水养之用。

（2）兰盆

兰盆专用于气生兰及附生蕨类植物的栽培，其盆壁有各种形状的孔洞，以便流通空气。此外，也常用木条制成各种式样的兰筐以代替兰盆。

（3）盆景用盆

盆景用盆，根据用途分为两大类，即树木盆景和山水盆景用盆，树木盆景用盆盆底有排气孔，形状多样，色彩也很丰富；山水盆景用盆盆底无孔，均为浅口盆，形状单一。

盆景用盆除紫砂陶盆、釉陶盆、瓷盆外，还有石盆、水泥盆等。石盆采用汉白玉、大理石、花岗岩等加工而成，多见于长方形、椭圆形浅盆，适于制作山石盆景。

 思考题

1. 温室栽培有哪些作用？

2. 目前温室发展所呈现的三大特点是什么？

3. 如何设计温室？

4. 温室加温和降温方法有哪些？

5. 花卉的主要栽培设施有哪些？

 推荐阅读书目

中国花经. 陈俊愉，程绪珂. 上海文化出版社，1990.

园林花卉学（第3版）. 刘燕. 中国林业出版社，2016.

花卉学. 赵祥云，侯芳梅，陈沛仁. 气象出版社，2001.

花卉学. 赵祥云，陈沛仁，孙亚莉. 中国建筑出版社，1996.

单元 5

花卉繁殖与栽培

学习目标

【知识目标】

(1)了解露地花卉繁殖和栽培方法；

(2)了解温室花卉繁殖和栽培方法；

(3)了解现花卉代化育苗特点及方法；

(4)了解无土栽培的特点及方法。

【技能目标】

(1)掌握一、二年生花卉的繁殖及栽培方法；

(2)掌握宿根花卉的繁殖及栽培方法；

(3)掌握球根花卉的繁殖及栽培方法；

(4)掌握花卉现代化育苗方法；

(5)掌握无土栽培的特点和方法。

【内容提要】本单元重点介绍各类露地花卉和温室花卉的繁殖和栽培方法及要点；现代化的育苗和无土栽培的特点和方法。露地花卉中一、二年生花卉、宿根花卉、球根花卉、水生花卉和草坪的繁殖和栽培是根据各自的特点采用不同的方法；温室花卉在繁殖和栽培中除了常规的温室管理外，也需要"因花而异"。现代化的育苗技术包括穴盘育苗和无土栽培，需要一定的设备条件，但是同时也可以提高花卉的品质。

5.1　露地花卉繁殖与栽培

5.1.1　一、二年生花卉

5.1.1.1　习性

　　几乎所有的一、二年生花卉均为喜光花卉，要求在全光照下生长，只有少数种类略能耐半阴。对土壤要求不严，除砂土及重黏土外，其他土质均可适应，但以土壤表土深厚、地下水位较高、干湿适中，富含有机质的土壤为宜。大多数要求中性土壤，少数种类可适应强酸性或碱性土壤。

5.1.1.2　繁殖

(1)播种繁殖

　　播种繁殖是雌雄两配子结合形成种子而培育成新个体的方法。用播种方法获得的幼苗叫实生苗。播种繁殖有许多优点：种子便于贮藏和运输；播种操作简单，在短时期内能获得大量植株；种子繁殖的后代生命力强，寿命长；可以提供无病毒的植株，目前认为种子不能传播病毒。

　　但种子繁殖也有其缺点，如异花授粉的花卉若用播种繁殖，其后代容易发生变异，易出现性状分离，不易保持原品种的优良种性。所以实际应用中多用杂交一代种子繁殖育苗，能获得优良且整齐一致的观赏性状，但是每年都得用新种，且往往不能自己留种繁殖。

① 种子的来源　种子来源最大的 3 条途径分别为采收、购买和交换。

花卉种子的采收，要根据果实的开裂方式、种子的着生部位以及种子的成熟度等进行，如对于蓇葖果、荚果、角果等容易开裂的花卉种类，宜在开裂前于清晨空气湿度较大时采收；对种子陆续成熟的花卉种类，宜分批采收；对种子不易散落的、果实不开裂的花卉种类，可在全株种子大部分成熟时，整株拔起晾干脱粒，之后干燥处理，使其含水量下降到一定标准后贮藏。

购买是指本单位没有而向外单位或种子公司购买，交换是指外单位有本单位需要的种子，而本单位正好也有外单位需要的种子，便可进行种子交换。

② 种子的寿命　花卉的种类不同，其种皮构造、种实的化学成分也不一样，寿命的长短也不同。影响种子寿命的外部环境条件主要有：

湿度：湿度是影响花卉种子寿命的重要因素。大多数花卉种子贮藏时环境相对湿度适宜维持在 30% ~60%。而对大多数木本花卉和水生花卉种子不能过度干燥，否则容易丧失发芽力，如芍药、睡莲、王莲等花卉种子若过度干燥会迅速丧失发芽力。

温度：低温可以抑制种子内部的呼吸作用，延长其寿命。大多数花卉种子经充分干燥后，贮藏在 1 ~5℃的低温条件下为宜。但种子含水量较高的，在低温条件下也容易降低发芽力。

氧气：可以促进种子的呼吸作用，加速种子内部储存物质的分解消耗，使种子寿命降低或丧失。降低氧气含量能延长种子寿命。一些大的种子生产单位或经销单位，通常将种子贮藏在充有氮气、氢气、一氧化碳等气体的环境中，以抑制呼吸作用和种子内部的生理代谢，延长种子寿命和存放时间。

光照：一般花卉种子充分干燥后，不能长时间地暴露于强烈光照条件下，否则会影响种子发芽力和寿命，所以通常将种子存放在阴凉避光的环境中。

③ 种子的贮藏　花卉种子的贮藏条件是保证种子寿命的关键。一般花卉种子应该存放在低温、阴暗、干燥且通风良好的环境里，最重要的是要保持干燥。常见的花卉种子贮藏方法有：

自然干燥贮藏法：主要适用于耐干燥的一、二年生草本花卉种子，经过阴干或晒干后装入袋中或箱中，放在普通室内贮藏。

干燥密封贮藏法：将上述充分干燥的种子，装入瓶罐中密封起来贮藏。

低温干燥密封贮藏法：将上述充分干燥密封的种子存放在 1 ~5℃的低温环境中贮藏，这样能很好地保持花卉种子的生活力。

层积沙藏法：有些花卉种子长期置于干燥环境下，容易丧失发芽力，这类种子可采用层积沙藏法贮藏。即在贮藏室的底部铺上一层厚约 10cm 的河沙，再铺上一层种子，如此反复，使种子与湿沙交互作层状堆积。如牡丹、芍药的种子采后可用层积沙藏法。但一定要注意室内通风良好，同时要注意鼠害。

水藏法：王莲、睡莲、荷花等水生花卉种子必须贮藏在水中才能保持其生活力和发芽力。

④ 种子的发芽条件　无论什么种类的花卉种子，只有在水分、温度、氧气和光照等外界条件适宜时才能顺利发芽生长。当然，对于休眠种子来说，还得首先打破休眠。

水分：花卉种子萌发首先需要吸收充足的水分。不同花卉种子的吸水能力也不尽相同。对于一些种皮较厚、种皮坚硬、吸水困难的种子(通称硬实种子)，通常要在播种前进行刻破、锉伤等预处理，以保证播种后能顺利吸水正常发芽，如美人蕉、芍药、香豌豆等。而万寿菊、千日红等种皮外被茸毛的花卉，播种前最好先去除茸毛或直接播种在蛭石里，以促进吸水保证萌发，提高萌芽率。

温度：花卉种实萌发的适宜温度依种类及原产地的不同而异。一般花卉种子萌芽适温要比生育适温高出 3～5℃。大多数春播一、二年生花卉种子萌芽适温为 20～25℃，秋播花卉则为 15～20℃，而鸡冠花、太阳花等播种期要求 25～30℃的较高温度条件。

例如，一串红发芽适温 20～25℃，10～15d 可发芽，而相同温度条件下百日草需 5～7d 可发芽，万寿菊 5～8d 可发芽；翠菊发芽适温 15～20℃，4～7d 可发芽；鸡冠花发芽适温 24～26℃，7～10d 可发芽。

氧气：没有充足的氧气，种子内部的生理代谢活动就不能顺利进行，因此种子萌发必须有足够的氧气，这就要求大气中含氧充足，播种基质透气性良好。当然，水生花卉种子萌发所需的氧气量是很少的。

光照：大多数花卉种子的萌发对光照要求不严格，但是好光性种子萌芽期间必须有一定的光照，如毛地黄、矮牵牛、凤仙花等；而嫌光性种子萌芽期间必须遮光，如雁来红、黑种草等。

⑤ 播种时期

春播：一年生草花大多为不耐寒性花卉，多在春季播种。我国江南地区约在 3 月中旬到 4 月上旬播种；北方约在 4 月上中旬播种。如北方供"五一"节花坛用花，可提前于 1～2 月在温床或冷床(阳畦)内播种。

秋播：二年生草花大多为耐寒性花卉，多在秋季播种。我国江南多在 10 月上旬至 10 月下旬播种；北方多在 9 月上旬至 9 月中旬播种，冬季入温床或冷床越冬。宿根花卉的播种期依耐寒力强弱而异。耐寒性宿根花卉一般春播秋播均可，或种子成熟后即播。一些要求在低温与湿润条件下完成休眠的种子，如芍药、鸢尾、飞燕草等必须秋播。不耐寒常绿宿根花卉宜春播或种子成熟后即播。

⑥ 播种方法

整地作床：播种前先要选择富含腐殖质的砂质壤土作播种床，对播种床进行整地作畦。因花卉种子较小所以整地要求细致。播种床的土壤应深翻30cm，打碎土块，除去土中的残根、石砾等异物，杀死潜伏的害虫，同时施以腐熟而细碎的堆肥或厩肥作基肥(基肥的施用期最迟在播种前 1 周)，再耙平畦面，做成的苗床土层深度为 30cm，宽 100cm，高 20cm，步道 30～40cm，对一些不宜移植的直根性花卉，如虞美人、花菱草、香豌豆、羽扇豆、扫帚草、牵牛、茑萝等种子直接播到苗床内，以后只进行间苗，不再移植，以免损伤幼苗的主根。

播种方式：根据花卉的种类及种子的大小，可采取撒播法、条播法、点播法 3 种方式。

撒播法　即将种子均匀撒播于床面。此法适用于大量而粗放的种类及细小种子，盆播亦多采用，出苗量大，占地面积小，但在除草时费劳力较多，而且幼苗拥挤病虫害容易发生。为了使撒播均匀，通常在种子内拌入 3～5 倍的细沙或细碎的泥土。撒播时，为使种子易与苗床表土密切接触，在播前对苗床灌水，然后再播。

条播法　种子成条播种的方法。此法用于一般的种类。条播管理方便，通风透光好，有利于幼苗生长。其缺点为出苗量不及撒播法。

点播法　也称穴播，按照一定的行距和株距，进行开穴播种，一般每穴播种2~4粒。点播用于大粒种子播种。此法幼苗生长最为健壮，但出苗量最少。

覆土及覆盖：覆土深度取决于种子大小，就一般标准来说，通常大粒种子覆土深度为种子厚度的3倍左右；细小粒种子以不见种子为宜，最好用0.3cm孔径的筛子筛土。覆土完毕后，在床面上覆盖芦帘或稻草，然后用细孔喷壶充分喷水，每日1~2次，保持土壤湿润。干旱季节，可在播种前充分灌水，待水分充分渗入土中再播种覆土。如此能保持土壤湿润时间较长，又可避免多次灌水致使土面板结。

播后管理：播种后到出苗前后，应经常注意保持土壤的湿润状态，当稍有干燥现象时，应即用细孔喷壶喷水，不可使床土有过干或过湿现象。播种初期可稍湿润一些，以供种子吸水，而后水分不可过多。在大雨期间为防阵雨，应覆盖玻璃窗等物，以免雨水冲击土面。种子发芽出土后，应及时揭去覆盖物，务必使其逐步见光，经过一段时间的锻炼后，才能完全暴露在阳光下，并逐渐减少水分，使幼苗根系向下生长，强大并苗壮成长。

(2) 扦插繁殖

扦插繁殖是植物无性繁殖的方法之一，是利用植物营养器官具有的再生能力和发生不定根、不定芽的习性，切取其茎、根、叶的一部分，插入沙或其他基质中，使其生根和发芽成为新植株的繁殖方法。用这种方法培养的植株比播种苗生长快、开花早，短时间内可育成多数较大的幼苗，并能保持原有品种的优良特性。对不易产生种子的花卉，多采用这种繁殖方法。在露地一、二年生花卉的繁殖中，一般而言都不采用扦插繁殖，但有些花卉如美女樱、波斯菊、一串红、五色草、半支莲、万寿菊等为了保存优良母株性状或种子不足时，常采用扦插繁殖方法，一般常采取生长强健或年龄较幼的母株的枝梢部分为插穗，并保留一部分叶片，并在生长期进行。

5.1.1.3　栽培管理

露地一、二年生花卉对栽培管理条件要求比较严格，在花圃中要占用土壤、灌溉和管理条件最优越的地段。

(1) 整地
可参考播种繁殖的整地。

(2) 间苗
间苗在子叶发生后进行，不宜过迟。间苗即对苗床幼苗去弱留壮、去密留稀，拔去一部分幼苗，使幼苗之间有一定距离，分布均匀，故俗称疏苗。从幼苗出土至长成定植苗应分2~3次进行间苗，每次间苗量不宜大，最后一次间苗称定苗。通过间苗使幼苗都有适当的营养面积，从而生长健壮。间苗同时拔除杂草和杂苗，间苗后需向苗床浇水，使床面幼苗根系与土壤密接。间苗后幼苗在苗床上的密度，每平方米有苗400~1000株。间苗时需注意重瓣性强的苗常生长缓慢。

(3) 移植
经间苗后的花卉幼苗生长迅速，为了扩大营养面积继续培育，还须分栽1~2次，即移植。通常在幼苗具五六枚真叶时进行，苗不宜过大，对于一些较难移植的花卉，应于苗更小时进行。移植时，可采用裸根移植和带土移植，以在水分蒸发量极低时刻进行最适宜，花卉幼苗的株间距15~25cm。幼苗移植后立即向苗床浇1次透水，经3~4d缓苗期后茎叶舒展，此时追施液肥，勤松土、除草，为形成壮苗提供良好的条件。

(4)定植

将具有10~12枚真叶或苗高约15cm的幼苗，按绿化设计的要求定位栽到花坛、花境等绿地里，最后一次移植称定植。一般使幼苗根部带土栽植，利于成活，定植后必须浇足"定根水"。定植时花卉幼苗的株行距，视长成的成龄花株冠幅互相能衔接又不挤压而定，一般一、二年生花卉为30cm×40cm。

(5)施肥

① 肥料的种类及施用量　花卉栽培常用的肥料种类及施用量依土质、土壤肥分、前作情况、气候、雨量以及花卉种类的不同而异。花卉的施肥不宜单独施用只含某一种肥分的单纯肥料，氮、磷、钾3种营养成分，应配合使用，只是在确知特别缺少某一肥分时，方可施用单纯肥料。

② 施肥的方法　花卉的施肥，有基肥和追肥两种。

基肥：一般常以厩肥、堆肥、油饼或粪干等有机肥料作基肥，这对改进土壤的物理性质有重要的作用。厩肥及堆肥多在整地前翻入土中，粪干及豆饼等则在播种或移植前进行沟施或穴施。目前花卉栽培中已普遍采用无机肥料作为部分基肥，与有机肥料混合施用。如一年生花卉基肥每百平方米施用量(kg)：硝酸铵1.2，过磷酸钙2.5，氯化钾0.9。

化学肥料作基肥施用时，可在整地时混入土中，但不宜过深，也可在播种或移植前，沟施或穴施，上面盖一层细土，再行播种或栽植。

追肥：在花卉栽培中，为补充基肥的不足，满足花卉不同生长发育时期对营养成分的需求常进行追肥。一、二年生花卉在幼苗时期的追肥，主要目的是促进其茎叶的生长，氮肥成分可稍多一些，但在以后生长期间，磷钾肥料应逐渐增加，生长期长的花卉，追肥次数应较多。如一年生花卉追肥每百平方米施用量(kg)：硝酸铵0.9，过磷酸钙1.5，氯化钾0.5。

(6)灌溉

小面积可用喷壶、橡皮管引自来水进行喷灌；大面积则可采用抽水机抽水、沟灌法、滴灌法、喷灌法等。灌水量及灌水次数，常依季节、土质及花卉种类不同而异，一、二年生花卉容易干旱，灌溉次数应多。

(7)中耕除草

因幼苗移植后不久，大部分土面暴露于空气中，土壤极易干燥，而且易生杂草，在这期间，中耕应尽早而且及时进行。幼苗渐大，根系已扩大于株间，这时中耕应停止。否则根系易切断，使生长受阻碍。幼苗期间中耕宜浅，随苗生长而逐渐加深，或长大后由浅耕到完全停止中耕，株行中间处中耕应深，近植株处应浅。

(8)摘心

摘除枝梢顶芽，称为摘心。摘心可使植株成丛生状，开花繁多。并能抑制枝条生长，促使植株矮化并能延长花期。草本花卉一般可摘心1~3次。

适于摘心的花卉有：百日草、一串红、翠菊、波斯菊、千日红、万寿菊、藿香蓟、金鱼草、桂竹香、福禄考及大花亚麻等。但主茎上着花多且花径大的种类不宜摘心，如鸡冠花、蜀葵等。

(9) 采收与贮藏

一、二年生花卉品种容易退化，为了保持品种的优良性状，防止生物学混杂，生长过程中应采取隔离措施。播种宜选母株上最先开花的种子，并注意"选优去劣、选纯去杂"。为了减低种子呼吸作用，保存种子生命力，密封贮藏于低温(2~3℃)干燥环境中。

(10) 防寒

主要针对二年生花卉中一些耐寒力较弱的种类，如矮牵牛，冬季过于寒冷时需稍加防寒越冬。一般常采用以下几种措施：

① 覆盖法　即在霜冻到来之前，在畦面上用干草、落叶、马粪及草席等将苗盖好，晚霜过后再清理畦面，耐寒力较强的花卉小苗，常用塑料薄膜进行覆盖，效果较好。

② 灌水法　即利用冬灌进行防寒。由于水的热容量大，灌水后可以提高土壤的导热能力，将深层土壤的热量传到表面。同时，灌水可以通过提高空气中的含水量来提高附近空气的湿度，即提高植株周围的土壤和空气的湿度。因此，起到保温和增湿的效果。

③ 烟熏法　即利用熏烟进行防寒。为了防止晚霜对花木的危害，在霜冻到来前夕，南方在寒流到来之前，可在苗畦周围或上风向点燃干草堆，使浓烟遍布苗木上空，即可防寒。但此法影响花木的品质，尤其影响花朵的品质，并且还易污染环境，应慎重。

5.1.2 宿根花卉

5.1.2.1 习性

大多数种类要求阳光充足，少数种类要求半阴，如玉簪、麦冬、日本鸢尾等。宿根花卉适应环境的范围广，耐旱的有紫菀、萱草，耐潮湿的有玉簪，耐瘠薄土壤的有耧斗菜，且具有发达的根系或明显的萌蘖，能够在地下茎或根部发生新芽，继续生长多年不枯死。

5.1.2.2 繁殖

宿根花卉繁殖可进行播种繁殖，但常常以营养繁殖为主，在营养繁殖中又以分株、扦插为主，一般压条及嫁接应用得相对比较少。

(1) 播种繁殖

一般不采用，因很多种自播种后到达开花年限太长，如芍药要5~6年才能开花，而一些重瓣品种，如重瓣玉簪不易结籽等。但对一些容易得到种子并且播后一、二年就能很快开花及培育新品种时则主要采用种子繁殖，如蜀葵、耧斗菜、槭葵、紫松果菊等。

播种时间因耐寒种与不耐寒种而不同。对耐寒力较强的宿根花卉可春播、夏播及秋播，但以种子成熟后立即播种为佳，因这样播后至当年冬季植株生长健壮，越冬力强，对翌年开花有好处，使花美而大。对于一些要求低温与湿润条件以完成种子休眠期的，如芍药、鸢尾、宿根飞燕草，种子有上胚轴休眠现象的可秋播。对不耐寒宿根花卉宜春播，或种子成熟后即播。

(2) 分株繁殖

这是宿根花卉的主要繁殖法。宿根花卉能从母体上发生一些不同类型的营养器官，如根蘖、茎蘖、走茎、匍匐茎、根茎芽，分株法是分割母株上所发生的这些小植株，然后分别将它们栽植而成为一个独立的新植株，这种方法称为分株法。

① 萌蘖　这些萌蘖可以地下茎或根上发生，从根颈部或地下茎所长出的萌蘖，称为"茎蘖"，如菊花、萱草、玉簪、加拿大一枝黄花。从根上发生的，称根蘖，如玉簪、蜀葵。

② 走茎　是从叶丛中抽生出，走茎则为细长之地上茎，有节且节间较长，在节上发生幼株，并且通常是根叶丛生状，把这些根叶丛生的幼株采摘下来进行繁殖，极易成活，如虎耳草。

③ 根茎　这一类有鸢尾、泽兰等具有细长的根茎，节上生根生芽，用它繁殖，形成幼株。

分株时间根据花卉种类而定，一般在分株时，幼苗已具完整的根茎叶各个部分，因而比较容易成活。在春季开花的花卉，一般在秋季分株，如芍药、萱草、鸢尾等；在秋季开花者，一般则在春季分株，如桔梗、金光菊、除虫菊等(图5-1)。

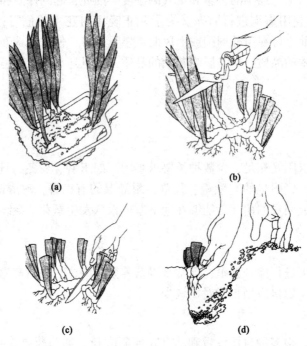

图5-1　鸢尾分株示意图
(a)选择植株　(b)剪去叶片　(c)切割　(d)种植

秋季进行分株时，在地上部分已进入休眠，而地下的根系仍未停止活动；春季分株在发芽前进行。但对耐寒力较弱的宿根花卉，如在冬季很冷的地区，则不宜在秋季分株，如果分株，则易引起受冻。

分株的方法是将植株挖起，把泥土抖掉，然后找出根系部分自然的分叉处，用手掰开或用刀切开，但一般认为用手掰开为好。分株不宜分得过小，每丛至少带3个芽，这样在分栽后能迅速形成一丛植株。

（3）扦插繁殖

① 茎插　宿根花卉的茎插时期是从春季发芽后一直到秋季生长停止前，为软材扦插，但在露地或冷床中进行，最适宜的时间是在 7～8 月雨季时期进行。

② 根插　有些宿根花卉能从根上发生不定芽而形成幼株。可进行根插的花卉，大多数具有较粗的根，其根的粗细度一般不小于 2mm，才能作插条，长度 3～15cm 不等，根据种类不同而定。根插时间在晚秋或早春，也可秋季掘起母株后，将根系贮藏过冬，翌年春季时再进行扦插，冬季也可在温室的温床内进行，如荷包牡丹、芍药等（图 5-2）。

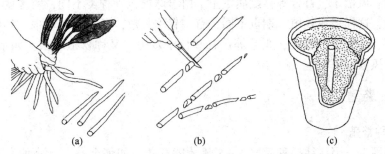

图 5-2　根插示意图
（a）选择插条　（b）制作插条　（c）扦插

5.1.2.3　栽培管理

宿根花卉的根系均较强大，并能深入地下，要求翻耕土壤深达 40～50cm。并且在整地的同时施入大量有机质肥料，如厩肥、饼肥等，以便维持较长时期的良好土壤结构。一般在幼苗期喜腐殖质丰富的疏松土壤，而定植后以黏质壤土为佳。在整个育苗期间，需注意灌水、施肥、中耕除草等养护管理，但在定植以后，管理即较简单。为了使花卉生长茂盛，花多而大，一般在生长期间要进行 3 次追肥，第一次追肥在春季开始生长后进行，第二次追肥则在开花前，第三次追肥在开花后进行。除这些外，在秋季叶枯后，对已经定植了几年的植株，也可在植株四周施以堆肥、厩肥、豆饼等有机肥料，加强土壤肥力，使花卉生长良好。

宿根花卉对环境要求不严，适应力强，适于大面积种植。又因其种类较多，每一季节都有部分植物开花能吸引观者，且养护费用较低，因而适用于花坛、花境、花丛的配置，同时也可作为切花、岩石园及地被植物之用，观赏价值高的种类还可盆栽观赏。不少种类又具有重要的经济价值，因而在园林结合生产方面是非常有发展前途的一种花卉。

宿根花卉栽培管理较粗放，应特别注意的技术要点是：

① 栽植前应深翻土壤，并施入足量的有机肥料作基肥，以保证营养和保持良好的土壤结构。

② 适地适种。即根据应用目的及栽培地的立地条件（土壤、光照、水源状况等），选择适宜的花卉种类和品种。如墙脚、较荫蔽的路基等地作基础种植时多选玉簪、紫萼、垂盆草等；贫瘠干旱的向阳地段通常选用萱草、蜀葵、野菊、毛华菊等。

③ 花前花后追施肥料，以保证花大色艳及花期长久。

④ 及时清除残花、病叶、枯叶枯枝、落叶等，以减少病虫害侵染源。

⑤ 入冬前灌深水防寒，并施以充分腐熟的厩肥或堆肥，以保证翌年花多花好。

5.1.3　球根花卉

5.1.3.1　习性

大多数球根花卉要求阳光充足，少数喜半阴，如铃兰、石蒜、百合等。如阳光不足不仅影响当年的开花，而且球根生长不能充实肥大，以致影响翌年的开花。对土壤要求更严，一般喜含腐殖质多，表土深厚，下层为砂砾土，排水良好的砂质壤土，而水仙、晚香玉、郁金香、风信子、百合等喜黏质壤土。由于球根花卉种类不同，对温度要求不同，生长季节不同，这样造成栽植时期也不同，有些春季栽植，又称春植球根，如唐菖蒲、美人蕉、大丽花、晚香玉、葱兰、韭兰等；有些秋季栽植，又称秋植球根，如水仙、风信子、百合、葡萄风信子等。

5.1.3.2　繁殖

(1)播种繁殖

此法采用少，因往往播种后要4～5年才能开花，如郁金香。有些种类不易得到种子或在某个地区不易结籽，如晚香玉在我国大部分地区种子不易成熟，只有在培育新品种时以及需要大量繁殖时采用此法。但也有播种当年或翌年即开花的，如大丽花、王百合(14个月开花)、花毛茛等。

(2)扦插繁殖

① **脚芽插**　以大丽花为例，用事先已在温室苗床中经过催芽的块根进行培育，当幼芽长到6～7cm时，将芽基部留1对叶，剪下上部芽扦插，用砂壤土或草炭土作基质。苗株行距3cm×3cm，地温控制在20～22℃。留下的一对叶的叶腋过几天萌发出新芽，长至6～7cm高时再切取扦插，插后一般2周左右生根。

② **切插(枝插)**　花圃地栽植的大丽花，利用靠近基部或其他整枝时所修除的侧枝，它用作插条枝，插条长度为7～10cm，含有3节，切口在第三节下方，时间夏秋季。在9月初至10月优良品种需要大量增殖时也可扦插，但必须有温室设备，年内为幼苗，地下部分不能形成块根，幼苗在温床内越冬，翌春移植露地，夏季开花。

③ **鳞片插**　秋季选成熟之百合大鳞茎，阴干数日后，表面稍有皱缩时，将肥大而健全的鳞片剥下，第二、三轮(层)鳞片肥大、质厚，贮存的营养物质最丰富，是最好的繁殖材料。剥取鳞片时，手要轻，免压伤鳞片表面，否则易腐烂。同时每鳞片基部带上一部分茎盘组织，利于形成小的新鳞茎，留下的中心小轴可单独栽培，自成一个新的鳞茎。基质为消毒过的干净河沙、红土或珍珠岩，容器为木箱或平钵均可，以直径0.2～0.5cm的颗粒泥炭为最好，利于鳞片的成活，伤口处易形成子球，新子球的增大也最快。将鳞片斜插于基质中，鳞片顶端稍露，鳞片内侧向上，株行距(2～3)cm×(2～3)cm。保持地温20℃左右，50d能培育出直径1cm的小种球。如秋季扦插，放在15～20℃室内越冬，这样可在春季从鳞片基部伤口处产生子球，同时生根，然后进行分栽。自鳞片生长，发芽至植株开花，一般约3～4年。

(3)分球繁殖

此法为球根花卉的主要繁殖方法，是分生繁殖方法之一。它是利用母株所形成的新鳞茎、球茎、块茎、块根及根茎分别栽植，经过培育形成新的植株。有鳞茎繁殖、球茎繁殖、块茎繁殖、块根繁殖及根茎繁殖等。

① 鳞茎繁殖　地下茎变态呈鳞茎，内贮藏营养物质(图5-3)，鳞茎萌发后抽生叶片和花序。鳞片之间的腋芽可形成一至数个幼鳞茎，包在老鳞茎内或靠在老鳞茎旁。鳞茎根系处或鳞茎与地上茎交接处产生数个小鳞茎。当地上部停止生长后，挖出老鳞茎，分离小鳞茎栽植即能形成新株。如百合、郁金香、水仙、石蒜、葱兰、绵枣儿、朱顶红、文殊兰、球根鸢尾、老虎花、鸟乳花、风信子、贝母等用此法繁殖。

② 球茎繁殖　地下茎变态呈球状，并贮藏营养物质(图5-4)。球茎上有节和芽，球茎萌发后在基部形成新球，新球旁生子球，待地上部生长停止后，分离或分割新球或子球，另行栽植即能形成新株。如唐菖蒲、番红花、秋水仙、小苍兰、魔芋、狒狒花等均用此法繁殖。

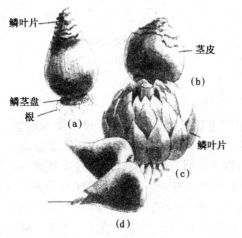

图 5-3　鳞茎类球根形态
(a)水仙　(b)风信子　(c)百合　(d)郁金香

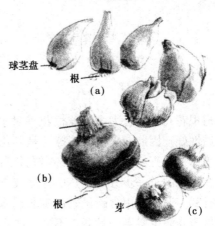

图 5-4　球茎类球根形态
(a)小苍兰　(b)唐菖蒲　(c)番红花

③ 块茎繁殖　地下茎变态呈外形不一的块状，内贮一定的营养物质(图5-5)。根系自块茎底部发生，块根顶端通常具几个发芽点，块茎表面也分布一些芽眼可生侧芽。利用块茎繁殖的花卉有仙客来、大岩桐、球根秋海棠、马蹄莲、花叶芋等。

④ 块根繁殖　地下根变态呈块状，数个着生在茎的下端(图5-6)。地上部停止生长后，挖出块根切割成数块，每块块根必须带一段根颈部，栽植后即成新株。如大丽花、花毛茛、银莲花等用此法繁殖。

⑤ 根茎繁殖　地下茎肥大呈粗而长的根状，并贮藏营养物质(图5-7)。待地上部生长停止后，把根茎挖出，从连接点分开，并要求每一块根茎节应具有1~2个芽，然后进行栽植即能形成新株。如美人蕉、香蒲、海芋、观音莲等用此法繁殖。

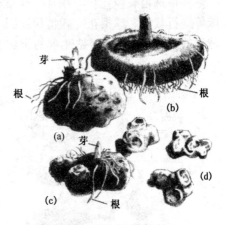

图 5-5　块茎类球根形态
(a)大岩桐　(b)球根秋海棠
(c)花叶芋　(d)马蹄莲

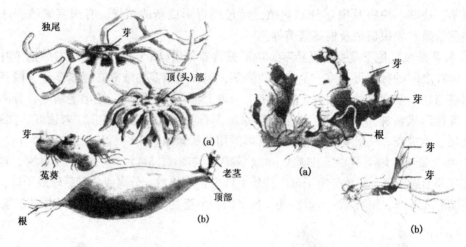

图 5-6　块根类球根形态

（a）花毛茛　（b）大丽花

图 5-7　根茎类球根形态

（a）美人蕉　（b）铃兰

5.1.3.3　栽培管理

与宿根花卉相反，大多数球根花卉对水肥等要求很高，尤其要求土壤腐殖质含量高，土壤通透性好。因此，无论是养球还是养花，对栽培条件和管理养护要求都较高。

栽培球根花卉使用的有机肥必须充分腐熟，否则容易感染病菌而使球根腐烂，而且还会因为有机肥的进一步分解放热使种球被烧伤腐烂或坏死。因磷肥对球根的充实生长和开花极为有利，通常施用含磷量较高的骨粉等作基肥。钾肥只需中等数量，氮肥切忌过多，否则容易遭受病虫侵害，且开花不良。在我国南方和东北大部分地区，土壤呈酸性，栽培球根花卉时应施用适量石灰加以中和。

（1）栽植

秋植球根栽植在 9～10 月；春植球根栽植则在 4 月进行，3 月上中旬可利用温室、温床等进行栽植。球根花卉栽植深度因土壤情况、栽植目的和花卉种类不同而不同，通常为球高的 3 倍（图 5-8）。黏性重的土壤栽植应略浅，疏松的土壤可略深；为能得到多子球，

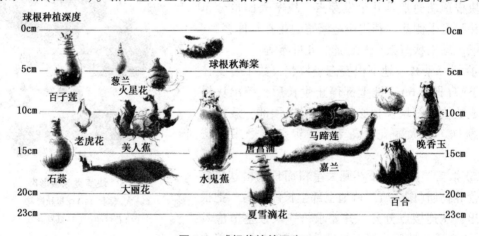

图 5-8　球根栽培的深度

或每年需掘起采收者，栽植宜较浅；为了开花良好，且多年才采收时，则需略深些。葱兰则以覆土至球根顶部为适，大丽花在地面下约17cm，美人蕉10~12cm，百合中多数种类要求深度为球高的4倍或再多些，朱顶红则需要露出球根上部1/4~1/3于土壤上面。

(2)采收与贮藏

球根花卉在其停止生长进入休眠后，大部分种类的球根需要采收，并进行贮藏，休眠期过后再行栽培。这样既可实行轮作，减少病虫害，又可选优汰劣，使生长开花更整齐一致、品质更高。在园林应用中，如作地被覆盖、多年生花境及其他自然式布置时，一些适应性较强的球根花卉，可隔数年掘起和分栽一次，如水仙类可隔5~6年，番红花、葱兰、石蒜及百合可隔3~4年。

① 采收方法　球根花卉在生长停止后即进入休眠期，采收应在生长停止、茎叶枯黄而尚未脱落时进行。采收时土壤应适度湿润，掘起球根后，去除附土，阴干后进行清理贮藏。大多数秋植球根于夏季采收，采收后不可放在烈日下暴晒。如唐菖蒲、晚香玉可利用太阳晾晒数天，使其干燥；而大丽花、美人蕉等只要阴干至外皮干燥即可，切勿过干而致球根表面皱缩。清理是为了去除病残球根，对于有病斑的球根，若病斑不大且为名贵品种，可用利刀将病斑部分切除并涂以防腐剂、半溶的石蜡或草木灰等，以控制病菌蔓延。对于易感染病害的球茎，最好是先行消毒处理，或混入药剂再进行贮藏。

② 贮藏方法　春植球根贮藏，室温保持在4~5℃，不低于0℃或高于10℃；秋植球根贮藏保持室内干燥、凉爽，此时正值花芽分化期，温度不宜过高，最适温度为17~18℃，超过20℃，花芽分化受阻。球根贮藏最为关键的是保持环境的干燥和凉爽，切忌闷热和潮湿。

球根的贮藏方法：对通风要求不高，且要求保持一定湿度的种类(如大丽花、美人蕉等)，可用干沙或锯末堆藏或埋藏；对要求通风良好、环境干燥的种类(如唐菖蒲、郁金香、球根鸢尾等)，应在室内设架贮藏，而且一定要保持通风良好。

(3)球根花卉栽培管理的几个主要问题

① 栽植球根时要分离大球侧面的小球，即栽植时大球与小球要分别栽植，这样避免由于养分的分散而造成开花不良。

② 大多数种类的球根花卉，其能吸收养料水分的根少且脆而嫩，碰断后不能再生新根，因而球根一经栽植以后，在生长期间不可移植。

③ 球根花卉大多数叶片甚少或有定数，如唐菖蒲在长出一定数量的叶片(通常8片左右)后，便不能再发出新叶，所以在栽培中应当注意保护，不要损伤，否则会影响光合作用，不利于新球的成长。

④ 球根花卉许多又是良好的切花，因而在进行切花栽培时，在满足切花长度要求的前提下，尽量多保留植株的叶片。

⑤ 开花后正值地下新球成熟充实之际，应加强肥水管理。

⑥ 花后应立即剪除残花，不使结实，以减少养分消耗，有利新球充实。如果是专门作为球根生产栽培时，通常在见花蕾发生时即除去，不使开花，保证养分供应新球生长。

5.1.4 草坪

5.1.4.1 草坪的播种繁殖

(1)草坪种子的处理方法

一般色泽正常、干燥的新鲜草籽,可直接播种,但对一些发芽困难的(如我国所产的结缕草种子),则需于播种前进行种子催芽处理。

① 冷水浸种法 如白颖苔草、细叶苔草等,可在播种前,将种子浸泡于冷水中数小时,捞出晾干,随即播种,目的是让干燥的种子吸收水分,这样播后容易出苗。

② 机械处理法 如羊胡子草等,可采用搓揉的方法,一般将种子装入布袋内揉搓,则可提高种子的发芽率。

③ 层积催芽法 如结缕草的种子,可采用积沙催芽,将种子装入沙布袋内,投入冷水中浸泡约48h或72h,然后用2倍于种子的泥炭或河沙拌和均匀,再将它置入铺有8cm厚度河沙的大口径花盆或木箱内摊平,最后在盆口处或木箱上口处,覆盖厚8cm湿河沙。装妥后,移至室外用草帘覆盖,经5d后再移至室内(室温增至24℃),掺有河沙的种子,湿度始终保持70%左右,约经12~20d的积沙催芽,湿沙内的结缕草种子大部分开始裂口,或显露出嫩芽,此时即可连同拌和的河沙或泥炭一起播种。

④ 堆放催芽法 适用于进口的冷季型草籽,如草地早熟禾、黑麦草、紫羊茅、剪股颖类等草籽。方法简单,即将种子掺入10~20倍的湿河沙中,堆放在室外全日照下,沙堆上覆盖塑料地膜,主要防止水分蒸发及适当保温。堆放催芽的时间一般1~2d即可。

⑤ 化学药物催芽法 由于结缕草种子的外皮具有一层附着物,水分和空气不易进入,直接播入土中,发芽极为困难。为提高其发芽率,国际上最常用的化学药物催芽方法是,采用1000kg的水,加入5kg的氢氧化钠(即烧碱),将结缕草种子分批倒入已经配好的溶液中,浸泡24h,浸泡过程中必须用木棍拌和,捞出后用清水冲洗干净,然后再用清水浸泡6~10h,捞出略晒干,即可播种。

⑥ 变温催芽处理法 有些草籽直接播种发芽率很低,因此,可将种子保持70%的湿度,放入40℃的高温处堆积处理数小时,或者采用40℃高温及5℃的低温,变温处理4~5d。采用此法,则可使发芽率低的提高发芽率1倍以上。

(2)播种时期

大多数的草坪草均适于春季或秋季播种,只有少数几种草坪草,如狗牙根、结缕草需要在初夏气温稍高时播种,温度过低则不利于发芽。一般杂草较多的地区,冷季型草进行秋播比春播好,因为此时杂草种子已进入休眠期,故草籽播后,杂草较少。

(3)草籽的播种量

大粒种子如黑麦草,为120~150kg/hm²;细小种子如小糠草、草地早熟禾,为60~90kg/hm²;中粒种子如结缕草、假俭草,90~120kg/hm²。发芽率高,场地平整,土质疏松,有喷雾灌溉条件的,播种量可适当减少。可参考胡叔良编著的《草坪种植》一书提供的播种量(表5-1)。

(4)种子撒播方法

① 为了使种子撒播均匀,应将播种地区划成若干等面积的块或长条,把每亩规定的

播种量与实地播种面积计算准确，这样就可以逐条均匀撒播。

表 5-1　常见草坪草的播种量

草坪草名称	播种量（g/m²）		草坪草名称	播种量（g/m²）	
	正　常	密度加大		正　常	密度加大
匍匐剪股颖	3～5	7	多年生黑麦草	25～35	40
草地早熟禾	6～8	10	结缕草	8～12	20
狗牙根	6～7	9	假俭草	16～18	25
苇状羊茅	25～35	40			

② 为了做到播种更均匀，又可将每一长条应播的种子，再分成 2 份，以其中 1 份顺方向撒种，另一份逆方向撒播。对于细小的种子撒播前先掺入部分细沙或细土，拌和均匀后再进行撒播。

③ 种子或掺沙的种子，撒好后，应立即覆土，厚约 1cm，并进行滚压。如覆土困难，尤其大面积播种时，可改用细齿耙，往返拉松表土面，帮助细小草籽落入土粒下面。

(5) 出苗前后的管理

为了让草籽出苗快、出苗齐，首先要加强播后场地的喷水。每次喷水，应以喷湿表土层为度，要求做到连续喷水，确保播下的草籽能吸收水分。各种草籽的出苗期不同，如冷季型草中的黑麦草，播后 5d 左右即可出齐；草地早熟禾，则需 10～12d 时间；而假俭草、结缕草和狗牙根等暖季型草类，最好是初夏地温稍高时进行播种，出苗期 10～15d。苗期以内，清除杂草是一项费工的工作，最好的办法是撒播草籽以前，先在播种区浇足水分，让土层表面的杂草种子出苗，将杂草的幼苗铲除以后，再撒播草籽，这是一项很好的经验，能大大节约苗期管理人工。

5.1.4.2　草坪的无性繁殖

(1) 匍匐茎及根状茎撒播

一般在 3 月下旬至 6 月中旬，或 8 月下旬至 9 月下旬，将选取的优良草皮连根铲起，除去根部泥土，将它的匍匐嫩茎及根状茎切成 3～5cm 长短的草段，均匀地撒铺在整平的繁殖场地上，上面覆盖一层薄薄的细土，并压紧压平整，不让草段露出土面。以后经常喷水，保持地面湿润。一般情况下，在草坪草旺盛生长期内，护理 30～45d，埋撒在土层内的草段会萌发出新嫩芽。

(2) 匍匐茎及根状茎分栽法

一般在早春草坪返青后，将草皮铲起，抖落或洗去根部附土，然后将草块根部拉开，将撕拉开的匍匐茎及根状茎等营养枝，分栽到新的繁殖场或苗床。按 30cm 的距离开沟，每隔 20cm 分栽一段营养枝，沟深 4～6cm。栽好后，覆土压实，及时浇透水。干旱时经常浇水，约经 3 个月的养护管理，新生出的匍匐茎就会蔓延覆盖地面，形成新的草坪。用此法每平方米马尼拉草能扩大繁殖新草坪 10～15m²，结缕草、中华结缕草略低一些。

(3) 草块分栽法

此法在我国南方地区，常用于繁殖细叶结缕草、马尼拉草。一般将铲起的母本草皮，切成5cm×5cm大的小方块，或5cm×15cm大小的长条状草块，以20cm×30cm，或30cm×30cm的株行距离进行分栽。栽好后立即滚压浇水，以后必须经常保湿。此法比以上几种方法容易成活，而且成活后，很快又会蔓延滋生出新的匍匐枝，向小草块四周伸延，并迅速形成新的草坪。此法容易养护管理，省工省事，其缺点是形成草坪时间比后文方法(4)慢，且有时平整度稍差，影响美观。为避免草块之间出现条痕，可采用梅花形栽植。

(4)草坪铺植法

这是我国各地最常用的铺设草坪方法。即将生长健壮的优良草坪，用平板铲铲起，一般按照一定的大小规格，铲起装车运至铺设地，在整平的场地上重新铺设，使之迅速形成新草坪，具体操作如下：

① 铲运草块　即将选定的优良草坪，一般以30cm×30cm的方块状，使用薄形平板状的钢质铲，先向下垂直切3cm深，然后再用铲横切。草块的厚度约3cm，整块必须均匀一致。这样就可以一块又一块地连泥带草根重叠堆起，并可随时装车运出。

② 铺栽草块　草块搬运至铺设场地后，应立即进行栽种。铺设草块前，应先清除场地上的石块、垃圾等杂物，增施基肥，力求表土层疏松、平整。草块铺前，场地再次拉平，并增加1~2次压平。铺栽草块时，块与块之间，应保留0.5~1cm的间隙，块与块间的隙缝应填入细土，草块铺完后滚压，并进行浇水，要求灌透。一般浇水后2~3d再次滚压，则能促进块与块之间的平整。

一般说来，新铺设的块状草坪，压滚1~2次是压不平的，以后每隔一周滚压浇水一次，直到草坪完全平整为止。在滚压过程中，如发现草块部分下沉不平，应把低凹下沉部分的草块掀起，用土填平重新铺平。

③ 草块铺设后管理　新铺草块必须加强管理，等到返青后，可增施一次尿素氮肥，每公顷施用量120~150kg。当年的冬季可适当增施堆肥土或木屑土等疏松肥料，则能迅速促进新铺草坪的平整度。

④ 铺种草块的时间　方块草坪铺设，不论是冷季型还是暖季型草种，都忌在冬季进行。在华东地区，最适宜的草块铺植时间是春末夏初，或者在秋季进行。

5.1.4.3　草坪植生带

草坪植生带是工厂化生产草坪的一种新方法。它是用再生纤维通过一系列工艺加工，制成具有一定拉力、透水性能良好、质地很薄的无纺布，然后在无纺布上喷施肥料，并均匀地撒播优质的草籽，再在上面覆盖一层无纺布，将草籽夹在两层无纺布中间，最后经过A-80型针刺机的针刺，将棉网上的纤维交织在一起，即成植生带，最后成卷。

(1)草籽选择

在植生带上所播的草籽，必须发芽率高，出苗迅速，形成草坪速度快，可采用单播或混播，混播的草种以2~3种为宜，不宜过多，以免影响出苗后的草坪质量。国外通常采用狗牙根、紫羊茅、小糠草、草地早熟禾和白三叶等作为植生带的播种材料。

(2)铺设技术

使用植生带铺设草坪必须有相应的铺草技术要求，应掌握以下几点：

① 植生带铺好后，要充分压平，使植生带与土壤紧密结合。

② 覆盖土必须用无杂草根、茎和种子的心土，一般可选用表层15cm以下的土壤，最好打碎过筛后使用。覆盖土以砂壤土为好，忌用黏土，以防在浇水后覆盖土板结，影响幼苗出土。

③ 如果在有自动化喷灌装置的地区或在雨季铺设，只要能保持植生带湿润，可以不覆盖土壤。植生带与植生带交接处需有适当的重叠，以免露出地面，并适当地用"U"形钉固定，以植生带不让风刮起为佳。但在坡地铺设，为防止暴风雨冲刷或吹走，"U"型钉需打入土壤15cm为好。

④ 浇水每天早晚各1次，根据天气情况可适当增减，以保持土壤湿润为原则，以利于种子发芽。雨季铺设可以不浇水。

⑤ 铺设时间春、秋两季均可。冷季型草种以秋季为佳，因此时杂草即将枯萎，翌年当杂草滋生时，新草坪已形成，可以抑制杂草生长。

5.1.4.4　草坪的种植技术

草坪的种植大体包括种植前场地的准备，草坪草种的选择，种植和种植后的养护管理4个主要环节。

(1) 场地的准备

① 清理及翻耕　包括清理树桩、树根、砖石及杂草等，并进行土壤翻耕，翻耕的深度一般为30~35cm，并要求打碎土块，翻耕过浅，会影响植物根部的生长，过深则容易使表层肥土翻到深处，影响土壤肥力。

② 平整　草坪的地形排水，一般要求场地中心稍高，四周逐步向外倾斜，通常形成0.2%~0.3%的排水坡度，最大不宜超过0.5%，坡度太大容易出现泥土流失。如果建设场地的边缘靠近道路或建筑物，则应从路基或屋基处，向外倾斜，以利雨雪水向外排出。

③ 施肥　肥料是保证各类植物生长发育的基础。如在种草施工中，发现原表层土壤肥力不足，应力求做到合理增施肥料。根据我国的实际情况，不少地区在平整土地时多增施堆肥和厩肥等作为基肥。如南方地区，常常将风化过的河泥混入表土层内。

④ 土壤改良　首先应测定土壤的酸碱度(即pH值)，通常中性和微酸性(pH 6~7)的土壤，对多数草坪草植物生长有利，如测定后发现偏碱(pH 7.5以上)，可施用硫黄粉来降低土壤的含碱成分，其效能持久，用量可参考表5-2。

表5-2　硫黄粉施用量

pH值界限	施用量(kg/100m^2)	pH值界限	施用量(kg/100m^2)
从8.0降至6.5	1.5~2.0	从7.5降至6.0	2.0~3.0
从8.0降至6.0	2.0~3.0	从7.0降至6.0	1.0~2.0
从7.5降至6.5	1.0~1.5	从7.0降至5.5	2.0~3.0

若土壤偏酸，可施入石灰，以提高pH值。

另一种土壤改良是使土壤形成良好的结构。主要是在土壤中加入改良剂，以调节土壤的通透性及保水、保肥的能力。如泥炭加在黏性土壤中可降低土壤的黏性；加在砂性土壤中，则可提高土壤保水、保肥的能力。

(2)草坪草的选择

所选的草坪草首先应适应当地的气候条件及土壤条件(包括水分、酸碱性、土壤性质等),同时还应考虑光照条件、使用目的、养护水平、所期望的草坪质量和资金情况等。一般游憩草坪选用管理容易,不需经常修剪,抗病虫害以及耐践踏的草坪草,如结缕草;观赏草坪一般不允许人进入,管理精细,草坪品质要求高,因此,要选择耐低修剪、叶子质地细致、密集、平整、翠绿、绿色期长等特性的草坪草,如细叶苔草;运动场草坪的草种通常需要有耐践踏、耐频繁修剪、根系发达、再生能力强的草坪草,如狗牙根。

(3)种植

详见本节的繁殖部分。

(4)种植后的养护管理

① 草坪施肥　草坪施用的肥料有化学肥料与有机肥料两种。施用化肥多以氮素肥料为主,以促进其茎叶繁茂。施用磷、钾肥则能增加草坪的抗病与防病能力。氮、磷、钾 3 种化肥的施用比例,通常应控制在 5:4:3 为宜。施用化肥应在阴天或在雨前撒于草坪场地,或与草坪灌溉密切结合进行,以防施用不当损坏草苗。

② 草坪刺孔、加土与滚压　在秋、冬季使用钉齿滚(带有粗钉的滚筒)在草坪上滚动刺孔,或用打孔机进行打孔。草坪面积不大的可以使用叉土的叉子在草坪上扎洞眼。打孔后可在孔洞内加肥土。黏性大的土壤,在孔洞内加沙子以改良土壤。早春草坪土壤解冻以后,土壤含水量适中,不干不湿时,应抓紧进行滚压。在滚压前应检查一次,必须将低洼不平之处先用堆肥垫平,然后滚压。

③ 草坪的抗旱与浇水　草坪浇水最忌在中午阳光暴晒下进行,应尽可能安排在早晨与傍晚进行。草坪浇水,最重要的是一次要浇足浇透,避免只浇表土,至少应该达到湿透土层 5cm 以上。如草坪过分干旱,土层的湿润度则应增至 8cm 以上,否则就难以解除旱象。草坪浇水常用工具主要有高压橡胶或塑料水管、接头、固定或可以移动的传动式喷灌喷头、松土用的钉齿滚、机动提水设备潜水泵、抽水机或运输水车。

④ 草坪的修剪　草坪养护修剪次数,常因季节、地区、草种用途不同而不同(表5-3)。一般处于生长旺盛期的修剪次数多,一般草坪一年最少要修剪 4~5 次;高度养护管理的草坪(如高尔夫球场草坪),一年的修剪次数可高达百余次。

表5-3　南京地区常见草坪草的修剪留茬高度

草　种	留茬高度(cm)	草　种	留茬高度(cm)
狗牙根	1.3~3.8	匍匐剪股颖	0.5~1.3
杂种狗牙根	0.6~2.5	草地早熟禾	3.8~6.4
假俭草	2.5~5.0	多年生黑麦草	3.8~6.4
结缕草	1.3~5.0	苇状羊茅	3.8~7.6

草坪每次修剪时,剪掉的部分应不超过叶片自然高度的 1/3,即必须遵守"1/3 原则"。如果草长得过高,不应一次就将草剪到标准高度,这样将使草坪草受到严重损害。应增加修剪次数,逐渐修剪到要求高度,几次修剪要有一定的间隔时间。这种逐渐降低的方法虽然比一次修剪费工、费时,但常会由获得良好的草坪而得到补偿。

同一草坪每次修剪应避免以同一种方式进行,要防止永远在同一地点、同一方向的多次重复修剪，否则草坪草将趋于瘦弱和发生"纹理"现象(草叶趋向于同一方向的定向生长)。纹理将使草坪不平整，出现层痕，如在高尔夫球场的球盘区则会影响球进洞。一般修剪习惯采用条状平行方向进行，面积较大的大型草坪则多采用环条形方向运行，以免遗漏或重复，要经常改变修剪方向。

⑤ 草坪的切边 草坪切边是用来清除观赏花坛草坪边缘杂草的"切边"工序。特别是种植了匍匐类草种的花坛，在华东地区常使用月牙状铲来进行草坪切边。一般在规定的草坪边缘，或花坛花纹边缘，向外斜切，斜坡仅 3cm 左右，切到斜坡的草坪根部为止，凡是斜坡之外的乱草一律铲除，最好连草根清除。

⑥ 草坪杂草的防除 草坪杂草的防除可采用物理机械防除草坪杂草法和选择性药物除莠与土壤处理(即毒土法)等多种化学药物灭草方法。目前除莠剂的种类较多，并且在不断创新。我国目前常用的除莠剂种类，主要有西玛津、扑草净、敌草隆(绿麦隆)、二甲四氯、2,4 - D 类(如 2,4 - D 丁酯)、草甘膦、百草枯等多种。其中二甲四氯施用简便安全，成本较低，应用者较多。一般用药量 $15 \sim 30 kg/hm^2$，配水比例无一定标准。

⑦ 草坪病害防治 草坪病害主要有炭疽病、伏草菌红线病、猝倒病和幼苗凋萎病、镰刀霉枯萎病、叶斑病、长蠕孢菌病、白粉病、锈病等。病害防治方法主要有：培育抗病品种，通过改变环境条件来控制病害，使用杀菌药剂。

5.1.5 水生花卉

5.1.5.1 水生花卉概况

园林中的水生花卉，不仅限于植物体全部或部分在水中生活的植物，还包括适应于沼泽或低湿环境中生长的一切可观赏的植物。全国有 50 多种，园林中常用的有 20 多种，既有蕨类植物，又有单子叶植物与双子叶植物。主要有睡莲科、千屈菜科、莎草科、雨久花科、香蒲科、泽泻科、龙胆科、天南星科、莼菜科、柳叶菜科、鸢尾科、苋科等。

5.1.5.2 水生花卉的生活型

水生花卉多为宿根、球根植物，根据对水分的要求，依生态习性及与水分的关系，生活型主要有以下 4 类。

(1)挺水花卉

挺水花卉指根生于泥中，茎叶挺出水面之上，因种类不同，可生于沼泽地至 1m 左右的水深处，如荷花、香蒲、芦苇、水葱、千屈菜、菖蒲、部分耐水生鸢尾等。

(2)浮水花卉

这是指根生于泥中，叶片浮于水面或略高出水面。因种类不同，可生于浅水面至 2 ~ 3m 的深水中，如睡莲、王莲、萍蓬草、芡实、菱等。

(3)沉水花卉

沉水花卉指根生于泥中，茎、叶全部沉于水中，如金鱼藻。

(4)漂浮花卉

漂浮花卉指根伸展在水中，叶浮于水面，随水漂浮滚动，在浅水处可生根于泥中，如满江红、浮萍、凤眼莲等。

5.1.5.3 水生花卉的繁殖

水生花卉多采用分生繁殖，有时也采用播种法。分株一般在春季萌芽前进行，适应性强的种类，初夏尚可分栽，方法与宿根花卉类似。播种法应用较少，大多数水生花卉种子干燥后即丧失发芽能力，成熟后即行播种，或贮在水中。水生鸢尾类、荷花及香蒲等少数种类，其种实可干藏。

5.1.5.4 水生花卉的栽培管理

栽植水生花卉的池塘，最好选用池底有丰富的腐草烂叶沉积，并为黏质土壤者。新挖掘的池塘常因缺乏有机质，栽植时必须施入大量的肥料，如堆肥、厩肥等。盆栽用土应以塘泥等富含腐殖质的黏质土为宜。

耐寒的水生花卉，直接栽在深浅合适的水边和池中时，冬季不需保护。休眠期间对水的深浅要求不严。半耐寒的水生花卉，栽在池中时；应在初冬结冰前提高水位，使根丛位于冰冻层以下即可安全越冬。少量栽植时，也可掘起贮藏，或春季用缸栽植，沉入池中，秋天连缸取出，倒除积水，冬天保持土壤不干，放在没有冰冻之处即可。

5.2 温室花卉繁殖与栽培管理

5.2.1 温室花卉的繁殖

5.2.1.1 有性繁殖

(1) 播种时期

温室花卉播种通常在温室中进行，这样受季节性气候条件的影响较小，因此，播种期没有严格的季节性限制，常随所需要的花期而定。大多数种类在春季，即1~4月播种；少数种类如瓜叶菊、仙客来、蒲包花等通常在7~9月间播种。

(2) 播种用盆及用土

常用深10cm的浅盆、以富含腐殖质的砂质土为宜。一般配合比例如下：

① 细小种子　腐叶土5、河沙3、园土2。

② 中粒种子　腐叶土4、河沙2、园土4。

③ 大粒种子　腐叶土5、河沙1、园土4。

(3) 播种方法

用碎盆片把盆底排水孔盖上，填入碎盆片或粗砂砾，为盆深的1/3，其上填入筛出的粗粒培养土，厚约1/3，最上层为播种用土，厚约1/3。盆土填入后，用木条将土面压实刮平，使土面距盆沿约1cm。用"盆浸法"将浅盆下部浸入较大的水盆或水池中，使土面位于盆外水面以上，待土壤浸湿后，将盆提出，过多的水分渗出后，即可播种。

细小种子宜采用撒播法，播种不可过密，可掺入细沙，与种子一起播入，用细筛筛过的土覆盖，厚度为种子大小的 2~3 倍；秋海棠、大岩桐等细小种子，覆土极薄，以不见种子为度；大粒种子常用点播或条播法。覆土后在盆面上覆盖玻璃、报纸等，减少水分的蒸发。多数种子宜在暗处发芽，像报春花等好光性种子，可用玻璃盖在盆面。蕨类植物孢子的播种，常用双盆法。把孢子播在小瓦盆中，再把小盆置于大盆内的湿润水苔中，小瓦盆借助盆壁吸取水苔中的水分，更有利于孢子萌发。

(4) 播后管理

应注意维持盆土的湿润，干燥时仍然用盆浸法给水。幼苗出土后逐渐移至日光照射充足之处。

5.2.1.2　无性繁殖

1) 分生繁殖

① 分株　将根际或地下茎发生的萌蘖切下，另行栽植，使其形成独立的植株，如春兰。园艺上通常砍伤根部促其发生根蘖，以增加繁殖系数。

② 吸芽　即为某些植物根际或地上茎叶腋间自然发生的短缩、肥厚呈莲座状的短枝。吸芽的下部可自然生根，故可自母株分离而另行栽植。如多浆植物中的芦荟、景天、拟石莲花等在根际处常着生吸芽；凤梨的地上茎叶腋间也生吸芽，均可用此法繁殖。园艺上常用伤害其根部的方法，刺激其发生吸芽。

③ 走茎　为自叶丛抽生出来的节间较长的茎。节上着生叶、花和不定根，也能产生幼小植株。分离小植株另行栽植即可形成新株，如吊兰等。

④ 叶生芽　某些植物具有特殊形式的芽，生于叶缘缺刻处，如落地生根叶生芽落地即可生根，园艺上常利用这一习性进行繁殖。

⑤ 分球　有些球根花卉可用分球法进行繁殖，即将母球四周形成的小球分离并另行栽植。如马蹄莲、朱顶红等。也可将块茎分割成数块，每块带 1 个芽眼，待切口干燥或涂以草木灰后进行栽植，如大岩桐、球根秋海棠等。

2) 扦插繁殖

(1) 扦插的种类及方法

① 叶插　用于能自叶上发生不定芽及不定根的种类。凡能进行叶插的花卉，大都具有粗壮的叶柄、叶脉或肥厚之叶片。

全叶插是指以完整叶片为插穗。依扦插位置分为两种(图 5-9)。

平置法　切去叶柄，将叶片平铺沙面上，以铁针或竹针固定于沙面上，下面与沙面紧

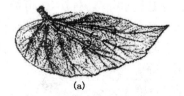
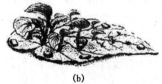

(a)　　　　　　　　　　　(b)

图 5-9　全叶插

(a) 取材叶片　(b) 叶插后长芽

接，如落地生根则从叶缘处产生幼小植株；秋海棠则自叶片基部或叶脉处产生植株；蟆叶秋海棠叶片较大，可在各粗壮叶脉上用小刀切断，在切断处产生幼小植株。

直插法(也称叶柄插法) 将叶柄插入沙中，叶片立于沙面上，叶柄基部就发生不定芽。大岩桐进行叶插时，首先在叶柄基部发生小球茎，之后发生根与芽。用此法繁殖的花卉还有非洲紫罗兰、苦苣苔、豆瓣绿、球兰等。

片叶插：将一个叶片分切为数块，分别进行扦插，使每块叶片上形成不定芽。用此法进行繁殖的有蟆叶秋海棠、大岩桐、椒草、千岁兰等。将蟆叶秋海棠叶柄从叶片基部剪去，按主脉分布情况，分切为数块，使每块上都有一条主脉，再剪去叶缘较薄的部分，以减少蒸发，然后将下端插入沙中，不久就从叶脉基部发生幼小植株。大岩桐也可采用片叶插，即在各对侧脉下方自主脉处切开，再切去叶脉下方较薄部分，分别把每块叶片下端插入沙中，在主脉下端就可生出幼小植株。椒草叶厚而小，沿中脉分切左右两块，下端插入沙中，可自主脉处发生幼株。千岁兰的叶片较长，可横切成5cm左右的小段，将下端插入沙中，自下端可生出幼株。千岁兰分割后应注意不可使其上下颠倒，否则影响成活。

② **茎插** 一般多为叶芽插和软材扦插。

叶芽插：插穗仅有一芽附一片叶，芽下部带有盾形茎部一片，或一小段茎，然后插入沙床中，仅露芽尖即可。插后最好盖一玻璃罩，防止水分过量蒸发。叶插不易产生不定芽的种类，宜采用此法，如橡皮树、天竺葵等(图5-10)。

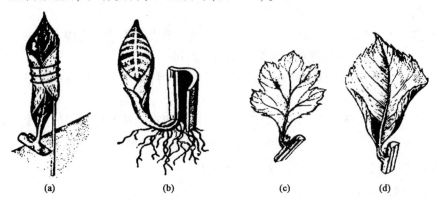

图5-10 单芽插
(a)橡皮树 (b)虎皮兰 (c)菊花 (d)八仙花

软材扦插(生长期扦插)：选取枝梢部分为插穗，长度依花卉种类、节间长度及组织软硬而异，通常5～10cm长。组织以老熟适中为宜，过于柔嫩易腐烂，过老则生根缓慢。若采自生长强健或年龄较幼的母株枝条，生根率较高。软材扦插必须保留一部分叶片，若去掉全部叶片则难以生根。对叶片较大的种类，为避免水分蒸腾过多，可把叶片的一部分剪掉。插穗切口位置宜靠近节下方，切口以平剪、光滑为好。多汁液种类应使切口干燥后扦插，多浆植物使切口干燥半日至数天后扦插，以防腐烂。对多数花卉宜在扦插之前剪取插条，以提高成活率，如紫背万年青、广东万年青等。

(2)扦插时期

在花卉繁殖中以生长期的扦插为主。在温室条件下，可全年保持生长状态，不论草本木本均可随时进行，但依花卉的种类不同，各有其最适时期。

（3）扦插生根的环境条件

① 温度 因花卉的种类不同，要求不同的扦插温度，其适宜温度大致与其发芽温度相同。多数花卉的软材扦插宜在 20 ~ 25℃之间进行；热带植物可在 25 ~ 30℃以上；耐寒性花卉可稍低。基质温度（底温）需稍高于气温3 ~ 6℃。

② 湿度 插穗在湿润的基质中才能生根，基质中适宜水分的含量，依植物种类的不同而不同，通常以 50% ~ 60% 的土壤含水量为适度。水分过多常导致插穗腐烂。扦插初期，水分较多则愈合组织易于形成；愈合组织形成后，应减少水分。为避免插穗枝叶中水分的过分蒸腾，要求保持较高的空气湿度，通常以 80% ~ 90% 的相对湿度为宜。

③ 光照 软材扦插一般都带有顶芽和叶片，并在日光下进行光合作用，从而产生生长素并促进生根。但强烈的日光也对插穗成活不利，因此，在扦插初期应给予适度遮阴。一些试验证明，夜间增加光照有利于插穗成活，在扦插床（箱）上面可装置电灯，以增加夜间照明。日光灯光度较强，而温度低，不致使气温增高，更适于扦插用。

④ 氧气 当愈合组织及新根发生时，呼吸作用增强，因此要求扦插基质具备供氧的有利条件。理想的扦插基质既能经常保持湿润，又可做到通气良好，因此河沙、泥炭及其他疏松土壤可作为适宜的扦插基质。扦插不宜过深，愈深则氧气愈少，通常靠盆边扦插者容易生根，即因氧气供应较多之故。

（4）促进插穗生根的方法

因花卉种类的不同，对各种处理也有不同的反应。同种花卉的不同品种，对一些药剂的反应也不同，这是由于年龄不同、枝条发育阶段不一、母株的营养条件及扦插时期等方面也有差异之故。促进扦穗生根的方法较多，现简略介绍如下：

药剂处理法：用植物生长素（激素）进行处理，在生产上已广泛应用，常用的有吲哚乙酸、吲哚丁酸及萘乙酸3 种。对于茎插均有显著作用；但对根插及叶插效果不明显，处理后常抑制不定芽的发生。生长素的应用方法较多，有粉剂处理、液剂处理、脂剂处理、对采条母株的喷射或注射以及扦插基质的处理等。花卉繁殖中以粉剂及液剂处理为多。

物理处理法：环状剥皮可应用于较难生根的木本植物。在生长期中，切取插穗的下端，进行环状剥皮，使养分积聚于环剥部分的上端，插穗的下端，然后在此处剪取插穗进行扦插，则易生根。软化处理对一部分木本植物效果良好。

3）嫁接繁殖

此法多应用于扦插难于生根或难以得到种子的花木类。仙人掌科的植物常采用嫁接法进行繁殖。

4）压条繁殖

一些温室花木类有时采用高压法繁殖，如叶子花、变叶木、龙血树、朱蕉、露兜树等。当根系充分地自切伤处发生后，即可自生根部下面与母本剪离重新栽植。自母本分离后，宜置于背阴处，有利于生长。

5.2.2　温室花卉的栽培管理

5.2.2.1　培养土的制备与配制

温室花卉种类很多，习性各异，对栽培土壤的要求不同。为适合各类花卉对土壤的不同要求，必须配制多种多样的培养土。

(1) 常见的栽培基质种类

① **堆肥土**　由植物的残枝落叶、旧换盆土、垃圾废物、青草及干枯的植物等，一层一层地堆积起来，经发酵腐熟而成。堆肥土含有较多的腐殖质和矿物质，一般呈中性或微碱性(pH 6.5~7.4)。

② **腐叶土**　是配制培养土应用最广的一种基质。是由落叶堆积腐熟而成。腐叶土土质疏松，养分丰富，腐殖质含量多，一般呈酸性反应(pH 4.6~5.2)，适于多种温室盆栽花卉应用。尤其适用于秋海棠、仙客来、地生兰、蕨类植物、倒挂金钟、大岩桐等。

③ **泥炭土**

褐泥炭：是炭化年代不久的泥炭，呈浅黄至褐色，含多量有机质，呈酸性反应(pH 6.0~6.5)。褐泥炭粉末加河沙是温室扦插床的良好床土。

黑泥炭：是炭化年代较久的泥炭，呈黑色，含有较多的矿物质，有机质较少，并含一些沙，呈微酸性或中性(pH 6.5~7.4)反应，是温室盆栽花卉的重要栽培基质。

④ **砂土**　即一般的砂质土壤，排水良好，但养分含量不高，呈中性或微碱性反应。

另外，蛭石、珍珠岩也可作栽培基质。

(2) 培养土的配制

温室花卉的种类不同，其适宜的培养土亦不同，即使同一种花卉，不同的生长发育阶段，对培养土的质地和肥沃程度要求也不相同。例如，播种和弱小的幼苗移植，必须用疏松的土壤，配制比例为：腐叶土6、园土2、河沙2。大苗及成长的植株，则要求较致密的土质和较多的肥分，大致的比例为腐叶土4、园土4、河沙2。

5.2.2.2　盆花的栽培管理

(1) 上盆

上盆是指将苗床中繁殖的幼苗，栽植到花盆中的操作。具体做法是按幼苗的大小选用相适应规格的花盆，用一块碎盆片盖于盆底的排水孔上，将凹面向下，盆底可用由培养土筛出的粗粒或碎盆片、沙粒、碎砖块等填入一层排水物，上面再填入一层培养土，以待植苗。用左手拿苗放于盆口中央深浅适当位置，填培养土于苗根的四周，用手指压紧，土面与盆口应有适当距离，栽植完毕后，用喷壶充分灌水，暂置阴处数日缓苗。待苗恢复生长后，逐渐放于光照充足处。

(2) 换盆

换盆是把盆栽的植物换到另一盆的操作。换盆有两种不同的情况：其一是随着幼苗的生长，根群在盆内土壤中已无再伸展的余地，因此生长受到限制而需要换盆。小盆换到大盆时，应按植株发育的大小逐渐换到较大的盆中，不可换入过大的盆内。其二是已经充分成长的植株，不需要更换更大的花盆，只是由于经过多年的养殖，原来盆中的土壤，物理性质变劣，养分丧失，或为老根所充满，换盆仅是为了修整根系和更换新的培养土，用盆大小可以不变。木本花卉多 2 年或 3 年换盆 1 次，依种类不同而定。

一年当中随时均可以换盆，但在花芽形成及花朵盛开时不宜换盆，一般在春秋季节进行。换盆时，分开左手手指，按置于盆面植株的基部，将盆提起倒置，并以右手轻扣盆边，土球即可取出；如不易取出时，将盆边向他物(以木器为宜)轻扣，则可将土球扣出。土球取出后，应对根系进行修剪，剪除烂根及过密过长的根。换盆后，须保持土壤湿润，第一次应充分灌水，以使根与土壤密接，此后灌水不宜过多，保持湿润为度，换盆后最初数日宜置阴处缓苗。

(3) 转盆

在单屋面温室及不等屋面温室中，光照多自南面一方射入，因此，在温室中放置的盆花，如时间过久，由于趋光生长，则植株偏向光照投入的方向，向南倾斜。因此，为了防止植物偏向一方生长，破坏匀称圆整的株形，应在相隔一定日数后，转换花盆的方向，使植株均匀地生长。

(4) 倒盆

倒盆有两种情况，其一是盆花经过一定时期的生长，株幅增大从而造成株间拥挤，为了加大盆间距离，使之通风透光良好，盆花苗壮生长而必须进行的操作。如不及时倒盆，会遭致病虫危害和引起徒长。其二是在温室中，由于盆花放置的部位不同，光照、通风、温度等环境因子的影响也不同，盆花生长情况各异。为了使各盆花生长均匀一致，要经常进行倒盆，将生长旺盛的植株移到条件较差的温室部位，而将较差部位的盆花，移到条件较好的部位，以调整其生长。通常倒盆常与转盆同时进行。

(5) 松盆土

松盆土可以使因不断浇水而板结的土面疏松，空气流通，植株生长良好，同时可以除去土面的青苔和杂草。青苔的形成影响盆土空气流通，不利于植物生长，而土面为青苔覆盖，难于确定盆土的湿润程度，不便浇水。松盆土后还对浇水和施肥有利。松盆土通常用竹片或小铁耙进行。

(6) 施肥

在上盆及换盆时，常施以基肥，生长期间施以追肥。常用的有机肥料有饼肥、人粪尿、牛粪、油渣、米糠、鸡粪等；无机肥料有硫酸铵、过磷酸钙、硫酸钾等。施肥掌握薄肥勤施的原则。

(7) 浇水

花卉生长的好坏，在一定程度上决定于浇水的适宜与否。花卉的种类不同，浇水量不同，蕨类植物、兰科植物、秋海棠类植物生长期要求丰富的水分，多浆植物要求较少水分；花卉的不同生长时期，对水分的需要不同，当花卉进入休眠期时，浇水量应依花卉种类的不同而减少或停止，从休眠期进入生长期，浇水量逐渐增加，生长旺盛时期，浇水量要充足，开花前浇水量应予适当控制，盛花期适当增多，结实期又需要适当减少浇水量；花卉在不同季节中，对水分的要求差异很大，春季草花每隔 1 ~ 2d 浇水 1 次，花木每隔

3~4d浇水1次,夏季温室花卉宜每天早晚各浇水1次,秋季其浇水量可减至每2~3d浇水1次,冬季低温温室的盆花每4~5d浇水1次,中温及高温温室的盆花一般1~2d浇水1次;盆小或植株较大者,盆土干燥较快,浇水次数应多些,反之宜少浇。

盆花浇水的原则是盆土见干才浇水,浇水就应浇透,要避免多次浇水不足,只湿及表层盆土,而形成"腰截水",使下部根系缺乏水分,影响植株的正常生长。

5.2.2.3 盆花在温室中的排列

在一个温室中,随着与玻璃面距离的增大,光照强度也随着减弱,因此,应把喜光的花卉放到光照充足的温室前部和中部,尽可能接近玻璃窗面和屋面,这也是应用级台来放置盆花的主要原因,耐阴的和对光照要求不严格的花卉放在温室的后部或半阴处。在进行盆花排列时,要使植株互不遮光或少遮光,应把矮的植株放在前面,高的放在后面。

温室各部位的温度不一致,近侧窗处温度变化大,温室中部较稳定,近热源处温度高,近门处因为门常开闭,温度变化也较大。因此,应把喜温花卉放在近热源处,把比较耐寒的强健花卉放在近门及近侧窗部位。

花卉在不同生长发育阶段,对于光照、温度、湿度等条件有不同的要求,应相应地移动位置或转换温室。为使播种、扦插速度加快,应放在接近热源的地方,当生根放叶后,需移到温度较低而阳光充足的地方。休眠的植株对光照、温度要求不严格,可放在光照、温度条件较差处,密度可以加大。植株发芽后,移到有适宜光照的部位。随着植株生长,株幅不断扩大,应给予较大的空间。

在满足花卉生长发育的要求和管理方便的前提下,生产上必须尽量提高温室的利用率,以降低生产成本。采用移动式种植床可减少走道面积,从而提高温室的平面利用率。为使温室面积得到充分使用,还应安排好一年中花卉生产的倒茬、轮作计划,当一种花卉出圃后,应用另一种花卉及时将空出的温室面积使用上,不使其空闲。除平面利用外,也应把空间(立面)利用起来,过矮的温室没有这方面的有利条件,在较高的温室中,可把下垂植物在走道上方悬挂起来,低矮的温室,可把下垂的蔓性花卉如吊兰等花卉放在植物台的边缘。在单屋面温室中,可利用级台,在台下放置一些耐阴湿的花卉。

5.2.2.4 温室环境的调节

温室环境的调节主要包括温度、日光和湿度3个方面,根据不同花卉的要求和季节的变化来进行,这三方面的调节是相互联系的。

(1)温度

通常霜降(10月下旬)前后就要着手盆花的入室养护,此时,白天温度较高,夜间气温一般会降至10℃左右,所以入室初期不必加温。冬季则必须加温,一般采用烟道、热水、蒸汽加温等方法,热能为煤炭、砻糠、电、太阳能等。现代技术应用电热丝自控加温法,由计算机控制。要求较高温度的花卉可以放在靠近热源处,但热源距离花株至少1m,防止灼伤。

大型工厂化生产花卉如切花,夏季也在室内进行,除用开窗通风降温外,还用遮阴、淋水等降温措施,使室温降至30℃以下。有条件者可安装空调机,能有效地降低室内温度。

（2）日光

遮阴是调节日光光照强度惟一的方法，兼有调节温度的效果。多浆植物要求充分的日光，不需要遮阴；喜阴花卉如兰花、秋海棠类花卉及蕨类植物等，必须适度遮阴；最喜阴的一些蕨类植物，更要求遮去全部直射光照。遮阴时间一般在 9：00～16：00，若遇阴雨天，则不需遮阴。

温室遮阴的方法，通常采用苇帘或竹帘覆盖在玻璃屋面上。如因短时间的繁殖需要而遮阴时，可在室外玻璃面上喷以薄层的石灰水；如需较长时间遮阴，需在石灰水中加入适量食盐，以增加石灰的附着力。夏季降低温室温度的方法，除充分通风外，遮阴亦可有效地降低温度。

（3）湿度

为了满足一般花卉对于湿度的要求，可在室内的地面上、植物台上及盆壁上洒水，以增加水分的蒸发量。最好能设置人工或自动喷雾装置，自动调节湿度。对于要求湿度较高的热带植物，如热带兰花、蕨类植物、食虫植物等专类温室的设计，除通路外，所有地面应为水面。在冬季利用暖气装置的回水管，通过室内的水池，可以促进水池中水分的蒸发，达到提高室内湿度的目的。但温室湿度过大，对花卉生长也不利，可以采取通风的方法来降低湿度。应在冬季晴天的中午，适当打开侧窗，使空气流通。整个夏季必须全部打开天窗及侧窗，以加强通风。通风除可以降低湿度外，亦可降低室内的温度。

5.3　现代育苗新技术与无土栽培

5.3.1　穴盘育苗

穴盘育苗是指在盛装泥炭和蛭石等混合基质的育苗穴盘中培育苗木。

5.3.1.1　穴盘育苗特性

（1）穴盘育苗的优点

穴盘育苗最突出的优点是苗木品质优良，能充分利用有限的种子资源，尤其在一定程度上对遗传改良的种子或珍稀树种，通过穴盘育苗技术可以使出苗率和移栽成活率近乎 100%，减少了生产者引进新品种时的投资风险，可以延长生产周期及工厂化生产，提高生产效率，降低成本。另外，穴盘苗根系与基质紧密缠绕，基质不易散落，故适合长途运输。

目前，穴盘育苗技术既可以用于实生苗，也可以用于组培苗炼苗和扦插繁殖。

（2）穴盘育苗的缺点

穴盘育苗在标准化程度较高的条件下，各种所需的机械设备与管理系统的维护和操作要求较高。种子出苗后，幼苗在育苗床上需在 21℃ 的条件培育 7～10d，会增加育苗成本。

5.3.1.2　穴盘育苗的设备

规格化育苗穴穴盘育苗主要设备有自动控制的精量播种系统、穴孔育苗盘、能调控环境的催芽室、育苗温室等（图 5-11、图 5-12）。

图 5-11 育苗穴盘

图 5-12 花卉播种苗穴盘生产

(1) 精量播种系统

整个系统包括基质的处理、混拌、装填及种子的播种和播种后的覆盖、浇水等作业。主要机械有基质混拌机、基质装填机、基质旋转加压机、精量播种机、基质覆盖机、自动洒水机、苗盘存放专用柜等,其中精量播种机是整个生产流水线的核心部分。

(2) 穴孔育苗盘

育苗盘是经过冲压形成数百个小穴,在穴底都有排水孔的塑料盘。穴盘中的穴孔呈上大下小的"倒金字塔"形,这种形状的空间最有利于植物根系迅速充分地发育,而发达的根系是植物幼苗移栽后正常生长的首要条件。

另外,木本植物育苗穴盘是在普通穴盘的基础上,增加了穴盘壁的厚度,加强了穴盘的抗老化性,加深了孔穴的深度,并且在穴孔内侧设置棱状突起,使根系比较舒展,防止根系缠绕。

(3) 催芽室

穴盘育苗将裸露的种子或具有包衣的种子直接通过精量播种机播入穴盘,在播种浇水后送入催芽室。催芽室是一个保温密封的小室,用砖砌成空心墙,墙内填入木屑、石棉等物质隔热,面积一般为 $30m^2$ 左右。

(4) 育苗温室

温室是穴盘育苗的主要配套设施。温室内应该装有加温设备、喷灌设备、补光系统、二氧化碳发生系统、立体多层育苗柜、机械传送装置,以及各种自动控制设备等。温室内的最低温度不能低于 12℃。

5.3.1.3 穴盘育苗方法

(1) 育苗基质的配制

育苗基质必须具有保水性能好、透气性能好、离子代换能力强,对植株具有良好固定性能,有适合的密度和 pH 值。目前泥炭、蛭石、珍珠岩等被公认为是良好的基质。

江苏农林职业技术学院的彩叶苗木基地使用的专业化育苗基质主要由1:1:1的泥炭土、蛭石、珍珠岩组成，另外，还需加入保湿剂、有机肥料等。这些物质要由基质混拌粉碎机经过充分的粉碎、搅拌，以使混合均匀。

穴盘育苗所用的基质已经高度专业化，在花卉业发达的国家和地区，不同类型的花卉采用不同的育苗基质，以满足幼苗生长的特殊需求。

(2) 装盘与消毒

穴盘育苗的装盘有人工装盘和机械装盘。人工装盘是将配好的基质直接装入穴盘；机械装盘则是将配好的基质装上生产线，由装盘机械完成装盘过程。

装好基质的育苗穴盘要经过消毒。可采用0.5%的高锰酸钾和800倍液的多菌灵。

(3) 播种

由于育苗盘是分格的，播种时1穴孔1粒种子，成苗后也是1穴室1株幼苗。为了保证育苗过程中不出现空格；穴盘育苗的种子要求有很强的发芽势和较高的发芽率。因此，种子在播种前必须经过消毒、浸种、丸粒化等处理。

专业穴盘种苗生产企业多采用精量播种生产线，从基质搅拌、消毒、装盘、压穴、播种、覆盖、镇压到喷水的全过程采用机械完成。

播种量较少时也可以采用人工播种方法。播种前10h左右处理种子，可用0.5%高锰酸钾浸泡20min，再放入温水中浸泡10h左右，取出播种，也可晾至表皮干燥后播种。已处理的种子应该尽量1d播完。播种时，可以用筷子打孔，深度约1cm，不能太深，播种完一盘后覆盖基质，然后喷透水，保持基质有适宜的湿度。

目前，也在穴盘上进行扦插和移苗作业，但应用较少。

(4) 催芽

播种后的育苗盘送入催芽室进行催芽。每个催芽室可叠放穴盘5000~6000个盘。催芽室的温度要控制在20~30℃之间。浇水多采用喷雾的方式进行，一般多云天气每12min喷雾12s，晴天每6min喷雾12s，湿度控制在90%~95%。出苗的时间随各种植物而不同，一般在7~10d。当多数幼苗的芽微微露出土面时，就可将育苗盘移出催芽室，送入育苗室进行养护。

(5) 育苗室管理

① 温度管理　刚移入育苗室的幼苗，室温保持在20~23℃，以防幼苗徒长。夏季需采用遮阳网遮阴，冬季需要进行加温防冻。

② 光照管理　正常气候条件下，自然光照能基本满足幼苗生长。如连续阴雨天，必须进行人工补充光照，满足植物的生长需要。

③ 水分管理　由于穴盘育苗基质较少，水分的保持尤为重要。一般每天要喷水2~3次，使空气相对湿度保持在80%~90%。若是遇夏季高温，还需加大喷水量和增加喷水次数以及在强光下适当进行遮阴降低水分的蒸腾作用。

④ 通风管理　育苗室每天都必须进行通风，保证室内空气新鲜。另外，可在9：30~10：30之间施浓度为1 000mg/kg的二氧化碳肥料，促进幼苗能生长健壮。

⑤ 追肥　穴盘育苗追肥一般采用水溶液施肥。做到薄肥勤施。一般7~10d或10~15d施一次肥。

⑥ 病虫害防治　穴盘育苗的环境湿度较大，应重视病虫害防治。做到预防为主，综合防治。

5.3.2　无土栽培

无土栽培是指不使用土壤，直接用营养液栽培植物的一种方法。大多数无土栽培采用蛭石、珍珠岩、浮石、沙砾、泥炭、玻璃纤维、锯末、岩棉等作固体基质，用来固定植物。

5.3.2.1　无土栽培特点

① 产品质量高、产量大。无土栽培能很好地解决水、气和肥之间供需矛盾，因此植物生长很快，单位面积产花量高，花朵的质量好，标准一致，特别适用于大量商品性切花生产。

② 节省养分和水分。在土壤中栽培植物，施用的肥料大部分随水流失或转变成气态而挥发，有的转变为难溶的状态不能被植物所吸收，一般要损失 50% 以上，而无土栽培的养分损失一般均不超过 10%，水分消耗也比土壤栽培少 7 倍左右。

③ 洁净、病虫害少。无土栽培因为不使用土壤，隔绝了病菌及害虫潜伏的场所，病虫害发生率大大降低，肥料都是无不良气味、不污染环境的化学药品，产品的质量比较容易达到出口检疫的标准。但有些病虫害传播较快，如镰刀菌和轮枝菌属的病菌危害较多。

④ 节省劳力，降低劳动强度。

⑤ 不受土地限制，适用范围广泛。

⑥ 开始时投资较大，耗能较多，生产苗木成本较高。

⑦ 技术复杂，要求较严。

5.3.2.2　无土栽培场地和植物选择

首先栽培场地要东、南、西三面能见到阳光；其次场地要平整，有进排水条件，并能控制培养室内的温度。

植物的选择一般用根与整个植物体重量的比值来判定。比值在 1/8 ~ 1/4 的植物最适宜无土栽培。

5.3.2.3　无土栽培设备

无土栽培所需要的设备主要包括栽培容器、贮液容器、输排管道和循环系统。

① 栽培容器　指装放固定基质和栽培植物的容器，可以是塑料钵、瓦钵或由水泥、砖、木板等砌成的栽培床或槽。不论是哪种质地的容器，以容器壁不渗水为好。因为容器壁渗水，不仅浪费营养液，而且容易引起局部盐分积累，影响植物生长。

② 贮液容器　一般采用木桶、塑料桶或用水泥和砖砌成的池，容器的选择及规格的确定应根据需要灵活掌握。

③ 输排管道　营养液输排管道一般为镀锌水管或塑料管。循环系统由水泵控制，用来将营养液灌入种植槽中，营养液流经栽培床后，贮积于液罐中，可循环使用。

另外，还需配置一套测定分析 pH 值及主要营养元素的设备。

5.3.2.4　营养液的配制方法

(1)营养液的配制

在配制营养液前,要先深入了解各种药剂的商标和说明,认真核对其化学名称、分子式、纯度等,然后根据植物需要而选定的配方,精确称量所需的肥料加以溶解。

配置时,先用50℃的少量温水溶解无机盐类,按配方列出的顺序逐个倒入装有相当于所定容量75%的水中,边倒边搅拌,最后用蒸馏水定容到所需的量。

调整 pH 值,首先把强酸强碱加水稀释或溶化,然后逐滴加入到营养液中,并不断用pH 值精密试纸或酸度计进行测定,调节至所需的 pH 值为止。在配制营养液时,还要添加少量微量元素,常用微量元素肥料有硫酸亚铁、硼酸、硫酸铜、柠檬酸铁、硫酸锌、硫酸锰等。在选择微量元素肥料时,要注意营养液 pH 值的影响,因为其中的某些元素,如铁在碱性环境中易生成沉淀,不能被植物吸收。

进行较大规模的花卉无土栽培时,一般用自来水进行配制营养液,须加少量的乙二胺四乙酸钠(EDTA 钠)或腐殖质盐酸化合物,克服营养液中游离出的离子数量受限制和自来水中的氯化物和硫化物有毒害作用的缺点。

(2)无土栽培常用肥料

无土栽培常用肥料包括大量元素氮、磷、钾、钙、镁、硫和微量元素铁、锰、铜、锌、硼、钼。常用肥料有钾化合物、磷化合物、钙化合物、镁化合物、硫化合物、微量元素等几大类型。

5.3.2.5　无土栽培方法

(1)水培法

此法将植物根连续或不连续地浸在营养液中进行栽培。它用一个 17.5cm 深的槽,装入 15cm 深的营养液,用泥炭和炉渣的混合物作基质固定植株,这样泥炭富于毛细管,能涵养水分,炉渣含有大孔隙,便于通气;再用铁的螯合物给植物供应铁,溶液由高处自由落下并使其循环,从而富含氧气。

(2)蛭石培法

蛭石是由黑云母和金云母风化而成的次生矿物质,其化学成分为水化的硅酸铝镁铁,当其在约 1 000℃ 的炉中加热时,其结晶水变为蒸汽,体积大为膨胀,形成疏松的多孔体。呈中性反应,含可被植物利用的镁和钾,具有良好的保水性能,因此可作为栽培植物的固定基质。膨胀蛭石在吸水后不能挤压,否则会破坏其多孔结构。长期使用后的蛭石,其蜂房状结构崩溃,排水和通气性能降低,达不到良好效果。在生产上常把它与珍珠岩或泥炭混合使用提高使用时间。

(3)木屑培法

国外流行用轻质材料种植花卉,木屑与谷壳混合,质地较轻,正是盆栽花卉的好材料。木屑价格便宜,无病虫害传染,在城乡可以大量稳定取得。木屑往往和谷壳混合使用,效果很好。

选用稍粗的木屑混以25%的谷壳，可以得到具有较好的保水性和通气性的基质。

木屑和谷壳都具有很高的含碳量，而氮素含量极低，若作基质，需要加入氮化合物如豆饼、鸡粪、牛粪、化学氮肥等，来调节 C/N 比。生产上常将谷壳放在高温下进行炭化处理，作为无土栽培的基质。

(4) 砾培法

用直径大于 3mm 的不松散颗粒(砾、玄武岩、熔岩、塑料或其他无机物)作固定基质，植物生长在多孔或无孔的基质中。砾培设备一般包括盛营养液的罐，带有培养基的培养床和灌营养液用的水泵，还要有水管或流水槽。供水方法有下面灌水法和上面灌水法两种。

① 下面灌水法　主要设备有培养床，在地面下的贮液罐和一台离心抽水机，整个系统采用自动化，借营养液的流出与流入，可使植物的根很好地接触空气，定期更换新溶液。

方法：在不透水的槽内装入砾石。或其他比砂要粗的基质，厚 15～20cm，从下面用营养液定期灌注，然后任其流出。营养液进入培养床后，悬在培养基颗粒上和根上的老溶液以及从灌溉中来的新溶液混合后，又从同一条管排回罐中。

下面灌水法比较经济，但通气不好，但在输入营养液时，给予良好的通气，还是能够取得较好的效果。

② 上面灌水法　溶液是用泵从罐中将水打入培养床，但在床中或灌水后用另一条管排回，排回时，流动是强烈的，营养液进入培养床从高处自由落下，因而通气好。

上面灌水系统对比较小的设备效果好，一般用直径 15mm 左右的砾石和长 6m 左右的培养床比较好。在砾培中，由于砾与砾之间空隙较大，通气性好，但保水力较差，每日至少需灌水 7 次，成本较高，目前较少采用。

(5) 沙培法

用直径小于 3mm 的松散颗粒(沙、珍珠岩、塑料或其他无机质)作固定基质，植物根生长在多孔的或无孔的基质中。

沙培法主要因为细沙营养液循环慢，不能带进充分的氧。要使根系间有充分的氧，沙培法不易掌握，因为太干植物会萎蔫，太湿则空气不易流通。故沙培法很少用于大规模生产。

 思考题

1. 花卉的主要繁殖方法有哪些？

2. 播种繁殖的主要环节有哪些？试举例说明。

3. 宿根花卉常见的繁殖方法有哪些？试举例说明。

4. 宿根花卉栽培管理应注意的技术要点有哪些？

5. 球根花卉栽培管理中要注意的几个主要问题是什么？

6. 水生花卉根据对水分的要求，依生态习性及与水分的关系，生活型主要分为哪4类？并举出实例。

7. 草坪无性繁殖方法有哪些？

8. 盆花栽培管理环节有哪些？

9. 穴盘育苗的优缺点各是什么？简述穴盘育苗的技术环节。

10. 无土栽培的特点？

 推荐阅读书目

花卉学．北京林业大学园林系花卉教研室．中国林业出版社，1990.

花卉学．赵祥云，侯芳梅，陈沛仁．气象出版社，2001.

园林花卉．陈俊愉，刘师汉．上海科学技术出版社，1980.

一、二年生园林花卉．肖良，印丽萍译．中国农业出版社，2001.

宿根草花 150 种．薛聪贤．河南科学技术出版社，2000.

球根花卉·多肉植物 150 种．薛聪贤．河南科学技术出版社，2000.

水生植物造景艺术．李尚志．中国林业出版社，2000.

单元 6

花卉应用

学习目标

【知识目标】

(1)了解花坛的特点、设计与施工；

(2)了解花境的类型、设计与施工；

(3)了解其他花卉应用形式。

【技能目标】

(1)掌握花坛设计与种植施工养护方法；

(2)掌握花境的设计与种植施工养护方法。

【内容提要】花卉具有美化环境的作用。花卉的应用方式花坛、花境、花台、篱垣、棚架、水面绿化、盆花及室内装饰。本单元重点介绍了花坛和花境的特点、类型、养护管理和设计要点。简介了花卉的其他应用方式。花坛根据设计目的和地点的不同，采用不同的类型，而不同的类型在选材上又有区别；花境是一种模仿自然式的花卉应用方式，在应用、设计和管理上有自己的特点。花台、篱垣、棚架、水面绿化、盆花及室内装饰等应用方式也是花卉应用中的重要形式。

花卉不仅具有良好的卫生防护功能，如减小噪声、吸尘、防污染、调节温度和湿度等；而且更重要的是具有美化环境的巨大作用。花卉以其千姿百态、万紫千红的自然美景观，使人们在工作之余能够得以休憩和娱乐。所以，应该充分运用花卉，发挥花卉美化环境的作用；并充分应用花卉进行人与人之间的感情交流，进入较高层次的思想境界。

6.1 花　坛

花坛的最初含义是在具有几何形轮廓的植床内，种植各种不同色彩的花卉，运用花卉的群体效果来体现图案纹样，或观赏盛花时绚丽景观的一种花卉应用形式。它以突出鲜艳的色彩或精美华丽的纹样来体现其装饰效果。现代工业的发展，为花坛施工技术的提高，盆钵育苗方法的改进提供了可能性，使得许多在花坛意义上的花卉应用新设想得以实现，为这古老的花卉应用形式带来了新的生机(图6-1)。

6.1.1 花坛设计

花坛在环境中可作为主景，也可作为配景。形式与色彩的多样性决定了它在设计上也有广泛的选择性。花坛的设计首先应考虑其风格、体量、形状诸方面与周围环境相协调，其次才是花坛自身的特色。花坛的体量、大小也应与花坛设置的广场、出入口及周围建筑的高低成比例，一般不应超过广场面积的1/3，不小于1/5。出入口设置花坛以既美观又不妨碍游人路线为原则，在高度上不可遮住出入口视线。花坛的外部轮廓也应与建筑物边线、相邻的路边和广场的形状协调一致。色彩应与所在环境有所区别，既起到醒目和装饰作用，又与环境协调，融于环境之中，形成整体美。

图6-1　北京天安门节日花坛

6.1.1.1　盛花花坛设计

(1)植物选择

以观花草本为主体,可以是一、二年生花卉,也可用多年生球根或宿根花卉。可适当选用少量常绿、彩叶及观花小灌木作辅助材料。适合作花坛的花卉应株丛紧密、着花繁茂,理想的植物材料在盛花时应完全覆盖枝叶,要求花期较长,开放一致,至少保持一个季节的观赏期。植株高度依种类不同而异,但以选用10~40cm的矮性品种为宜。此外要移植容易,缓苗较快。

(2)色彩设计

① 对比色应用　这种配色较活泼而明快。深色调的对比较强烈,给人兴奋感,浅色调的对比配合效果较理想,对比不那么强烈,柔和而又鲜明。如董紫色+浅黄色(董紫色三色董+黄色三色董,藿香蓟+黄早菊,荷兰菊+黄早菊+紫鸡冠+黄早菊),橙色+蓝紫色(金盏菊+雏菊,金盏菊+三色董),绿色+红色(扫帚草+星红鸡冠)等。

② 暖色调应用　类似色或暖色调花卉搭配,色彩不鲜明时可加白色以调剂,并提高花坛明亮度。这种配色鲜艳,热烈而庄重,在大型花坛中常用。如红+黄或红+白+黄(黄早菊+白早菊+一串红或一品红,金盏菊或黄三色董+白雏菊或白色三色董+红色美女樱)。

③ 同色调应用　这种配色不常用,适用于小面积花坛及花坛组,起装饰作用,不作主景。如白色建筑前用纯红色的花,或由单纯红色、黄色或紫红色单色花组成的花坛组。

色彩设计中还要注意其他一些问题:

●一个花坛配色不宜太多,一般花坛2~3种颜色,大型花坛4~5种足矣。配色多而复杂难以表现群体的花色效果,显得杂乱。

● 在花坛色彩搭配中注意颜色对人的视觉及心理的影响。

● 花坛的色彩要和它的作用相结合考虑。

● 花卉色彩不同于调色板上的色彩，需要在实践中对花卉的色彩仔细观察才能正确应用。

(3) 图案设计

外部轮廓主要是几何图形或几何图形的组合。花坛大小要适度。面积过大在视觉上会引起变形，一般观赏轴线以 8～10m 为度。

6.1.1.2 模纹花坛设计

模纹花坛主要表现植物群体形成的华丽纹样，要求图案纹样精美细致，有长期的稳定性，可供较长时间观赏。

(1) 植物选择

植物的高度和形状对模纹花坛纹样表现有密切关系，是选择材料的重要依据。模纹花坛以生长缓慢、枝叶细小、株丛紧密、萌蘗性强、耐修剪的多年生植物为主，如红绿草、白草、尖叶红叶苋等。

(2) 色彩设计

模纹花坛的色彩设计应以图案纹样为依据，用植物的色彩突出纹样，使之清晰而精美。如选用五色草中红色的小叶红或紫褐色小叶黑与绿色的小叶绿描出各种花纹。为使之更清晰还可以用白绿色的白草种在两种不同色草的界限上，突出纹样的轮廓。

(3) 图案设计

模纹花坛以突出内部纹样华丽为主，因而植床的外轮廓以线条简洁为宜，可参考盛花花坛中较简单的外形图案。面积不易过大，尤其是平面花坛，面积过大在视觉上易造成图案变形的弊病。

6.1.1.3 立体花坛设计

立体花坛中造型物的形象依环境及花坛主题来设计，可为花篮、花瓶、动物、图徽及建筑小品等，色彩应与环境的格调、气氛相吻合，比例也要与环境协调。运用毛毡花坛的手法完成造型物，常用的植物材料，如五色草类及小菊花。为施工布置方便，可在造型物下面安装有轮子的可移动基座(图6-2)。

设计立体花坛时要注意高度与环境协调。种植箱式可较高，台阶式不易过高。除个别场合利用立体花坛作

图6-2 立体花坛

屏障外，一般应在人的视觉观赏范围之内。此外，高度要与花坛面积成比例。以四面观圆形花坛为例，一般高为花坛直径的1/4～1/6较好。设计时还应注意各种形式的立面花坛不应露出架子及种植箱或花盆，充分展示植物材料的色彩或组成的图案。此外，还要考虑实施的可能性及安全性，如钢木架的承重及安全问题等。

6.1.2　花坛种植施工

6.1.2.1　盛花花坛种植施工

(1) 整地翻耕

花卉栽培的土壤必须深厚、肥沃、疏松。因而在种植前，一定要先整地，一般应深翻30～40cm，除去草根、石头及其他杂物。如果栽植深根性花木，还要翻耕更深一些。如土质较差，则应将表层更换好土(30cm表土)。根据需要，施加适量肥性好而又持久的已腐熟的有机肥作为基肥。

(2) 定点放线

一般根据图纸规定，直接用皮尺量好实际距离，用点线做出明显的标记。如花坛面积较大，可改用方格法放线。

(3) 起苗栽植

裸根苗应随起随栽，起苗应尽量注意保持根系完整。掘带土花苗，如花圃畦地干燥，应事先灌浇苗地。起苗时要注意保持根部土球完整，根系丰满。掘起后，最好于阴凉处置放1～2d，再运往栽植。盆栽花苗，栽植时，最好将盆退下，但应注意保证盆土不松散。

6.1.2.2　模纹式花坛种植施工

模纹式花坛又称"图案式花坛"。由于花费人工，一般均设在重点地区，种植施工应注意以下几点。

(1) 整地翻耕

除按照上述要求进行外，由于它的平整要求比一般花坛高，为了防止花坛出现下沉和不均匀现象，在施工时应增加1～2次镇压。

(2) 上顶子

模纹式花坛的中心多数栽种苏铁、龙舌兰及其他球形盆栽植物，也有在中心地带布置高低层次不同的盆栽植物，称之为"上顶子"。

(3) 定点放线

上顶子的盆栽植物种好后，应将其他的花坛面积翻耕均匀，耙平，然后按图纸的纹样精确地进行放线。一般先将花坛表面等分为若干份，再分块按照图纸花纹，用白色细沙，撒在所划的花纹线上。也有用铅丝、胶合板等制成纹样，再用它在地表面上打样。

(4) 栽植

一般按照图案花纹先里后外，先左后右，先栽主要纹样，逐次进行。如花坛面积大，栽草困难，可搭搁板或扣木匣子，操作人员踩在搁板或木匣子上栽草。栽种前可先用木槌子插眼，再将草插入眼内用手按实。要求做到苗齐，地面达到上看一平面，纵看一条线。为了强调浮雕效果，施工人员事先用土做出形来，再把草栽到起鼓处，则会形成起伏状。

(5) 修剪和浇水

草栽好后可先进行一次修剪，将草压平，以后每隔 15～20d 修剪一次。有两种剪草法：一种是平剪，纹样和文字都剪平，顶部略高一些，边缘略低。另一种为浮雕形，纹样修剪成浮雕状，即中间草高于两边，否则会失去美观或露出地面。

栽好后除浇一次透水外，以后应每天早晚各喷水一次。

6.1.2.3　立体花坛种植施工

(1) 立架造型

外形结构一般应根据设计构图，先用建筑材料制作大体相似的骨架外形，外面包以泥土，并用蒲包或草将泥固定。有时也可以用木棍作中柱，固定地上，然后再用竹条、铅丝等扎成立架，再外包泥土及蒲包。

(2) 种植与管理

立体花坛的主体花卉材料，一般多采用五色草布置，所栽小草由蒲包的缝隙中插进去。插入之前，先用铁器钻一小孔，插入时草根要舒展，然后用土填满缝隙，并用手压实，栽植的顺序一般由上向下。为防止植株向上弯曲，应及时修剪，并经常整理外形。

花瓶式的瓶口或花篮式的篮口，可以布置一些开放的鲜花。立体花坛的基床四周应布置一些草本花卉或模纹式花坛。

立体花坛应每天喷水，一般情况下每天喷水 2 次，天气炎热干旱则应多喷几次。每次喷水要细，防止冲刷。

6.1.3　花坛养护及更换

花卉在园林应用中必须有合理的养护管理与定期更换，才能生长良好和充分发挥其观赏效果。主要归纳为下列几项工作。

(1) 栽植与更换

作为重点美化而布置的一、二年生花卉，全年需进行多次更换，才可保持其鲜艳夺目的色彩。必须事先根据设计要求进行育苗，至含蕾待放时移栽花坛，花后给予清除更换。

球根花卉按种类不同，分别于春季或秋季栽植。适应性较强的球根花卉在自然式布置种植时，不需每年采收。郁金香可隔 2 年，水仙隔 3 年，石蒜类及百合类隔 3～4 年掘起分栽一次。在作规则式布置时可每年掘起更新。

宿根花卉包括大多数岩生及水生花卉，常在春或秋分株栽植，根据各论中所述的生长习性不同，可 2～3 年或 5～6 年分栽一次。

地被植物大部分为宿根性，要求较粗放，一、二年生的如选材合适，一般不需较多的管理，可让其自播繁衍，只在种类比例失调时，进行补播或移栽小苗即可。

(2) 土壤要求与施肥

普通园土适合多数花卉生长，对过劣或工业污染的土壤(及有特殊要求的花卉)，需要换入新土(客土)或施肥改良。对于多年生花卉的施肥,通常是在分株栽植时作基肥施入;一、二年生花卉主要在圃地培育时施肥,移至花坛仅供短期观赏,一般不再施肥。

(3)修剪与整理

在圃地培育的草花,一般很少进行修剪,而在园林布置时,要使花容整洁,花色清新,修剪是一项不可忽视的工作。要经常将残花、果实(观花者如不使其结实,往往可显著延长花期)及枯枝黄叶剪除;毛毡花坛需要经常修剪,才能保持清晰的图案与适宜的高度;对易倒伏的花卉需设支柱;其他宿根花卉、地被植物在秋冬茎叶枯黄后要及时清理或刈除;需要防寒覆盖的可利用这些干枝叶覆盖,但应防止病虫害藏匿及注意田园卫生。

6.2 花 境

花境是人们参照自然风景中野生花卉在林缘地带的自然生长状态,经过艺术提炼而设计的自然式花带。它由花组成的境界,源于英国古老而传统的私人别墅花园。花境在设计

图6-3 花 境

形式上是沿着长轴方向演进的带状连续构图,带状两边是平行或近于平行的直线或曲线。其基本构图单位是一组花丛。每组花丛通常由5~10种花卉组成,一种花卉集中栽植。犹如林缘野生花卉交错生长的自然景观。花丛内应由主花材形成基调,次花材作为配调,由各种花卉共同形成季相景观,即每季以5~10种花卉为主,形成季相景观;其他花卉为辅,用来烘托主花材的设计原则。植物材料以耐寒的可在当地越冬的宿根花卉为主,间有一些灌木、耐寒的球根花卉或少量的一、二年生草花(图6-3)。

6.2.1 花境类型

6.2.1.1 从设计形式上分类

(1)单面观赏花境

这是传统的花境形式,多临近道路设置,花境常以建筑物、矮墙、树丛、绿篱等为背景,前面为低矮的植物,整体前低后高,供一面观赏。

(2)双面观赏花境

这种花境没有背景,多设置在草坪上或树丛间,植物种植是中间高两侧低,供两面观赏。

(3) 对应式花境

在园路的两侧、草坪中央或建筑物周围设置相对应的两个花境，这两个花境呈左右二列式。在设计上统一考虑，作为一组景观，多采用拟对称的手法，以求有节奏和变化。

6.2.1.2　从植物选材上分类

(1) 宿根花卉花境

花境全部由可露地过冬的宿根花卉组成。

(2) 混合式花境

花境种植材料以耐寒的宿根花卉为主，配置少量的花灌木、球根花卉或一、二年生花卉。这种花境季相分明，色彩丰富，多见应用。

(3) 专类花卉花境

由同一属不同种类或同一种不同品种植物为主要种植材料的花境。作专类花境用的宿根花卉要求花期、株形、花色等有较丰富的变化，从而体现花境的特点，如百合类花境、鸢尾类花境、菊花类花境等。

6.2.2　花境设置位置

(1) 建筑物墙基前设置的花境

形体小巧、色彩明快的建筑物前，花境可起到基础种植的作用，软化建筑的硬线条，连接周围的自然风景。以 1～3 层的低矮建筑物前装饰效果为好。围墙、栅栏、篱笆及坡地的挡土墙前也可设花境。

(2) 立脚点路旁设置的花境

园林中游步道边适合设置花境；若在道路尽头有雕塑、喷泉等园林小品，可在道路两边设置花境。在边界物前设置单面观花境，既有隔离作用又有好的美化装饰效果。通常在花境前再设置园路或草坪，供人欣赏花境。

(3) 绿地中较长的植篱、树墙前设置的花境

花境以在绿色的植篱、树墙前效果最佳。绿色的背景使花境色彩得以充分表现，而花境又活化了单调的绿篱、绿墙。

(4) 宽阔的草坪上、树丛间设置的花境

在这种绿地空间适宜设置双面观赏的花境，可丰富景观，组织游览路线。通常在花境两侧辟出游步道，以便观赏。

(5) 宿根园、家庭花园中设置的花境

在面积较小的花园中，花境可周边布置，是花境最常用的布置方式。依具体环境可设计成单面观赏、双面观赏或对应式花境。

6.2.3　花境设计

6.2.3.1　植床设计

花境大小的选择取决于环境空间的大小。通常花境的长轴长度不限，但为管理方便及体现植物布置的节奏、韵律感，可以把过长的植床分为几段，每段长度不超过20m为宜。段与段之间可留1~3m的间歇地段，设置座椅或其他园林小品。

花境的种植床是带状的。单面观赏花境的后边缘线多采用直线，前边缘可为直线或自由曲线。两面观赏花境的边缘线基本平行，可以是直线，也可以是流畅的自由曲线。

种植床依环境土壤条件及装饰要求可设计成平床或高床，并且应有2%~4%的排水坡度。设置于绿篱、树墙前及草坪边缘的花境宜用平床，床面后部稍高，前缘与道路或草坪相平这种花境给人整洁感。在排水差的土质上、阶地挡土墙前的花境，为了与背景协调，宜采用30~40cm高的高床，边缘用不规则的石块镶边，使花境具有粗犷风格；若使用蔓性植物覆盖边缘石，能产生柔和的自然感。

6.2.3.2　背景设计

单面观花境需要背景。花境的背景依设置场所不同而异。较理想的背景是绿色的树墙或高篱。用建筑物的墙基及各种栅栏做背景也可，以绿色或白色为宜。如果背景的颜色或质地不理想，可在背景前选种高大的绿色观叶植物或攀缘植物，形成绿色屏障，再设置花境。

6.2.3.3　边缘设计

高床边缘可用自然的石块、砖头、碎瓦、木条等垒砌而成。平床多用低矮植物镶边，以15~20cm高为宜。可用同种植物，也可用不同植物，以后者更近自然。若花境前面为园路，边缘分明、整齐，还可以在花境边缘与环境分界处挖20cm宽、40~50cm深的沟，填充金属或塑料条板，防止边缘植物侵入路面或草坪。

6.2.3.4　种植设计

(1)植物选择
① 在当地露地越冬，不需特殊管理的宿根花卉为主，兼顾一些小灌木及球根和一、二年生花卉。
② 花卉有较长的花期，且花期能分散于各季节。花序有差异，有水平线条与竖直线条的交差。花色丰富多彩。
③ 有较高的观赏价值。如芳香植物，花形独特的花卉，花叶均美的材料，观叶植物，某些禾本科植物也可选用。但一般不选用斑叶植物，因它们很难与花色调和。

(2)色彩设计
花境色彩设计中主要有4种基本配色方法。
① 单色系设计　这种配色法不常用，只为强调某一环境的某种色调或一些特殊需要

时才使用。

②　类似色设计　这种配色法常用于强调季节的色彩特征时使用，如早春的鹅黄色，秋天的金黄色等。有浪漫的格调，但应注意与环境协调。

③　补色设计　多用于花境的局部配色，使色彩鲜明，艳丽。

④　多色设计　这是花境中常用的方法，具有鲜艳、热烈的气氛。但应注意依花境大小选择花色数量，若在较小的花境上使用过多的色彩反而产生杂乱感。

(3)季相设计

理想的花境应四季有景可观，寒冷地区可做成三季有景。花境的季相是通过种植设计实现的。利用花期、花色及各季节所具有的代表性植物来创造季相景观，如早春的报春、夏日的福禄考、秋天的菊花等。

(4)立面设计

花境要有较好的立面观赏效果，应充分体现群落的整体美。立面设计应充分利用植株的株形、株高、花序及质地观赏特性，创造出丰富美观的立面景观，做到植株高低错落有致，花色层次分明。

(5)平面设计

平面种植采用自然块状混植方式，每块为一组花丛，各花丛大小有变化。一般花后叶丛景观较差的植物面积宜小些。为使开花植物分布均匀，又不因种类过多造成杂乱，可把主花材植物分为数丛种在花境不同位置。可在花后叶丛景观差的植株前方配植其他花卉给予弥补。使用少量球根花卉或一、二年生草花时，应注意该种植区的材料轮换，以保持较长的观赏期。

6.2.4　施工及养护管理

6.2.4.1　整床放线

花境施工完成后多年应用，因此需有良好的土壤。对土质差的地段应换土，但应注意表层肥土及生土要分别放置，然后依次恢复原状。通常混合式花境土壤需深翻60cm左右，筛出石块，距床面40cm处混入腐熟的堆肥，再把表土填回，然后整平床面，稍加镇压。

按平面图纸用白粉或沙在植床内放线，对有特殊土壤要求的植物，可在种植区采用局部换土措施。要求排水好的植物可在种植区土壤下层添加石砾。对某些根蘖性过强，易侵扰其他花卉的植物，可在种植区边挖沟，埋入石头、瓦砾、金属条等进行隔离。

6.2.4.2　栽植及养护管理

通常按设计方案进行育苗，然后栽入花境。栽植密度以植株覆盖种植床为限。若栽种小苗，则可种植密些，花前再适当疏苗；若栽植成苗，则应按设计密度栽好。栽后保持土壤湿度，直到成活。

花境种植后，随时间推移会出现局部生长过密或稀疏的现象，需及时调整，以保证其景观效果。早春或晚秋可更新植物(如分株或补栽)，并把秋末地面的落叶及经腐熟的堆肥施入土壤。管理中注意灌溉和中耕除草。混合式花境中花灌木应及时修剪，花期过后及时去除残花等。

6.3 其他花卉应用形式

6.3.1 花 台

花台是一种明显高出地面的小型花坛。花台四周用砖、石，混凝土等堆砌作台座，其内填入土壤，栽植花卉，一般面积较小。常在广场、庭园的中央，或设计在建筑物的正面或两侧。花台的配植形式可分为两类：

(1)整齐式布置

其选材与花坛相似，由于面积较小，一个花台内通常只选用一种花卉，除一、二年生花卉及宿根、球根花卉外，木本花卉中的牡丹、月季、杜鹃花、迎春、金钟、凤尾竹、菲白竹等也常被选用。由于花台高出地面，所以选用株形低矮、枝繁叶茂并下垂的花卉，如矮牵牛、美女樱、天门冬、书带草等较为适宜。

(2)盆景式布置

把整个花台视为一个大型的盆景，按制作盆景的造型艺术进行花卉配置，常以松、竹、梅、杜鹃花、牡丹等为主要植物材料，配饰以山石、小草等。构图不着重色彩的华丽，而以艺术造型和意境取胜。这类花台其台座也常按盆景盆座的要求而设计。

6.3.2 篱垣及棚架

篱垣、棚架等，利用蔓性花卉可以迅速将其绿化、美化，蔓性花卉还可点缀门楣、窗格和围墙。由于草本蔓性花卉茎十分纤细、花果艳丽，装饰性强，其垂直绿化、美化效果可以超过藤本植物，有时用钢管、木材作骨架，经草本蔓性花卉的攀缘生长，能形成大型的动物形象，如长颈鹿、金鱼、大象，或形成太阳伞等，待蔓性花草布满篱、架后，细叶茸茸、繁花点点，甚为生动有趣。适宜设置在儿童活动场所。草本蔓性花卉有牵牛、茑萝、香豌豆、凤船葛、小葫芦等，这类花卉质轻，不会将篱、架压歪压倒。有些棚架和透空花廊，可考虑用木本攀缘花卉来布置，如紫藤、凌霄、络石、蔷薇、木香、猕猴桃、葡萄等，它们经多年生长后能布满棚架，有良好的观赏和庇荫效果。

6.3.3 水面绿化

水生花卉可以绿化、美化池塘、湖泊等水域，也可装点小型水池；还有些适宜于沼泽地或低湿地栽植。栽培各种水生花卉使园林景色更加丰富多彩，同时还起着净化水质，保持水面洁净，控制有害藻类的生长等作用。如沼泽地和低湿地带常栽培千屈菜、香蒲、石菖蒲等；处于静水状态的池、塘宜栽睡莲、王莲等；水深1m左右水流缓慢的地方可栽植荷花；水深超过1m的湖塘多栽植萍蓬草、凤眼莲等。

6.3.4 盆花布置

盆栽花卉或温室花卉作室内点缀，或作花卉展览，目前较为常见。根据花卉的生态习性和应用目的，合理地将盆花陈设、摆放。

此外，能耐干旱、瘠薄土壤的岩生花卉可以布置岩石园，如肉质多浆花卉、蕨类及虎耳草、沿阶草等，利用小环境植于石泉间隙或低洼凹陷处，使岩石更趋自然和别具风味。

6.3.5 室内花卉装饰

6.3.5.1 花束

花束是将3～5支或更多的花枝合扎在一起成束，用于表达友谊或祝愿的花卉应用形式。一般用于制作花束的花枝有唐菖蒲、月季、香石竹、菊花、马蹄莲、晚香玉、郁金香、香雪兰、非洲菊、百日草、翠菊、紫罗兰、文竹、肾蕨、石松等。花束的形状、大小，要根据用途及风俗习惯等因素。

6.3.5.2 花篮

花篮，通常采用竹、柳条、藤等材料编织成篮状构造，其内插以鲜花而形成花篮。一般多作为喜庆、祝贺的礼物，有时也用作纪念、悼念等活动。花篮的外形通常为圆形、椭圆形或长方形，均有较长的提把；花篮的大小差异很大，大者高、宽可达1m以上，小者仅数十厘米，前者供就地放置，后者用以装饰几案等。

6.3.5.3 花圈

花圈一般用竹材或树枝编织成的环状物，其上用稻草等物包裹，再覆盖绸布或绑扎上绿色枝叶将草环等遮盖住，然后插上鲜花即成。为了减少花枝水分蒸发，花圈上的草环应浸水或喷水使之湿润，并尽量选用不易干枯的切花，以便延长使用期。为了便于陈设摆放，花圈应带有支架或底座；花圈上应用的花朵色彩，常以冷色花如蓝、紫色，或中性色白色等为主，形成宁静、哀悼的气氛。

6.3.5.4 花环

花环是用花枝和细绳，或直接用花枝串联扎成的环状饰物，套在人的脖子上，以示尊敬和欢迎。所选用的切花应无异味和不会污染人的服饰，百合花、朱顶红等花朵的花粉很易自然散落，引起染色，所以不宜使用。

6.3.5.5 佩花

佩花是用细金属丝将花朵绑扎，佩戴于胸前或鬓发处作头饰，常细致制作成多种造型，如呈蝴蝶状、孔雀状等。宜作佩花的切花，以质地轻柔、花叶纤细，不易凋萎、不污染衣服，并具芬芳香气的花朵为佳品，如茉莉、白兰、代代等。

6.3.5.6 插花

插花是指将剪切下来的植物之枝、叶、花、果等作为素材，经过一定的技术(修剪、整枝、弯曲等)和艺术(构思、造型、色彩等)加工，重新配置成一件精致美丽、富有诗情画意，能再现大自然美和生活美的花卉艺术品。插花具有装饰性强、时间性强、随意性强、作品精致等特点。插花的类别如下。

由于各国所处的地理位置、文化传统、民族特点的差异，世界各国插花艺术上的风格也各不相同。插花的分类可按照艺术风格、用途、花材的特点来分。

(1)依插花艺术的风格分类

西方式插花：主要特点是，整个插花的外形为几何图形，造型简单、大方，色彩艳丽，花材种类多，数量大，作品形体比较高大，表现出热情奔放、华丽的风格。此类插花广泛应用于宾馆、会议，能强烈地烘托热烈、欢腾之气氛。

东方式插花：其主要特点为，造型上以自然线条构图为主，形体小巧玲珑，色彩上以淡雅、朴素著称，主题思想明确，力求考虑3种境界即生境、画境和意境。生境即师法自然，高于自然；画境则遵循绘画原则和原理，达到美如画的境界；意境即插花的任务和目的，具有一定的主题思想，含蓄深远，耐人寻味和遐思，表现出作者的情怀和寄托。

现代自由式：即吸收东方式和西方式插花之特点，加以提炼而成的另一种简洁、自由插花方式。

(2)依用途分类

礼仪插花：这类插花的目的是为了喜庆迎送、社交等礼仪性活动，用来增添团结友爱，表达敬重、欢庆等快乐气氛，因而造型要求简单整齐、色彩鲜艳明亮等，一般为花篮、花束、花钵、桌饰、瓶花等形式。礼仪用花特别是花束要注意色彩，如欧洲一些国家非常喜爱红色的郁金香(表示爱情)和月季(表示友爱)，欧美白种人喜欢白色，如百合、马蹄莲等。母亲节(5月的第二个星期日)用粉红色为上，如香石竹、月季等。

艺术插花：主要为美化装饰和艺术欣赏之用，这类插花造型上不拘一格，既有线条式，又有西方式或综合式。该类插花注重主题思想的表达，注重内涵，意境丰富、深远，色彩上既艳丽明快又可素洁淡雅。

(3)依花材性质分类

鲜花插花：以新鲜花、枝、叶、果等植物材料作花材制作的插花。其特点时间性强，观赏期短、花材选用易受季节的限制，花材价格也比较昂贵，养护管理较费工。

干花插花：用新鲜的植物材料经自然干燥或加工干燥而成的干花作为花材的插花叫干花插花。其特点：观赏期长，可人工随意染色，可放置1~2年，成本较低，且省工。

干鲜花融合插花：由于鲜花不足或太昂贵时，或陈设环境不利于鲜切花时使用。

人造花插花：采用塑料花、绢花等作材料。

 思考题

1. 花坛可分为几类？
2. 花坛设计时要考虑到哪些方面的问题？
3. 什么是花境？按设计形式分类可分为几类？
4. 花坛和花境在植物选材上有什么不同？
5. 花卉的应用方式有哪些？

推荐阅读书目

花卉学．北京林业大学园林系花卉教研室．中国林业出版社，1990.

园林花卉学(第 3 版)．刘燕．中国林业出版社，2016.

花卉学．赵祥云，陈沛仁，孙亚莉．中国建筑出版社，1996.

花卉应用与设计．吴涤新．中国农业出版社，1994.

单元 7

常见花卉

学习目标　　【知识目标】

(1) 了解园林花卉的分类方法；

(2) 了解植物分类检索表的编制与使用方法；

(3) 掌握常见园林花卉识别的主要特点；

(4) 熟记常见园林花卉的科属及拉丁名；

(5) 了解花卉地理分布及生长生态习性。

【技能目标】

(1) 识别常见蕨类植物；

(2) 具备识别常见园林花卉的能力；

(3) 具备利用工具书及文献资料鉴定花卉的能力；

(4) 具有运用专业术语描述花卉形态特征的能力；

(5) 具备"看图识花名"的能力。

【内容提要】园林中应用的花卉种类繁多，首先要了解和掌握这些花卉，才能良好的应用。本单元主要介绍园林中常见和一些新优特的花卉，包括蕨类植物、双子叶植物和单子叶植物三部分。各个部分按科分别介绍花卉的形态特征、分布与习性、繁殖栽培方法和在园林中的用途。

7.1　蕨类植物

1. 石松科 Lycopodiaceae

陆生，少数附生，中小型草本。地上茎直立或匍匐蔓生，圆柱形或略扁，通常二叉状分枝，茎叶通常不成扁平状。营养叶同型，细小，螺旋状排列，线形、披针形或鳞片状，全缘或有锯齿，无舌叶，有中脉。孢子囊同型，单生于叶腋或顶生成孢子囊穗；孢子叶同型，螺旋状互生；孢子囊扁肾形，无明显的环带；孢子同型，为球状四面形。本科 2 属约 400 种；我国仅 1 属；本书收录 1 属 3 种。

垂穗石松 *Lycopodium cernuum*

别名　筋骨草

属名　石松属

形态特征　多年生草本。株高 30～50cm。主茎直立，基部有匍匐茎，上部多回叉状分枝，顶端常着生地下根而向下弯垂。不育叶螺旋状排列，叶线状钻形，向上弯曲，全缘，先端芒刺状。孢子囊穗小，单一，生于小枝顶端，向下，卵形至卵状圆柱形，无柄；孢子叶覆瓦状排列，干膜质，三角形，边缘流苏状，先端芒状。

分布与习性　原产中国，分布于长江以南地区及台湾省。野生分布在山坡草地。喜阴湿及酸性土壤。

繁殖　分株或孢子繁殖。

栽培　栽培中注意避免直射光照，选阴湿环境。

园林用途　阴湿环境处的地被植物；切叶。

石松 *Lycopodium japonicum*（图7-1）

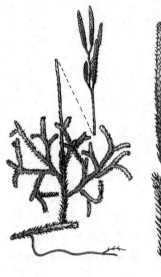

图7-1 石 松

别名　仲筋草、狮子尾

属名　石松属

形态特征　多年生常绿草本。株高15～30cm。匍匐茎多分枝，其上随处能生假根，并疏生叶。直立茎上营养枝多回分叉，密生叶；叶针形，顶端有易脱落的芒状长尾；孢子枝于夏季从2～3年生的营养枝上长出，且高出营养枝，疏生叶。孢子囊穗通常2～6个生于孢子枝的上部，圆柱形，有柄。孢子叶卵状三角形，先端急尖，具不规则锯齿。

同属植物：

玉柏石松 *L. obscurum*　多回扇状分叉呈树冠状。叶线状披针形，草质，全缘。孢子囊穗密生于末回分枝的叶背顶端，圆柱状，黄褐色。每株常有1～6个孢子叶，阔卵圆形，短柄，具不规则粗齿，多行，呈覆瓦状排列。

分布与习性　原产中国，分布于内蒙古、东北及长江以南地区。喜光，耐寒，华北地区露地栽培，冬季地上部常干枯，呈多年生宿根，喜酸性土，为酸性土壤的指示植物，耐旱。

繁殖　分株或孢子繁殖。分株须在原地切断枝，待生不定根后分植。

栽培　冬季室内温度不低于0℃，栽于排水好、酸度高的黄壤土中。干旱炎热天要适当灌溉。

园林用途　地被；吊盆观赏；切叶。

2. 卷柏科 Selaginellaceae

陆生植物。根状茎长而横走、斜卧或直立；主茎匍匐或直立，分枝从基部或横走的主茎生出，常生不定根，茎叶通常背腹扁平状。营养叶细小，不分裂，通常异形，4行排列；侧叶较大而宽，近平展；中叶贴生而指向枝顶。孢子囊同型，单生于孢子叶腋间或顶生；孢子囊穗通常四棱形；孢子叶同型或异型；孢子异型，大孢子较大，通常4枚；小孢子细小、多数，均为球状四面体。本科仅1属，分布于全世界；本书收录1属2种。

卷柏 *Selaginella tamariscina*（图7-2）

别名　还魂草、万年青

属名　卷柏属

形态特征　多年生常绿草本。株高5～20cm。主茎单一，短粗直立，下面密生须根；

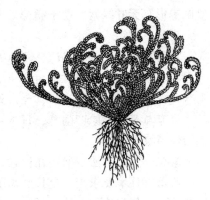

顶端丛生扁平小枝，呈扇形分叉，辐射开展为莲座状。叶二型，中叶卵状披针形，具长芒；侧叶钻状披针形，具长芒，边缘膜质；叶形小，覆瓦状密生于小枝上。孢子囊穗生于小枝顶端，四棱形，孢子叶三角形。

分布与习性　原产中国，分布于全国各地，原苏联远东地区及日本也有。喜半阴，强光下也能生长良好，极耐干旱，枝叶干时内卷，湿润后开展。

繁殖　孢子繁殖为主。

栽培　盆土用疏松、排水好的砂质壤土，盆栽需在不低于0℃的室内越冬，华北地区可露地过冬，呈多年生宿根状。

图7-2　卷 柏

园林用途　疏林下地被；点缀假山、岩石园；入秋可采收卷球的残株收存，冬季浸入水瓶枝叶伸展可观赏。

翠云草 *Selaginella uncinata*

别名　蓝地柏、绿绒草

属名　卷柏属

形态特征　多年生蔓性草本。主茎柔软纤细，有棱，伏地蔓生；分枝处常生不定根，侧枝多回分叉。叶二型，中叶长卵形，渐尖；背叶矩圆形，向两侧平展；叶下面深绿色，上面带碧蓝色。孢子囊穗四棱形，孢子叶卵状三角形。

分布与习性　原产中国，分布于西南、华南地区及台湾省。喜温暖、湿润和半阴，忌强光直射。常生于林下湿石上、石洞内。

繁殖　春天翻盆时分株繁殖，置阴湿的环境下容易成活。

栽培　生长期要充分浇水，并保持较高的空气湿度；冬季越冬室温需要5℃以上。

园林用途　阴湿处地被；盆栽；盆景；装饰假山石。

3. 阴地蕨科 Botrychiaceae

陆生植物。根茎极短，直立，簇生肉质粗根。叶异型，都出自总柄，总柄基部包有褐色鞘状托叶；营养叶2~3回羽状分裂，大多为三角形或五角形，叶脉分离；能育叶出自总柄，或出自不育叶的基部或中轴，有长柄，无叶绿素。孢子囊序为疏散的圆锥状或紧密的总状；孢子囊圆球形，无柄，沿小穗排列成2行，不陷入囊托内，横裂；孢子两面形或球状四面形。本科仅1属，主产温带；本书收录1属1种。

阴地蕨 *Scepteridium ternatum*

别名　小春花、蛇不见

属名　阴地蕨属

形态特征　多年生草本。株高20~40cm。具肉质根状茎。营养叶生总柄下部，具短柄，阔三角形，3回羽状分裂；孢子叶生于总柄顶端，远高于营养叶，2~3回羽状复叶，复圆锥形，无叶绿素。孢子囊穗集成圆锥状。

同属植物：

扇羽阴地蕨 *S. lumaria* 株高 10~20cm。营养叶从总柄中部或上部生出，阔披针形，1回羽状分裂；孢子叶较营养叶柄长，出自总柄顶端或在营养叶的叶轴下部腋间，2~3回羽状复叶，狭圆锥形，直立，光滑无毛。

分布与习性 原产朝鲜、日本、中国。喜阴湿，忌强光直射，稍耐寒，喜富含腐殖质的酸性黄壤土。

繁殖 繁殖方法目前还在摸索，组培可能成功。主要挖掘野生苗。

栽培 环境要求高，夏日必须阴湿凉爽，庇荫度因季节而异。宜排水好的酸性或微酸性土壤。一年只成熟一片叶子，要注意保护老叶。

园林用途 盆栽观叶。

4. 紫萁科 Osmundaceae

陆生中型草本植物。根状茎粗壮，直立，无鳞片。叶通常异型，幼时被棕色棉绒状长毛腺体，老则脱落；叶柄长而坚实，基部膨大成背腹状，两侧有半透明的翅状附属物；叶片大型，1~2回羽状，叶脉分离。孢子囊大，球形，通常有柄，裸露，形成穗状或复穗状的孢子囊序；孢子球状四面形。本科3属，分布于热带和温带；我国仅1属，本书收录1属1种。

紫萁 *Osmunda japonica*（图7-3）

别名 高脚贯众

属名 紫萁属

形态特征 多年生草本。株高 50~80cm。根状茎粗壮。叶簇生，具长柄，幼时密被棕色长柔毛，后脱落；营养叶三角状广卵形，2回羽裂，小羽片叶脉两面明显，具短小锯齿；孢子叶春夏抽出，深棕色，卷缩，小羽片条形，沿主脉两侧密生孢子，孢子成熟即枯萎。

分布与习性 原产中国、越南、印度、日本，是中国暖温带及亚热带最常见植物。性喜阴湿的酸性黄壤土，生长于山地林缘、溪沟及坡地的草丛中。

繁殖 孢子或分株繁殖。分株可利用其根状茎上能生大量不定根的特点，把营养叶及根茎切开，然后分植。

栽培 园林中引种不多，栽培有待研究。

园林用途 林下散植；沟边池畔丛植。

图7-3 紫 萁

5. 观音座莲科 Angiopteridaceae

根状茎直立，粗壮，肥大。叶柄粗大，基部有一对肉质托叶状附属物；叶片1~2回羽裂，末回小羽片披针形，具短柄或几乎无柄；叶脉分离，单一或分叉。孢子囊船形，厚壁，顶端有不发育的环带，沿叶脉排列成2行，形成线形或椭圆形的孢子囊群；孢子四面形，辐射对称，三裂缝。本科3属约200种，分布于亚洲热带和南太平洋岛屿；我国2属；本书收录1属1种。

福建观音座莲 *Angiopteris fokiensis*

别名　福建座莲蕨

属名　观音座莲属

形态特征　多年生草本。株高150～300cm。叶簇生，叶柄粗壮肉质，基部扩大成蚌壳状并相互覆盖成马蹄形，如同莲座；叶2回羽裂，羽片互生，上部羽片稍斜向上平展，下部小羽片渐缩短。孢子囊群着生于近叶缘处。

分布与习性　原产中国，分布于华南地区及贵州、湖南、湖北。喜温暖、阴湿，较耐寒，宜酸性土壤。野生于溪边沟谷。

繁殖　多用分株繁殖。

栽培　适栽于肥沃、疏松的酸性土壤中，适当庇荫，生长期保持较高的空气湿度。目前园林中引种较少，仅华南植物园、广州园林科研所有少量栽培。

主要用途　庭园栽植；盆栽。

6. 海金沙科 Lygodiaceae

陆生缠绕植物。根状茎横走，被毛，无鳞片。叶轴细长，常达数米，沿叶轴相隔一定距离有互生的短枝，顶上两侧各生出1个羽片，羽片1～2回2叉状或1～2回羽状，异型；不育羽片通常生于叶轴下部，能育羽片位于上部，能育羽片通常比不育羽片狭，边缘生有流苏状的孢子囊穗，由2行并列的孢子囊组成。孢子囊梨形，横生短柄上，环带顶生，纵裂；孢子两面或四面形。本科1属约45种，分布于全世界热带和亚热带地区；本书收录1属1种。

海金沙 *Lygodium japonicum*（图7-4）

别名　铁丝藤、蛤蟆藤

属名　海金沙属

形态特征　多年生常绿草本。攀缘状，高可达4m。叶二型，纸质；不育叶生于叶轴下部，尖三角形，2回羽裂，小羽片掌状或3浅裂；可育叶生于叶轴上部，卵状三角形，2回羽裂，小羽片背面边缘具流苏状孢子囊穗，其顶端有帽状弹性环带，成熟时开裂，散出暗褐色孢子，状如细沙，故名。

分布与习性　原产亚洲暖温带及热带，分布于中国北至陕西西部及河南南部，西达四川、云南及贵州。性强健，耐光照，耐寒，喜湿润而排水好的肥沃砂质壤土。

繁殖　孢子繁殖为主。

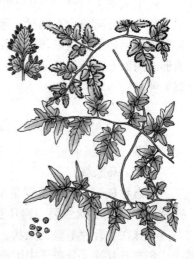

图7-4　海金沙

栽培　栽培中有部分庇荫生长更好，适应性强，管理粗放。

园林用途　长江流域可作绿篱材料；北方盆栽观叶或吊盆观赏。

7. 稀子蕨科 Monachosoraceae

陆生的柔弱草本。根状茎短，平卧或斜升，有网状中柱。叶簇生，有柄，基部不以关节着生。叶膜质或薄革质，1～5回羽状细裂，各回分枝式均为上出；幼叶各部疏被纤细易落的锈棕色腺状毛；叶脉分离，不达叶边。孢子囊群圆形、小，生叶下稍加厚的小脉顶部或接近顶端；孢子囊梨形，囊托小而不突起。孢子四面形，辐射对称，3裂缝，半透明，不具周壁。本科2属，产于亚洲热带和亚热带；我国2属；本书收录1属1种。

岩穴蕨 Ptilopteris maximowiczii

别名　岩蕨

属名　岩穴蕨属

形态特征　多年生草本。株高40cm。叶簇生，近膜质，叶背疏生腺体，具长叶柄，光滑，红棕色；叶狭长披针形，基部渐狭，1回羽裂，小羽片基部不对称，一侧为耳状凸起，一侧为楔形；叶轴顶端常延伸或呈鞭形，顶端着地生根，长出新株。孢子囊群圆形；生于小脉顶端，稍靠近叶边。

分布与习性　原产中国。喜温暖、阴湿、冬暖夏凉，喜微酸性土壤。

繁殖　孢子或分株繁殖。

栽培　生长期忌强光，秋冬室内要阳光充足。须保持空气湿度，生长期充分浇水，随时去枯叶，入冬后少浇水。宜用微酸性腐叶土栽培。

园林用途　盆栽观叶；盆景；切叶。

8. 鳞始蕨科 Lindsaeaceae

陆生或附生植物。根状茎短而横走，有红棕色钻状鳞片。叶同型，羽状分裂，草质，无毛；叶脉分离或少有网状。孢子囊群为叶缘生的汇合囊群，有囊群盖或很少有无盖，囊群盖卵形、杯形或线形，基部着生，向外开口；孢子囊柄长而纤细，有3行细胞，孢子四面形或两面形，无周壁。本科8属230种，分布于热带及亚热带；我国5属；本书收录1属1种。

乌蕨 Stenoloma chusanum

别名　乌韭

属名　乌蕨属

形态特征　多年生常绿草本。株高30～60cm。叶簇生，厚草质，无毛，具光泽，披针形，3～4回羽状细裂，羽片互生，下部羽片的基部小羽片较其上部羽片的基部小羽片大；叶脉在小裂片上呈二叉状。孢子囊群位于羽片顶端，囊群盖杯形，如瓶。

分布与习性　分布于中国长江以南各地至陕西南部。喜温暖和半阴，宜富含腐殖质的酸性或微酸性土壤，稍耐旱。

　　繁殖　孢子或分株繁殖。春天分株易成活。

　　栽培　性强健，适应性强，栽培容易，注意排水并保持阴湿，越冬温度 0℃ 以上。

　　园林用途　林缘地被；盆栽观叶。

9. 骨碎补科 Davalliaceae

　　附生，少为缠绕植物。根状茎横走或直立，有网状中柱，密生阔鳞片。叶远生，草质或革质；叶柄基部有关节着生于根状茎上；叶通常为三角形，2 至多回羽状分裂，少有披针形的单叶，或 1 回羽状分裂；叶脉分离，羽状或叉状。孢子囊群是缘内生或背生，囊群盖管形、杯形、半圆形或肾形，基部着生或两侧也着生，向叶边开口；孢子囊群有长柄，孢子两面形或长圆肾形，光滑或疣状突起。本科有 12 属约 190 种，主产于热带和亚热带；我国有 9 属约 40 种；本书收录 2 属 2 种。

1. 株高在 30cm 以下；叶片革质或近革质；囊群盖圆形、管形或杯形囊群盖管形或杯形，以基部和两侧着生 ·· 1. 骨碎补属 *Davallia*
1. 株高在 30cm 以下；叶片革质或近革质；囊群盖管圆形，以基部和两侧下部着生 ·························· ·· 2. 阴石蕨属 *Humata*

骨碎补 *Davallia mariesii*（图 7-5）

　　属名　骨碎补属

　　形态特征　多年生草本。株高 15～20cm。根状茎长而横走。叶簇生，具长叶柄，基部具关节，叶片五角形，4 回羽状细裂，小羽片互生，三角形，基部下侧一对羽片最大，向上渐狭小。孢子囊群生于小脉顶端，囊群盖盅状。

　　分布与习性　分布于中国辽宁、山东、江苏、浙江、台湾等地。喜温暖湿润和半阴。

　　繁殖　分株繁殖为主。

　　栽培　栽培土易用疏松肥沃、排水良好的砂壤土，越冬温度不低于 5℃，忌通风过强。栽培管理容易。

　　园林用途　林下地被；盆栽。

圆盖阴石蕨 *Humata tyermanni*

　　别名　毛石蚕

　　属名　阴石蕨属

图 7-5　骨碎补

　　形态特征　多年生匍匐草本。株高 10～20cm。根状茎长而横走。密被鳞片。叶具长柄，其茎部具关节和鳞片；叶三角形，革质，无毛，3～4 回羽状细裂，能育叶分裂更细。孢子囊群着生于近叶缘的叶脉顶端，囊群盖圆形。

分布与习性　分布于中国华东、华南、西南各地。性强健，喜温暖、干燥、半阴。

繁殖　春季分株，也可切断带叶的匍匐根茎扦插繁殖。

栽培　适应性强，栽培容易。宜用肥沃疏松且排水好的砂壤土栽培，夏季注意喷水，提高空气湿度，越冬温度不低于 5℃。

园林用途　盆栽观叶；盆景。

10. 肾蕨科 Nephrolepidaceae

中型陆生或附生植物，少有攀生。根状茎长而横走，有腹背之分，或短而直立，辐射状，并发出极细瘦的匍匐枝，生有小块茎，具管状或网状中柱。叶一型，两列类型的叶柄以关节着生于根状茎上，或为远生；叶片披针形或椭圆状披针形，1 回羽状，分裂度粗，羽片多数，基部不对称，无柄，以关节着生于轴，全缘或多少有缺刻；叶脉分离，侧脉羽状，几达叶边。孢子囊群表面生，单一，圆形，偶有两侧结合；囊群盖圆肾形或少为肾形，以缺刻着生，向外开，少有线形并与叶边平行，或无囊群盖；孢子囊为水龙骨型；孢子两侧对称，椭圆形或肾形。本科 3 属，主要分布于热带地区；我国 2 属；本书收录 1 属 2 种。

肾蕨 Nephrolepis cordifolia（图 7-6）

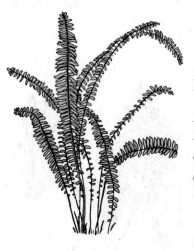

别名　蜈蚣草、圆羊齿

属名　肾蕨属

形态特征　多年生草本。株高 30～40cm。根状茎具主轴并有从主轴向四周横向伸出的匍匐茎，由其上短枝处可生出块茎，根状茎和主轴上密生鳞片。叶密集簇生，直立，具短柄，其基部和叶轴上也被鳞片；叶披针形，1 回羽状全裂，羽片无柄，以关节着生叶轴，基部不对称，一侧为耳状凸起，一侧为楔形；叶浅绿色，近革质，具疏浅钝齿。孢子囊群生于侧脉上方的小脉顶端，孢子囊群盖肾形。

分布与习性　原产热带及亚热带地区，中国华南各地山地林缘有野生。喜温暖、半阴和湿润，忌阳光直射，生长最适温度为 20～22℃，能耐 -2℃ 低温。

图 7-6　肾　蕨

繁殖　可用孢子繁殖，将成熟孢子播种在水苔上，水苔要保持湿润，并放在半阴处，即可发芽。春季翻盆时常进行分株繁殖或分栽块茎繁殖。

栽培　盆栽用土以排水良好、富含腐殖质的肥沃壤土为好。生长期要多喷水或浇水，光照不可太弱，否则生长弱易落叶，冬天应减少浇水。越冬温度 5℃ 以上。

园林用途　盆栽；切叶。

'波斯顿'蕨 Nephrolepis exaltata 'Bostoniensis'

别名　皱叶肾蕨

属名　肾蕨属

形态特征　多年生草本，为长叶肾蕨园艺品种。叶簇生，大而细长；羽状复叶，叶裂片较深，形成细碎而丰满的复羽状叶片，展开后下垂弯曲；叶淡绿色，有光泽。

分布与习性　喜阴及高温高湿。

繁殖　春天分株或夏天分离匍匐茎上长出的小植株繁殖。

栽培　20℃以上开始生长，越冬温度5℃以上。忌阳光直射或过阴，强光下叶色极易黄化。对水分要求严格，不可过干或过湿，生长期应经常向叶面喷水。

园林用途　盆栽观叶；切叶。

11. 凤尾蕨科 Pteridaceae

陆生植物。根状茎通常直立，疏生狭鳞片。叶簇生，同型或近异型，叶片长圆形或近卵状三角形，1～2回羽状，偶为单叶或3叉，从不细裂，光滑或很少被毛；叶脉分离或联结。孢子囊群线形，沿边缘着生，通常为连续的汇生孢子囊群；囊群盖1层，由变形的叶缘反卷而成膜质，线形，宿存，向内开口；孢子囊有长柄；孢子四面形或有时两面形。本科有13属约300种，分布于世界热带和亚热带各地区；我国有2属约100种；本书共收录1属2种。

大叶凤尾蕨 *Pteris cretica*

别名　缎带蕨、克里坦岛凤尾蕨

属名　凤尾蕨属

形态特征　叶丛生，叶柄黄色或浅棕色，直立；叶二型，营养叶(不育叶)较可育叶宽，革质，椭圆形，淡绿色，羽裂。孢子囊群生于叶缘。有许多栽培品种。

分布与习性　原产热带、亚热带地区。喜温暖、阴湿及荫蔽的环境。要求松软、湿润的土壤。不耐寒，越冬温度12℃。

繁殖　分株或孢子繁殖。

栽培　夏天注意保持土壤湿润，每周施薄肥一次

园林用途　盆栽；切叶。

井栏边草 *Pteris multifida*(图7-7)

别名　凤尾草、井兰草

属名　凤尾蕨属

形态特征　多年生草本。细弱，株高30～70cm。根状茎直立。叶二形，簇生，革质，1回羽状复叶；可育羽片条形，叶轴上部有狭翅，下部羽片常2～3叉；不育叶羽片较宽，具不整齐的尖锯齿；孢子囊群沿叶边连续分布。

分布与习性　分布于中国除东北、西北以外的地区，朝鲜、日本也有。喜温暖、湿润、半阴，宜碱性土壤，为钙质土壤指示植物。常生于墙缝、井

图7-7　井栏边草

边及石灰岩上。

繁殖　分株或孢子繁殖。

栽培　用肥沃、湿润、排水好的碱性土栽植，土壤透气性好，要求庇荫和高空气湿度，越冬温度不低于5℃。

园林用途　阴湿的林缘岩下、石缝处丛植；吊盆观赏。

12. 中国蕨科 Sinopteridaceae

陆生植物，常生于石灰岩或旧墙缝中。根状茎短，直立或斜生，被线状披针形鳞片，鳞片厚，全缘；叶簇生，少远生，同型或少异型；叶柄基部无关节，栗色或棕褐色，少数灰绿色，通常光滑；叶片披针形或卵状三角形或五角形，1～3回羽状分裂，无毛或有毛，或在叶背面被白色或黄色粉粒；叶脉分离或少有网状。孢子囊群生于近叶缘的脉端，或生于边缘的联结脉上；孢子囊群球形，有短柄；孢子球状四面体，表面有瘤状突起。本科14属约340种，广布世界各地；我国有8属约60种；本书收录1属1种。

银粉背蕨 *Aleuritopteris argentea*（图7-8）

别名　铜丝草、通经草

属名　粉背蕨属

形态特征　多年生常绿草本。株高15～20cm。叶簇生，厚纸质，表面暗绿色，背面有乳黄色蜡质粉末；叶柄栗棕色，有光泽，基部被鳞片；叶五角形，2～3回羽裂，其中3枚羽片基部相连或靠近，下部羽片较上部羽片长；叶中脉明显。背面不凸起，侧脉羽状分叉。孢子囊群生于小脉顶端，为反卷的膜质叶缘所包被。

分布与习性　原产中国。喜光，耐半阴，耐寒；极耐干旱，久旱时叶卷曲，稍湿润即舒展；喜钙质土壤，中性及微酸性土壤也能生长。

繁殖　以孢子繁殖为主，用石灰性土壤，播后置于阴处，初期略湿。

图7-8　银粉背蕨

栽培　栽植不宜过深，土壤排水性要好。

园林用途　盆栽；假山石或水石盆景的装饰材料。

13. 铁线蕨科 Adiantaceae

陆生植物。根状茎直立，斜生或横走，通常有棕色狭鳞片，特别是在根状茎上及叶轴基部较密。叶为1～4回羽状或掌状复叶，极少为单叶，有毛或无毛；小羽片扁状楔形、斜方形或对开式；叶脉分离，扁状分叉或极少为网状。孢子囊群圆形，生于叶缘；囊群盖由变形的叶缘向叶背反折而成，常为长圆形、新月形、肾形或圆形；孢子囊球状，有长柄；孢子四面形，透明，平滑。本科1属约205种；我国约30种；本书收录1属1种。

铁线蕨 *Adiantum capillus-veneris*（图7-9）

别名　铁丝草

属名　铁线蕨属

形态特征　多年生常绿草本。株高15～50cm，植株纤弱。叶簇生，具短柄，直立而开展，叶卵状三角形，薄革质，无毛；2～3回羽状复叶，羽片形状变化大，多为斜扇形；叶缘浅裂至深裂；叶脉扇状分叉；叶柄纤细，紫黑色，有光泽，细圆坚硬如铁丝。孢子囊生于叶背外缘。

分布与习性　原产美洲热带及欧洲温暖地区，分布于中国长江以南各地，北至陕西、甘肃、河北。喜温暖、湿润、半阴环境；宜疏松、湿润含石灰质的土壤，为钙质土指示植物。生长适温为13～18℃，冬季气温不低于10℃。

繁殖　孢子或分株繁殖。在温暖、阴湿的环境下极易散布孢子自行繁殖，待其成苗后可挖取盆栽。分株一般在春季换盆时进行。

栽培　盆土以疏松、肥沃、含石灰质的微黏土为宜，生长期保证土壤水分充足和较高的空气湿度，适当通风，越冬温度5～10℃为宜。如苗势不旺，可追施氮肥1～2次，施肥时不能沾污叶面，否则易致枯黄，有碍观赏。

图7-9　铁线蕨

园林用途　植于假山隙缝；背阴处基础丛植；盆栽观叶或装饰山石盆景。

14. 铁角蕨科 Aspleniaceae

陆生或附生植物。根状茎横走，斜升或直立，密生粗筛孔状的鳞片。叶多簇生，革质或草质；单叶或多回羽状分裂；末回小羽片或裂片往往为斜方形或不等四边形，基部不对称，全缘或有锯齿或撕裂；叶脉分离，1至多回2叉分枝，不达叶边。孢子囊群线形或长圆形，通常沿小脉上侧单生；囊群盖膜质或纸质，全缘；孢子两面形，近卵圆形或肾形。本科11属700种，广布世界各地；我国有7属；本书收录2属2种。

1. 叶1至多回羽状；叶远生、近生或簇生，大，草质或革质；小脉不达边 ……… 1. 铁角蕨属 *Asplenium*
1. 叶为单叶；不分裂；叶簇生或鸟巢状，纸质或革质；小脉顶端在叶边内彼此连接 …………………………
………………………………………………………………………………………… 2. 巢蕨属 *Neottopteris*

铁角蕨 *Asplenium trichomanes*（图7-10）

属名　铁角蕨属

形态特征　多年生常绿草本。叶丛生，条状披针形，1回羽裂，羽片对横展，稍有齿，叶深绿色，近纸质；叶柄及叶轴亮栗褐色，沿上面纵向两侧有全缘膜质狭翅。孢子囊群着生于上部羽片小脉处。

图 7-10　铁角蕨

图 7-11　巢　蕨

分布与习性　原产北美、欧洲及亚洲温带，分布中国陕西、山西、河南、新疆及长江以南各地。喜阴、温暖、高湿。

繁殖　孢子或分株繁殖。

栽培　宜用肥沃、排水好的土壤，要求高空气湿度，少通风，冬季越冬温度不低于12℃，生长适温 18～20℃，若叶发黄，就要多浇水并提高地温。

园林用途　盆栽观叶。

巢蕨 *Neottopteris nidus*（图 7-11）

别名　鸟巢蕨、山苏花

属名　巢蕨属

形态特征　多年生常绿大型附生植物。株高 100～120cm。根状茎短，密生鳞片。叶丛生于根状茎顶部外缘，向四周辐射状排列，叶丛中心空如鸟巢，故名；具圆柱形短叶柄；单叶阔披针形，尖头，向基部渐狭而下延；叶革质，两面光滑，有软骨质的边，干后略反卷；叶脉两面隆起，侧脉分叉或单一，顶端和一条波状脉的边缘相连。孢子囊群生于侧脉的上侧，向叶边伸达 1/2。

分布与习性　原产热带、亚热带地区。喜温暖、阴湿，不耐寒，宜疏松排水及保水皆好的土壤。生长适温为 20～22℃，冬季温度不低于5℃。

繁殖　可在温室内用叶背孢子囊的孢子繁殖。大株苗可在 4～5 月分株。

栽培　一般常悬挂在水池旁或水边阴湿地方。生长期需高温高湿，忌夏日强光直射。管理简便。

园林用途　盆栽观叶；吊盆观赏；切叶。

15. 桫椤科 Cyatheaceae

植物体乔木或灌木状。多数有圆柱状直立的茎干，不分枝，有鳞片，网状中柱，基部有根。叶簇生于茎干顶端，大型；叶柄被坚厚的鳞片；叶 2～4 回羽状分裂，有鳞片或毛；

叶脉单一或分叉。孢子囊群圆形,生于囊托上;囊群盖圆球形或鳞片状或无盖,外壁表面光滑。原叶体心脏形,有鳞片状毛及中脉。本科8属约900种,分布于热带和亚热带地区;我国3属;本书收录1属1种。

桫椤 *Cyathea spinulosa*

别名 树蕨

属名 桫椤属

形态特征 多年生乔木状植物。根茎直立,高1~4m,其上覆盖厚密的气根。叶丛生茎顶;叶柄和叶轴粗壮,有密刺,深棕色;叶大,纸质,3回羽状深裂。孢子囊群生于小脉分叉点上,凸起的囊毛上托,圆球形。

分布与习性 分布于中国华南地区及四川、贵州;日本也有。喜阴湿、温暖,不耐寒。

繁殖 孢子繁殖为主。

栽培 适宜肥沃、疏松、排水保水好的土壤栽培,生长期需大量水分,每天往树顶灌水。越冬温度15℃以上。

园林用途 暖地可庭院种植或盆栽,适于大型建筑室内绿化装饰;幼茎磨成碎屑作附生植物的栽培基质。

16. 鳞毛蕨科 Dryopteridaceae

陆生植物。根状茎短而直立、长而横走,有网状中柱,密生鳞片。叶簇生或近生,纸质或革质;有柄,内有多条维管束,小羽轴通常密生或疏生鳞片;鳞片红棕色、褐色或黑色,全缘或有缘毛。叶同型,1至多回羽状或羽裂,叶脉羽裂,主脉表面有凹沟。孢子囊群圆形,背生或顶生小脉上;囊群盖圆形或圆肾形;孢子两面形、长圆形、肾形或肾状椭圆形,表面有疣状突起或有翅。本科20属1200多种,广布于世界各洲;我国有14属约800种;本书收录1属1种。

贯众 *Cyrtomium fortunei*(图7-12)

别名 黑独脊

属名 贯众属

形态特征 多年生常绿植物。叶簇生,具叶柄,叶柄基部密生大鳞片;叶矩圆披针形或阔披针形,单数1回羽裂,纸质,羽片镰状披针形,基部一侧为耳状凸起。孢子囊群生于内藏小脉顶端。

分布与习性 原产东亚地区。喜半阴、湿润,耐寒,不耐高温干燥。华北地区为耐寒宿根植物。

繁殖 孢子或分株繁殖。春、秋季分株。

栽培 夏季生长期充分浇水,10月至翌年2月为休眠期,宜保持10℃左右低温。

图7-12 贯 众

109

园林用途　半阴及湿处地被；盆栽观叶；切叶。

17. 鹿角蕨科 Platyceriaceae

附生。根状茎短而粗肥，分枝，具简单的网状中柱。叶呈二列生于根状茎上；叶大，二型；鸟巢状直立，不育，无柄，具有宽阔的圆形叶片，基部心脏形，质厚且呈肉质，边缘多少全缘或略呈浅二歧分裂；正常叶能育，直立或下垂，近革质，被具柄的星状毛，多回掌状，两歧深裂，宛如鹿角状分枝，裂片全缘，叶脉网结。孢子囊群为卤蕨型，生于圆形增厚的小裂片下面；孢子囊为水龙骨型，囊柄有1～3行细胞；孢子两侧对称，透明。本科1属约12种；我国仅1属；本书收录1属1种。

鹿角蕨 *Platycerium wallichii*（图7-13）

图7-13　鹿角蕨

别名　二歧鹿角蕨、蝙蝠蕨

属名　鹿角蕨属

形态特征　多年生大型附生植物。株高40cm，植株灰绿色，被绢状绵柔毛。异型叶，不育叶又称"裸叶"，圆形纸质，叶缘波状，偶具浅齿，紧贴于根茎上，新叶绿白色，老叶棕色；能育叶又称"实叶"，丛生下垂，幼叶灰绿色，成熟叶深绿色，基部直立楔形，端部具2～3回叉状分歧，形似鹿角，故名。孢子囊群生于叶背，在叶端凹处开始向上延至裂片的顶端。

分布与习性　原产澳大利亚，我国各地有引种。在天然条件下，附生于树干分枝或开裂处、潮湿的岩石或泥炭上。性喜高温、多湿和半阴的环境，根部一定要通风透气，耐旱、不耐寒；要求疏松并通气性能极好的栽培基质。

繁殖　以分株为主，全年均可进行，但以6～7月最佳。也可以收集成熟孢子进行盆播。

栽培　生长期需维持高空气湿度，但勿使水停滞在叶面，以免叶面腐烂。冬季过暖及过于干燥均不利生长，10℃左右即可。耐阴，生长期需散射光照。

园林用途　叶片形大而奇丽，周年绿色，是良好的观叶花卉，宜作吊挂栽植或贴生树干上。

18. 水龙骨科 Polypodiaceae

陆生或常为附生、石生植物。根状茎横走，有盾状着生的鳞片。叶柄基部多有关节；叶片同型或异型，单叶至1回羽状，通常革质，无毛或有星状毛；叶脉为各式的网状或少有分离，网眼内通常有分叉的内藏小脉。孢子囊通常圆形、近圆形、长圆形或线形，有时满布叶背面，无囊群盖；孢子两面形，椭圆形，平滑或有疣状突起。本科约46属500种，广布全世界；我国有20属约150种；本书收录1属1种。

石韦 *Pyrrosia lingua*（图 7-14）

别名　金背茶匙

属名　石韦属

形态特征　多年生常绿草本。株形小巧，高 10 ~ 30cm。叶簇生，具长柄，其基部有关节；叶厚革质，表面有凹点，叶背密被棕色星状毛；不育叶与可育叶同型，略短而阔，能育叶叶片为披针形至矩圆披针形。孢子囊群在侧脉间紧密排列。

分布与习性　原产中国。喜温暖、阴湿。常附生树干或岩石上。

繁殖　分株或孢子繁殖。

栽培　栽培中需设附着物，保证水分充足。

用途　暖地可作枯树装饰；岩石园；盆栽观叶。

图 7-14　石　韦

7.2　双子叶植物

1. 胡椒科 Peperaceae

草本、灌木或攀缘藤本，常芳香。叶对生或轮生，单叶，基部常不对称；具掌状脉或羽状脉。穗状花序下垂，稀组成伞形或总状花序，与叶对生或腋生，稀顶生；花小，两性、单性雌雄异株或间有杂性，常无梗；苞片小，常盾状或杯状，无花被；雄蕊 1 ~ 10；雌蕊由 2 ~ 5 心皮组成。核果或小坚果。本科 9 属 300 余种，分布于热带和亚热带；我国 3 属 70 种；本书收录 1 属 2 种。

皱叶豆瓣绿 *Peperomia caperata*

别名　皱叶椒草、皱纹椒草

属名　草胡椒属

形态特征　多年生常绿草本。株高 20cm。叶丛生，具红色或粉红色长柄，长椭圆形至心形，深暗绿色，柔软、表面皱褶，整个叶面呈细波浪状，有天鹅绒的光泽，叶下灰绿色。夏秋抽出长短不等的穗状花序，黄白色。

常见栽培品种：

'绿波'皱叶椒草'Enmerald Ripple'较矮小，竖直的叶子密集丛生，叶脉间叶肉突出，极皱，有光泽。

'三角'皱叶椒草'Tricolor'叶子较小，中心部浓绿色，周围嵌入白色斑。

分布与习性　原产巴西。喜温暖、半阴，宜排水好的土壤。

繁殖　叶插或分株繁殖。

栽培　越冬温度 5℃以上，再低则落叶。耐干旱，浇水不宜过多，尤其秋冬要减少浇水。

园林用途　小型盆栽观叶。

西瓜皮椒草 *Peperomia sandersii* var. *argyreia*（图7-15）

图7-15　西瓜皮椒草

别名　瓜叶椒草、银白斑椒草、西瓜皮豆瓣绿

属名　草胡椒属

形态特征　多年生常绿草本。株高20～30cm，无茎。叶密集丛生，盾状着生；厚而光滑，半革质，卵圆形，具尾尖；叶主脉从中心辐射；叶浓绿色，脉间为银白色条斑，状似西瓜皮，故名；叶背红褐色；叶柄红色，直立，肉质，浑圆。

同属植物：

花叶豆瓣绿 *P. magnoliaefolia* var. *variegata*　茎短，直立，褐绿色，肉质。叶宽卵形，有黄白色花斑。

分布与习性　原产巴西。喜温暖、湿润及半阴。

繁殖　叶插或分株繁殖。

栽培　生长较慢，光过强不利于生长，过弱会使叶片失去斑纹。空气相对湿度不宜过高，否则叶面易生黄斑。生长季保持盆土潮湿即可。浇水多时，茎叶易烂。越冬温度8℃以上。

园林用途　盆栽观叶。

2. 金粟兰科 Chloranthaceae

多年生草本或灌木，少为乔木。茎有明显的节。单叶对生；叶柄基部常合生成鞘状。花序为穗状、圆锥状或头状，顶生或近顶端腋生；花常两性，无花被，雄蕊1～3。果为小核果，种子胚乳丰富。本科4属约35种，分布于热带或亚热带；我国有3属约18种，分布于各地；本书收录1属1种。

金粟兰 *Chloranthus spicatus*

别名　珠兰、茶兰

属名　金粟兰属

形态特征　常绿亚灌木。株高30～60cm。茎丛生，较开展，茎节明显。叶对生，倒卵状椭圆形，具钝锯齿，齿尖一腺体。叶面光滑稍皱，具叶柄。穗状花序多顶生，花小，无花被，黄绿色；香气浓烈；花期8～10月。果熟白色。

分布与习性　原产中国南部。喜阴湿、温暖、通风，宜肥沃排水好的土壤。

繁殖　分株、扦插或压条繁殖。

栽培　管理简便，注意庇荫，防止日光照射，要通风好，花后适当修剪。冬季室温需

10℃以上。

园林用途 盆栽；暖地可丛植于坡地、林下。

3. 荨麻科 Urticaceae

草本或灌木，很少是小乔木。有时有螫毛，表皮细胞内常有显著的钟乳体。茎皮有坚韧纤维。单叶，对生或互生，通常有托叶。花小，绿色，单性，雌雄同株或异株，很少两性，集成聚伞、圆锥花序或由多数聚伞花序组成穗状花序，很少密集于膨大的花托上；雄花花被片 2～5，雄蕊与花被片同数；雌花花被片 3～5，果时常增大。果为干燥的瘦果或肉质的核果。本科 40 余属逾 500 种，广布于热带和温带地区；我国 21 属约 200 种；本书收录 1 属 3 种。

冷水花 *Pilea notata*（图 7-16）

别名 大冷水花、白雪草

属名 冷水花属

形态特征 多年生草本或亚灌木。株高 15～40cm。茎叶多汁。茎光滑，多分枝，节上生气生根。叶对生，卵状椭圆形，先端突尖，叶缘上部具浅齿，下部全缘，基出 3 主脉；叶在侧脉间凸出，呈波浪状起伏有序，凸起处有银白色斑块。

分布与习性 原产东南亚地区。喜温暖、湿润，要求散射光，耐阴。

繁殖 扦插繁殖极易成活，也可分株。

栽培 栽培中需良好的光照，光线太暗则叶色彩淡化，但忌强光直射。摘心可促进分枝，使株形圆整。生长适温 18～25℃，越冬温度不低于 5℃。

图 7-16 冷水花

园林用途 暖地地被；中、小型盆栽观叶。

镜面掌 *Pilea peperomioides*

别名 镜面草

属名 冷水花属

形态特征 多年生常绿草本。株高 15～25cm。茎极短。叶近丛生，叶圆形或卵圆形，盾状着生，革质，表面有光泽，鲜绿色，具长柄，似一面手镜。

分布与习性 原产中国云南。喜温暖、湿润及半阴。

繁殖 分株或叶插繁殖。

栽培 生长期需充分浇水，并保持高空气湿度。越冬温度 12℃以上。

园林用途 盆栽观叶。

皱叶冷水花 *Pilea spruceana*

属名 冷水花属

形态特征　多年生草本。植株低矮，高约 10cm。叶卵形，褐绿色而有光泽；叶脉深陷使叶面皱缩，叶脉色较叶面深。

分布与习性　原产南美的秘鲁。喜温暖、湿润及半阴。

繁殖　扦插繁殖极易成活，茎、叶插皆可。

栽培　生长期要充分供水。注意摘心促进分株，植株长大后，株形差时可修剪。越冬温度 6℃以上。

园林用途　微型盆栽。

4. 马兜铃科 Aristolochiaceae

草本或灌木，通常缠绕生长。单叶互生，常心形，全缘或 3 ~ 5 裂，无托叶。花两性，单生或腋生成簇，或排列成总状花序；花被整齐或 3 裂，钟状或辐射状，有时不整齐，两侧对称，形状如囊；雄蕊 6 或多数，分离或成环状。果实为蒴果，胞背或胞间开裂；种子多数，三角形或扁形。本科常见 2 属 3 种，南北均产；本书收录 2 属 2 种。

1. 缠绕草本或灌木；花左右对称，雄蕊和花柱结合；果为胞背开裂或胞间开裂的蒴果 ……………………………………………………………………………………………………1. 马兜铃属 *Aristolochia*
1. 直立草本；花辐射对称，雄蕊和雌蕊分离或结合；果不开裂，或为腐败后开裂的蒴果，花被 3 ……………………………………………………………………………………………………2. 细辛属 *Asarum*

马兜铃 *Aristolochia debilis*（图 7-17）

图 7-17　马兜铃

别名　天仙藤、独行根

属名　马兜铃属

形态特征　多年生攀缘草本。全株无毛，根于地下延伸，多处萌发新株，初生苗暗紫色。叶互生，广卵形，基部心形，全缘稍波状内卷。单花腋生，花被合生呈"S"形弯曲，花被筒基部膨大，上部直立膨大成喇叭形，中间缢缩；外面淡绿色，里面具紫色斑及条纹；花期 6 ~ 8 月。蒴果长圆球形，熟时褐色，果期 9 ~ 10 月。

分布与习性　原产中国华北、华中、华东及西北地区。喜光，稍耐阴，耐寒。

繁殖　播种、分株或分根繁殖。

栽培　过于潮湿或庇荫生长不良，栽培中要及时设立支架供其攀缘。对环境要求不严，适应性强，易栽培。冬季可于冷室过冬。

园林用途　地被；垂直绿化；盆栽。

细辛 *Asarum sieboldii*

别名　万病草

属名　细辛属

形态特征　多年生草本。株高 20cm。根茎芳香，先端生 1~2 片叶。叶肾状心形，顶端锐尖，基部心形；叶缘有粗糙刺毛；叶两面有柔毛。花腋生，贴地面，钟形，深紫色；花期 3~4 月。

分布与习性　原产中国。喜温暖、湿润，宜疏松及排水良好的土壤，不耐干旱和积水。

繁殖　分株或播种繁殖。

栽培　宜于半阴处栽培，忌直射光，浇水不可过多，以免烂根。

园林用途　盆栽观叶。

5. 蓼科 Polygonaceae

一年生或多年生草本，很少灌木。茎直立或缠绕，有时平卧，节明显，常膨大。单叶互生，全缘，稀分裂；基部与托叶形成的叶鞘相连，称托叶鞘，圆筒形，顶端截形或斜形，褐色或白色，膜质。花两性，很少单性异株，整齐，簇生，或组成穗状、头状、总状或圆锥花序；花梗常有关节，基部有小形的苞片；花被片 5，很少 3~6，花瓣状，宿存；雄蕊通常 8。果实为小瘦果，三棱形或两面凸形；种子有丰富的粉质胚乳。本科有 40 属约 800 种；我国有 11 属约 180 种，分布于南北各地；本书收录 2 属 4 种。

1. 有叶草本或半灌木；托叶鞘正常而显著；胚乳非嚼烂状 ⋯⋯⋯⋯⋯⋯⋯ 1. 蓼属 *Polygonum*
1. 有叶或无叶灌木，枝扁平化，托叶鞘退化为横线条状 ⋯⋯⋯⋯⋯⋯ 2. 竹节蓼属 *Homalocladium*

火炭母 *Polygonum chinensis*

别名　清饭藤

属名　蓼属

形态特征　多年生蔓性草本。全株有酸味。茎浅红色，具红色而膨大的节。叶椭圆形，叶面有人字形暗紫色纹，叶脉紫红色；叶柄浅红色。头状花序，花小，白色或粉红色，花期 8~9 月。果熟时浅蓝色，半透明，汁多，味酸可食，果期 10 月。

分布与习性　原产中国西南、华南地区，湖南和江西也有。喜光，忌暴晒；喜温暖湿润，不耐旱。

繁殖　春季播种繁殖。

栽培　宜用疏松、肥沃的腐叶土，生长期充分浇水。

园林用途　垂直绿化。

何首乌 *Polygonum multiflorum*

属名　蓼属

形态特征　多年生缠绕草本。茎基部木质化，多分枝，中空。叶卵形，基部心形。花序圆锥状，花小，白色；花期 8~9 月。

分布与习性　原产中国，广布各地。喜光，耐半阴，耐寒，喜湿润，不耐涝。

繁殖　播种繁殖，也可扦插繁殖。

栽培　适应性强，管理简便。

园林用途　垂直绿化。

红蓼 *Polygonum orientale*（图7-18）

别名　红草、东方蓼

属名　蓼属

形态特征　一年生大型草本。株高可达2m。茎、叶被长毛，茎直立，分枝。叶大，互生，具柄，阔卵形或卵状披针形，先端尖；托叶鞘筒状，下部膜质，褐色，上部草质，绿色，有缘毛。总状花序顶生或腋生，下垂如穗状，粉红或玫瑰红色，花期7~8月。

分布与习性　原产中国、澳大利亚，亚洲其他国家也有。喜光照和温暖，不耐寒；喜肥沃湿润的土壤，也耐瘠薄。

繁殖　播种繁殖，可自播繁衍。

栽培　适应性强，栽培无特殊要求，管理简便。

园林用途　切花；庭院丛植。

图7-18　红　蓼

扁竹蓼 *Homalocladium platycladium*（图7-19）

别名　竹节蓼、百足草

属名　竹节蓼属

形态特征　常绿灌木。株高可达3m。茎多分枝，老枝圆柱形，暗褐色，具棱。幼枝扁平且多节，似叶，绿色。叶退化成小披针形或缺。花小，簇生节上，淡红或绿白色。浆果红色，果期9~10月。

分布与习性　原产所罗门群岛。喜温暖、湿润及半阴，不耐寒，要求土壤排水好，不耐水湿。

繁殖　嫩茎扦插繁殖。

栽培　栽培中及时剪除过密及枯黄枝条，保持株形优美。需要较高的空气湿度，并注意通风。冬季室温不低于8℃。

园林用途　盆栽；暖地庭院栽植。

图7-19　扁竹蓼

6. 藜科 Chenopodiaceae

草本或灌木，很少为小乔木。叶互生，无托叶，常为肉质，稀退化为鳞片状。花为单被花，很少是无被花，小型；两性、单性或杂性；少为雌雄异株；通常有苞叶和小苞，簇生成穗状或再组成圆锥花序，少单生，成二歧聚伞花序；花被片1~5，分离或联合；雄蕊通常和花被同数,对生。果实为胞果,通常包于宿存花被内;种子稍扁。本科约 100 属 1400 种;我国有 39 属 170 种;本书收录 2 属 2 种。

1. 花被的下部与子房合生,合生部分果时增厚并硬化 ················· 1. 甜菜属 *Beta*
1. 花被与子房离生,果时不增厚,不硬化 ················· 2. 地肤属 *Kochia*

红叶甜菜 *Beta vulgaris* var. *cicla*

别名 红恭菜、红厚皮菜

属名 甜菜属

形态特征 二年生草本。叶丛生,长椭圆状卵形;边缘常波状,肥厚而有光泽;深红或红褐色;叶柄较长而扁凹。

分布与习性 原产南欧。喜光,也耐阴;宜温暖、凉爽的气候,极耐寒,一般在 −10℃以下低温,植株仍不受伤害,也不怕霜;适应性强,适宜各种土壤,但在疏松、肥沃、排水良好的土壤上生长较好,叶色艳丽。

繁殖 播种繁殖。一般于 9 月初,将种子撒播于露地苗床中,出苗整齐迅速。

栽培 当幼苗长出 3 片叶时,需移栽一次,施薄肥 2~3 次。通常于入冬之前,可直接移入花坛中或绿地中定植。以后只要适当中耕除草,进行施肥浇水等一般管理即可。留种植株可于 4 月中旬种子成熟时拔下,将种子打晒干净,晾干储备用。

园林用途 盆栽观叶;花坛;花境。

地肤 *Kochia scoparia*(图 7-20)

别名 扫帚草

属名 地肤属

形态特征 一年生草本。株高 50~100cm;株丛紧密,呈长球形。主茎木质化,分枝多而纤细。叶稠密,较小,狭条形,草绿色,秋季全株成紫红色。

常用栽培变种:

细叶扫帚草 var. *culta* 株形矮小,叶细软,嫩绿色,秋季转为红紫色。

分布与习性 原产亚洲中南部及欧洲。喜光和温暖,不耐寒,耐旱;对土壤要求不严,耐碱性土。

繁殖 春季播种繁殖,可自播繁衍。

栽培 在肥沃、疏松的土壤中生长良好。管理粗放。

园林用途 丛植;孤植;绿篱;花坛中心材料。

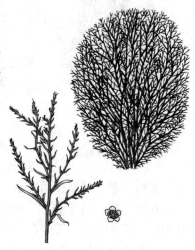

图 7-20 地 肤

7. 苋科 Amaranthaceae

草本,少为灌木。叶对生或互生,无托叶。花小,两性,少为单性,单生或簇生于叶腋或顶端,排列成穗状、头状或圆锥状的聚伞花序;苞片和 2 小苞片干膜质,小苞片有时呈刺状；花被片 3～5，分离或合生，萼片状，常干膜质；雄蕊 1～5。胞果盖裂或不开裂，有时浆果状，或为坚果。本科 50 属 500 多种，广布于热带和温带地区；我国有 12 属约 50 种；本书收录 5 属 6 种。

1. 雄蕊花药 2 室；子房有多数、数个或 1 个胚珠。
  2. 胚珠 2 至多数；直立草本；柱头 1，头状；胞果盖裂 ………………… 1. 青葙属 *Celosia*
  2. 胚珠 1 个 ……………………………………………………………… 2. 苋属 *Amaranthus*
1. 雄蕊花药 1 室；子房有 1 个胚珠。
  3. 柱头头状或短丛毛状，少有短 2 裂，柱头分枝不成锥状 ………… 3. 莲子草属 *Alternanthera*
  3. 柱头分枝锥形或显为 2 裂；如为头状，则各花密集。
    4. 假退化雄蕊缺失；着生分离花药的雄蕊管的先端多少为丝带状、齿牙状、锯齿状；流苏状或 2 至多裂；枝头分枝 2 枚，锥状 ……………………………… 4. 千日红属 *Gomphrena*
    4. 假退化雄蕊如存在，则花丝不显或延长而成锥状；穗状花序，各花不密集 …………………… …………………………………………………………………… 5. 红叶苋属 *Iresine*

红绿草 *Alternanthera bettzickiana*（图 7-21）

别名　模样苋、锦绣苋
属名　莲子草属
形态特征　亚灌木，园林中常作低矮草本栽培。株高多为 10～15cm。茎多分枝，直立或斜出成丛状，节膨大。叶小，对生，舌状全缘，叶绿色常具彩斑或色晕。
常用的为下列品种：
'小叶绿'　茎斜出，叶较狭，嫩绿色或略具黄斑。
'小叶黑'　茎直立，叶较宽，窄三角状卵形，绿褐色至茶褐色，生长势较上述品种强。
同属植物：
可爱虾钳菜 *A. amoena*　茎平卧。叶狭，基部下延，叶柄短，叶暗紫红色。
分布与习性　原产南美巴西。喜温暖，不耐酷热及寒冷；喜光，略耐阴；不耐干旱及水涝。

图 7-21　红绿草

繁殖　春、夏季扦插繁殖。
栽培　越冬温度 15℃。用疏松、肥沃、富含腐殖质排水良好的土壤栽植。生长期需保持湿润，供水充足。需多次摘心和修剪以保持其低矮和密实的株形。
园林用途　模纹花坛。

三色苋 *Amaranthus tricolor*（图 7-22）

别名　雁来红、老来少
属名　苋属
形态特征　一年生草本。株高 80～150cm。茎直立，少分枝。叶卵状椭圆形至披针形，基部常暗紫色，入秋后顶叶或连中下部叶变为黄色或艳红色，观叶期 8～10 月。

常见栽培变种：

红叶三色苋 var. *splendens* 入秋顶叶全部变为鲜红色。

雁来黄 var. *bicolor* 茎、叶与苞片都为绿色，顶叶入秋变鲜红黄色。

锦西凤 var. *salicifolius* 幼苗叶暗褐色，入秋顶叶变成三色，下半部红色，上中部黄色，先端绿色。

分布与习性 原产亚洲及美洲热带。喜阳光、湿润及通风良好，不耐寒；对土壤要求不严，耐旱，耐碱。

繁殖 春季播种繁殖，能自播繁衍。

栽培 管理粗放，生长期不可多施肥，否则叶色不鲜，注意通风及防倒伏。

园林用途 庭院丛植；花境；花坛；盆栽观叶；切叶。

图7-22 三色苋

鸡冠花 *Celosia cristata*（图7-23）

属名 青葙属

形态特征 一年生草本。株高40～100cm。茎粗壮直立，光滑具棱，少分枝。叶卵形至卵状披针形。花序顶生，肉质，扁平皱褶为鸡冠状，有红、紫红、玫瑰红、橘红、橘黄、黄或白各色，具丝绒般光泽；中下部密生小花，花被及苞片膜质；花期7～10月。

常见栽培类型：

圆绒鸡冠 f. *childsii* 株高40～60cm。茎具分枝，不开展。花序卵圆形，表面流苏或绒羽状，有光泽，紫红或玫瑰红色。

凤尾鸡冠 f. *pyramidalis* 也称芦花鸡冠、扫帚鸡冠。株高60～150cm。茎多分枝而开展。各枝端着生疏松的火焰状大花序，表面似芦花状细穗，花色极丰富，高矮也有变化。

图7-23 鸡冠花

子母鸡冠 f. *plumosa* 株高30～50cm。茎多分枝而斜出，全株呈广圆锥形，紧密而整齐。花序倒圆锥形，大小不一，每枝顶端生一个大型主花序，其基部伴生多数形态相似的小花序，鲜橘红色或黄色。叶深绿，有红晕。

分布与习性 原产印度。喜炎热和空气干燥，不耐寒；喜阳光充足；宜疏松而肥沃的土壤，不耐瘠薄。

繁殖 春季播种繁殖，可自播繁衍。一般于4月播种，发芽温度为20～22℃，约7～10天发芽。

栽培 苗期温度保持在15～20℃，可使幼苗生长健壮。小苗有5～6片真叶时可进行移栽。定植距离20～60cm。矮生多分枝的品种，在定植后应进行摘心，以促进分枝；一些直立、少分枝的就不必摘心了。生长期水肥充足则花序肥大而色艳，忌受涝。极易天然杂交，注意留种母株的隔离。一般管理即可。

园林用途 花境；花坛；切花或制干花。

千日红 *Gomphrena globosa*(图7-24)

别名 火球花

属名 千日红属

形态特征 一年生草本。株高60cm，全株密被灰白色长毛。茎直立。上部多分枝。叶对生，矩圆状倒卵形，全缘。头状花序球形，随开放伸长，呈圆柱形；花小而密生，每小花具2枚膜质发亮的小苞片，紫红色，为主要观赏部分，经久不凋；花期8～10月。有小苞片为白、粉、橙色的品种，和近淡黄色及红色的变种。

常见栽培类型：

红花千日红 f. *rubra* 膜质苞片亮红色。

千日粉 f. *rosea* 苞片粉色。

千日白 f. *alba* 花苞片白色。

图7-24 千日红

分布与习性 原产亚洲热带。喜温暖干燥，不耐寒，喜阳光充足，宜肥沃及疏松土壤。

繁殖 春季播种繁殖。3月底可在温床播种或温室盆播，4月可露地播种。发芽适温为16～23℃，7～10d可出苗，种子有毛。宜拌土播种。

栽培 苗长出2～3片真叶时可移栽1次，移栽后需遮阴，保持湿润环境。5～6月初可定植。栽培中肥水不宜过多，以使花色亮艳，对肥水要求不严，管理粗放。花后若修剪、施肥，促使发枝可再次开花。

园林用途 花坛；花境；盆栽；切花，理想的自然干花。

红叶苋 *Iresine herbstii*(图7-25)

图7-25 红叶苋

别名 血苋

属名 红叶苋属

形态特征 多年生草本。株高可达100cm，全株晕紫红色。茎红色。叶广卵形或圆形，先端凹入，紫红色或稍带黄绿色，具拱形脉。圆锥花序。

主要栽培变种：

黄脉苋 var. *aureo-reticulata* 叶绿色或绿红色，脉黄色，美丽。

分布与习性 原产南美。喜温暖湿润，不耐寒，喜阳光充足，宜疏松肥沃的砂壤土，不耐水涝。

繁殖 扦插繁殖。

栽培 栽培中肥水不可过多，否则叶色暗，管理简单。

园林用途 丛植；花境。

8. 紫茉莉科 Nyctaginaceae

一年生或多年生草本，灌木或乔木，有时为有刺的藤状灌木。叶对生或互生，无托叶。花单生或簇生，或有各种花序；花整齐，两性或单性，有分离或连合的苞片，形似萼片；花瓣缺乏；花萼常呈花瓣状、钟状、管状或高脚碟状；雄蕊1至多数，离生或基部联合。果实为瘦果，有棱或槽，有时有翅。种子内有胚乳。本科约有30属350种；我国有4属5种；本书收录1属1种。

紫茉莉 *Mirabilis jalapa*（图7-26）

别名　夜顶花、地雷花、胭脂花

属名　紫茉莉属

形态特征　多年生草本。株高60~100cm。茎直立多分枝，开展，茎节膨大。叶对生，卵状三角形，先端尖。花数朵簇生总苞上，生于枝顶；花瓣缺，花萼花瓣状，喇叭形，有红、橙、黄、白等色或有斑纹及二色相间等；傍晚开放，清晨凋谢，具清香；花期夏秋季节。果黑色，圆形，表面皱缩有核，形似地雷。

分布与习性　原产美洲热带。喜温暖、湿润，不耐寒，喜半阴，不择土壤。

繁殖　春季播种繁殖，可自播繁衍。

栽培　生长快，健壮，耐移栽，越冬温度5℃以上，华北地区作一年生栽培。管理粗放。

园林用途　庭园丛植；暖地地被。

图7-26　紫茉莉

9. 番杏科 Aizoaceae

草本或小灌木。单叶互生，对生或轮生，多肉质；托叶干膜质或无。花通常成聚伞花序或簇生，很少单生，两性很少杂性；萼片4~5，下部连成管状或分离，与子房贴生或离生；花瓣无或有；雄蕊与花被同数互生，或极多。蒴果，坚果或核果，种子通常肾形，稍扁，有胚乳。本科约20属500余种，主产非洲和地中海沿岸；我国有4属7种；本书收录3属3种。

1. 无茎或具短茎。

　2. 无茎，对生的叶互相结合 ·· 1. 生石花属 *Lithops*

　2. 具短茎，对生的叶不结合，或仅基部结合 ···················· 2. 牛舌叶属 *Glottiphyllum*

1. 茎明显，多分枝 ·· 3. 日中花属 *Lampranthus*

生石花 *Lithops pseudotruncatella*（图 7-27）

别名　石头花

属名　生石花属

图 7-27　生石花

形态特征　多年生肉质草本。叶对生，肥厚，密接，幼时中央只有一孔，长成后中间呈缝状，为顶部扁平的倒圆锥形或筒形球体，灰绿色或灰褐色，外形酷似卵石；新的 2 片叶与原有老叶交互对生，并代替老叶；叶顶部色彩及花纹变化丰富。花从顶部缝中抽出，无柄、黄色，午后开放，花期4～6 月。园艺品种很多。

分布与习性　原产南非和西非。喜温暖，不耐寒，喜阳光充足、干燥、通风，也稍耐阴。

繁殖　播种繁殖。

栽培　用疏松、排水好的砂质壤土栽培。浇水最好浸灌，以防水从顶部流入叶缝，造成腐烂。冬季休眠，越冬温度10℃以上，可不浇水，过干时喷些水即可。

园林用途　盆栽；室内岩石园；专类园。

宝绿 *Glottiphyllum linguiforme*（图 7-28）

属名　牛舌叶属

形态特征　多年生草本。株高 15cm，茎短或无茎，肉质。叶对生成紧密的二列状或丛生，抱茎，舌状，横切面为三角形，肥厚而光滑透明，鲜绿色，斜伸，先端略向下翻。花似菊花状，黄色，花期 3～4 月。

分布与习性　原产南非。喜温暖、干燥，不耐寒。也不耐高温，喜光，可耐半阴。

繁殖　分株繁殖，也可秋季播种繁殖。

栽培　宜用疏松排水好，微黏质的土壤。水肥不可太多，以免引起徒长，越冬温度8℃以上。

园林用途　盆栽。

松叶菊 *Lampranthus cpectabilis*

别名　松叶牡丹、龙须海棠

属名　日中花属

形态特征　常绿肉质亚灌木。株高约30cm。茎纤细，红褐色，匍匐状，分枝多而向上伸展。叶对生，基部抱茎，肉质，切面为三角形，挺直似松针。单花具长花梗，腋生，形似菊花，花色丰富鲜艳，具丝绒光泽，花期4～5 月。

分布与习性　原产南非。喜温暖、干燥、光照充足及通风良好，不耐炎热。

图 7-28　宝绿

繁殖　扦插繁殖。

栽培　10℃以上可安全越冬。生长期水肥不可太大，潮湿不利生长。花后植株休眠，可修剪过密枝条。多作一年生栽培，年年更新。

园林用途　花坛；盆栽；吊盆观赏。

10. 马齿苋科 Portulacaceae

直立或匍匐草本，多数带肉质，少有半灌木状。单叶互生或对生，全缘。花两性，整齐或不整齐；花萼通常 2，少有 5，分离或基部与子房连合；花瓣 4 ~ 5，少有较多的，分离或下部连合，通常顶端微凹；雄蕊 4 ~ 8 或更多。果实多数为蒴果，种子多数。本科约 20 属 200 种，多数分布在美洲热带，少数分布在欧洲；我国有 3 属 7 种，南北各地都有分布；本书收录 1 属 1 种。

大花马齿苋 *Portulaca grandiflora*（图 7-29）

别名　半支莲、死不了、太阳花

属名　马齿苋属

形态特征　一年生肉质草本。株高 10 ~ 15cm，植株低矮。茎细圆，平卧或斜生，节上有毛。叶互生或散生，短圆柱形，基部被长柔毛。花单生或数朵簇生顶端，基部被有白色长柔毛的轮生叶状苞叶；花有红、紫、粉红、粉、橘黄、黄、白等色，极丰富；花期 7 ~ 8 月。花在阳光下开放，单花期 1d，有全日开花，重瓣、半重瓣园艺品种。

分布与习性　原产南美巴西。喜温暖、光照充足、干燥，不择土壤，极耐干旱瘠薄。

繁殖　春、夏、秋皆可播种繁殖，也可扦插繁殖及自播繁衍。

图 7-29　大花马齿苋

栽培　适应性强，可裸根移栽，栽培于排水好而肥沃的砂质土壤可生长更好，开花多，雨季防涝，管理简单。

园林用途　花坛；岩石园；草坪边缘；路旁丛植。

11. 石竹科 Caryophyllaceae

草本，很少为半灌木。茎节常膨大。叶对生，全缘，常于基部联合，托叶干膜质或无。花两性，整齐，组成聚伞花序，很少单生；萼片 4 ~ 5，分离或联合成管，宿存，常有膜质边缘；花瓣 4 ~ 5，常有爪；雄蕊 8 ~ 10，通常为花瓣的 2 倍。蒴果，很少为浆果或瘦果；蒴果顶端瓣裂或齿裂；种子多数。本科约 80 属 2000 种，广布全球；我国约 32 属 300 种以上；本书收录 5 属 11 种。

1. 萼外面有明显的肋棱；果为1室或不完全2~3室。

    2. 蒴果基部数室 ·· 1. 麦瓶草属 *Silene*

    2. 蒴果基部1室 ·· 2. 剪秋罗属 *Lychnis*

1. 萼外面无肋棱；果实1室。

    3. 萼上脉与脉间显呈膜质，基部无鳞状苞 ·········· 3. 霞草属 *Gypsophila*

    3. 萼上脉与脉间全为草质。

      4. 萼下有鳞状苞；萼筒状或钟状；无角棱 ·········· 4. 石竹属 *Dianthus*

      4. 萼下无鳞状苞 ·· 5. 肥皂草属 *Saponaria*

矮雪轮 *Silene pendula*

属名 麦瓶草属

形态特征 一、二年生草本。株高20~30cm，全株具柔毛。茎多分枝，丛生状铺散匍生。叶椭圆形或广披针形。一侧总状聚伞花序腋生，微下垂；花小而密；瓣端2裂；萼具长硬毛，具纵棱，有胶黏质，花后膨大；花粉红或淡白色；花期5月。有重瓣、矮生及各花色变种。

同属植物：

高雪轮 *S. armeria* 直立，光滑被白粉，花序下数节茎面具黏液。叶对生，抱茎，卵状披针形至矩圆形。复聚伞状花序顶生，具总梗；花小而密，瓣端微凹，萼筒棍棒形，纵脉，花粉红或白色；花期4~6月。

分布与习性 原产南欧。喜阳光充足、温暖，耐寒，不耐炎热，不择土壤。

繁殖 秋播繁殖。

栽培 栽于疏松肥沃、排水好的土壤中生长更佳。一般管理。

园林用途 花坛；岩石园；地被。

剪秋罗 *Lychnis senno*

属名 剪秋罗属

形态特征 多年生草本。株高60cm，全株被短柔毛。叶对生，无柄，稍抱茎，上部叶片稍长，具密齿。聚伞花序顶生；花较大；花瓣阔心脏形，顶端中裂，边缘流苏状，具2鳞片；花深红或白色；花期7~8月。有白花变型。

同属植物：

剪夏罗 *L. coronata* 叶交互对生，卵状椭圆形，质厚有光泽，具粗糙细锯齿。花数朵顶生或腋生；花大，花瓣边缘有不规则浅裂或缘毛；花橙红色；花期5~6月。

分布与习性 中国特产，分布于江苏、浙江及江西。喜凉爽、湿润、耐寒，忌酷热；喜光，耐半阴；对土壤要求不严，不耐湿涝。

繁殖 播种或分株繁殖，秋播为好。

栽培 栽植于富含腐殖质的石灰质或石砾土壤上更有利于生长。摘心可促进分枝，栽培中注意通风排涝。

园林用途 花坛；花境；岩石园。

霞草 *Gypsophila elegans*

别名 满天星、丝石竹

属名 霞草属

形态特征 一年生草本。株高30～50cm。茎叶光滑被白粉，呈灰绿色。茎直立，上部枝条纤细，叉状分枝。叶对生，上部披针形，下部叶矩圆状匙形。聚伞花序顶生，稀疏而扩展；花小；花瓣先端微凹缺，花梗细长；花白或粉红、玫瑰红色；花期5～6月。有重瓣和大花品种。

分布与习性 原产小亚细亚、高加索。喜阳光充足、凉爽，耐寒，不耐酷热；宜肥沃及排水好的石灰质土壤，耐干旱、瘠薄，也耐碱土。

繁殖 播种繁殖。春、秋季播种，早春3月或临冬11月皆可播种。

栽培 直根性，不耐移植。生长期忌炎热，水肥适当有利生长开花。

园林用途 宜与春季开花的球根花卉混用配植于花境、岩石园中；切花。

宿根霞草 *Gypsophila paniculata*

别名 锥花丝石竹

属名 霞草属

形态特征 多年生草本。高约90cm，全株无毛，稍被白粉而呈蓝绿色。茎多分枝而开展。叶卵状披针形，具3脉。圆锥状聚伞花序顶生，疏散多分枝；花细小，花瓣长圆状扇形，白色；芳香；花期5～6月。有矮生、重瓣及大花品种。

分布与习性 原产地中海沿岸及亚洲北部。习性同霞草。

繁殖 商业上已大量利用组培育苗。

栽培 较霞草管理更粗放。

园林用途 花境；花坛；切花。

石竹 *Dianthus chinensis*（图7-30）

别名 洛阳花

属名 石竹属

形态特征 多年生草本，作一、二年生栽培。株高30～50cm，茎细弱铺散。叶较窄，条状。花单生或数朵顶生，花瓣先端浅裂呈牙齿状；苞片与萼筒近等长；花有粉、粉红、红、淡紫等色，微香；花期5～9月。

常见其变种有：

锦团石竹 var. *heddeuigii* 植株较矮，高20～30cm。茎叶被白粉呈灰绿色。花大，径4～6cm，花瓣先端齿裂或羽裂，花形、花色丰富。耐寒，春化阶段对低温要求不甚严格。可作一年生栽培。

分布与习性 原产中国。喜凉爽、阳光充足、高燥，耐寒，喜肥，也耐瘠薄。

图7-30 石 竹

125

繁殖 以播种繁殖为主。9月播于露地苗床，发芽适温21℃左右，播后约5天发芽。还可扦插繁殖，在10月至翌年3月进行，将枝条剪成6cm左右的小段，插于沙床或露地苗床。

栽培 适种于肥沃而排水好的石灰质土壤中，生长期水肥供给要充足。易种间杂交，注意采种母株的隔离，以防品种特性混杂。采种时务必注意"选优弃劣"和"选纯弃杂"，以保持品种优良性状。

园林用途 花坛；花境；丛植路边及草坪边缘。

须苞石竹 *Dianthus barbatus*

别名 美国石竹、五彩石竹

属名 石竹属

形态特征 多年生草本，常作二年生栽培。株高40~50cm。茎粗壮直立，少分枝。叶较宽，阔披针形至狭椭圆形，具平行脉，叶中脉明显。花小而多，集成头状聚伞花序，下面具端部细长如须的叶状苞片；花色丰富，有黑紫、绯红、白、粉红等深浅不等的色彩；花瓣上常有异色环纹或镶边而形成复色；花期5~6月。

分布与习性 原产欧洲、亚洲。喜冷爽、通风良好、光照充足，耐寒；喜肥，也耐干旱，耐瘠薄。春化阶段对低温要求比较严格，需0~10℃，30~70d方可通过春化阶段。

繁殖 秋季播种繁殖。

栽培 同石竹。

园林用途 花坛；花境；切花。

香石竹 *Dianthus caryophyllus*

别名 康乃馨、麝香石竹

属名 石竹属

形态特征 常绿亚灌木，作多年生草本栽培。株高30~60cm，茎、叶光滑，稍被白粉。茎基部常木质化。叶对生，基部抱茎，线状披针形，灰绿色。花单生或数朵簇生，花瓣多数，广倒卵形，具爪，有白、黄、粉、红、紫红及复色；苞片2~3层，紧贴萼筒；花期5~7月。

分布与习性 原产南欧至印度。喜空气流通、干燥和阳光充足，喜凉爽，不耐炎热；喜富含有机质且疏松、肥沃的微酸性轻黏质土，忌湿涝与连作。生长适温15~20℃，冬天夜间温度为7~10℃。

繁殖 扦插、播种、压条和组培繁殖，以组培和扦插繁殖为主。

目前已广泛应用茎尖无菌培养，筛选出无病毒感染的母株，隔离进行扦插繁殖。除炎夏外，其他时间均可扦插。插穗应选取植株中部生长的健壮侧芽2~3个，在顶蕾直径达1cm时，即侧芽长至4~6cm时用手掰取，基部要带有踵状部分，且要带芽扦插，宜随采随插，插前要将插穗浸在水中，使其吸足水分后再扦插。插穗插入砂土中1cm为宜，间距3~4cm。插后遮阴，喷水，保持13~15℃，20~30d即可生根。用吲哚乙酸处理插条可提高成活率。

栽培

定植：扦插成活苗于 4 月移至露地苗床，苗床应事先施足基肥，栽后浇足水，一个月后再移栽一次，到 6 ~ 7 月定植。

摘心与抹芽：为控制花期，保证枝条充实健壮，多开花，开高质量的花，要适时进行摘心与抹除侧芽及侧蕾的操作。当苗高 15cm 时，进行第一次摘心，从第 4 对叶以上处摘心，通常留 2 个侧枝，去掉其余的侧芽。过 1.5 ~ 2 个月后，再摘心整枝一次，选留 4 ~ 6 个健壮侧枝，其余侧芽全部仔细剥去。

水肥管理：生长期给予充分的水肥。进温室后第一次肥水应当施足，以后可以少施，待采切花后，应再追肥一次。土壤干时浇水即可，注意排涝，并加强通风。

园林用途　切花；布置花坛。

常夏石竹 *Dianthus plumarius*

别名　裂羽石竹

属名　石竹属

形态特征　多年生草本。株高 30cm。植株光滑被白霜。茎毡状丛生，枝叶细而紧密。叶缘具细齿，中脉在叶背隆起。花 2 ~ 3 朵顶生，花瓣先端深裂呈流苏状，基部爪明显；花粉红、紫、白色或复色，表面常有环纹或紫黑色的心；微香；花期 6 月。园艺品种较多。

分布与习性　原产奥地利及西伯利亚。喜凉爽及稍湿润，耐热，耐半阴，宜排水好的砂质土壤。

繁殖　压条、分株、播种或扦插繁殖。

栽培　栽培中注意品种隔离。管理简便，一般养护即可。

园林用途　花境；岩石园；切花。

石碱花 *Saponaria officinalis*

别名　肥皂草

属名　肥皂草属

形态特征　多年生草本。株高 30 ~ 90cm，全株无毛或晕紫。具根状茎。枝直立，基部稍铺散。叶对生，具明显的 3 脉。聚伞花序顶生，小花梗短，花瓣先端凹入，基部具爪，粉红色或白色；花期 7 ~ 9 月。

常见栽培变种：

重瓣石碱花 var. *florepleno*　花重瓣，有红、紫红、粉、白等色。原产欧洲，现各国均有栽培。

分布与习性　原产欧洲及西亚。喜光，耐半阴，耐寒。生长强健，不择土壤。

繁殖　秋播或春、秋分株繁殖，可自播繁衍。

栽培　对环境要求不严，管理简便，易栽培。2 ~ 3 年可分株一次，使老株更新。

园林用途　花境；丛植；地被。

12. 睡莲科 Nymphaeaceae

多年生水生草本。叶有长柄,盾形或心形,通常浮在水面或挺出水面,芽时内卷。花两性,单生于无叶的花莛上,浮于水面或挺出水面;萼片4或更多;花瓣少数或更多;雄蕊极多。果实为浆果,瘦果或核果,蓇葖果。本科约有8属80种;我国有5属10余种;本书收录5属7种。

1. 种子无胚乳;萼4~5,花瓣、雄蕊、心皮多数,心皮不规则地嵌入突起的花托中,每个心皮含胚珠
    1~2枚 ·· 1. 莲属 Nelumbo
1. 种子有胚乳,心皮不嵌入突起的花托内。
    2. 花萼和花瓣都是3片,离生,心皮离生,胚珠少数。
    2. 花萼4~6,花瓣和雄蕊多数,心皮合生或与花托贴生,胚珠甚多。
        3. 子房上位,轮生但藏在花托内 ·················· 2. 萍蓬草属 Nuphar
        3. 子房下位或半下位。
            4. 叶脉、果实都有刺;花瓣3~5轮,花丝线形,子房下位。
                5. 叶缘上折,花直径15~45cm,花瓣自白转红 ········ 3. 王莲属 Victoria
                5. 叶缘不上折,花直径小于6cm,花瓣紫红 ·········· 4. 芡属 Euryale
            4. 叶和果无刺,花瓣多轮,内轮渐变为雄蕊状,花丝花瓣化,子房半下位 ·· 5. 睡莲属 Nymphaea

荷花 *Nelumbo nucifera*(图7-31)

别名 莲、荷

属名 莲属

形态特征 多年生挺水植物。根状茎(藕)肥厚多节,节间内有多数孔眼。叶盾状圆形,上被蜡质,蓝绿色;有带刺长叶柄挺出水面。花大,单生于花梗顶端,高于叶面,粉红、红色或白色;花清香,昼开夜合;花期6~8月。花托于果期膨大凸出于花中央,有多数蜂窝孔,内有小坚果(莲子);果熟期8~9月。

图7-31 荷花

目前仅观赏荷花(花莲)品种已达200余种。荷花品种分类,也是以长期人工栽培的历史演进为依据,从荷花的观赏、食用等用途为目的,分为花莲、子莲和藕莲三大类群。

(1)花莲类

①单瓣 单瓣红花花莲品种群,如'中国古代'莲;单瓣白爪红花花莲品种群,如'红荷头';单瓣白花花莲品种群,如'白君子小'莲。

②半重瓣 半重瓣红花花莲品种群,如'红茶碗'莲;半重瓣白爪红花花莲品种群,如'锦边'莲;半重瓣白花花莲品种群,如'向樱'莲。

③重瓣 重瓣红花花莲类品种群,如'红千叶';重瓣白爪红花花莲品种群,如'寿星

桃'；重瓣红花花莲品种群，如'白千叶'；重瓣洒锦花莲品种群，如'大洒锦'。

④重台　重台红花花莲品种群，如'红台'莲。

⑤千瓣　千瓣红花花莲品种群，如'千瓣'莲。

(2)子莲类

①单瓣　单瓣红花子莲品种群，如'湘莲'；单瓣白爪红花子莲品种群，如'白湘'莲；单瓣白花子莲品种群，如'白花建'莲。

②半重瓣　半重瓣红花子莲品种群，如'百叶'莲。

(3)藕莲类

①单瓣　红花藕莲品种群，如'崖城藕'；白爪红花藕莲品种群，如'花香'藕；白花藕莲品种群，如'大毛节'。

②无花　无花藕莲品种群，如'六月报'。

(4)碗莲(小型)

这是指凡在26cm的盆内开花者，且花径、花茎、立叶平均在12cm、33cm、24cm以下者均为碗莲品种。如其中一项未能达标者，则列入大、中型品种。杭州曲院风荷荷花资源圃已培育出30多个碗莲新品种。

此外，浙江省武义的'宣莲'、建德里叶的'白莲'都是闻名国内外的珍品。

分布与习性　原产中国南方及亚洲南部和澳大利亚。喜温暖，阳光充足，耐寒；喜肥，宜富含腐殖质、微酸性的黏质壤土，忌干旱。

繁殖

播种繁殖：莲子的寿命很长，几千年前的种子，也能发芽生长。由于莲子的萌发力很强，无休眠期，当莲子充分成熟，果皮呈黑褐色时，即可采取播种。播种最适温度以18～20℃为宜。播种之前先破壳，在种子顶端的凹口处，破一小洞，然后将种子浸泡于清水中，每天换水一次，一周后发芽。当幼苗长出4片叶时，即可移栽。按品种大小选择适当容器，进行栽培。一般缸栽直径45～55cm，高度35～45cm；盆栽直径20～26cm，高度10～20cm。

分藕繁殖：选取健壮、无病虫害，具有顶芽的主藕、子藕或孙藕。一般在清明前后分藕栽种。杭州地区，多在3月20日以后，进行全面翻种。日气温在20～25℃，随挖随种。将顶芽斜插于泥中，后尾略翘。种植完毕，将缸土保持湿润。一周后，缸(盆)必须保持每天有水，否则会影响植株的正常开花。

栽培

水的管理：因荷花对水分的要求在生长期不同阶段各不相同，如缸栽荷花在生长前期即线叶生长期，水不宜多，以5cm左右为宜，这既能提高土温，又能促进荷花生长。随着浮叶、立叶的生长，可逐渐提高水的深度，达到10～30cm。入秋荷花逐渐进入休眠期，不必每天灌水，但需保持盆土湿润。冬天，当气温达到-5℃时，缸栽荷花要想在露地安全越冬，就必须注满水缸，以防它们受冻腐烂；盆栽碗莲，应加强防冻措施，适当覆盖草帘等保温材料。

合理施肥：荷花喜肥，但忌浓肥。池塘栽种荷花，一般不施追肥，但有时为促进塘荷的开花率，追施以磷钾肥为主的复合肥。将粉状或粒状复合肥，5～10g一包，用纱布包裹，埋入泥中。缸、盆栽植的荷花、碗莲，以长效有机肥为基肥。进入立叶生长期，适当追施缓效磷钾肥，能使茎干粗壮，提高抗倒伏性，延长其植株的绿色生长期。盆栽碗莲，进入开花盛期，叶片出现发黄症状，可在叶面喷施浓度为 20~60mg/L 的铁、锰、钾液肥。

园林用途　水面布置；缸栽或碗栽。

萍蓬草 *Nuphar pumilum*(图 7-32)

别名　萍蓬莲、黄金莲

属名　萍蓬草属

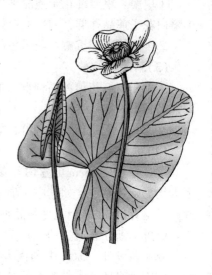

图 7-32　萍蓬草

形态特征　多年生浮水植物。根茎肥大，块状。叶浮于水面，广卵形或椭圆形，先端圆钝，基部深心形，开裂达全叶的 1/3；纸质或近革质；表面无毛，亮绿色，叶背紫红色，密生柔毛。沉水叶薄膜质无毛，具长叶柄，上部近三棱状，基部半圆形。花单生并伸出水面；径 2~3cm；花萼花瓣状；花瓣肥厚，细小长方形，黄色；花期4~5月及7~8月。

分布与习性　原产北半球寒温带。喜温暖，较耐寒；喜阳光充足，稍耐阴；不择土壤。

繁殖　分株繁殖为主，也可播种繁殖。

栽培　栽培适应性强，适宜 60cm 左右深的水。一般性养护管理。盆栽最好年年施基肥。

园林用途　园林水面绿化；缸栽或盆栽。

王莲 *Victoria amazornica*(图 7-33)

别名　亚马孙王莲

属名　王莲属

形态特征　多年生大型浮水植物。茎短而直立，具刺。叶长出后分别为线形、戟形和近圆形，但基部有裂口；成熟叶大，径达 1.8~2.5m，圆形。叶缘直立而皱褶，浮于水面；叶表绿色，背紫红色并有隆起网状叶脉，脉上具长刺。花单生，大型，径 25~35cm，浮于水面；花色初开为白色后变粉色至深红色，午后开放，次晨闭合；芳香；花期夏秋季节。

图 7-33　王　莲

分布与习性　原产南美亚马孙河流域。喜高温及阳光充足，不耐寒，早晚温差要小，水质清洁，喜肥。

繁殖　播种繁殖。种子要在清水中贮藏。

栽培　水温 30~35℃ 时，生长良好，气温低于 20℃ 即停止生长。生长期要保证高温高湿，施足基肥。

园林用途　中国大多地区温室水池内栽培，供展览观赏；无霜期露天水池种植。

芡实 *Euryale ferox*（图7-34）

别名 鸡头米、刺莲藕

属名 芡属

形态特征 一年生大型浮水草本。全株具刺。叶浮于水面，初生叶箭形，过渡叶盾状，成熟叶圆形，盘状，径达1~1.2m；叶面绿色，皱缩，有光泽，叶背紫红色；叶脉隆起有刺，似蜂巢。花单生叶腋，挺出水面，紫色；花托多刺，形如鸡头；昼开夜合；花期7~8月。

分布与习性 原产中国，印度、日本、朝鲜及原苏联也有，中国南北各地湖塘中有野生。喜阳光充足、温暖，宜肥沃土壤，适应性极强，深水或浅水皆可生长。

繁殖 春末夏初播种繁殖，可自播繁衍。播种于浅水，以后随生长逐渐加深水位。

栽培 一般管理。叶发黄，长势明显减弱时，可在根际追肥。

园林用途 水面绿化；缸栽。

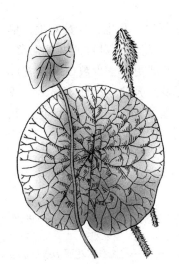

图7-34 芡实

睡莲 *Nymphaea tetragona*（图7-35）

别名 子午莲、水浮黄

属名 睡莲属

形态特征 多年生浮水植物。根茎直立，不分枝。叶较小，近圆形或卵状椭圆形，具长细叶柄；表面浓绿色，背面暗紫色；幼叶表面具褐色斑纹；浮于水面。花单生，小型，径2~7.5cm，多为白色，花药金黄色；午后开放；花期7~8月。

同属植物：

白睡莲 *N. alba* 花单生，浮于水面或挺出水面，径12~15cm，白色；萼片与花瓣不易区分。

墨西哥黄睡莲 *N. maxicana* 花浅黄色，略高出水面。

分布与习性 原产亚洲东部。喜阳光充足、温暖，较耐寒；喜水质清洁，水面通风好的静水，以及肥沃的黏质土壤。

繁殖 分株繁殖为主，也可播种繁殖。

图7-35 睡 莲

栽培 栽培水深夏季为60~80cm。一般管理。因花后果实沉浸水中，种子易流失，若要留种应在花后加套纱布袋以使种子落入其中。采后即播或贮藏水中，否则易丧失发芽力。

园林用途 园林水面绿化；盆栽。

13. 毛茛科 Ranunculaceae

多年生或一年生草本，少数为木质藤本或灌木。叶基生或茎生，互生，少数对生，单叶或复叶；无托叶，或叶柄基部有一对托叶状裂片，通常膜质。花辐射对称或两侧对称，两性，少数单性，单生或排列成聚伞、总状或圆锥花序；萼片5或更多，少数2~4，常成花瓣状，有时早落，或基部延长成距；花瓣缺，或2~5至更多，通常较小而不显著，或有各种变异；雄蕊多数。果实为蓇葖果、瘦果，极少为浆果、蒴果，花柱常宿存。主产北温带；我国约有36属570多种，全国各地都有分布；本书收录10属12种。

1. 子房有数颗或多数胚珠；果为蓇葖果，少数为蒴果。
  2. 花两侧对称。
    3. 上萼片无距，花瓣有爪 ………………………………………… 1. 乌头属 Aconitum
    3. 上萼片有距，花瓣无爪
      4. 退化雄蕊2，有爪；花瓣2，分生；心皮3~7 ………… 2. 翠雀花属 Delphinium
      4. 无退化雄蕊；花瓣2，合生；心皮1 ………………… 3. 飞燕草属 Consolida
  2. 花辐射对称。
    5. 花大，直径常在10cm以上，花瓣无距；心皮基部有革质或肉质的花盘；果皮革质 ………………………………………………………………… 4. 芍药属 Paeonia
    5. 花较小，直径常在5cm以下，花瓣基部成囊或距；心皮基部无花盘；果皮不为革质 …………………………………………………………………… 5. 耧斗菜属 Aquilegia
1. 子房有1颗胚珠，果为瘦果。
  6. 叶对生，萼片镊合状排列，花柱在结果时伸长呈羽毛状 ………… 6. 铁线莲属 Clematis
  6. 叶互生或基生；萼片覆瓦状排列。
    7. 花瓣存在，黄色或各种颜色；萼片通常比花瓣小，多为绿色 ………… 7. 毛茛属 Ranunculus
    7. 无花瓣；萼片通常花瓣状，白色、黄色、蓝紫色，稀淡绿色。
      8. 花下无总苞，叶和花多数，叶脉网状 ………………… 8. 唐松草属 Thalictrum
      8. 花下有总苞。
        9. 瘦果成熟时，花柱不延长成羽毛状 ………………… 9. 银莲花属 Anemone
        9. 瘦果成熟时，花柱延长成羽毛状 …………………… 10. 白头翁属 Pulsatilla

乌头 *Aconitum carmichaeli*(图 7-36)

别名 川乌头

属名 乌头属

形态特征 多年生草本。株高70~150cm。茎直立，下部光滑无毛，上部具柔毛。叶五角形，3全裂，裂片又细裂，革质而坚韧。总状花序，花梗具毛，花成串并排在一个方向，深蓝紫色，花期9~10月。

分布与习性 原产中国中部。喜凉爽、潮湿和半阴，耐寒，宜肥沃、排水好的砂质土。自然界多生于山地草坡及灌木丛中。

繁殖 秋季分株繁殖，也可秋播繁殖。

图 7-36　乌　头

图 7-37　大花飞燕草

栽培　植株较高时要设支架支持，在贫瘠土壤上更易徒长。不耐移植。花后回剪可以促进开花。

园林用途　花境；丛植；切花。

大花飞燕草 *Delphinium grandiflorum*（图 7-37）

别名　翠雀花

属名　翠雀花属

形态特征　多年生草本。多分枝，株高 36～65cm，全株被柔毛。叶互生，掌状深裂。总状花序疏散；萼片 5，1 片延长成距，蓝紫色；花瓣 2，有距，顶端微凹，有黄色髯毛，径 2.5～4cm；栽培中有白色、淡蓝、深蓝，重瓣及矮生等品种。花期 5～7 月。心皮 3，蓇葖果，种子小，7～9 月成熟。

同属植物：

穗花翠雀 *D. elatum*　又名高飞燕草，株高可达 1.8m，多分枝。总状花序，花朵密，花蓝紫色，径约 2.5cm。

丽江翠雀 *D. likiangense*　株高仅 20cm。叶近根出。花 2～5 朵，近钟形，花萼蓝堇色，距直生，长 2.5cm。产云南丽江。宜岩石园或高山园栽植。

康定翠雀 *D. tatsienense*　与翠雀相似，但叶基部三出，无掌状裂。花序长可达 50cm，松散。花萼堇蓝色，长 3.5cm。分布于四川西部与云南北部。

分布与习性　原种分布云南北部、山西、河北、宁夏东北及西伯利亚等地。常生于山坡草地。喜阳光充足与冷凉气候；性耐寒，较耐旱，亦耐半阴；忌炎热与水涝。

繁殖　播种、分株、扦插繁殖。播种多在秋季，种子发芽最适温度为 14～15℃，约 3 周发芽，生长温度以 10℃为宜。分株繁殖于春、秋均可，但不宜每年进行。扦插可在花后剪取基部萌发的新芽，插于沙中，或于春季用新枝作插穗。

栽培　栽培地要选择阳光充足、富含腐殖质、肥沃而潮润，但又排水良好的土壤。生长期适量追施磷钾肥。长江流域越夏困难，可适当遮阴。

园林用途　适宜作花坛、花境；也可作切花。

飞燕草 *Consolida ajacis*（图 7-38）

别名　萝卜花、南欧翠雀

属名　飞燕草属

形态特征　一、二年生草本。株高 30～60cm。茎直立，上部疏分枝，疏被微柔毛。叶互生，数回掌状分裂至全裂；裂片线形；茎生叶无柄，基生叶具长柄。总状花序顶生，花不整齐，花萼 5 枚，后面 1 枚具距；花瓣 2 枚，合生，有钻形长距，呈飞鸟状，与萼同色；花有红、白、蓝、紫等色，并有重瓣种；无退化雄蕊，雌蕊 1 个。花期 5～6 月。这也是本属与翠雀属的主要区别点。

分布与习性　原产南欧。喜冷凉、阳光充足，较耐寒，耐半阴；喜高燥，忌积涝；喜肥沃、富含有机质的砂质土壤；要求通风良好。

繁殖　通常秋季播种或临冬时直播，其须根少，不耐移植。

栽培　生长期间应充分灌水，勿使土壤过干。寒冷地区露地需覆盖越冬。

园林用途　庭园、山石旁；花境；切花。

图 7-38　飞燕草

芍药 *Paeonia lactiflora*（图 7-39）

别名　将离、没骨花、婪尾春

属名　芍药属

形态特征　多年生草本。株高 50～110cm。地下具肉质粗根。茎由根部簇生，圆柱形。叶 2 回 3 出羽状复叶，裂片广披针形至长椭圆形，边缘具骨质的白色小齿。花顶生或上部腋生，具长梗，单生，具叶状苞片；萼片 4 枚，宿存；原种花瓣椭圆形，白色，5 枚，雄蕊多数，花药呈黄色，心皮 5 个；花期春季。

园艺品种繁多，花型多变，有单瓣、半重瓣和重瓣以及二三朵花重叠一起形成的台阁型花。重瓣花的花瓣多由雄蕊瓣分化而来，也有花瓣自然增生和雌蕊瓣分化而成。花色极为丰富，有白、微红、淡红、紫红、大红、黄等色。

分布与习性　芍药原产我国北部，日本和西伯利亚一带也有。性耐寒，夏季喜冷凉气候；喜阳光充足，稍耐阴；要求土壤深厚的砂质壤土，土壤须排水良好，忌盐碱地和低洼地。

繁殖　以分株繁殖为主，也可播种繁殖。

分株：分株应在秋季 9 月至 10 月上旬进行，即农历白

图 7-39　芍　药

露至寒露之间为宜，切忌春季分株。分株时先将根丛掘起，震落附土，然后顺自然分离处分开，也可阴干 1~2d，待根系稍软时分株，每丛带 3~5 个芽。一般 6~7 年分株一次。

播种：种子成熟后立即播种，播种后当年秋季生根，翌年春暖后新芽出土。

栽培　芍药根系粗大，栽植前将土地深耕，并充分施以基肥。栽植深度以芽上覆土 3~4cm 为宜。芍药喜肥，每年可追肥 3~4 次，以混合肥料为好。栽培要保持土壤湿润，但不能积水。花前应疏去侧蕾，使营养集中于主蕾，则会花大色艳。

园林用途　花坛；花境；专类园；庭院中丛植或孤植；春季切花。

耧斗菜 *Aquilegia vulgaris*（图 7-40）

别名　西洋耧斗菜

属名　耧斗菜属

形态特征　多年生草本。株高 40~80cm。茎具细柔毛，多分枝。基生叶和茎生叶均为 2 回 3 出复叶，具长柄。数朵花生于茎端，花下垂；花萼花瓣状，先端急尖，常与花瓣同色；花瓣基部呈漏斗状，自萼片向后伸出成距，与花瓣等长；花紫、蓝或白色；花期 5~7 月。有许多变种和品种，如大花、红花、斑叶、重瓣等。

同属植物：

加拿大耧斗菜 *A. canadensis*　花萼、花瓣、距均为浅黄色，萼片与距的外面有红晕。

分布与习性　原产中欧、西伯利亚及北美。极耐寒，忌热。性强健，喜冷湿，半阴，宜富含腐殖质，湿润及排水良好的砂质土壤。

图 7-40　耧斗菜

繁殖　播种或分株繁殖。秋播较好，分株宜早春或晚秋进行。

栽培　栽培中应注意避高温多湿，一般栽培管理。

园林用途　配置花境、岩石园；丛植于林缘疏林下。

铁线莲 *Clematis florida*（图 7-41）

属名　铁线莲属

形态特征　多年生草质藤本。长 1~2m。茎棕色或紫红色，具棱，节部膨大。叶对生，2 回 3 出复叶；小叶卵形至卵状披针形，全缘，不分裂或具 1~2 裂片，网脉明显。花单生叶腋，具长花梗，中下部有 1 对叶状苞，花萼花瓣状；雄蕊多数，花丝宽线形，羽状花柱结果时不延伸；花乳白色，背面有绿色条纹；花期 6~9 月。园艺品种多，有重瓣、大花等。

分布与习性　原产中国，主要分布在西北及华北地区山坡草地或灌木丛中。喜半阴，宜肥沃、排水好的石灰质壤土，耐干旱。

图 7-41　铁线莲

繁殖　播种、压条、分株、扦插和嫁接繁殖。结实力低，春秋播皆可，多秋播。

栽培　栽培中注意搭架供攀缘。土壤宜施足基肥，不耐移植。生长旺盛，适应性强。

园林用途　垂直绿化；盆栽观赏。

花毛茛 *Ranunculus asiaticus*（图7-42）

图7-42　花毛茛

别名　芹菜花、波斯毛茛

属名　毛茛属

形态特征　多年生草本，株高30~45cm。地下具纺锤形小块根。基生叶3浅裂或3深裂，裂片倒卵形，叶缘具齿；茎生叶无叶柄，2~3回羽状深裂，叶缘具齿。每一花葶着花1~4朵，花萼绿色；花瓣质薄，富有光泽，有单瓣和重瓣，有黄、红、白、橙等花色；花期4~5月。

分布与习性　原产欧洲东南部及亚洲西南部。喜凉爽，不耐寒，冬季在0℃下即受冻害，喜半阴；宜疏松肥沃、排水良好的砂质壤土，喜肥，喜湿润，忌积水和干旱。花后地上部分逐渐枯黄，6月后休眠。

繁殖　分株或播种繁殖。分株多在9~10月，将块根带颈顺自然生长状态用手掰开，以3~4根为一株栽植，栽植前最好消毒。秋季播种，人工低温催芽，将种子浸湿后置于7~10℃下，经20d便可发芽。

栽培　夏季休眠后应将块根掘起，晾干放置于通风干燥处保存。注意防寒。

园林用途　花坛；花带；盆栽；切花。

唐松草 *Thalictrum aquilegifolium*（图7-43）

图7-43　唐松草

别名　细叶白蓬草

属名　唐松草属

形态特征　多年生草本。株高60~150cm，稍被白粉。2~3回羽状复叶，小叶厚膜质，倒卵形或近圆形，3浅裂，全缘或具疏粗齿，具托叶状叶鞘。复单歧聚伞花序；萼片白色或带紫红色，宽椭圆形；无花瓣，红白色；花期夏季。

分布与习性　原产欧洲、西伯利亚及日本。耐寒性强，喜阳光又耐半阴；适应性强，对土壤要求不严，但须排水良好。

繁殖　春、秋分株繁殖为主，也可播种。播种宜采后即播或春夏床播。

栽培　栽培管理简单粗放。

园林用途　丛植；花境；岩石园等。

银莲花 *Anemone cathayensis*

别　名　华北银莲花

属　名　银莲花属

形态特征　多年生草本。株高 20 ~ 40cm。叶基生，具柄，疏生柔毛，卵圆形，3 全裂，中裂片深裂，且小裂片浅裂，侧裂片斜扇形，不等 3 深裂。聚伞花序，总苞 5 枚不等大；花白或粉红色；花期 5 ~ 6 月。

分布与习性　原产中国东北地区及河北、山西。喜冷凉、阳光充足，耐寒，忌高温炎热，不耐阴；喜肥沃、湿润及排水好的土壤。

繁　殖　播种或分株繁殖。

栽　培　一般性管理。

园林用途　花坛；花境；片植；盆栽。

打破碗碗花 *Anemone hupehensis*

别　名　野棉花、湖北秋牡丹

属　名　银莲花属

形态特征　多年生草本。株高 30 ~ 80cm。具根状茎。叶基生，3 出复叶，具长柄；小叶不裂或 3 ~ 5 浅裂，具锯齿，背面有毛。聚伞花序顶生，大型多分枝；2 枚总苞叶状；小花无花瓣；萼片 5 枚，花瓣状，外密生柔毛；花期 8 ~ 10 月。

分布与习性　原产中国中部。喜温暖、阳光充足及凉爽，耐寒，忌高温多湿；宜湿润、排水好的肥沃土壤。

繁　殖　播种或分株繁殖。种子成熟即可播种。播种前应用细沙将种子上的绵毛搓开。

栽　培　生长健壮，管理简便。

园林用途　片植；花境；岩石园；盆栽；切花。

白头翁 *Pulsatilla chinensis*（图 7-44）

别　名　老公花、毛菁朵花

属　名　白头翁属

形态特征　多年生草本。株高 20 ~ 40cm。全株被白色长柔毛。叶 4 ~ 5 枚基生，3 出复叶具长柄，叶缘有锯齿。花梗自叶丛中央抽出，顶端着花 1 朵；萼片 6 枚，排成 2 轮，花瓣状，蓝紫色，外被白色绵毛；花后花柱延长呈羽毛状银丝，似毛发；花期 4 ~ 5 月。

分布与习性　原产中国，分布华北、东北地区及江苏等地。喜凉爽、半阴，耐寒性较强，忌酷热；宜排水良好的砂质壤土，不耐盐碱和低湿地。

繁　殖　以播种繁殖为主，也可分割块茎繁殖。播种多在采种后即播，宜直播。秋季移栽定植，秋季分株。

栽　培　栽培管理较粗放，注意夏季防止积水。

图 7-44　白头翁

园林用途　常植于林间隙地及灌木丛间；花坛；盆栽。

14. 防己科 Menispermaceae

　　攀缘或缠绕藤本，很少为直立灌木或草本；根有苦味。叶互生，单叶，很少为 3 小叶，掌状脉。花小，整齐，单性，雌雄异株；单生、簇生或排成聚伞状及总状花序；萼片 6，很少 1～4 或 9～12，常分离，2～4 轮，外轮较小；花瓣 6，很少 1～5 或缺，常较花萼小，分离，很少合生；雄花有雄蕊 3～6 或不定数，常与花瓣对生，分离或为聚药雄蕊。内果皮常骨质。本科 65 属 370 种，主产于热带和亚热带；我国约 18 属 50 多种；本书收录 1 属 1 种。

金线吊乌龟 Stephania cepharantha

　　别名　山乌龟

　　属名　千金藤属

　　形态特征　多年生缠绕藤本。全株光滑无毛。具肥厚块根。叶互生，三角状近圆形，背面灰白色；叶柄盾状着生；掌状脉 5～9 条。花单性，雌雄异株，花序腋生，总花梗长 1～2cm，盾状，雄花序为头状聚伞花序，花黄绿色，花期 6～7 月。雌株结果，果球形，熟后紫红色，果期 8～10 月。

　　分布与习性　原产中国，分布长江以南各地。喜温暖，耐寒性不强，越冬温度 −5℃ 以上，喜半阴，宜肥沃、疏松土壤。

　　繁殖　播种或分株繁殖。播种宜采后即播，春季分株。

　　栽培　栽培管理简单粗放，寒冷地区注意保护越冬。

　　园林用途　垂直绿化材料；盆栽。

15. 罂粟科 Papaveraceae

　　一年或多年生草本，稀为灌木，有乳白色或有色的浆汁。根出叶有长柄；茎上叶互生，有柄或无柄，全缘或分裂；无托叶。花两性，整齐或不整齐；萼片 2～3，早落；花瓣 4～6，2 轮，或缺；雄蕊多数，离生。果为蒴果，成熟时瓣裂或孔裂；种子细小。本科 25 属约 350 种，主要分布于北半球温带；我国有 13 属 60 多种，南北均产；本科收录 4 属 5 种。

1. 雄蕊多数，分离，花冠辐射对称，花瓣无距；植株有乳汁。
　2. 叶片 3 出多回羽状深裂，裂片线形；花单生于长花梗上，黄色；花托呈杯状，花瓣和雄蕊生于杯状花托边缘，子房从花托底部生出；蒴果自基部向顶端开裂 …………… 1. 花菱草属 Eschscholtzia
　2. 叶片全缘或分裂，但绝不为 3 出；花托不呈杯状；蒴果自顶端向基部开裂或孔裂。
　　3. 蒴果自顶端向基部开裂；有花柱，柱头头状或棒状。
　　　4. 蒴果 3～8 瓣自顶端微裂或开裂至全长的 1/3；花单生或成总状；圆锥花序；基生叶生于茎的下部及中部 …………………………………………… 2. 绿绒蒿属 Meconopsis
　　　4. 蒴果 2 瓣开裂至近基部；花单生或几朵于茎或分枝顶端排列成聚伞花序；茎生叶生于茎上部，

下部无叶。

　3. 蒴果孔裂；无花柱，柱头盘状或拱状盖于子房之上 ……………………………… 3. 罂粟属 *Papaver*

1. 雄蕊 4 ~ 6 枚；植株不具乳汁。外侧 2 花瓣基部有距或囊状 ……………………… 4. 荷包牡丹属 *Dicentra*

花菱草 *Eschscholtzia californica*（图 7-45）

别名　人参花、金英花

属名　花菱草属

形态特征　多年生草本，常作一、二年生栽培。株高 40 ~ 60cm，全株被白粉，呈灰绿色。叶互生，多回 3 出羽状细裂。花单生，着生于枝端；花梗长；纯黄色，具光泽；花期 5 ~ 6 月。

园艺品种很多，有乳白、淡黄、橘红、猩红、青铜、紫褐、浅粉等花色，有半重瓣或重瓣品种。

分布与习性　原产美国西南部。喜凉爽，较耐寒，要求日光充足；喜疏松肥沃、排水良好的砂质土壤，耐干旱、瘠薄。直根性。

繁殖　播种繁殖。自播繁衍能力强。不耐移植，秋季或早春播种。

栽培　定植时植株应带宿土。花朵在阳光下开放，阴天及晚上闭合。

图 7-45　花菱草

园林用途　花坛；花境；花带；盆栽。

大花绿绒蒿 *Meconopsis grandis*

属名　绿绒蒿属

形态特征　一年生草本。株高 40 ~ 60cm。花大，紫色。花期 5 ~ 6 月。

分布与习性　原产中国西藏。喜冷凉，耐寒性较强，低海拔栽培时宜植于稍阴处；喜冬季干燥，夏季湿润；喜富含有机质、排水良好的土壤。直根性。

繁殖　播种繁殖，不耐移植，宜秋季直播。

栽培　管理较粗放。

园林用途　该种目前处于野生状态，有待开发利用。

东方罂粟 *Papaver orientale*

属名　罂粟属

形态特征　多年生草本。株高近 100cm，全株有毛，具白色乳汁。叶基生，整齐羽裂，裂片尖齿状。花深红色，基部有黑色大斑点，花大，径 15cm 以上；花期 5 ~ 7 月。

分布与习性　原产地中海地区及伊朗。喜冷凉，耐寒性强，忌高温；喜光；宜疏松肥沃、排水良好的砂质土壤。

繁殖　春季分株繁殖为主，也可播种。

栽培　管理粗放，易栽。

园林用途　花境。

虞美人 *Papaver rhoeas*（图7-46）

别名　丽春花

属名　罂粟属

形态特征　一、二年生草本。株高40～80cm，全株被茸毛。茎直立。叶长椭圆形，不整齐羽裂，互生。花单生，有长梗，含苞时下垂，开放后花朵向上；萼片2枚，具刺毛；花瓣4枚，圆形，有纯白、紫红、粉红、红、玫瑰红等色，有时具斑点；花期5～6月。

分布与习性　原产欧洲及亚洲。喜凉爽、阳光充足、高燥通风；宜排水良好土壤，忌湿热过肥之地。

繁殖　播种繁殖。直根性，须根较少，故多秋季直播，或用营养钵育苗。不耐移植。

栽培　注意勿使圃地湿热或通风不畅。

园林用途　花坛；花丛；盆栽。

图7-46　虞美人

荷包牡丹 *Dicentra spectabilis*（图7-47）

别名　兔儿牡丹

属名　荷包牡丹属

形态特征　多年生草本。株高30～60cm。具肉质根状茎。叶对生，3出羽状复叶，多裂，被白粉。总状花序顶生，拱形，花下垂向一边；花瓣4枚，长约2.5cm，外侧2枚基部囊状，上部狭窄且反卷，形似荷包，玫瑰红色；里面2枚较瘦长突出于外，粉红色，距钝而短；花期4～6月。

分布与习性　原产中国北部。喜凉爽，耐寒，不耐高温，忌阳光直射，耐半阴；喜湿润，不耐干旱；宜富含腐殖质、疏松肥沃的砂质土壤。

繁殖　分株或根茎扦插繁殖为主，也可播种。多在秋季分株。扦插可将根茎截成小段，每段带有芽眼，扦插在土中。播种多行秋播，也可将种子沙藏后春播。

栽培　春、秋各施1次混合肥料，夏季应注意庇荫。

园林用途　花境；山石前丛植；盆栽。

图7-47　荷包牡丹

16. 白花菜科 Capparidaceae

草本、灌木或乔木，很少是藤本。叶互生，单叶或掌状复叶；有托叶，通常变为刺或腺体。花两性，辐射或稍两侧对称，单生或为顶生或腋生的总状花序；萼片 4～8，离生或连合；花瓣 4～8，少为 2 或无，下位生或着生于环状或鳞片状的花盘上；雄蕊 6，有时较多。果实是蒴果、浆果或核果；种子有角或肾形。本科约 35 属 450 种，主产热带和亚热带；我国约有 7 属 30 多种，产于西南至台湾省；本书收录 1 属 1 种。

醉蝶花 *Cleome spinosa*（图 7-48）

别名　西洋白花菜、蜘蛛花

属名　白花菜属

形态特征　一年生草本。株高 90～120cm，有强烈气味和黏质腺毛。掌状复叶，小叶 5～7 枚，矩圆状披针形，先端急尖，基部楔形，全缘；托叶变成小钩刺。总状花序顶生，萼片条状披针形，向外反折；花瓣 4 枚，倒卵形有长爪，玫瑰紫色或白色；雄蕊 6 枚，蓝紫色，自花中伸出，甚为醒目；花期 6～9 月。

分布与习性　原产南美。性强健，喜温暖通风，耐热不耐寒；喜阳光充足，稍耐半阴；宜富含腐殖质、排水良好的砂质土壤。

繁殖　播种繁殖，常春季 3～4 月播种。自播繁衍能力强。

栽培　管理粗放，易栽。

园林用途　花坛；花境；丛植于庭院；盆栽。

图 7-48　醉蝶花

17. 十字花科 Cruciferae

二年或多年生草本，很少是亚灌木，无毛或有各式毛。叶互生，通常无托叶；单叶或羽状分裂，有柄或无柄；基生叶莲座状。花两性，两侧对称，通常成总状花序，有时成复总状，很少单生；萼片 4，2 轮，直立或开展，有时外轮 2 片，基部呈囊状，多早落；花瓣 4，开展如"十"字形，有白、黄、粉红或淡紫各色，基部多数渐狭成爪，很少无花瓣的；雄蕊 6，外轮 2 个较短，内轮 4 个较长(称四强雄蕊)；雌蕊 1。果实为长角果(长约为宽度的 4 倍或更长)或短角果(长和宽几乎相等或稍长于宽)，成熟时开裂或不开裂。本科逾 300 属约 3000 种；我国逾 80 属约 300 种；本书收录 6 属 7 种。

1. 短角果 ·· 1. 香雪球属 *Lobularia*

  2. 短角果开裂，有翅。

    3. 花瓣大小不等，2 外花瓣比 2 内花瓣大 ································ 2. 屈曲花属 *Iberis*

    3. 花瓣大小几相等。

  2. 短角果不开裂，无翅。

1. 长角果。

  4. 果端有喙。

5. 花黄色；长角果圆柱形，而稍扁，果瓣凸出，有 1~3 脉；种子球形，无翅 …… 3. 甘蓝属 Brassica

5. 花紫色或淡红色；长角果近四棱柱形，果瓣扁平，有 1 脉；种子较大，扁压状，偶有窄翅 ……
…………………………………………………………………… 4. 诸葛菜属 Orychophragmus

　4. 果端无喙。

6. 种子 2 列；花黄色橘黄色或棕黄色；稀紫红色；植株全部有分枝毛 …… 5. 桂竹香属 Cheiranthus

6. 种子 1 列；花黄色或其他色 ……………………………………… 6. 紫罗兰属 Matthiola

香雪球 Lobularia maritima (图 7-49)

　　别名　小白花

　　属名　香雪球属

　　形态特征　多年生草本，常作一、二年生栽培。株高 15~30cm，植株矮小，分枝多而匍匐生长。叶披针形，全缘。总状花序，顶生，总轴短，花朵密生，呈球形；花白色或淡紫色，芳香；花期 3~6 月或 9~10 月。

　　分布与习性　原产地中海沿岸。性强健，喜冷凉，稍耐寒，忌炎热；喜光，稍耐阴；对土壤要求不严，耐干旱瘠薄土壤，但不可过湿。

　　繁殖　播种或扦插繁殖。

　　栽培　夏季注意降温，防涝，冬季需保护过冬。管理粗放。

　　园林用途　花坛镶边；岩石园；盆栽。

图 7-49　香雪球

图 7-50　屈曲花

屈曲花 Iberis amara (图 7-50)

　　属名　屈曲花属

　　形态特征　二年生草本。株高 15~30cm，多分枝，全株被稀疏柔毛。叶对生，披针形，具钝锯齿。伞房花序顶生，呈拱球形，花白色或粉色；花期 5~6 月。

　　分布与习性　原产西欧。喜冷凉、阳光充足，较耐寒，忌湿热，对土壤要求不严，怕涝。

　　繁殖　播种繁殖。多于秋季盆播。

　　栽培　寒冷地区需保护越冬。管理粗放。

园林用途 春季花坛；盆栽。

羽衣甘蓝 *Brassica oleracea* var. *acephala* f. *tricolor*（图 7-51）

图 7-51 羽衣甘蓝

别名 花菜、叶牡丹

属名 甘蓝属

形态特征 二年生草本花卉。株高 30～40cm，抽薹开花时可高达 150～200cm。叶宽大匙形，光滑无毛，被白粉，外部叶片呈粉蓝绿色，边缘呈细波状皱褶，叶柄粗而有翼；内叶叶色极为丰富，有紫红、粉红、白、牙黄、黄绿等色。

分布与习性 原产西欧。喜光照充足、凉爽，耐寒力不强；宜疏松肥沃、排水良好的土壤，极喜肥。

繁殖 播种繁殖，多于 8 月进行。

栽培 北方地区不能露地过冬，幼苗需经春化才能开花结实。生长期间应多施氮肥。

园林用途 盆栽。主要观赏其色彩和形态变化丰富的叶，赏叶期冬季。在长江流域及其以南地区，多用于布置冬季花坛。

诸葛菜 *Orychophragmus violaceus*（图 7-52）

别名 二月蓝

属名 诸葛菜属

形态特征 二年生草本。株高 30～50cm。茎直立，光滑，有白色粉霜。基生叶近圆形。下部叶羽状分裂；顶生叶三角状卵形，无叶柄；侧生叶偏斜形，有柄。总状花序顶生，花深紫或淡紫色，具长爪；花期 2～6 月。

分布与习性 原产中国东北及华北地区。耐寒性较强，喜冷凉、阳光充足，也耐阴；对土壤要求不严。

繁殖 播种繁殖。多秋季播种，自播繁衍能力很强。

栽培 管理粗放，易栽。

园林用途 林下地被。

桂竹香 *Cheiranthus cheiri*（图 7-53）

别名 香紫罗兰、黄紫罗兰

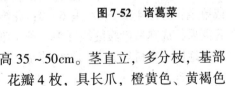

图 7-52 诸葛菜

属名 桂竹香属

形态特征 多年生草本，常作二年生栽培。株高 35～50cm。茎直立，多分枝，基部半木质化。叶互生，披针形，全缘。总状花序顶生；花瓣 4 枚，具长爪，橙黄色、黄褐色或两色混杂；有香气；花期 4～5 月。

同属植物：

七里黄 *C. allionii* 顶生圆锥形总状花序，小花鲜黄色，花期 5 月，有杏黄和橙黄色花等栽培品种。

分布与习性 原产南欧。喜冷凉干燥、阳光充足，耐寒力弱；宜疏松肥沃、排水良好的土壤。畏涝忌热，雨水过多则生长不良。

繁殖 播种繁殖为主，也可扦插繁殖。露地播种多在9月上旬。扦插繁殖用于不易结实的重瓣种，秋季进行。

栽培 在长江流域及其以南地区可以露地过冬，北方寒冷地区需保护越冬。

园林用途 春季花坛；盆栽；切花。

紫罗兰 *Matthiola incana*（图7-54）

别名 草桂兰

属名 紫罗兰属

图7-53 桂竹香

形态特征 多年生草本，作二年生栽培。株高30~60cm，全株被灰色星状柔毛。茎直立，基部稍木质化。叶互生，长圆形至倒披针形，基部叶翼状，先端钝圆，全缘。总状花序顶生，有粗壮的花梗；花瓣4枚，萼片4枚，花淡紫、深粉红或白色；花期4~5月。

分布与习性 原产地中海沿岸。喜凉爽、通风，稍耐寒，忌燥热，冬季能耐短暂 −5℃低温；喜光，稍耐阴；宜疏松肥沃、土层深厚、排水良好土壤。幼苗需春化才能开花。

繁殖 播种繁殖为主，也可扦插。多9~10月盆播。扦插用于不易结实的品种。

栽培 因其须根较少，应早移植。生长期间注意施肥。北方寒冷地区需保护越冬。

园林用途 花坛；切花。

图7-54 紫罗兰

18. 景天科 Crassulaceae

多数是肉质草本，带有木质化的根状茎，很少是亚灌木。叶对生、互生或轮生，单叶，很少是复叶；无托叶。花两性，整齐，少有单性，通常是聚伞花序，有时是总状花序或单生；萼片4或5，少有6~8；花瓣与萼片同数或无；雄蕊与花瓣同数或2倍。果实是蓇葖果，成熟后沿腹缝线开裂；种子细小，边缘有或无翅，或有乳头状突起。产于温、热两带地区。本科约33属1200种左右；我国有10属200多种；本书收录6属13种。

1. 雄蕊与萼片、花瓣同数；花瓣离生或仅基部结合；叶对生 ·················· 1. 青锁龙属 *Crassula*
1. 雄蕊为花瓣的2倍，如与花瓣同数，则叶不为对生。

  2. 花瓣6~12片；植株具茎，叶通常匙形或倒卵形，呈莲座状排列。

3. 叶下面中部常有 1 条纵向龙骨瓣状脊；花冠裂片自近中部开展，有横生的斑点带 ……………
………………………………………………………………… 2. 宝石花属 *Graptopetalum*

3. 叶下面无明显的龙骨瓣状脊；花冠裂片仅顶端开展，不具斑点带 ………… 3. 莲花掌属 *Aeonium*

2. 花瓣 4 ~ 5 片或 4 ~ 5 裂。

4. 花瓣 4 片，连合成管状；雄蕊 8(2 轮)，着生于花冠上；叶对生或轮生 …… 4. 伽蓝菜属 *Kalanchoe*

4. 花瓣常为 5 片，少有 4 ~ 6 ~ 9 片。

5. 花序顶生，花瓣全部或大部分分离 ……………………………… 5. 景天属 *Sedum*

5. 花序侧生，花冠裂片厚而肉质，只在顶端开张，无斑纹，无附属物 …… 6. 石莲花属 *Echeveria*

景天树 *Crassula arborescens*

别名　玉树

属名　青锁龙属

形态特征　常绿多浆小灌木。茎圆柱形，灰绿色，有节，叶对生，扁平，肉质，椭圆形，全缘，先端略尖，基部抱茎。花红色。

同属植物：

青锁龙 *C. lycopodioides*　常绿肉质草本。茎细弱，分枝多，丛生。叶小，鳞片状，覆瓦状排列。花腋生，淡绿色。常做盆栽，吊挂悬垂观赏(图 7-55)。

燕子掌 *C. portulaca*　常绿多浆小灌木。株高 80 ~ 100cm。茎粗壮。叶椭圆形，先端圆。花粉红色。

分布与习性　原产南非。性强健，喜温暖、阳光充足，不耐寒，要求干燥、通风良好；宜疏松的砂质土壤，忌土壤过湿。

繁殖　扦插繁殖。可用嫩枝或叶片扦插，插前需将插穗阴干，春、秋均可扦插。

栽培　管理粗放，易栽。

园林用途　盆栽。

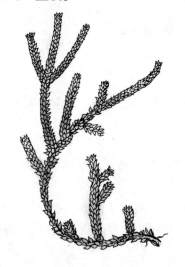

图 7-55　青锁龙

图 7-56　宝石花

宝石花 *Graptopetalum paraguayense*(图 7-56)

别名　粉莲

属名　宝石花属

形态特征　多年生多浆植物。全株无毛。茎多分枝，丛生，圆柱形，被蜡粉，节间短，上有气生根。幼苗叶为莲座状，老株叶抱茎，基部叶脱落，枝顶端叶片呈稀疏的莲座状；叶厚，卵形，先端尖，全缘，粉赭色，表面被白粉，略带紫色晕，平滑有光泽，似玉石。聚伞花序，腋生，萼片与花瓣白色，花瓣上有红点。

分布与习性　原产墨西哥。性强健，喜温暖，冬季温度要求在 5℃ 以上；喜光；宜排水良好的砂质土壤，耐干旱。

繁殖　以扦插繁殖为主，也可分株。扦插主要用叶插，四季均可。

栽培　管理粗放，易栽。

园林用途　盆栽观叶。

莲花掌 *Aeonium arboreum*

别名　大莲座

属名　莲花掌属

形态特征　常绿多肉亚灌木。株高 40~50cm，全株淡绿色。茎多分枝。叶具短柄，密生枝顶；叶倒长披针形，青绿色，边缘红色，有纤毛。圆锥状聚伞花序，花黄色；花期 2~3 月。

分布与习性　原产摩洛哥加那利群岛。不耐寒，冬季需 10℃ 以上温度；喜光；要求通风良好；宜排水良好的砂质土壤。

繁殖　扦插繁殖为主，也可播种。扦插可叶插或枝插。

栽培　管理粗放，易栽。北方寒冷地区需温室栽培。

园林用途　盆栽。

伽蓝菜 *Kalanchoe laciniata*

别名　鸡爪三七

属名　伽蓝菜属

形态特征　多年生肉质草本。叶对生，茎中部叶片羽状分裂。聚伞状圆锥花序，花黄色，花冠高脚碟形；全年开花。

同属植物：

大花伽蓝菜 *K. marmorata*　叶倒卵形，灰绿色略带棕褐色。聚伞圆锥花序，花红色，花期春季。

分布与习性　原产中国，分布云南、广西、广东、福建及台湾，亚洲其他地区和非洲热带地区也有。性强健，喜温暖，不耐寒；喜光，稍耐阴；要求通风良好，宜排水良好的土壤，耐干旱。

繁殖　扦插繁殖为主，也可播种。

栽培　管理粗放，易栽。

园林用途　盆栽；花坛；花境等。

落地生根 *Kalanchoe pinnata*（图 7-57）

别名　灯笼花

属名　伽蓝菜属

形态特征　多年生草本。株高 40～150cm，全株蓝绿色。茎直立，圆柱状。羽状复叶，对生，肉质；小叶矩圆形，具锯齿，在缺刻处生小植株。花序圆锥状；花冠钟形，稍向外卷，粉红色，下垂；花期秋冬季节。

分布与习性　原产东印度至中国南部。性强健，喜温暖，不耐寒；喜光，稍耐阴；喜通风良好；宜疏松肥沃排水好的土壤，耐干旱。

繁殖　用不定芽繁殖，也可扦插或播种繁殖。

栽培　管理粗放，易栽。

园林用途　盆栽。

图 7-57　落地生根

玉米石 *Sedum album* var. *teretifolia*

属名　景天属

形态特征　多年生多浆植物。茎铺散或下垂，稍带红色。叶椭圆形，绿色，肉质，长 1～2cm，互生，湿度稍低时呈紫红色。

分布与习性　原产墨西哥。喜温暖，不耐寒，喜光；宜排水良好的土壤，耐干旱。

繁殖　扦插繁殖。

栽培　管理粗放，易栽。

园林用途　盆栽；吊挂观赏。

费菜 *Sedum kamtschaticum*

别名　金不换

属名　景天属

形态特征　多年生草本。株高 15～40cm。根状茎粗而木质化，茎直立，稍有棱。叶互生，间或对生，倒披针形至狭匙形，先端钝，基部渐狭，近上部边缘具钝锯齿；叶无柄。聚伞花序顶生，花橙黄色；花期 6 月。

分布与习性　原产亚洲东北部。耐寒力较强，喜阳光充足，稍耐阴。对土壤要求不严，但宜排水良好，耐干旱。

繁殖　以分株、扦插繁殖为主，也可播种。

栽培　管理粗放，易栽。

园林用途　花坛；花境及岩石园。

松鼠尾 *Sedum morganianum*

别名　串珠草、翡翠景天

属名 景天属

形态特征 多年生常绿或半常绿低矮多肉草本。植株匍匐状。叶小而多汁，脆弱，纺锤形，紧密地重叠在一起，似松鼠尾巴。花小，深玫瑰红色；花期春季。

分布与习性 原产美洲、亚洲和非洲热带地区。喜温暖，不耐寒，冬季需保持5～10℃以上温度；喜光，稍耐阴；要求通风良好；宜疏松肥沃、排水良好的砂质土壤。

繁殖 扦插或分株繁殖，除冬季外，春、夏、秋均可进行。

栽培 管理粗放，易栽。勿使其受冻害。

园林用途 盆栽；悬吊观赏。

垂盆草 *Sedum sarmentosum*

别名 爬景天

属名 景天属

形态特征 多年生肉质草本。株高10～20cm。茎纤细，匍匐或倾斜，植株光滑无毛，近地面茎节容易生根。3叶轮生，倒披针形至长圆形，先端尖。花小，黄色，无花梗，排列在顶端呈2歧分叉的聚伞花序，花期7～9月。

分布与习性 原产中国长江流域各地，分布中国东北、华北地区及朝鲜和日本。较耐寒；喜稍阴湿；宜肥沃砂质土壤，耐旱，耐瘠薄。

繁殖 分株繁殖，春、秋均可进行。

栽培 管理粗放，易栽，生长期间宜多追肥。寒冷地区需保护越冬。

园林用途 地被；花坛镶边；配植于毛毡花坛中；盆栽。

石莲花 *Echeveria glauca* (图7-58)

别名 偏莲座

属名 石莲花属

形态特征 多年生常绿多肉植物。根茎粗壮，有多数长丝状气生根。叶倒卵形或近圆形，蓝灰色，先端圆钝近乎截形，带红色；无叶柄。花茎高20～30cm，着花8～12朵，总状单歧聚伞花序；花外面粉红或红色，里面黄色；花期6～8月。

分布与习性 原产墨西哥。喜温暖，冬季不宜低于10℃；喜光，耐半阴；要求通风良好；宜排水良好的砂质土壤，耐干旱，生长期要水分充足。

繁殖 扦插繁殖。用叶片扦插，四季均可。

栽培 管理粗放，易栽。

园林用途 盆栽；盆景；配植于毛毡花坛中。

图7-58 石莲花

19. 虎耳草科 Saxifragaceae

草本，灌木或乔木。叶通常互生或有时对生；无托叶。花序为总状、圆锥状、聚伞状或有时单生；花两性，辐射对称，少为两侧对称；花被周位生或上位生；萼片与花瓣通常4～5数，很少较多；雄蕊5～10，其外轮通常和花瓣对生。果实是蒴果或浆果；种子小，有翅；胚小。本科植物约75属1500种，主产于温带地区；我国约27属400多种，分布很广；本书收录2属2种。

1. 单叶，稀具3小叶；花序为聚伞花序、总状花序或花单生；花通常两性，子房1～2室 …………………………………………………………………… 1. 虎耳草属 Saxifraga

1. 2～4回3出复叶；稀为心形单叶；花序为穗状或总状花序组成的塔形圆锥花序；花极小，有苞片，两性或单性；花瓣3～5，有时更多，有时不存在，子房2～3室；雄蕊8～10 …… 2. 落新妇属 Astilbe

虎耳草 *Saxifraga stolonifera*（图 7-59）

属名　虎耳草属

形态特征　多年生草本。株高15cm，全株被疏毛。有细长匍匐茎，其枝梢着地可生根另成单株。叶成束基生，绿色带白色条状脉，叶背及叶柄紫色，柄长，叶肾脏形，具浅齿。圆锥花序，花小白色。有花叶变种，叶较小边缘具粉红色斑纹。

分布与习性　原产中国及日本。喜凉爽湿润，不耐高温及干燥，不耐寒，喜半阴，宜排水好的土壤。

繁殖　可分切匍匐枝繁殖。

栽培　栽培中注意常喷水以提高空气湿度，宜栽于阴湿处。一般夏秋炎热季节休眠，入秋后恢复生长。

园林用途　阴湿处地被；岩石园；吊盆室内观叶或作山石盆景的装饰材料。

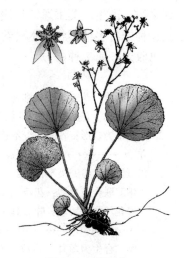

图 7-59　虎耳草

落新妇 *Astilbe chinensis*（图 7-60）

别名　升麻

属名　落新妇属

形态特征　多年生草本。株高40～80cm。具块状根茎。茎直立，密被褐色长毛。基生叶2～3回3出复叶，小叶卵状椭圆形，先端渐尖，基部宽楔形，具不整齐重锯齿；茎生叶稀少而小。圆锥花序与茎生叶对生，花序轴长而被褐色曲柔毛，小花密集，红紫色，花期6～7月。

分布与习性　原产中国，前苏联、朝鲜也有。性强健，喜温暖、湿润及半阴，耐寒；喜富含腐殖质、肥沃

图 7-60　落新妇

而湿润的土壤。

　　繁殖　春季播种繁殖，也可秋季分株繁殖。每丛带3～4芽重新栽植。

　　栽培　栽培时选半阴处，施足底肥，经常保持土壤湿润。花谢后剪除残花葶。一般性管理。

　　园林用途　花境；或疏林下丛植。

20. 豆科 Leguminosae

　　一年生或多年生草本、灌木、乔木或攀缘大藤本。叶互生，很少对生，有托叶；羽状或掌状复叶，或单叶；小叶也有小托叶，有时叶中轴顶端有卷须。花序总状或圆锥花序，顶生、腋生或对生，少有单生或2、3簇生；有苞片和小苞片，花两性或杂性，两侧对称或辐射对称；萼片5，联合成管或离生，通常不整齐，有时为二唇形；花瓣5，少有不发育而少于5数的，通常离生，整齐或成为三类型，即上面1片大而显著称旗瓣，两侧的2片比较小，称翼瓣，下面2片或合或分离，称龙骨瓣，各瓣基部有爪或无爪；雄蕊5、10或多数，离生。荚果通常长线形或有其他不同形状，开裂或不开裂，开裂时沿腹背两缝线；种子有多种形状。本科约600属12 000种，分布在世界各地；我国约有120属900种；本书收录6属7种。

1. 花辐射对称；花瓣镊合状排列，中下部常合生两侧对称，花瓣呈瓦状排列 ……… 1. 含羞草属 *Mimosa*
1. 花两侧对称；花瓣覆瓦状排列。
　2. 花冠不为蝶形；各瓣多少不相似；花瓣在芽中通常为上升的覆瓦状排列，即上方的一花瓣位于最内方 ……………………………………………………………………………… 2. 决明属 *Cassia*
　2. 花冠蝶形；各瓣极不相似；花瓣在芽中为下降的覆瓦状排列，即在上方的旗瓣位于最外方。
　　3. 雄蕊联合成单体；花药二型，即有长短二种交互而生，较长者以基部附着花丝，较短者以背部附着花丝而可转动；叶为具3枚乃至多数小叶的掌状复叶，稀为单叶，罕不存在 ………………………………………………………………………………………… 3. 羽扇豆属 *Lupinus*
　　3. 雄蕊合生为单体，或成为9与1的二组；花药除芒柄花属、补骨脂属、油麻藤属外，通常均为一式。
　　　4. 叶为3枚小叶所成的复叶，稀为仅小叶1枚或多至9枚 ……… 4. 三叶草属 *Trifolium*
　　　4. 叶为4枚乃至多数小叶所成的复叶，稀仅具小叶1～3枚 ……… 5. 香豌豆属 *Lathyrus*

含羞草 *Mimosa pudica*（图7-61）

　　别名　怕羞草

　　属名　含羞草属

　　形态特征　落叶亚灌木，常作一年生栽培。株高40～60cm。茎直立至铺散，具针刺及倒刺毛。羽状复叶2～4片，掌状着生于总柄端；每羽片由羽状密生的小叶片组成，触及小叶片，则小叶闭合；叶柄下垂，夜间也闭合下垂。头状花序2～3朵腋生，花淡红色。花期7～10月。

　　分布与习性　原产美洲热带，在中国华南地区已成野生。喜温暖，不耐寒，宜湿润、肥沃土壤。适应性强。

繁殖　春季播种繁殖，须根少宜直播。

栽培　管理粗放。

园林用途　盆栽观叶。

图7-61　含羞草

图7-62　望江南

望江南 *Cassia occidentalis*（图7-62）

别名　石决明

属名　决明属

形态特征　一年生草本。株高50cm。茎直立，多分枝，枝叶密集。羽状复叶，小叶4~5对，卵圆形至卵状披针形，具缘毛。花数朵呈伞房状，再集生为顶生圆锥花序；小花黄色；花期7~8月。荚果短粗，4棱，果期9~10月。

分布与习性　原产喜马拉雅山及印度。喜阳光充足、高温湿润，宜中等肥沃、排水好的砂质土壤，适应性强。

繁殖　播种繁殖。自播繁衍力强。

栽培　栽培中不宜多施氮肥，及时采收荚果以防种子散失。管理粗放。

园林用途　花境背景；群植。

多叶羽扇豆 *Lupinus polyphyllus*（图7-63）

属名　羽扇豆属

形态特征　多年生草本。株高90~150cm。茎粗壮直立，光滑或疏生毛。叶基生，掌状复叶，小叶9~16枚披针形；具长总柄，上部叶柄较短，小叶背具粗毛；托叶尖，且1/3~1/2与叶柄相连。总状花序顶生，长达60cm，着花密，蓝紫色；花期5~6月。栽培变种较多，有白色、黄色、蓝色和红色花等品种，也有旗瓣与龙骨瓣异色及矮生品种。

分布与习性　原产北美。喜冷爽，忌炎热；喜阳光充足，耐半阴；宜土层深厚及排水

园林花卉（第2版）

良好的中性与酸性土壤。

繁殖　春、秋播种繁殖，也可扦插繁殖。因直根性，宜直播。

栽培　忌移植，播后第二年方可开花。花后去除残花，防止结果，有利于翌年开花。秋末可回剪（重剪）至地面。微碱性土壤中生长不良或死亡。华北地区需保护越冬。

园林用途　花境；花坛；林缘丛植；切花。

白花三叶草 *Trifolium repens*

别名　白三叶

属名　三叶草属

形态特征　多年生草本。株高 20～30cm。茎匍匐，无毛。叶从根颈或匍匐茎上长出，具细叶柄，掌状 3 小叶，叶背有毛。总状花序，由数十朵小花密集而成头状；小花白或淡粉红色；花期 4～6 月。荚果倒卵状矩形。

图 7-63　多叶羽扇豆

同属植物：

红花三叶草 *T. pratense*　头状花序腋生，花暗红或紫色。

分布与习性　原产欧洲，现世界各国广为种植。喜温暖，耐热耐寒；喜阳光充足，不耐阴；宜排水好的中性或微酸性土壤，不耐盐碱土。耐干旱，稍耐践踏。适应性极广。

繁殖　播种繁殖，也可用匍匐茎扦插繁殖。

栽培　夏季注意修剪并加强灌溉，可保持绿色，管理粗放。

园林用途　地被。

香豌豆 *Lathyrus odoratus*（图 7-64）

属名　香豌豆属

形态特征　一、二年生蔓性草本。株高 1～2m。茎攀缘，有翼，被粗毛。羽状复叶，基部 1～2 对小叶正常，上端小叶变成卷须，3 叉状，叶背粉白色；托叶披针形。总状花序具长梗，腋生，着花2～4朵；花蝶形，芳香，花紫色或红色；花期 5～6 月。园艺品种极多，花色及花型丰富。花有白、粉、紫、褐、黄、蓝等色，还有斑点、斑纹的变化。有矮性茎直立及不具卷须的一些变种。

分布与习性　原产意大利。喜冬季温和湿润、夏季凉爽，忌干热，喜阳光充足；宜肥沃、高燥的微酸性或中性土。深根性。

繁殖　播种繁殖，也可用茎扦插繁殖。

栽培　直根性，不耐移植。栽培应用深厚的土壤；并设支架供其攀缘，生长期需大量水肥，要求通风好，并不断除去卷须。忌连作。切花剪取在花序上第一朵小花盛开

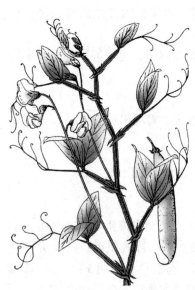

图 7-64　香豌豆

152

时进行，可周年开花。

园林用途　暖地庭院垂直绿化；寒冷地区温室切花生产。

蔓花生 *Arachis duranensis*

别　名　长啄花生

属　名　蔓花生属

形态特征　多年生草本。茎呈蔓性，匍匐生长，茎节易生根；高 5～15cm。叶互生，小叶两对，夜晚会闭合，倒卵形，全缘。花腋生，花冠蝶形，黄色；春至秋季均能开花。

分布与习性　原产南美洲。生性强健，喜高温，高湿，生长适温为20～30℃。

繁　殖　可扦插繁殖，全年均可扦插，但以春、夏、秋季为佳。

栽　培　栽培土质以肥沃的砂质壤土为佳，光照、排水需良好。茎叶老化要修剪，春季强剪。

园林用途　为优良的地被植物，也适合吊盆悬垂栽培。

21. 酢浆草科 Oxalidaceae

草本或亚灌木，稀为乔木。叶互生，掌状复叶，很少羽状复叶，有时单叶，通常夜间闭合。花两性，整齐，单生或排成伞形、叉状或聚伞花序；萼片 5，下位，覆瓦状排列；花瓣 5，白、淡红或黄色，分离或于基部连合，在芽内扭旋状排列；雄蕊通常 10，常有 5 枚退化，排列为 2 轮；雌蕊 1。蒴果，很少为浆果；种子有肉质胚乳。本科约 7 属 900 多种，广布于热带和温带；我国有 3 属 13 种；本书收录有 1 属 3 种。

红花酢浆草 *Oxalis rubra*（图 7-65）

别　名　三叶草

属　名　酢浆草属

形态特征　多年生草本。具块状纺锤形根茎。全株被白色纤细的毛。叶基生，具长柄，3 枚小叶掌状着生，倒心形，先端微凹，叶缘有黄色斑点。花茎从基部抽出，伞形花序，稍高出叶面；花深玫瑰红色带纵条纹；花期 10 月至翌年 3 月；花白天开放，阴天及傍晚闭合。有白花及紫花等变种。

同属植物：

大花酢浆草 *O. bowieana*　伞形花序，总花梗高出叶丛，小花梗及花萼背面具毛，花大，淡玫瑰红色；花期 7～10 月。

紫叶酢浆草 *O. triangularis*　叶具长柄，三小叶阔倒三角形，顶端凹缺，紫红色。花 1～8 朵组成腋生花序，淡紫色；花期 4～11 月，盛夏花较少。

分布与习性　原产南美巴西，中国各地有栽培。喜温暖，不耐寒，忌炎热，盛夏生长慢或休眠；喜阴，耐阴性极强；宜含腐殖质、排水好的砂壤土。

图 7-65　红花酢浆草

153

繁殖 以分株繁殖为主，也可播种。分株即分植根茎。果实熟后自动开裂，种子又细小，要及时采收。

栽培 管理粗放，生长期要施腐熟液肥。栽植环境要保持空气湿润。

园林用途 观花地被；花坛；岩石园；盆栽。

22. 牻牛儿苗科 Geraniaceae

一年或多年生草本或亚灌木。叶互生或对生，分裂或复叶；有托叶。花两性。辐射对称或稍两侧对称，单生或为伞形花序；花萼4~5，宿存，分离或连合至中部，在背面有时与花梗连合成距状；花瓣5，很少4片，通常覆瓦状排列；雄蕊5，或为花瓣的2~3倍；雌蕊1，子房上位。果实为蒴果，浅裂，每果瓣有1种子，成熟时果瓣由基部向上卷曲，常与花柱连结，形成喙。本科11属约650种，广布于热带和亚热带地区；我国有4属66种，各地都有分布；本书收录2属5种。

1. 花萼无距，对称；雄蕊10 ·· 1. 老鹳草属 *Geranium*
1. 花为明显的不对称；具萼距，距伸入花柄内；无腺体 ·············· 2. 天竺葵属 *Pelargonium*

老鹳草 *Geranium wilfordii*

属名 老鹳草属

形态特征 多年生草本。株高30~80cm。具短根状茎，地上茎直立，细长，下部稍蔓生。叶对生，基生叶和下部叶有长柄，向上渐短，叶片肾状三角形，基部心形，3深裂，下部叶有时5深裂，叶具毛。花序腋生，柄长2~3cm，着花2朵，花小，梗与花序柄近等长，花淡红色；花期7~8月。

习性 原产中国东北、华北及华东地区，朝鲜、日本也有。喜凉爽、湿润，耐寒，忌炎热；宜深厚、肥沃的土壤。适应性强。

繁殖 分株繁殖。

栽培 管理粗放。

园林用途 丛植；地被。

天竺葵 *Pelargonium hortorum*（图 7-66）

别名 洋绣球、入腊红

属名 天竺葵属

形态特征 亚灌木，为一园艺杂种。株高30~60cm。全株被细毛及腺毛，有鱼腥气味。茎粗壮，且多汁。叶互生，圆形至肾形，基部心形，具钝齿，表面通常有暗红色马蹄形环纹。伞形花序顶生，有长总花梗及总苞；小花多，现蕾时下垂，下面3枚花瓣较大；花有深红、粉、白、洋红、玫瑰红、桃红等色；花期10月至翌年6月。有重瓣品种及花叶和各种花色园艺品种。

图 7-66　天竺葵

同属植物：

大花天竺葵 *P. domesticum*　伞形花序腋生，花左右对称，萼片 5 枚；有距并与花梗合生；花瓣 5 枚，上面两枚较大且各有一深色斑块；花有白、淡红、粉红、深红等色；花期 4～6 月。本种由大红天竺葵以及其他 3 种天竺葵杂交而成。

盾叶天竺葵 *P. peltatum*　花总梗长 7.5～20cm，花有紫、粉、白、水红等色；上两枚花瓣较大，有暗红色斑纹；花期 4～5 月。

蹄纹天竺葵 *P. zonale*　叶倒卵形或卵状盾形，叶面有明显深褐色马蹄形环纹，具钝齿。花瓣深红至白色，上面两枚花瓣较短；花期夏季或冬季。

分布与习性　原产南非。喜凉爽、高燥，不耐寒，忌炎热；喜阳光充足；宜排水好的肥沃土壤，忌水湿。为同属中相对较耐寒，而不耐水湿的种类。

繁殖　扦插繁殖。选一年生健壮嫩枝于春、秋扦插，切口须经晾干后再插，或预先在选取插穗的母株上进行摘心，待侧枝抽出后，自基部分枝处切取，切口小，愈合较快，成活率高。保持温度 10～12℃，1～2 周内生根。生根后及时移入 7～10cm 盆中，最后定植于 15cm 盆内使之开花。

栽培　肥要足，少浇水。开花期避直射光照；栽培中夏季注意防涝，控制水分并适当庇荫降温。花后或秋后修剪疏枝，有利生长。冬季越冬温度 8～10℃。气候适合可不断开花。

园林用途　花坛；花境；盆栽。

23. 旱金莲科 Tropaeolaceae

蔓生或缠绕草本，多浆汁。根有时块状。叶互生，盾形，全缘或分裂，有长柄；无托叶。花两侧对称，单生于叶腋，有长柄；萼片 5，顶部的 1 片基部延伸成距；花瓣 5，橙红色、黄色或紫色，与萼片互生，着生于距开口处上面的 2 片较小，内面有紫红色纵条纹，下面的 3 瓣较大，基部收缩成长爪，爪的上部有流苏状的细裂；雄蕊 8，离生；子房上位。果实成熟时裂成 3 个肉质分果，每室有种子 1 颗。本科 1 属 50 种，主产于南美；本书收录 1 种。

旱金莲 *Torpaeolum majus*

别名　旱金莲花、旱荷花
属名　旱金莲属
形态特征　多年生草本，常作一、二年生栽培。茎细长半蔓性或倾卧，长可达 1.5m，光滑。叶互生，具长柄，近圆形，具波状钝角，盾状着生，叶被蜡质层，形似莲叶而小。花单生叶腋，梗细长；花瓣具爪，萼片中有 1 枚延伸成距，花乳白、乳黄、紫红、橘红等色；花期7~9月(春播)，或2~3月(秋播)。有重瓣、无距、具网纹及斑点等品种。有茎直立的矮生变种。

分布与习性 原产南美。喜温暖湿润，不耐寒；喜阳光充足，稍耐阴；宜肥沃而排水好的土壤。

繁殖 播种或扦插繁殖。

栽培 栽培中随其生长需要设支架。生长期水分要充足并要有较高的空气湿度，3年后老株开花少，需更新。越冬温度10℃以上。

园林用途 暖地地被；垂直绿化；花坛；种于假山石旁；盆栽。

24. 亚麻科 Linaceae

草本或落叶灌木。叶互生，很少对生，全缘；有或无托叶。花两性，整齐，成聚伞、总状或圆锥花序；萼片5或4，分离或部分连合；花瓣与萼片同数；雄蕊5或10，与花瓣同数而互生；子房上位，2~5室。果实为蒴果；种子有或无胚乳。本科9属150种，分布于全球各地；我国有5属10余种，南北均有分布；本书收录1属1种。

宿根亚麻 *Linum perenne* (图7-67)

别名 蓝亚麻

属名 亚麻属

形态特征 多年生草本。株高30~40cm。株丛纤细铺散，灰绿色。茎直立。叶密集互生，尤其基部更密，线形；无柄。花单生茎上部，生于叶对面；花瓣质薄，有纵条纹，先端向下反卷；花梗细长，蕾期及果期下垂；花淡蓝色，清晨开放；花期6~7月，有白花变种。

分布与习性 原产欧洲。性强健，喜温暖，也耐寒，在阳光充足、排水良好的土壤上生长好。

繁殖 播种或分株繁殖。春季或秋季皆可进行。

栽培 不耐移植。一般性管理，易栽。

园林用途 花境；丛植。

图7-67 宿根亚麻

25. 大戟科 Euphorbiaceae

草本、灌木或乔木，多数含有乳液。单叶或复叶，互生，少对生；通常有托叶。花单性，雌雄同株或异株，同序或异序，同序时，雌花生在雄花的上部或下部，花序各式，通常为覆瓦状排列；通常无花瓣；雄花的雄蕊与萼片同数，有1至多数；雌花的雌蕊3，很少是2~4或多数心皮结合而成，子房上位。果通常是蒴果，少数是浆果或核果状；种子常有种阜，卵圆状。本科280属8000种，产于温带及热带地区；我国约有60属350种，主要分布西南部至台湾省；本书收录1属4种。

猩猩草 *Euphorbia heterophylla*

别名 草本一品红

属名 大戟属

形态特征 一年生草本。株高60～80cm，全株含乳汁。茎直立光滑。叶互生，叶形多变，卵形、椭圆形至披针形，但均为提琴形分裂；顶部叶及杯状花序下的总苞片全部或仅基部变为红色或具红、白斑。杯状花序顶生，花期7～9月。有苞片及顶叶基部全白色或粉红色的变种。

分布与习性 原产北美及热带地区。喜温暖及阳光充足，不耐寒，耐干旱，不耐湿。

繁殖 春季播种繁殖。也可自播繁衍。

栽培 栽培时宜选地势高燥及排水好的土壤，一般管理。

园林用途 花坛；林缘丛植；盆栽；切花。

银边翠 *Euphorbia marginata*

别名 高山积雪

属名 大戟属

形态特征 一年生草本。株高50～100cm，全株有柔毛或光滑；含有毒白乳汁。茎直立而上部多分枝。叶无柄，长圆形至矩圆状披针形，全缘；下部叶互生，上部叶轮生，顶部叶于花时变为全白或白色镶边，供观赏，叶变期7～9月。小花簇生枝顶，其下具2个大型苞片。

分布与习性 原产北美。喜温暖及阳光充足；宜肥沃，而排水好的砂质壤土，忌湿涝。

繁殖 春天播种繁殖，可自播繁衍，也可扦插。

栽培 直根性，不耐移植，定植也要早。一般管理。

园林用途 花坛；花境；丛植。

虎刺梅 *Euphorbia milii*

别名 铁海棠、麒麟花

属名 大戟属

形态特征 攀缘状灌木，株高可达1m。茎直立具纵棱，其上生硬刺，排成5行。嫩枝粗，有韧性。叶仅生于嫩枝上，倒卵形，先端圆而具小凸尖，基部狭楔形，黄绿色。2～4个聚伞花序生于枝顶，花绿色；总苞片鲜红色，扁肾形，长期不落，为观赏部位；花期6～7月。

分布与习性 原产马达加斯加。喜高温，不耐寒；喜强光；不耐干旱及水涝。

繁殖 扦插繁殖，多春季进行。

栽培 土壤水分要适中，过湿生长不良，干旱会落叶。冬季室温15℃以上才开花，否则落叶休眠，休眠期土壤要干燥。光照不足总苞色不艳或不开花。

园林用途 盆栽。

一品红 *Euphorbia pulcherrima*(图7-68)

别名　圣诞花、猩猩木

属名　大戟属

形态特征　常绿灌木。株高可达3m。枝叶含乳汁。茎光滑，嫩枝绿色，老枝深褐色。单叶互生，卵状椭圆形，全缘或波状浅裂，叶质较薄，脉纹明显；叶背有柔毛；顶部小叶较狭，披针形，苞片状，开花时变朱红色，为主要观赏部位。杯状花序聚伞状排列，顶生，总苞淡绿色，边缘有齿及1~2个黄色蜜腺；雄花具柄，无花被；雌花单生，位于总苞中央；花期12月至翌年2月。

常见栽培变种：

一品白 var. *alba*　顶叶在开花时为乳白色。

一品粉 var. *rosea*　顶叶在开花时为粉红色。

重瓣一品红 var. *plenissima*　植株较矮。顶叶及部分花序瓣化，呈重瓣状，艳红色。此外，还有蔓生、斑叶以及四倍体新品种。

图7-68　一品红

分布与习性　原产墨西哥及中美洲。喜温暖及阳光充足，不耐寒；喜肥沃、湿润而排水好的土壤。短日照植物。

繁殖　主要扦插繁殖，切下茎段后稍晾干或洗去乳汁，蘸草木灰后扦插即可。

栽培　中国华南以外地区作温室灌木栽培。栽培温度白天27℃左右，夜间18℃，温度过低过高都不利生长，顶叶着色后温度可降至15~20℃。忌积水，保持盆土湿润即可。施肥过多，叶会灼伤。为使其国庆节开花，常进行短日照处理，单瓣品种需遮光45~55d，重瓣品种需遮光55~65d，每天17:00至翌日8:00遮光。连续进行，不可间断和透光。

园林用途　华南地区可庭院种植；盆栽和切花是圣诞节的主要用花。

26. 凤仙花科 Balsaminaceae

肉质草本，光滑无毛，极少有柔毛。单叶互生，对生或近轮生。花两性，左右对称，1或数朵生于叶腋内；萼片3，两侧各1小片，绿色，后面1片较大，呈花瓣状，基部延伸而成中空的距；花瓣5，其中有2对花瓣常合生，而变成3片，前面1片位于最外(旗瓣)，侧面合生的2片(翼瓣)；雄蕊5，与花瓣互生；子房上位。蒴果肉质，很少为浆果。本科2属约500种，广布于全世界；我国2属均产；本书收录1属4种。

凤仙花 *Impatiens balsamina*(图7-69)

别名　指甲花、透骨草、小桃红

属名　凤仙花属

形态特征　一年生草本。株高30~80cm。茎肉质，光滑，常与花色相关，节膨大。叶互生，阔披针形，具细齿；叶柄两侧有腺体。花单生或数朵簇生上部叶腋，萼片花瓣状，其中一片后伸成距；花瓣5枚，左右对称，侧生4枚两两结合；花大，花梗短，多侧垂；花有红、白、粉紫、雪青等色，还具有斑点、条纹；花期7~9月。栽培品种极多，花色、花形丰富，株形有高、矮、龙游等类别。

同属植物：

何氏凤仙 *I. holstii*　株高20~40cm。茎叶肉质多汁，半透明。枝具红色条纹。叶具肉质短柄，下部叶互生，上部叶轮生，翠绿有光泽；叶缘齿间具一刚毛。花单生或双生，扁平似蝶，1枚萼片延伸成细距；花期全年。

苏氏凤仙 *I. sultanii*　株高60cm。茎多汁，光滑，绿色。叶互生或上部叶轮生，椭圆形或卵状披针形，具锯齿和刚毛。花单生或2~3朵丛生叶腋，1枚萼片延伸成距，向下弯曲；花深红色；花期全年。有浅红、白、玫瑰色花等品种。

图7-69　凤仙花

分布与习性　原产中国、印度及马来西亚。性强健，喜温暖、炎热、阳光充足，畏寒冷；对土壤要求不严，喜湿润、排水好的土壤，贫瘠土地也可生长。

繁殖　春季播种繁殖。可自播繁衍。

栽培　栽培中注意防涝，保证良好的通风。极耐移植。蒴果成熟后易开裂，清晨湿度较大时采种。

园林用途　花坛；丛植；盆栽。

新几内亚凤仙 *Impatiens linearifolia*(*Impatiens hawkeri*)

别名　五彩凤仙花

属名　凤仙花属

形态特征　株高15~50cm。叶互生，披针形，叶面着生各种鲜艳色彩。花腋生，有距；花色娇美可爱，花叶争妍，璀璨缤纷，观赏价值高；花期极长，几乎全年均能开花，但以春、秋、冬季较盛。

分布与习性　同凤仙。性耐阴，适合日照不足的花坛栽培或盆栽。

繁殖　新几内亚凤仙由于具不稔性，结实不易，繁殖用扦插法，春或秋季为扦插适期。剪取肥硕健壮的枝条，每段6~8cm，扦插于排水良好的砂床或细蛇木屑上，保持适当的温度，约经20d可发根，待根群生长旺盛再移植盆中或花坛。

栽培　栽培土质以肥沃富含有机质的砂质壤土为佳，排水力求良好；排水不良则肥厚多汁的茎枝易腐烂。适应日照50%~70%，忌强烈日光直射，但冬季至早春可直晒柔和的阳光，若过于阴暗则易徒长，发育不良。幼苗栽植成活后，若分枝少，可加以摘心，促使多分枝，并矮化植株。施肥每月1次，氮、磷、钾或有机肥料如豆饼水、油粕等均佳。性喜温暖，生长适温15~20℃。春、夏梅雨季节或高温多湿，是成长的致命伤，长期淋雨极易导致茎枝腐烂。夏季高温切忌强烈日光直射，应将枝条剪短，力求凉爽通风越夏，入秋天气温转凉，进入生育盛期再追肥。2年以上老株最好更新繁殖栽培。

园林用途　盆栽或花坛。

27. 锦葵科 Malvaceae

草本，灌木或乔木。茎有强韧的内皮，常有星状毛。单叶互生，掌状分裂或为掌状脉；有托叶。花两性，整齐，单生或为复生的聚伞花序；小苞片3至多数，分离或连合总苞状，有时缺；萼片5，分离或连合；花瓣5；雄蕊多数。果实为蒴果或裂为多数分果；种子肾形或卵形，无毛或有绵毛。本科约50属1000种，分布于温带和热带地区；我国约16属50多种；本书收录4属5种。

1. 果实由一单轮心皮组成，熟时与中轴分离而裂成多数分果。
　2. 小苞片3，分离 ·· 1. 锦葵属 *Malva*
　2. 小苞片6~9，基部连合 ·· 2. 蜀葵属 *Althaea*
1. 果实为蒴果。
　3. 萼在花后宿存，小苞片较小，多为灌木 ······················· 3. 木槿属 *Hibiscus*
　3. 萼在花后脱落，小苞片较大而宿存，多为草本 ·············· 4. 秋葵属 *Abelmoschus*

锦葵 *Malva sinensis*（图7-70）

图 7-70 锦葵

属名 锦葵属

形态特征 二年生草本。株高60~100cm。茎被粗毛，少分枝。叶圆心脏形或肾形，5~7浅裂，裂片先端圆钝；叶脉掌状。花数朵簇生叶腋；总苞片3枚，离生；花萼钟形，被柔毛；花瓣先端有凹刻，紫红色，具淡色纵条纹；花期5~6月。

栽培变种：

紫花锦葵 var. *mauritiana* 较原种高，达120cm。花略大，紫色具条纹，冬季开花。

分布与习性 原产亚洲、欧洲及北美。喜冷凉，较耐寒；喜阳光充足，也耐半阴；不择土壤，耐干旱与瘠薄。

繁殖 春、秋季播种繁殖。秋播生长较好，北京秋播需冷床过冬。可自播繁衍。

栽培 在中等肥力的旱地上生长茁壮，而在肥沃、湿润土壤中枝条细弱，需设支架。夏季炎热，可重剪，有利新枝萌发，株丛紧凑。管理简便，注意土壤不可过湿。

园林用途 园林背景材料，丛植。

蜀葵 *Althaea rosea*（图7-71）

别名 蜀季花、熟季花
属名 蜀葵属
形态特征 多年生草本，常作二年生栽培。株高可达2~3m，全株被柔毛。茎无分枝或少分枝。叶互生，具长柄，近圆心形，5～7 掌状浅裂或波状角裂，具齿，叶面粗糙多皱。花大，腋生，聚成顶生总状花序；副萼合生，具 8 裂；花色丰富，有白、粉、桃红、大红、深红、雪青、深紫、墨红、淡黄、橘红等色；花期 7～9 月。栽培类型有重瓣、堆盘及丛生型。

分布与习性　喜凉爽、向阳环境，耐寒，也耐半阴；宜肥沃，排水好的土壤。

繁殖　春、秋季播种繁殖。可自播繁衍。也可扦插繁殖，此法最适合重瓣品种。还可以分株繁殖。

栽培　幼苗期加强肥水管理，使植株健壮。开花期需适当浇水，可促使花开到茎端。花后回剪到距地面 15cm 处，使重新抽芽，翌年开花更好。管理上注意防旱。

园林用途　园林背景材料；花境；墙边栽植。

图 7-71　蜀　葵

芙蓉葵 *Hibiscus moscheutos*

别名　草芙蓉、紫芙蓉

属名　木槿属

形态特征　亚灌木状草本。株高 1～2m。茎粗壮，斜出，光滑被白粉。单叶互生，阔卵形或卵状椭圆形，常 3 裂，具疏锯齿，叶背及叶柄密生灰色星状毛。花大，单生茎上部叶腋；花白紫色或粉色，瓣基深红色；花萼在果期宿存，花期 6～8 月。

分布与习性　原产北美。性强健，喜温暖及阳光充足，耐寒，不择土壤。

繁殖　早春分株或春季播种繁殖。

栽培　中国北部地区可露地过冬。管理粗放。

园林用途　园林背景材料；花境；丛植。

秋葵 *Abelmoschus esculentus*

属名　秋葵属

形态特征　一年生大型草本。株高 50～300cm。茎粗壮有毛。叶大，心脏形，具 3～7 深裂，裂片具粗齿及凹裂。花单生叶腋，具狭线形副萼（即小苞片）；花瓣黄色，基部红色；花期 7～8 月。蒴果带棱，成熟时木质。

同属植物：

黄蜀葵 *A. manihot*　株高 100～125cm。茎具分枝，疏生长硬毛。叶大，互生，卵圆形，掌状 5～9 深裂，具粗齿。花大型，单生叶腋或顶生，淡黄色至白色，基部有紫褐斑；苞片卵状披针形，宿存；萼片佛焰苞状，果时脱落；花期 7～9 月。

分布与习性　原产亚洲热带、亚热带。喜温暖，不耐寒；喜光，不耐阴；宜肥沃而深厚的土壤。适应性强。

繁殖　春季播种繁殖。

栽培　不耐移植，移植需在小苗时进行。管理粗放，易栽培。

园林用途　园林背景材料；丛植。

28. 堇菜科 Violaceae

草本或灌木，也有小乔木，少为乔木。叶互生，全缘或羽状分裂；有托叶。花两侧对称或辐射对称，两性，很少杂性或单性，单生或为总状花序；花柄衬2小苞片；萼片5，分生或稍合生，宿存；花瓣5，堇菜属、鼠鞭草属下面1枚较大，基部常为囊状或距状；雄蕊5。果实为蒴果或浆果；种子有肉质胚乳，胚直生。本科18属约800种，分布于全球；我国4属120多种；本书收录1属3种。

紫花地丁 *Viola chinensis*

属名 堇菜属

形态特征 多年生草本。株高5~10cm。根状茎细小，无匍匐茎。叶互生，卵状心形或长椭圆状心形，基部下延成柄，稍内折，具规则圆齿。花具长梗，高出叶面，花梗中部具2枚条形苞片；花淡紫色；花期3~4月。

分布与习性 原产中国、日本及前苏联。性强健，喜凉爽、湿润，耐寒；喜光，稍耐阴。

繁殖 播种或分株繁殖。可自播繁衍。

栽培 中国华北地区可露地过冬，管理简便。

园林用途 地被。

香堇 *Viola odorata*

别名 香堇菜

属名 堇菜属

形态特征 多年生草本。株高10~20cm，全株被柔毛。茎极短，并生有倒伏状翌年开花的匍匐茎。叶心状卵形至肾形，具钝齿，先端钝；托叶卵状披针形。花梗基出，花生其顶端；花深紫堇色，芳香；花期2~4月。有玫瑰红色花、白色花及重瓣和长期开花的品种。

分布与习性 原产欧洲、亚洲、非洲。喜冷爽气候，较耐寒，略耐半阴；喜富含腐殖质、湿润的砂质壤土，忌炎热和雨涝。

繁殖 秋季播种繁殖，能自播繁衍。

栽培 生长期给予充足的水肥，则花大而多，花期长。管理精细。

园林用途 花坛；盆栽。

大花三色堇 *Viola tricolor* var. *hortensis*（图7-72）

别名 蝴蝶花、鬼脸花

属名 堇菜属

形态特征 多年生草本，常作二年生栽培。株高30cm。株丛低矮，多分枝。叶互生，基生叶具长柄，近圆心形，茎生叶矩圆状卵形或宽披针形，具圆钝齿；托叶大且宿存。花大，腋生，两侧对称，侧向开放；花瓣5枚，1枚有距，两枚有附属体；通常原种每花有紫、白、黄3种颜色；花期4~5月。

常见栽培类型：

标准型　花近圆形，扁平开展，直径大于5cm，具有一界线分明的中央圆斑。又依花色而分为单色品种类、复色品种类、复色而带斑点和条状的品种。

新花型　花形多变化，花色也丰富。

分布与习性　原产欧洲。喜冷爽气候，较耐寒，略耐半阴；喜富含腐殖质、湿润的砂质壤土，忌炎热和雨涝。

繁殖　秋季播种繁殖。能自播繁衍。

栽培　移植需带土团。生长期给予充足的水肥，则花大而多，花期长。华北地区需在风障前或冷库内过冬。管理精细。品种间易自然杂交，留种植株需隔离。

园林用途　花坛；种于草坪、花境边缘；盆栽。

图7-72　大花三色堇

29. 秋海棠科 Begoniaceae

多年生肉质草本，少为灌木状；通常多汁液；节膨大，基部有根状茎，块茎或须根。叶互生，常偏斜形，有时多斑点或花纹，全缘或分裂；有托叶。花单性同株，雌雄花同生一花束上，聚伞花序，腋生；花白、红或黄色；雄花先开放，萼片2~3，花瓣状；雄蕊多数，雌花被2~8；子房下位。果实为蒴果，有翅或有棱。本科有5属逾500种，分布于热带和亚热带地区；我国有1属；本书收录1属7种。

银星秋海棠 Begonia argenteo-guttata

别名　斑叶秋海棠

属名　秋海棠属

形态特征　半灌木。株高60~120cm，全株光滑。须根类。茎红褐色，直立，多分枝。

分布与习性　原产巴西。喜高温、湿润、半阴，稍耐寒，为秋海棠中较耐寒种，忌强光直射；喜肥沃、排水良好的土壤。

繁殖　扦插繁殖，四季皆可，易成活，但春末效果好。

栽培　中国各地均温室栽培。冬季温度不低于12℃，盆土宜选排水好、富含腐殖质的砂质壤土，1~2年换一次盆。花后可修剪。植株过高也可重剪或短截。夏季室外培养注意庇荫防雨。生长期可叶面喷水，提高湿度。

园林用途　盆栽。

槭叶秋海棠 Begonia digyna

别名　双蕊海棠

属名　秋海棠属

形态特征　多年生草本，根茎类。株高35cm，根状茎横走，茎肉质，极短。基生叶

1~2枚，近圆形，掌状6~7浅裂，裂片先端尖，具不整齐的尖锯齿，叶面及叶背脉被柔毛。二歧聚伞花序从基部抽出，着花2~4朵，粉红色；花期夏季。

分布与习性　原产中国，分布福建、湖南、浙江。喜温暖、湿润、半阴，耐寒性差，要求肥沃、湿润、深厚的土壤。

繁殖　播种、叶插或分株繁殖。春、秋季播种，种子细小，可掺沙后播种，不覆土。夏、秋季叶插，早春分株。

栽培　根茎浅，忌大雨冲淋，栽培中注意保持空气湿度，盆土不可太湿。

园林用途　盆栽。

丽格秋海棠 *Begonia aelatior*

别名　丽佳秋海棠

属名　秋海棠属

形态特征　丽格秋海棠是球根海棠与野生秋海棠的杂交品系，花型花色丰富，花朵硕大，花品华贵瑰丽。丽格海棠的品种不断推陈出新，丽格品系(Elatior Group)每年有上万个新品种登记。

分布与习性　属短日性植物，没有球根，也不会结种子，日照超过14h便进行营养生长，反之在14h以下即易开花，因此可用电照方法调节花期，常于冬季至春季开花。性喜冷凉，冷凉地区栽培为佳，平地难越夏。

繁殖　可在秋季扦插繁殖。

栽培　作一年生短期培养。

园林用途　适合盆栽。市场统计资料显示，丽格秋海棠已经成为国际花卉市场十大盆花之一。丽格秋海棠在我国自从1997年开始商品化规模生产至今，产销量每年都以成倍的速度递增。由于花期长，花色丰富，枝叶翠绿，株型丰满，是冬季美化室内环境的优良品种；也是四季室内观花植物的主要产品。

铁十字秋海棠 *Begonia masoniana*

别名　刺毛秋海棠

属名　秋海棠属

形态特征　多年生草本。根茎类。根茎肉质，横卧。叶基生，具柄，上有茸毛，叶近心形，具锯齿，叶面皱；有刺毛，在黄绿色叶面中部，沿叶脉中心有一不规则的近"十"字形紫褐斑纹。花小，黄绿色，不显著。

分布与习性　原产墨西哥。喜温暖、多湿，不耐寒；喜散射光照及阴凉，忌强光直射。

繁殖　分株或扦插繁殖。分株结合早春换盆进行。5~7月叶插。

栽培　生长旺季要充分浇水，保持高空气湿度。施稀肥、浇水切不可沾污叶面，以免引起腐烂。冬季保持15℃可生长，越冬温度7℃以上。

园林用途　盆栽观叶；吊盆观赏；庭院栽植。

蟆叶秋海棠 *Begonia rex*

属名　秋海棠属

形态特征　多年生草本。株高30cm。根茎类。叶簇生，卵圆形，一侧偏斜，具波状齿，叶深绿色；具银白色环纹，叶背红色；叶脉与叶柄有毛。花粉红色。有矮生品种。

　　分布与习性　原产印度及南美。喜凉爽、湿润的环境。

　　繁殖　可分株，也可叶插。

　　栽培　植株长大后摘心可促进多分枝。其他同铁十字秋海棠。

　　园林用途　盆栽观叶。

四季秋海棠 *Begonia semperflorens*（图 7-73）

　　属名　秋海棠属

　　形态特征　多年生多浆草本。株高70～90cm，全株光滑。须根性，茎直立，叶卵形至广椭圆形，具细锯齿及缘毛。花序腋生，花红色至白色；花期全年，夏季略少。园艺品种多，有高型、矮型、重瓣、单瓣及红叶品种。

　　分布与习性　原产南美巴西。喜温暖、湿润、半阴，不耐寒，忌干燥和积水。

　　繁殖　播种、扦插或分株繁殖。春、秋季播种，隔年种子发芽率明显降低，用当年的种子为好。春、秋季用嫩枝扦插。

　　栽培　生长期喷雾，保持高空气湿度。花后摘心，可促分枝，多开花。冬季喜光照充足，越冬温度不低于8℃。

　　园林用途　盆栽；花坛。

图 7-73　四季秋海棠

球根秋海棠 *Begonia tuberhybrida*

　　属名　秋海棠属

　　形态特征　多年生草本。株高30cm。球根类。具块茎，为不规则的扁球形；地上茎稍肉质，直立或铺散，有分枝，具毛。叶斜卵形，先端锐尖，具齿牙及缘毛。花腋生，具花梗，花大，径可达5～10cm；花有白、黄、橙、紫等色及复色；花型多变，有茶花型、香石竹型、月季型、鸡冠型、镶边型及具芳香和枝条下垂的品种；花期夏秋季，单花期半个月。

　　分布与习性　由原产秘鲁和玻利维亚的几种秋海棠杂交而成的种间杂种。喜温暖湿润、日光不过强的环境。夏天不过热，一般不超过25℃，若超过32℃茎叶则枯落，甚至引起块茎腐烂。生长适温15～20℃。冬天温度不可过低，需保持10℃左右。生长期要求较高的空气相对湿度，白天约为75%，夜间约为80%以上。春暖时块茎萌发生长，夏秋开花，冬季休眠。短日条件下抑制开花，却促进块茎生长，长日条件能促进开花。种子寿命约2年。栽植土壤以疏松、肥沃、排水良好和微酸性的砂质壤土为宜。

　　繁殖　以播种繁殖为主，也可扦插和分割块茎。

　　播种：球根秋海棠的种子极为细小，1g种子为25 000～40 000粒。在温室周年可以播种，但通常在1～4月进行，1～2月播种，7、8月开花；3～4月播种，8～9月开花。播种在浅箱或浅盆中进行。播种用土为腐叶土1份、砂质壤土1份和沙1份混合，并加约1%过磷酸钙。灌水宜采用盆浸法。必须保持土壤湿润，温度20～25℃，15～25d后发芽。

当种子发芽后，即将玻璃移去，并逐渐照射阳光。

扦插：通常块茎顶端发生数芽，选留其中1个壮芽，其他新芽均可采取扦插。整个夏季都可进行，而6月以前扦插为宜。

分割块茎：在早春块茎即将萌芽时进行分割，每块带1个芽眼，切口涂以草木灰，待切口稍干燥后，即可上盆，栽植不宜过深，以块茎半露出土面为宜。

栽培

浇水：应保持土壤适度湿润，叶面不需洒水，秋季叶面留有水滴时，易使叶片腐败。开花期间应保持充足的水分供应，但不可过量，浇水过多易落花，并常引起块茎腐烂。花谢后逐渐减少浇水量。

施肥：基肥常用充分腐熟的厩肥、骨粉、羊角、马蹄片、过磷酸钙、大粪干及豆饼等。追肥施常用的液肥均可。追肥时不可浇于叶片上，否则极易腐烂。当花蕾出现以后至开花前，每周追施液肥2次，液肥不可过浓。

光温控制：入夏后用苇帘遮去中午前后之强光(多花类除外)，若光线太强会使植株矮化，叶片增厚而卷缩、花被灼伤，但过度庇荫则植株徒长、开花减少。控制温度一般不超过25℃。夏季高温多湿，常发生茎腐病和根腐病，事先应控制室温和浇水，并喷洒25%的多菌灵250倍液预防，病株拔除烧掉。夏季炎热，日夜均应注意通风，否则常致落花。在通风良好的室内，植株生长较低矮而花梗较长，花朵也大。通风不良时，易罹白粉病，可用波尔多液防治。

后期管理：植株约6~7月即可开花，第一批花后应控制浇水，保持半干，剪去花部不使结实，植株经短期休眠后，可再度发出新枝，这时剪去老茎，留下2~3个壮枝，追施液肥，促其第二次开花。花谢后，果实逐渐成熟，应随熟随采，放置阴处晾干，妥为贮藏，以备秋播或翌年春播用。球根秋海棠可以天然授粉，但有时结实不良。最好于花期进行人工辅助授粉。果熟后，叶逐渐变黄时逐渐停止浇水。当茎叶完全枯黄后，可自基部剪去，至完全休眠后，将球根取出埋入干沙或干土中，留置原盆中也可。休眠期间应保持温度5~7℃。

园林用途　盆栽。

30. 仙人掌科 Cactaceae

多年生肉质草本或灌木。性状有较大变异，有刺或刺毛。茎肉质，绿色，分枝或不分枝，常收缩成节，呈圆柱形，球形，扁平或有沟槽。有刺叶，通常缺，或退化成鳞片状，钻状或早落。节上有小窝，腋生，其上有刺或茸毛。花两性，单生、腋生或生于顶端，大而呈各种颜色；花萼呈花瓣状，基部常连合成管状；花瓣多数，呈多轮排列；雄蕊多数；子房下位。果为浆果，常有刺和倒刺毛，汁多可食或有时干燥。种子多数，硬而脆。本科约140属逾2 000种，主产于热带和亚热带美洲，墨西哥为分布中心；本书收录10属11种。

1. 刺窝内有沟毛；叶小，早落；花辐射状，雄蕊短于花瓣，常多分枝；有圆形或板状的叶状茎节 …… …………………………………………………………………………… 1. 仙人掌属 *Opuntia*

1. 刺窝内无沟毛；无叶；花非辐射状，具花被筒。

  2. 茎长柱状，伸长，3 至多棱，或扁平，常具茎节；如茎为球形或扁球形，则茎为多棱而花侧生，即长于老的刺窝里。

    3. 陆生，不为附生，不生气生根，茎不扁平；刺各种形式，常为针状。

      4. 花被筒各种形式，裸露，或被鳞片、毡毛、刺毛及刺。

        5. 具花刺窝与不具花刺窝同形，花大形，漏斗状或高脚碟状，花被片宽 ……………… ……………………………………………………………………… 2. 天轮柱属 *Cereus*

        5. 具花刺窝多少与不具花刺窝异形，刺窝具发达的绵毛，在顶端形成一假花座，花较小，漏斗状或钟状，花冠裂片狭…………………………………… 3. 翁柱属 *Cephalocereus*

      4. 花被筒多少密被狭而尖的鳞片及散生毛，个别属无毛，但均无刺及刺毛。

        6. 花腋生，花广漏斗形或高脚碟状 …………………………… 4. 仙人球属 *Echinopsis*

        6. 花顶生，花为短而宽的钟形。

    3. 附生、半附生、攀缘或爬行，常生气生根；茎扁平，或 3 翅状，或圆柱形，稀具棱；刺窝具刺或退化。

      7. 茎节分枝多数，上部茎节常扁平叶状；刺窝通常无刺。

        8. 内轮雄蕊基部结合成环，围于花柱周围，花多少不等；茎节短，通常在 5cm 以下 ……… ………………………………………………………………… 5. 蟹爪兰属 *Zygocactus*

        8. 内轮雄蕊基部不结合，花大形；茎节长通常在 15cm 以上。

          9. 茎枝边缘有钝齿或波状；花白色，晚间开放 …………… 6. 昙花属 *Epiphyllum*

          9. 茎枝边缘有波状粗齿；花紫红色，白天开放 ………… 7. 令箭荷花属 *Nopalxochia*

      7. 茎节分枝较少，3 翅状或圆柱状具棱，植株常攀缘。茎节 3 翅状，花被筒及子房的鳞片大，呈叶状，鳞片腋内无绵毛、刺毛及刺 ………………………………… 8. 量天尺属 *Hylocereus*

  2. 茎球形、扁球形或短筒形，茎节不扁平，具棱或疣；花生于近茎的顶端，即新生刺窝腋内，花被筒及子房裸露，具鳞片或绵毛，但花被筒不具刺毛或刺；茎无丛生卷毛。

    10. 茎刺高大，密生强刺；花常黄色，罕红色；种子不为帽状 ………… 9. 金琥属 *Echinocactus*

    10. 茎或多或少具丛生卷生，茎无刺或具不发达的刺；种子帽状，种脐周围具不卷的边缘 ……… ……………………………………………………………………… 10. 星球属 *Astrophytum*

仙人掌 *Opuntia dillenii*

属名　仙人掌属

形态特征　仙人掌类植物。株高可达 2m 以上。植株丛生成大灌木状。干木质，圆柱形。茎节扁平，椭圆形，肥厚多肉，刺座内密生黄色刺，幼茎鲜绿色，老茎灰绿色。花单生茎节上部，短漏斗形，鲜黄色；花期夏季。

分布与习性　原产美洲热带。性强健，喜温暖，耐寒；喜阳光充足；不择土壤，耐旱，忌涝。

繁殖　扦插繁殖为主。在生长季掰下茎节后晾干 2 ~ 3 天，伤口干燥后扦插，不可插得太深，保持基质潮湿即可。

栽培　中国西南及浙江南部以南地区可露地栽培。室内盆栽越冬温度 5℃ 左右。盆栽需有排水层，生长期浇水见干见湿，适当追肥，秋凉后少水肥，冬季盆土稍干，置冷凉处。管理简单。

园林用途　盆栽。

仙人指 *Zygocactus bridgesii*

属名　蟹爪兰属

形态特征　附生性仙人掌类植物。形态上与蟹爪类似，唯绿色茎节上常晕紫色，茎节也短，边缘线波状，先端钝圆，顶部平截。花冠整齐，筒状，红色或紫红色，着花较少；花期也晚，为3~4月。有白色及金黄色园艺品种。

分布与习性　原产巴西。喜温暖，湿润环境。

繁殖　用嫁接、扦插和播种繁殖。

栽培　同蟹爪兰。

园林用途　盆栽，吊盆观赏。

山影拳 *Cereus* sp. f. *monst*

别名　仙人山

属名　天轮柱属

形态特征　多年生多浆植物。株高可达2~3m。一般所称的山影拳包括了此属中几个种的畸形石化变异的许多品种。这些品种植株的生长锥分生不规律，整个植株在外形上肋棱交错，生长参差不齐，呈岩石状。

主要原种：

神代柱 *C. variabilis*　高可达4m。茎深蓝绿色，刺黄褐色，有4~5个石化品种。

秘鲁天轮柱 *C. peruvianus*　高可达10m。茎多分枝，暗绿色，刺褐色，有3~4个石化品种。

分布与习性　原种原产西印度群岛、南美洲北部及阿根廷东部。性强健，较耐寒；喜阳光充足，耐半阴；要求排水好、肥沃的砂壤土。

繁殖　扦插或嫁接繁殖。砧木可用仙人球平接。

栽培　生长季宜给予充足光照，通风良好。盆土宜稍干燥，不必施肥，肥水过大会使茎徒长成原种的柱状，且易腐烂。过冬温度5℃以上。

园林用途　盆栽；布置专类园。

翁柱 *Cephalocereus senilis*（图7-74）

别名　翁九、白头翁

属名　翁柱属

形态特征　多浆植物。植株高大，在原产地长到6m才开花，栽培中株高20~40cm。茎圆柱形，不分枝；具多数棱，其上密生刺座，大刺座生有白毛及细黄刺，茎顶部白毛多而长，似白发翁的头。花漏斗形，花瓣白色；中脉红色。

分布与习性　原产墨西哥干旱地带。性强健，喜温暖、湿润、阳光充足，耐寒，耐炎热，要求排水好的砂砾土，适应性强。

繁殖　播种，或切除植株顶部新生子球，达一定大小时切下扦插或嫁接繁殖。嫁接苗长到一定高度，也可切下扦插。

栽培 越冬温度 3℃以上，可耐 0℃低温，夏季可耐 40℃高温。生长期浇水不可太多，少施肥，使其生长慢，保持好的株形，过高易倒伏。

园林用途 盆栽。

图 7-74 翁 柱

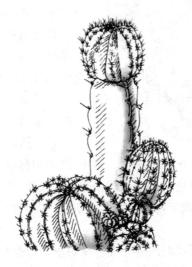

图 7-75 仙人球

仙人球 *Echinopsis tubiflora*（图 7-75）

属名 仙人球属

形态特征 多浆植物。株高可达 75cm。植株单生或丛生，暗绿色；幼龄植株圆球形，顶部凹入，老株呈圆筒状。茎具 11～12 棱，排列规则而呈波状。刺锥黑色。花大型，长喇叭状，着生球体侧方，白色，稍香；傍晚开放，隔日清晨凋谢；花期夏季。

分布与习性 原产阿根廷及巴西南部。习性同金琥。

繁殖 取母球上分生出的子球繁殖。

栽培 栽植深度以球根颈与土面平即可，新栽的仙人球不浇水，每天喷雾数次，半个月后少量浇水。长出根后正常浇水。夏季休眠时也要少浇水，冬季室温 3～5℃即可，过阴及肥水过大不易开花。

园林用途 盆栽。

蟹爪兰 *Zygocactus truncactus*（图 7-76）

别名 蟹爪、蟹爪莲

属名 蟹爪兰属

形态特征 附生性仙人掌植物。株高 30～50cm。多分枝，铺散下垂。茎节多分枝，扁平，倒卵形，先端截形，边缘具 2～4 对尖锯齿，如蟹钳。花生茎节顶端，着花密集，花冠漏斗形，紫红色；花瓣数轮，越向内侧，管部越长，上部反卷；花期 11～12 月。有许多园艺品种。

图 7-76 蟹爪兰

分布与习性 原产巴西里约热内卢附近亚高山带冷凉雾多之地，附生在树干或荫蔽潮湿的山岩上。蟹爪兰性喜半阴、潮湿、通风凉爽的环境，要求排水、透气良好的微酸性肥沃壤土，适宜生长的温度为 15~25℃，5℃以下进入半休眠，低于 0℃时，会有冻害发生。蟹爪兰是短日性植物，其自然花期，依品种不同大都在 11~12 月始花。单花开放可持续 1~3 周，2 年生盆花个体观赏期可达月余，整个群体花期在 3 个月以上。

繁殖 蟹爪兰常以嫁接和扦插方法进行无性繁殖，有性繁殖用于杂交育种。

嫁接：砧木可用量天尺、仙人掌。从 3 月下旬至 10 月上旬都可进行嫁接，其中以春到初夏时嫁接效果最佳。蟹爪兰嫁接常用劈接法。嫁接的植株应置于室内通风干燥处，避免水或药液溅至伤口。接后 5d 要拔除固定物，一般 7~10d 可基本愈合，嫁接成活的接穗鲜绿挺拔，15d 后可转入常规管理。

扦插：扦插时间分为春、秋两季。根据母株长势取 1~2 节成熟茎节作为插穗。置于避光通风处，视天气情况，晾 2~3d，伤口充分晾干方可扦插。扦插盆栽要进行遮光，插穗受气温等因素影响，一般 10~15d 开始生根，此时覆盖物可逐渐晚盖、早揭，逐步见光。

栽培

浇水：依其生长习性，浇水不宜过多，过湿会引起根腐。一般 3~4 月和 9~10 月，3~4d 浇 1 次水；5~8 月，1~2d 浇 1 次水；11 月至翌年 2 月，5~6d 浇 1 次水。在具体操作时还应根据天气情况并观察盆土湿度灵活掌握。此外，夏季切忌中午浇水，冬季最好在 10：00 以后，15：00 以前进行，并尽量控制水量。

施肥：从 3 月开始施肥，使用氮磷钾等量式的复合肥，以 0.2%~0.3% 的水溶液浇，酌情每周 1 次。7~8 月为高温期，停止施肥。9~11 月，可调换含磷、钾量高的复合肥，每周 1 次。开花期及花后至 2 月的花后休眠期，不再施肥。但对秋季扦插，冬季给予加温的小苗，可酌情给予薄肥。肥料颗粒需充分溶解，并在使用时保持肥液浓度均匀。

摘心：进入短日照时期后，成熟的茎节先端开始花芽分化，约 20d 后，先后有花蕾显现，而未成熟的茎节，则不形成花蕾。因此，为使植株开花一致，需适时进行摘心。

套盆：对于大的盆栽，应适时套盆。套盆宜在 3 月进行。若盆栽中有长势不良的单株，应将其分出，使新套盆栽生长一致。若有枯烂的根，应随即剪除以利重新发根。

病虫害防治：常见病虫害有介壳虫、红蜘蛛、斜纹夜蛾、蛴螬、卷叶蛾和腐根病。

园林用途 温室冬春盆栽，吊盆观赏。

昙花 *Epiphyllum oxypetalum*(图 7-77)

属名 昙花属

形态特征 附生性仙人掌植物。株高可达 3m。茎叉状分枝，灌木状；老茎圆柱形，木质；新枝扁平叶状，长椭圆形，其面上有2棱，边缘波状，具圆齿；刺着生圆齿缺刻处，幼枝有刺，老枝无刺。花大形，漏斗状，生于叶状枝边缘，花无梗；萼筒状，红色；花重瓣，花被片披针形，纯白色；夜里开放数小时后而凋谢；花期夏秋季。有浅黄、玫瑰红、橙红等花色品种。

分布与习性 原产墨西哥至巴西热带雨林。喜温暖，不耐寒；喜湿润、半阴；宜富含腐殖质、排水好的微酸性砂壤土。

繁殖 扦插或播种繁殖。扦插为主，5~6月取生长充实的茎作插穗，切下后晾2~3天，伤口干燥后再插。

栽培 生长适温13~20℃，越冬温度10℃左右。生长期充分浇水，并提高空气相对湿度。冬季休眠严格控制浇水，严寒时停止浇水。生长期追肥2~3次。栽培中需设支架，绑缚茎枝。

园林用途 盆栽。

图7-77 昙 花

令箭荷花 *Nopalxochia ackermannii*（图7-78）

属名 令箭荷花属

形态特征 常绿附生性仙人掌类植物。株高50~100cm。茎多分枝，灌木状，外形与昙花相似，区别为其全株鲜绿色叶状茎扁平，较窄，披针形；基部细圆呈柄状，具波状粗齿，齿凹处有刺；嫩枝边缘为紫红色，基部疏生毛。花生刺丛间，漏斗形，玫瑰红色，白天开放；花期4月。有白、粉、红、紫、黄等不同花色的品种。

分布与习性 原产墨西哥及玻利维亚。喜温暖、湿润，不耐寒；喜阳光充足；宜含有机质丰富的肥沃、疏松、排水好的微酸性土。

繁殖 扦插或嫁接繁殖，方法同昙花。

栽培 夏季温度保持在25℃以下，越冬温度8℃以上。夏季需适当庇荫。生长期浇水见干见湿，适当追肥。冬季保持土壤干燥。栽培中需不断整形并设支架绑缚伸长的叶状枝。

图7-78 令箭荷花

园林用途 盆栽。

量天尺 *Hylocereus undatus*（图7-79）

别名 三棱箭、三角柱
属名 量天尺属
形态特征 附生至半附生性仙人掌植物。茎长，多节，有气生根，可附着在支持物上，三棱柱形，粗壮，边缘波状，角质；棱上具刺，深绿色，有光泽。花大形，花冠漏斗形，白色，芳香；萼片基部连合成长管状，基部具鳞片；雄蕊多数，夜间开放；花期5~9月。

分布与习性 原产美洲热带及亚热带雨林，中国华南地区也有。性强健，喜温暖，不耐寒；喜湿润、半阴；宜肥沃的砂壤土。

繁殖 扦插繁殖。

栽培 生长适温25~35℃，对低温敏感，越冬温度8℃以上，5℃以下茎易腐烂。生长季水肥充足，冬季休眠少浇水，不施肥。管理简单。需设支架供攀缘。

图7-79 量天尺

园林用途 盆栽；作珍贵仙人掌类嫁接砧木。

金琥 *Echinocactus grusonii*（图7-80）

别名 象牙球

属名 金琥属

形态特征 多浆植物。茎圆球形，径可达50cm，单生或成丛，具20条棱，沟宽而深，峰较狭，球顶密被黄色绵毛，刺座大，被7~9枚金黄色硬刺呈放射状。花生于茎顶，外瓣内侧带褐色，内瓣亮黄色；花期6~10月。

分布与习性 原产墨西哥中部干旱沙漠及半沙漠地带。性强健，喜温暖，不耐寒；喜冬季阳光充足，夏季半阴；喜含石灰质及石砾的砂质壤土。

繁殖 播种繁殖为主。也可切除顶端生长点来繁殖，方法同翁柱，砧木可用量天尺。

图7-80 金琥

栽培 生长适温20~25℃，冬季8~10℃，温度太低，球体易生黄斑，不易开花。栽培中光照要充足，否则球体伸长，刺色淡，降低观赏价值。

园林用途 盆栽或地栽观赏。

星球 *Astrophytum asterias*（图7-81）

别名 金星球

属名 星球属

形态特征 多浆植物。株高5~6cm。茎扁球形，具8条浅棱；刺座无刺，生白绵毛。花阔漏斗形，黄色，花被基部红色；花期春季。

同属植物：

鸾凤玉 *A. myriostigma* 株高10~20cm。茎球形至筒状，灰白色，具5棱，棱间锐沟状，棱上有白绵毛群形成的多数小白点；球体被白色小鳞片，顶部稍凹陷并被褐色毛。花黄色，外轮被片尖端黑褐色；花期夏季。有棱数不同的变种。

分布与习性 原产墨西哥及美国德克萨斯南部。喜温暖、阳光充足，不耐寒；要求排水好、含石灰质的砂质壤土。

繁殖 春天播种或嫁接繁殖。

栽培 砧木可用量天尺，种植不宜过深。越冬温度7℃以上。生长期充分浇水，冬季盆土宜稍干燥，夏季适当庇荫，保持通风良好。

园林用途 盆栽。

图7-81 星 球

31. 千屈菜科 Lythraceae

草本、灌木或乔木；枝通常四棱形。叶对生，少轮生或互生，全缘。花两性，整齐，单生或簇生，或成顶生或腋生的穗状、总状、圆锥状或聚伞花序；花萼管状，与子房分离或包围着子房，3~6裂，裂片间常有附属物；花瓣与萼片同数或无花瓣，花瓣着生于萼管边缘；雄蕊少数至多数，着生于萼管上；子房上位。蒴果，成各式开裂，很少不裂；种子有翅或无翅。约25属550种，主要分布于热带和亚热带地区；我国有11属约47种，南北都有分布；本书收录2属2种。

1. 花两侧对称，不整齐花 ·················· 1. 萼距花属 Cuphea
1. 花辐射对称，整齐花 ·················· 2. 千屈菜属 Lythrum

萼距花 Cuphea hookeriana（图7-82）

别名 虎氏萼距花

属名 萼距花属

形态特征 灌木状草本。茎具粗毛。叶披针形或线状披针形。花单生，数朵在枝端组成总状花序；花萼微红色；花瓣6枚，明显不等大，2枚特大，另4枚极小，深红色；花期5~10月。

分布与习性 原产墨西哥。喜温暖，不耐寒，5℃以下常受冻害；稍耐阴；耐瘠薄土壤。

繁殖 播种或扦插繁殖。

栽培 春播作露地一年生花卉栽培；华北作温室栽培。冬季室温宜10℃以上。管理简单。

园林用途 适宜作花坛、花境布置；也可盆栽观赏。

图7-82 萼距花

千屈菜 Lythrum salicaria（图7-83）

别名 水枝柳、水柳

属名 千屈菜属

形态特征 多年生草本。株高80~120cm。茎四棱，直立多分枝。叶对生或三叶轮生，披针形。密集长穗状花序顶生；花萼筒长管状，有棱，上部4~6裂，裂片间具附属

图7-83 千屈菜

体；花瓣6枚，玫瑰紫色；花期7~9月。有大花、毛叶及深紫色变种。

分布与习性 原产欧、亚两洲温带。中国各地有野生。喜强光、水湿，耐寒，对土壤要求不严，在深厚、富含腐殖质的土壤上生长更好。

繁殖 分株繁殖为主，也可播种或扦插繁殖。早春或秋季分株，分株时注意每一株丛至少应有3个以上原枝芽，以免死株或衰弱。春季播种及扦插，春季播种于3~5cm浅水中；嫩枝扦插以6~7月进行为好，剪10cm左右小段插于浅水泥中适当遮阴即可。

栽培 在浅水中生长最好，但也可露地较干燥处栽培。盆栽需用肥沃的河泥，抽花穗前保持盆土湿润而不积水，开花时让盆中保持5~10cm水深，置光照足、通风处。入冬剪去地上部分，冷室越冬。露地池栽，管理简单，越冬时以池水淹过即可。

园林用途 花境；水景园；沼泽园；切花；盆栽。

32. 菱科 Trapaceae (Hydrocaryaceae)

一年生浮水草本。叶二型，水下叶羽状细裂，漂浮水面的叶生于茎顶，呈莲座状。叶柄近顶部膨胀呈海绵状气囊。花单生，有短柄；萼管短，和子房的基部合生，裂片4，其中2片或4片在结果时宿存而变成刺；花瓣4，白色，生于花盘的边缘；雄蕊4；子房半下位，2室，每室胚珠1颗下垂。果实角质坚果，1室，大，倒卵形或菱形；有4个角，4角或其中2角有长刺，不开裂，有粗壮海绵质果柄；种子1颗，子叶肉质。本科1属约30种；我国约5种，全国均有分布，但以华东和华南较丰富；本书收录1属1种。

菱 *Trapa bicornis*

属名 菱属

形态特征 一年生水生浮水植物。茎长可达1m，具蔓性匍匐枝。叶浮于水面或沉于水中，沉水叶对生，根状；浮水叶聚生茎顶，呈莲座状着生，三角形，上部叶缘具粗齿，下部全缘；叶表光滑，叶背有显著长毛；叶柄中部膨大为海绵状气囊，具毛。花单生叶腋，白或粉红色；花期7月。坚果两侧各具一硬刺状角，紫红色。

分布与习性 原产中国南部热带及亚热带。喜温暖，不耐寒。不择水深，喜静水。适应性强。

繁殖 播种或分株繁殖。春季分株为主，剪断匍匐茎，撒于水中即可。

栽培 栽培时水中泥土肥沃较好，宜深水栽培，管理简单。

园林用途 水面绿化；净化水体。

33. 柳叶菜科 Onagraceae（Oenotheraceae）

一年或多年生草本，很少呈灌木或小乔木状，陆生或水生。单叶对生或互生，全缘或有齿，不分裂；托叶小，脱落或无。花两性，整齐或近不整齐，单生于叶腋或呈穗状、总状花序生于枝顶；花萼筒状，与子房合生且延伸于外，有2～5啮合状排列的裂片，通常4裂片，稀为3、6片；花瓣4，与萼片互生，少数为2或无瓣；雄蕊与花瓣同数或成倍数，生于花瓣上；子房下位，稀为半下位。蒴果开裂或不开裂；种子小，多数。本科约20属600种；分布于各大洲，以北温带为最多；我国约10属60种以上；本书收录3属4种。

1. 灌木或小乔木；果为浆果 ·· 1. 倒挂金钟属 *Fuchsia*
1. 草本；果为蒴果。
  2. 种子有簇毛。
  2. 种子无簇毛。
    3. 花瓣4，花柄无苞片；果实室背开裂 ···················· 2. 月见草属 *Oenothera*
    3. 萼裂4，花瓣4，3裂，雄蕊4枚能育，4枚不育 ··········· 3. 古代稀属 *Godetia*

倒挂金钟 *Fuchsia hybrida*

别名 吊钟海棠
属名 倒挂金钟属
形态特征 半灌木或小灌木，为栽培杂种。株高60～150cm。茎纤弱光滑，褐色，小枝细长，平展或稍下垂弯曲，晕粉红或紫色。叶对生或轮生，光滑，椭圆形至阔卵形。花生于枝上部叶腋，具长梗而下垂；萼筒与裂片近等长，深红色；花瓣紫色、白色或红色；花期1～6月。有单瓣、重瓣品种及矮生变种，还有花小而繁、花大而稀疏及一些观叶品种等。
分布与习性 原产中南美洲。喜凉爽、湿润、半阴、通风良好；不耐炎热高温，稍耐寒；喜肥沃而排水好的砂质土壤。
繁殖 春、秋季扦插繁殖，多选用充实的顶梢作插穗。
栽培 中国大部分地区作温室栽培，冬季保持室温10～15℃，低于5℃受害，生长中气温高于30℃则进入半休眠，温度再高易造成死亡。安全越夏是管理的关键，夏季要给予凉爽环境。生长期加强水肥供给，可多次摘心，使株形好，开花多，且控制花期，摘心后20d左右即开花。炎夏休眠要少浇水，置阴凉处，初秋再加强水肥。
园林用途 盆栽；温暖地区庭院露地栽培。

送春花 *Godetia amoena*（图 7-84）

别名 古代稀、晚春锦
属名 古代稀属
形态特征 一年生草本。株高50～60cm，植株纤细。叶条形至披针形，常有小叶簇生叶腋。花在枝端聚集成稀疏、多叶的穗状花序；萼裂片连生，当花开放时转向一边；花冠紫红或淡紫色，有光泽；花药底部着生，区别于月见草；花期5～6月。有矮生及重瓣品种。

分布与习性　原产北美西部。喜冷凉、湿润，耐寒性不甚强，忌酷暑；喜光；喜略湿润而疏松的土壤。

繁殖　秋播，幼苗冷床越冬，华北地区也可春季直播繁殖。

栽培　栽培管理同一般草花。

园林用途　花坛；丛植；盆栽。

图7-84　送春花

图7-85　月见草

月见草 *Oenothera biennis*（图7-85）

属名　月见草属

形态特征　二年生草本。株高1～1.2m，全株具毛，分枝开展。茎绿色。基生叶狭倒披针形，茎生叶卵圆形，叶缘具不整齐疏齿。花大，2朵簇生叶腋，下部花稀疏，向上渐紧密；花瓣4枚，倒卵形，黄色，具香味，傍晚开放；花期6～9月。种子有棱角。

同属植物：

美丽月见草 *O. speciosa*　多年生作二年生栽培。株高约50cm。叶线形或线状披针形，有疏齿，基生叶羽裂。花白色至水红色，径8cm；傍晚至翌日上午开放；花期6～9月。原产美国西南部。

分布与习性　原产北美。耐寒、耐旱、耐瘠薄；喜阳光、高燥，不耐热；要求肥沃、排水好的土壤。

繁殖　秋季播种繁殖，春季定植。春季播种的种子要先低温处理，用水浸数小时后捞出置0℃条件下20～30d后播种，但花不如二年生栽培的多。少有自播繁衍。华北需要在冷床或阳畦越冬。

栽培　小苗定植后，多次摘心，可控制高生长，促进分枝，多开花；植株强健，管理简单。

园林用途　花境背景材料；丛植；基础栽植。为布置夜花园的良好材料。

34. 报春花科 Primulaceae

一年或多年生草本，少为灌木。单叶，互生、对生或轮生，有时全部基生；无托叶。花两性，辐射对称，单生或排列成各种花序；花萼通常5裂，有时4~9裂，宿存；花冠合瓣，有时分裂近达基部，裂片通常5，有时4~9；雄蕊着生在花冠管上；子房上位，极少为半下位。蒴果瓣裂，稀盖裂，通常有多数种子；种子小，有棱角及丰富的胚乳。本科约22属近1000种，主产北半球；本书收录4属8种。

1. 花单生于花莛顶部，花冠裂片强烈地向背后反折；有球茎 ················ 1. 仙客来属 Cyclamen
1. 花非单生，在花莛上构成花序，花冠裂片不反折；无球茎。
　2. 花冠管比萼长，喉部不收缩，花冠裂片顶端有缺刻 ·············· 2. 报春花属 Primula
　2. 花冠管比萼短，喉部收缩，花冠裂片顶端无缺刻 ·············· 3. 点地梅属 Androsace

仙客来 Cyclamen persicum（图7-86）

别名　兔子花、萝卜海棠

属名　仙客来属

形态特征　多年生球茎类球根花卉。株高20~30cm。球茎扁圆形，外被木栓质。叶丛生于球茎中心极短缩的茎上，心脏状卵圆形，具齿牙；表面绿色带白色斑纹；叶柄长，褐红色。花大，单生于自叶丛中抽出的细长花梗上；花瓣5枚，基部成短筒；花蕾时花瓣先端下垂，开花时向上反卷；花色有白、粉、绯红、红、紫等色，瓣基常有深色斑；花期冬春季节。有"单花下垂瓣上翘，凝视月宫仙兔来"之美誉。

现代仙客来的园艺品种极多，都是本种的后代，主要变种：

大花型 var. *giganteum*　叶缘锯齿较浅或不显著。花大，花瓣平伸，全缘；有重瓣品种，花瓣7~10枚，白、红或紫色；花蕾端尖。

皱瓣型 var. *rococo*　叶缘锯齿显著。花蕾顶部圆形，花瓣极宽，边缘有细碎褶皱，瓣片向后反转。

图7-86　仙客来

平瓣型 var. *papilio*　叶缘锯齿显著。花蕾尖形，花瓣较狭平展，边缘具细缺刻。

此外还有芳香品种及小叶品种。

分布与习性　原产南欧及地中海一带。喜凉爽、湿润及阳光充足，不耐寒，忌高温炎热；休眠期喜冷凉干燥；生长发育适温15~20℃，冬季低于10℃花色暗淡易凋谢，夏季30℃植株休眠，35℃以上易腐烂死亡；小苗耐热性强，在不超过28℃的气温下可不休眠。半耐寒性。喜肥沃、疏松的微酸性土壤。抗 SO_2。

繁殖　播种繁殖，也可切割球茎繁殖。育苗一般在每年的9~11月为好，基质使用前可用高锰酸钾1500倍液和辛硫磷1500倍液混匀消毒，有条件的可用100℃水气熏蒸1h。种子要进行消毒催芽处理，水溶百菌清1000倍液或高锰酸钾1000倍液浸泡一昼夜。播种间距为2.5cm×2.5cm，覆土0.5cm，遮光，加薄膜覆盖，保持小环境湿度80%~90%，室内温度保持15~22℃，光照保持2000~3000lx。20d后观察，当有60%以上出苗就可以撤去薄膜，逐渐加强通风，使小苗逐渐适应育苗室的大环境。待小苗有2~3片真叶长出时可上盆，移栽后需注意定期喷药和施肥。可每10d喷一次1000倍液百菌清，可每月喷施N、P、K的比例为1: 0.7: 2的复合肥2000~3000倍液，苗期P、K肥表现不明显，缺N肥会出现老叶淡绿色，新叶变红的情况，但N肥也不宜过多，否则会出现徒长，易感染病菌。当仙客来小苗长到4~6片叶时，应换钵上盆，此时应特别注意根系舒展，不要伤及小根。上钵以球茎的最宽处为分界线，1/3以上露出土面(这样做是为了防止球茎和叶芽感染细菌，引起腐烂，同样球茎埋的过深不利于叶芽接受光照)，压实盆土。移植后及时喷药并1个月内控制浇水量，此时是生根关键期。每次浇半盆水，1个月后正常浇水，每半月追施N、P、K复合肥3000倍液，及时去除假花、黄叶。芒种过后气温升高，此时如果想卖球可进行强制休眠，控制浇水，使叶片逐渐萎蔫发黄。当叶片上的营养全部回流到球茎时，将球茎转移进行沙藏，保持湿度在30%~40%之间。如果想秋冬见花可进行正常的夏季管理。夏季管理主要是防暑降温，为其创造一个凉爽湿润的环境。分割块茎繁殖的繁殖系数小，株形差又易腐烂，现已不采用。

栽培 栽培中冬季室温不低于10℃，夏季气温达30℃以上时进入休眠。越夏是一个关键环节，休眠时需凉爽干燥，此时剪去多余的根、叶，移植到砂土中，弱光养护，每个月淋少许清水以保持球茎湿润不至于干枯，但水不宜过大，以免引起腐烂。盆土要保持湿润不可太干，要有较高的空气湿度。浇水应在上午进行，浇水不要洒到叶子上，在生长季节每天应保证5h光照，每半月转盆一次，使其见光均匀。忌施浓肥，注意通风。

园林用途 为重要的温室冬春盆花。一般用于室内摆放，作迎春花卉，也用作商品切花。华南地区可用于岩石园布置。

报春花类 *Primula* spp.

属名 报春花属

形态特征 又称樱草类。多年生草本，常作温室一、二年生栽培。叶基生或莲座状叶丛。伞形花序、总状花序、头状花序或单生于叶丛；花冠高脚碟状或漏斗状，5裂，扩展；花期12月至翌年5月。蒴果球形或圆柱形。种子多数，细小。全世界约580种，中国产约400种。

常见栽培种：

报春花 *P. malacoides* 别名纤美报春。株高45cm。伞形花序多为2~6层，总花梗较长，高出叶面；花萼小阔钟形，萼背面有白粉，花白、粉红、深红、淡紫等色，芳香；花期2~4月。园艺品种很多，有高型、矮型、大花、多花、重瓣、裂瓣、斑叶等，花色丰富，花期也有变化。原产中国云南、贵州。喜温暖、湿润、夏季凉爽通风，不耐寒，忌炎热及干旱；要求土壤含适量钙质。生长期避高温，本种特需冷凉，10℃左右开花，越冬温度5~6℃。保持盆土湿润及一定的空气湿度。不需过多施肥，选用通气、排水好的腐殖质土即可。花色受酸碱度影响而有明显变化。一般pH值偏低花呈红、粉红系色，pH值偏高则花色呈偏蓝堇色系。

四季报春 *P. obconica* 别名四季樱草、仙鹤莲。多年生草本，作温室一、二年生栽培。株高30cm，全株具腺毛。叶基生，长圆形至卵圆形，具浅波状齿，叶片及叶柄有白色腺毛，含报春花碱。花莛多数，伞形花序生于花莛顶端；花萼倒圆锥形，花有白、洋红、紫红、浅蓝等色；四季开花，以冬春季为盛（图7-87）。有重瓣及不含报春花碱的品种。原产我国西南，生长于海拔1000～2000m的山地石灰岩区，对偏酸性土壤明显反应不良，生长差。为报春花类中较喜温暖、湿润的种，要求水分多，耐潮湿忌暴晒，幼苗不耐高温，冬季室温10～12℃越冬并控制浇水。但温度低，土壤过湿易生白粉病，可提高温度或换盆。

多花报春 *P. polyantha* 别名西洋樱草。多年生草本，常作温室一、二年生栽培。株高15～30cm。叶基生，倒卵圆形；叶柄有翼。伞形花序多数丛生，高于叶面；花较大，色彩丰富，有粉红、黄、堇、褐、白等色；花期春季。有复色及具香味的品种。为种间杂交成的园艺杂种，欧洲育成。性强健，耐寒。北方冬季在冷床或冷室内可越冬，夜间温度不低于

图7-87 四季报春

10℃可正常开花。露地栽培不择土壤，只要不过分干燥，夏天在半阴通风处也可旺盛生长。

藏报春 *P. sinensis* 别名大樱草。多年生草本，作温室一、二年生栽培。株高15～30cm，全株密被腺毛。叶基生，椭圆形或卵状心形；具长柄，叶背紫色，叶面暗绿色，叶边有浅裂，裂缘具缺刻状锯齿，基部心脏形。轮伞花序2～3层，苞片叶状，花萼基部膨大，呈坛状；花冠高脚碟形，5～7裂，喉部草绿色；花初开淡粉紫色，后为桃红色；花期1～5月。栽培品种多。原产中国湖北、四川、甘肃及陕西。耐寒性较其他种弱。但耐干旱性较强。花后将残花连梗去除，可继续抽出新花梗。

欧洲报春 *P. vulgaris* 多年生草本。株高10～15cm。叶基生，长椭圆形或倒卵状椭圆形，叶面皱；叶柄有翼。花莛多数，单花顶生；芳香，花淡红色；花期全年。栽培品种多，花色极丰富，喉部一般为黄色，还有花冠上有斑纹及重瓣品种。原产欧洲。其他同多花报春。

分布与习性 本类花卉主要分布在北半球温带和亚热带高山地区，喜凉爽湿润环境。喜腐殖质多而排水良好的壤土。

繁殖 一般播种繁殖。有的种类也可扦插和分株。种子寿命短，宜随采随播或采后阴干密封置低温冰箱冷藏。早春用花的宜早秋播种；温室冬季用花的于晚春播种。自播种至上市约需160d。种子细小播后不必覆土。将床土过细筛，装入育苗盘内，稍压刮平后，用喷壶浇水，撒播，覆土0.1～0.2cm，播种后将育苗盘置于阴凉处。床土温度控制在15～21℃之间，10d后可出苗。苗期忌强日光和高温；幼苗2、4片叶时各行一次移苗，至5、6叶或7、8叶时可分栽于10cm或16cm盆中。不结实品种4～6月扦插繁殖；特有品种可在秋季分株繁殖，秋季将报春花从花盆中倒出，进行分株繁殖，每个子株带芽2～3个，然后移植于直径8cm的容器中培育，也可以直接栽植于直径16cm的花盆中培育。分株繁殖可以保持优良品种及重瓣品种的性状。

栽培 生长期每7～10d施一次追肥，操作时要防止肥水污染叶片。春、秋两季要适当遮去30%～40%的阳光，栽培温度夜间保持12℃，白天15～18℃，冬季最低温在3～5℃时也不致受冻。

园林用途　报春花属植物花期很长，是冬春季节重要的温室盆花，其中较耐寒而适应性强的种类，也常用于花坛、岩石园，少数种类可作切花。

点地梅 *Androsace umbellata*（图7-88）

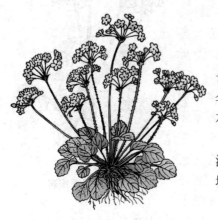

图7-88　点地梅

别　名　铜钱草

属　名　点地梅属

形态特征　一年生草本。株高10cm，全株被白色长柔毛。叶丛生，长叶柄横卧，叶近圆形，具尖锯齿。伞形花序生于长花梗顶端，明显高出叶面，小花白色；花期4~5月。

分布与习性　原产中国西南及西北地区。喜温暖、湿润；较耐寒；喜阳光充足，不耐阴；要求肥沃的土壤。适应性强。

繁殖　播种繁殖。也可自播繁衍。

栽培　生长健壮，管理粗放。

园林用途　岩石园；地被。

'金叶'过路黄 *Lysimachia nummularia* 'Aurea'

属名　珍珠菜属

形态特征　匍匐多年生草本。节处生根。叶近正圆形，全缘，长约2.5cm，黄色略肉质。黄色，花单生叶腋，春季开花。

分布与习性　原产欧洲，北美东北部也有分布。喜生于砂质土壤及向阳的环境。性喜温暖，耐高温。

繁殖　用播种法繁殖。

栽培　栽培土质以肥沃的砂质壤土为佳，排水，光照需良好。

园林用途　是良好的地被植物，也适宜花坛美化、吊盆栽培。

35. 蓝雪科(白花丹科、矾松科) Plumbaginaceae

草本、小灌木或攀缘植物。叶互生或基生，无托叶。花两性，辐射对称，排成穗状、头状或为卷伞花序组成的圆锥花序；苞片常呈鞘状，干膜质；萼管状或漏斗状，5齿裂，有显著的棱，宿存；花冠合瓣，管状或5深裂；雄蕊5，与花冠裂片对生，下位或着生在花冠管上；子房上位，1室，有1胚珠，花柱5。果实包于宿存萼内，开裂或不开裂。本科约10属300余种；我国有6属30余种；本书收录1属2种。

宽叶补血草 *Limonium latifolium*

属名　补血草属

形态特征　多年生草本。株高20~50cm。叶基生呈莲座状，全缘，下部叶脉白色；叶柄有翼。聚伞花序多数，花序轴扁平，被茸毛；花萼与花瓣同色，淡堇蓝色，干膜质，宿存，为长期观赏部位；花期 5 ~ 6 月。

同属植物：

深波叶补血草 *L. sinuatum*　二年生草本。株高 25 ~ 55cm。叶基生，具毛，矩圆状倒卵形，羽状裂。蝎尾状聚伞花序；花萼较长，干膜质，有白、蓝、红、黄等色，可长期观赏；花瓣黄色；花期 5 ~ 6 月。原产欧洲。具一定耐寒性。

分布与习性　原产中国，内蒙古有野生。蒙古也有。耐寒性强；喜较黏质土壤；耐盐碱，耐旱，忌湿涝。

繁殖　播种、分株或插芽繁殖。宜秋播或早春播。扦插适温 13 ~ 19℃。因直根，移栽时应少伤根。

栽培　注意夏季防雨涝。

园林用途　花境；丛植；切花；制干花，是优良的天然干燥花材料。

36. 龙胆科 Gentianaceae

一年生或多年生，很少灌木。叶对生，全缘，无托叶，基部有抱茎的横线相连或连合成抱茎的鞘。花辐射对称，两性，单生或为顶生或腋生的聚伞花序；花萼管状，4 ~ 12 裂；花冠合瓣，4 ~ 12 裂，裂片旋转状排列；极少为覆瓦状排列；雄蕊与花冠裂片同数而互生，着生于花冠管上；子房上位。果实为蒴果。本科约 80 属 800 种，广布全球；我国有 20 属约 400 种，各地均产，以西南诸地种类最多。本书收录 4 属 4 种。

1. 陆生植物；叶通常对生，稀轮生或互生。
　2. 子房完全 2 室，中央具隔膜；圆锥状复聚伞花序 ………………… 1. 藻百年属 *Exacum*
　2. 子房 1 室，中央无隔膜，稀半 2 室，中央具不完全隔膜 ………… 2. 龙胆属 *Gentiana*
1. 水生植物；叶通常互生，稀对生；花多数簇生节上 ………………… 3. 荇菜属 *Nymphoides*

洋桔梗 *Eustoma grandiflorum*（图 7-89）

别名　草原龙胆

属名　草原龙胆属

形态特征　多年生草本。株高 20 ~ 70cm，多分枝。叶银绿色，卵形，先端尖。花冠钟形似风铃；花瓣有单瓣和重瓣，花色丰富而鲜明，有粉白色、紫色、粉红色、洁白色、奶白色、白花粉红边等；花期长，5 ~ 10 月开花不断。花色淡雅多样，清新娇艳，花姿花色颇具现代感。种子极小。

分布与习性　原产于北美洲及墨西哥。喜温暖、湿润环境，但忌水湿及连作；较耐寒。要求疏松、肥沃、排水良好的土壤。

繁殖　播种繁殖。可春播或秋播。种子发芽喜光，播种后不覆土。

图 7-89　洋桔梗

栽培　以云南的暖地栽培表现较好。长日照促进花芽分化；低温5℃叶丛呈莲座状，不能形成花芽。作切花栽培为延长供花期，可调节播种期从3～10月陆续播种则4～12月不断有花。花后加强肥水管理与修剪，约2个月后可有二次花。适宜的切花采收时间为早晨花枝上有已开放的3～4朵花；盆栽多采用矮生品种或生长期用 B₉ 300倍液处理，每45d处理1次，至成花期为止。

园林用途　盆栽；优良的切花材料。

藻百年草 *Exacum affine*（图7-90）

别名　紫芳草、爱克花

属名　藻百年属

形态特征　二年生草本。茎直立。株高仅20cm，多分枝。叶卵形或心形，深绿色，肉质具光泽且密生，基部3～5脉，有短柄，半抱茎。二歧聚伞花序，花浅紫色，直径约1.2cm；花呈碟形或盘状，紫蓝色；雄蕊鲜黄明艳，并能散发浓郁的香气；花期春夏，盆栽可开花近百朵，花期可维持在3个月以上。花色另有蓝色及白色。

分布与习性　原产索科得拉岛，性喜凉爽、光线充足、但避免强光直射的环境。

繁殖　用播种法，秋、冬季为播种适期，也可春播。种子发芽适温约15～25℃。种子具好光性，播种时不可覆土，播种土质以疏松肥沃的砂质壤土为最佳，播种后保持湿度，并接受60%～70%光照，约2周内可发芽，待小苗叶发至

图7-90　藻百年草

6～8枚时移植盆栽。

栽培　土质以富含有机质的砂质壤土或腐叶土为最佳。盆底排水需良好。盆栽宜摆稍阴凉而间接日照的地点，避免强烈日光直射，若在荫棚底下以70%～80%光照则生长最理想。生育期间每隔20～30d追肥1次，氮、磷、钾肥料或各种有机肥料均佳，或预先在盆土混合腐熟堆肥作基肥，此后生育便自然而迅速。盆土需经常保持湿度，过分干旱则生育受阻。性喜温暖，忌高温多湿，生育适温15～25℃，春末开花时若遇乍热、高温28℃以上天气，需防凋萎腐烂，以延长花期。花谢后立即将残花剪除，可促进再现蕾。

园林用途　盆栽观叶观花。

龙胆 *Gentiana scabra*

属名　龙胆属

形态特征　多年生草本。株高30～60cm。茎直立。单叶对生，无柄，茎基部叶鳞片状，中、上部叶卵形或卵状披针形，叶基圆而连合抱于茎节上。花簇生枝顶及叶腋，花无梗；每花具2苞片，花冠筒状钟形，蓝色有时喉部具黄绿色斑点；花期9～10月。

分布与习性　原产中国及朝鲜、日本、前苏联。耐寒，不耐炎热；喜光，耐阴；要求湿润、肥沃的土壤，忌干旱。

繁殖　播种或扦插繁殖。春播或用嫩枝扦插。

栽培　栽培宜选用疏松肥沃的土壤，生长期内充分浇水，并保持一定的空气湿度，夏季要庇荫降温。

园林用途　花境；丛植林缘坡地或草坪。

荇菜 *Nymphoides peltatum*（图7-91）

别　名　水荷叶、水镜草

属　名　荇菜属

形态特征　多年生漂浮植物。茎细长，匍匐于水底泥中或生于水中。叶浮于水面，卵圆形，基部心形，全缘或微波状，叶面光滑，绿色，叶背带紫色。伞形花序腋生，小花黄色；花冠裂片边缘具细圆齿状，有睫毛，喉部有细毛；花期6~10月。

分布与习性　原产温带至热带淡水中。性强健，耐寒，喜静水。适应性很强。喜阳光充足、水深30~50cm的环境。

繁殖　春末或夏季分株繁殖。能自播繁衍，并迅速生长，不需管理。

栽培　因生长迅速，应注意控制一定密度和数量，否则水面会被堵塞。

园林用途　水面绿化。

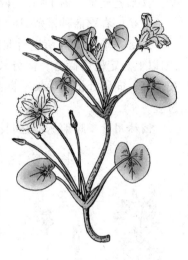

图7-91　荇　菜

37. 夹竹桃科 Apocynaceae

直立或藤状灌木，很少是草本或乔木；有乳汁。单叶对生或轮生，少有互生；无托叶。花两性，整齐，单生或集成聚伞花序；花萼5裂，基部内面常有腺体；花冠合瓣，5裂，常旋转排列，喉部常有附属物；雄蕊5；子房上位。果实多数是两个并生的蓇葖果，有时为浆果或核果；种子通常一端有毛或有膜翅。本科约250属2000余种，分布于全世界热带或亚热带地区；我国有46属约176种，主要分布于长江以南各地；本书收录2属2种。

1. 直立多年生草本；花单生至3朵，柱头无明显丛毛也无明显的增厚，花丝圆筒形，花药顶端无毛 ……………………………………………………………… 1. 长春花属 *Catharanthus*

1. 蔓性半灌木；花单生，柱头有丛毛，基部有明显的环状增厚，花丝扁平，花药顶端有毛 …………………………………………………………… 2. 蔓长春花属 *Vinca*

长春花 *Catharanthus roseus*（图7-92）

别　名　五瓣莲、日日草

属　名　长春花属

形态特征　常绿亚灌木状草本，作一年生栽培。株高30～50cm。叶对生，倒卵状矩圆形，基部渐狭，有光泽，主脉白色明显。花单生或数朵腋生，花冠高脚碟状，具5枚平展的裂片，花玫瑰红、白或黄色，喉部色深；花期8～10月。有许多园艺品种，花色丰富。

分布与习性　原产南亚、非洲东部及美洲热带。喜温暖，不耐寒；喜阳光充足，耐半阴；喜高燥，不择土壤，忌水涝。

繁殖　春季播种繁殖。

栽培　华南、西南以外地区多作温室多年生盆栽，越冬温度5℃以上。定植后摘心，促分枝。栽于富含腐殖质的疏松土壤中生长较好，向阳处植株生长不良，细弱少分枝。生长期适当浇水，忌过湿。

园林用途　暖地丛植庭园；花坛；盆栽。

图7-92　长春花

长春蔓 *Vinca major*（图7-93）

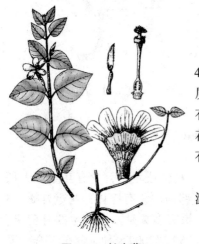

图7-93　长春蔓

别名　蔓长春花

属名　蔓长春花属

形态特征　常绿蔓性亚灌木。丛生状。株高30～40cm。营养茎蔓性，匍匐地面，细长少分枝，基部稍木质；开花枝直立。叶对生，卵圆形，先端急尖，叶缘及柄有毛，具光泽。花单生叶腋，花冠高脚碟状，5裂左旋，花萼及花冠喉部有毛，花淡紫堇色；花期春夏季至初秋。有花叶品种应用更为广泛。

分布与习性　原产地中海沿岸、印度及美洲热带。喜温暖、湿润，不耐寒，喜半阴。适应性强。

繁殖　生长期分株繁殖，也可扦插或压条繁殖。

栽培　华北地区温室栽培，生长迅速。一般管理。

园林用途　地被及基础种植，是优良的地被植物。也是极好的室内植物，可吊盆观赏。

38. 萝藦科 Asclepiadaceae

多年生直立或缠绕草本或小灌木，常有乳汁。叶对生或轮生，全缘。聚伞花序成伞状、伞房状或总状，腋生或顶生；花两性，整齐，5出数；花萼5深裂；花冠合瓣，辐射状或坛状，稀高脚碟状，顶端5裂，裂片旋转状或镊合状；副花冠为5个离生或基部合生的裂片或鳞片组成，有时2轮，着生于合蕊冠或花冠筒上；雄蕊与雌蕊合生，称合蕊柱，花丝合生成筒状称合蕊冠；子房上位。蓇葖果双生或1个不发育；种子多数，顶端有白绢质种毛。本科约180属2200种，主产于热带和亚热带地区；我国有43属245种，主要分布于东南和西南地区；本书收录3属3种。

1. 亚灌木或藤本；附生树上或岩石，具不定根缠绕或攀缘；花序轴圆柱形，密被花梗痕；叶多肉质，稀革质或膜质 ·· 1. 球兰属 *Hoya*
1. 花序各式，花序轴稀圆柱形密被花梗痕；叶膜质或革质。
   2. 多年生草本或草质藤本；花药顶端无附属物，若有则不明显且无膜质边缘；花粉块具透明凸缘 ··· ··· 2. 吊灯花属 *Ceropegia*
   2. 灌木或亚灌木；花药顶端附属物具膜质边缘；花粉块无透明凸缘 ············ 3. 钉头果属 *Asclepias*

球兰 *Hoya carnosa*（图 7-94）

　　别名　毯兰、樱花葛、蜡兰

　　属名　球兰属

　　形态特征　常绿攀缘藤本。高可达 7m。茎肉质，节上生气根，借以攀缘树石之上。叶对生，肉质较厚，叶侧脉不明显，卵状椭圆形，先端渐尖。伞形花序球形至半球形，下垂，花密集；花冠蜡状，白色，心部粉红色，副花冠放射呈星状，微香；花期 5～9 月。

　　分布与习性　原产中国南部、大洋洲及东南亚。喜高温、高湿、半阴，也耐旱。

　　繁殖　夏季用茎扦插繁殖或春季压条繁殖。

　　栽培　华南以北地区温室盆栽，越冬温度 7℃ 以上，可耐短时 2℃ 低温。生长期应提供 80%～95% 的空气湿度，光照不可过强，否则叶褪色且粗糙。宜用疏松的基质栽培。幼株可摘心促分枝，并设支架供其攀缘。

　　园林用途　垂直绿化。

图 7-94　球　兰

吊金钱 *Ceropegia woodii*（图 7-95）

　　别名　心蔓、吊灯花、鸽蔓花

　　属名　吊灯花属

　　形态特征　多年生常绿蔓性草本，多浆植物。茎肉质细长下垂，节间常生深褐色小块茎。叶对生，具短柄，肉质较厚，心形至卵状椭圆形；叶脉内凹，表面暗绿色，沿叶脉处及叶缘有白纹，叶背淡紫红色。聚伞花序，着花 2～3 朵；花淡红紫色；花期 7～9 月。

　　分布与习性　原产南非。喜温暖、湿润、半阴，耐寒力差，忌炎热；喜排水好的砂砾土，忌湿涝。

　　繁殖　栽种滋生的小块茎或用茎扦插繁殖。

　　栽培　越冬温度 10℃ 以上。生长期需较高的空气湿度，盆土浇水不宜过多过勤。适当追肥有利生长。盆栽常不结果。

图 7-95　吊金钱

185

园林用途　优良的室内观叶植物，可吊盆或攀附支架上观赏。

钉头果 *Gomphocarpus fruticosus*

别名　气球花、棒头果、风船唐绵

属名　钉头果属

形态特征　多年生草本。株高 2~3m，自然分枝多，体内有白色乳液。叶对生，线形，酷似夹竹桃叶。花顶生或腋生，白色，垂悬伞形花序，每花序着生 10 数朵小花；秋至春季开花，花期极长，常见花、果同株。花后能结果；果实极奇特，果表有粗毛，似用钉子捶入，也极像充气鼓胀的小气球；果内除了有种子外，中空无果肉，一压即扁，稍后能复圆；果实肿胀呈球形，皮薄，皮面脉纹清晰，密布绿色长毛，挤压有空气溢出。果实成熟自行爆裂，种子上部附生银白色茸毛，形似降落伞，风吹即飘飞各处播种，因此又称"风船唐绵"。

分布与习性　原产非洲。不耐寒，可耐阴。性喜高温多湿，生长适温 20~28℃，越冬温度不低于 10℃。

繁殖　春季播种，春秋季扦插。

栽培　栽培土以肥沃、排水良好的壤土为宜。日照约 60%~80%。苗期生长慢，生长期每月施 1 次有机肥，注意打枝修剪，以免生长过高而倒伏。

园林用途　切枝是插花上等材料，亦可庭园点缀栽培或大型盆栽观果或作切花材料。

39. 旋花科 Convolvulaceae

草本或木本。茎通常蔓生、缠绕或匍匐，有乳汁。叶互生，单叶，少有复叶或无叶；无托叶。花两性，辐射对称，单生或成聚伞花序；花萼 5 裂，宿存或有时花后增大；花冠钟形，漏斗形或管状，近全缘或 5 裂；雄蕊 5，着生在花冠管上，花药纵裂；子房上位。蒴果或为肉质的浆果。本科约 56 属 1 800 种，分布于热带和亚热带地区；我国有 23 属约 120 种；本书收录 4 属 4 种。

1. 子房分裂为 2；蒴果，果皮膜质，各有 1~2 个种子；花柱 2，基生；匍匐小草本，具心形、肾形或圆形的小叶片 ·· 1. 马蹄金属 *Dichondra*
1. 子房不分裂；花柱 1 或 2，顶生。
　2. 花冠漏斗状或钟状；雄蕊和花柱内藏。
　　3. 萼片钝至锐尖；子房 2 或 4 室，4 胚珠 ····························· 2. 甘薯属 *Ipomoea*
　　3. 萼片多少为长而狭的渐尖；子房 3 室，6 胚珠 ··············· 3. 牵牛属 *Pharbitis*
　2. 花冠高脚碟状；雄蕊和花柱多少伸出 ······························· 4. 茑萝属 *Quamoclit*

马蹄金 *Dichondra micrantha*（图 7-96）

别名　黄胆草、金钱草

属名　马蹄金属

形态特征　多年生草本植物。具匍匐茎，节上生根；叶互生，心状圆形或肾形，全缘。花单生叶腋，小型黄色，花冠钟状。

图 7-96　马蹄金

分布与习性　耐阴力较强。对土壤要求不严，但在肥沃之处，生长茂盛。它能耐一定的低温，华东地区栽培，在 -8℃ 的低温条件下，仅发现草层上部的部分叶片表面变褐色，但仍能安全越冬。它又能耐一定的炎热与高温，在 42℃ 的气温下，仍能安全越过夏季。在华东地区能保持四季常绿。不耐践踏。

繁殖　马蹄金结实率不高，故通常采用营养繁殖。用 1:8 的比例分栽匍匐茎进行繁殖，如繁殖地杂草较多，则宜缩小分栽比例，使马蹄金尽早全面覆盖地面，抑制杂草生长。分栽时用手把草皮块撕成 5cm×5cm 大小的小草块，贴在地面上，稍覆土压紧，随即进行灌溉浇水即可。如按 1:8 比例分栽，一般经过 2~3 个月的夏季生长期，即可全面覆盖地面；春、秋两季分栽的草块，达到全面覆盖地面的生长期略长于夏季旺盛生长期。也可用草皮块直接铺设。

栽培　栽培容易。

园林用途　可应用于小面积花坛、花境、山石园及绿地，也可作固土护坡植物栽培，是优良的地被绿化材料。

五爪金龙 *Ipomoea cairica*

别名　掌叶牵牛、槭叶牵牛

属名　甘薯属

形态特征　多年生缠绕藤本。茎细弱，灰绿色。叶互生，掌状 5 深裂达基部，裂片椭圆状披针形。1~3 朵花成序状腋生，具短总梗；萼 5 裂；花冠漏斗形，淡紫色，心部渐深；清晨开放，午后凋谢，四季开花。

分布与习性　原产亚洲及非洲热带。喜高温，不耐寒；喜光，也稍耐阴；要求土壤排水良好，耐干旱。

繁殖　播种或扦插繁殖。播种前需浸种，高温下易发芽。

栽培　华北温室盆栽，越冬温度 10℃ 以上。宜早定植，需设支架牵引。一般管理。

园林用途　暖地可作露地垂直绿化材料；盆栽。

牵牛 *Pharbitis nil*（图 7-97）

别名　喇叭花、朝颜

属名　牵牛属

形态特征　一年生缠绕藤本。全株具粗毛。叶阔卵状心形，常 3 裂，中裂片大，有时呈戟形。花 1~2 朵簇生叶腋；花冠喇叭状，端 5 浅裂，边缘呈波浪状皱褶；花多白、粉红、紫红、蓝等色；花期 7~9 月。有许多大花矮生或镶边品种。种子入药称"黑丑"。

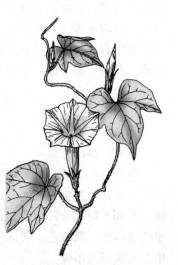

图 7-97　牵　牛

分布与习性 原产亚洲热带、亚热带。喜温暖，不耐寒；喜光，耐半阴；能耐干旱及瘠薄土壤。

繁殖 春季播种繁殖。能自播繁衍。直根性，不耐移植，宜早定植。

栽培 生长快，种植后需设支架牵引。幼苗时可摘心，促分枝。生长期水肥足则花大色艳。

园林用途 可供垂直绿化，用来绿化竹篱、小棚架及阳台等。

羽叶茑萝 *Quamoclit pennata*（图7-98）

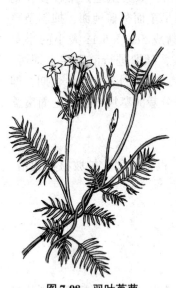

别名 茑萝

属名 茑萝属

形态特征 一年生缠绕草本。茎光滑。叶无柄或具短柄，互生，羽状细裂。聚伞花序腋生；花冠高脚碟状，展开似五角星，深红色；萼端无芒尖；花期8～10月。有白色变种。

分布与习性 原产美洲热带。喜温暖、阳光充足，不耐寒，不择土壤。

繁殖 播种繁殖。春播繁殖方法与牵牛相似，种子硬实，用浓硫酸处理25～30min，发芽迅速。可自播繁衍。幼苗生长缓慢。直根性，宜早定植，不耐移植。

栽培 管理简单。

园林用途 垂直绿化。

图7-98 羽叶茑萝

40. 花葱科 Polemoniaceae

一、二年生或多年生草本，或灌木，有时具叶状卷须攀缘。单叶互生，或下部或全部对生，全缘、分裂或羽状复叶；无托叶。花常鲜艳，二歧聚伞或圆锥花序，有时为穗状或头状花序，稀单生叶腋；花两性，整齐或稍两侧对称；花萼钟状或筒状，5裂，裂片覆瓦状或啮合状，有时扩大具5翅；花冠高脚碟状、漏斗状或钟状，冠檐裂片芽时扭曲，花后开展，有时不等大；雄蕊5，生于花冠筒上；子房上位。蒴果室背开裂，稀室间开裂。种子1至多数，常为不规则棱柱状或纺锤形。本科约18属300种，主产于北美洲，少数产欧亚；我国1属1种，引种栽培2属4种；本书收录1属2种。

福禄考 *Phlox drummondii*（图7-99）

别名 草夹竹桃

属名 福禄考属

形态特征 一年生草本。株高15～45cm。茎多分枝，有腺毛，后期易铺散。下部叶对生，上部叶互生，无柄，矩圆形至披针形。聚伞花序顶生，花冠高脚碟状，下部呈细筒状，上部5裂，裂片圆形，花玫瑰红色；花期5～7月，6月最盛。栽培品种花色丰富，有单色即白色、鹅黄色、各深浅不同的朱红色，复色及三色，此类花冠中间有五角星状斑或中心有斑点或条纹。

常见栽培变种：

圆花福禄考 var. *rotundata*　花瓣裂片大而圆，全花近圆形。

星花福禄考 var. *stellaris*　花瓣缘呈三齿裂，中齿较长。

须花福禄考 var. *firbriata*　花冠裂片边缘呈细齿裂。

放射福禄考 var. *radiata*　花冠裂片呈披针状长圆形，先端尖。

矮生种 var. *nana* 及大花种 var. *gigantea*。

分布与习性　原产北美。喜凉爽、阳光充足，不耐寒，忌炎热。喜排水好的土壤，不喜肥力过强，不耐干旱，忌水涝及盐碱地。

繁殖　春季播种繁殖。

栽培　栽培中保证阳光充足，连阴天花色便会减褪，也可作二年生栽培，华北冷床越冬，生长结实好，一般栽培管理。

园林用途　花坛。

图 7-99　福禄考

锥花福禄考 *Phlox paniculata*

别名　天蓝绣球、宿根福禄考

属名　福禄考属

形态特征　多年生草本。株高 60～120cm。茎粗壮直立，光滑或上部有柔毛，不分枝。叶交互对生，卵状披针形或长椭圆状披针形，具细硬缘毛。圆锥花序顶生，花朵密集；萼片狭细，裂片刺毛状，花玫瑰紫色；花期 7～8 月。有白色、浅蓝、不同深浅红紫色及矮生品种，有早花、中花、晚花类品种，以及高型、匍匐型与矮型等品种。

分布与习性　原产北美东部。喜阳光充足，耐寒，喜肥沃湿润的石灰质土壤。

繁殖　扦插、分株或播种繁殖。春季扦插可根插，秋季茎插，也可叶插。种子成熟后随采随播，翌春发芽，但实生苗不易保持品种特性。春秋季分株。

栽培　栽培中注意不可积水或过分干旱，对土壤要求不严，一般土壤可正常生长。3～4 年分株一次有利更新。

园林用途　花境；丛植；盆栽；切花。

41. 紫草科 Boraginaceae

乔木、灌木或草本。单叶互生，有时在茎下部对生，多数有粗糙毛；无托叶。花两性，辐射对称，通常为顶生，二歧分枝，蝎尾状聚伞花序，或有时为穗状花序、伞房花序或圆锥花序，很少单生；花萼近全缘或 5 齿裂，很少 6～8 裂；花冠管状，4～8 裂，通常 5 裂，裂片在花蕾中覆瓦状排列；雄蕊与花冠裂片同数而互生；子房上位。果实为小核果或分裂成 2～4 个小坚果。本科约 100 属 2 000 种；分布于温带和热带；我国约 46 属 200 种，全国均有分布；本书收录 1 属 1 种。

勿忘草 *Myosotis sylvatica*（图7-100）

别名　毋忘草

属名　勿忘草属

形态特征　多年生草本，常作一、二年生栽培。株高 15～50cm。茎自基部抽出，多分枝，被毛。叶互生，狭倒披针形或条状倒披针形，两面生毛。聚伞花序，花冠高脚碟形，裂片 5 枚，蓝色，喉部黄色；花期 4～6 月。有粉色花的变种。

分布与习性　原产欧亚大陆，分布极广。喜凉爽、阳光充足，较耐寒，也能耐阴；宜湿润、排水良好的土壤，忌积水。

繁殖　秋季播种繁殖为主，自播繁衍能力强，也可扦插繁殖。

栽培　夏季宜庇荫降温及防雨涝。管理较粗放，易栽。

园林用途　春季花坛配植材料或成片植于墙边、溪边；林缘地被植物；切花。

图 7-100　勿忘草

42. 马鞭草科 Verbenaceae

草本，灌木或乔木。叶对生，很少轮生或互生，单叶或复叶，无托叶。花两性，两侧对称，很少辐射对称，组成腋生或顶生的穗状花序或聚伞花序，再由聚伞花序组成圆锥状、头状或伞房状花序；花萼宿存，杯状、钟状或管状，4～5 裂，少有 2～3 或 6～8 齿或无齿；花冠合瓣，通常 4～5 裂，很少多裂，裂片覆瓦状排列；雄蕊 4，少有 2 或 5～6；子房上位。果实为核果或蒴果，通常分离为几个小坚果。本科约有 80 属 900 余种，主要分布在热带和亚热带地区；我国现有 17 属约 150 种；本书收录 2 属 3 种。

1. 草本；穗状花序延长似马鞭或短缩为伞房状 ……………………………… 1. 马鞭草属 Verbena
1. 灌木；近头状或短穗状花序；直立或半藤状灌木；茎常有下弯的钩刺；同一花序中花有黄色、橙黄色、粉红色以至深红色 ……………………………… 2. 马缨丹属 Lantana

美女樱 *Verbena hybrida*（图7-101）

图 7-101　美女樱

属名　马鞭草属

形态特征　多年生草本，常作一、二年生栽培。株高 15～50cm。茎四棱形，匍匐状，横展，全株有灰色柔毛。叶对生，长圆形或卵圆形，具缺刻状粗齿，近基部稍有分裂。穗状花序顶生，花小而密集，呈伞房状排列；花萼细长筒状，先端 5 裂；花冠筒状，长于花萼 2 倍，先端 5 裂，裂片端凹入；花有白、粉、红、紫等色，略有芳香，花期 6～9 月。

同属植物：

细叶美女樱 *V. tenera*　茎柔弱蔓生常在节处生根，高20～40cm。叶条状羽裂。穗状花序；花冠蓝紫色、红粉或白色；花期5~10月。产于巴西、阿根廷。

分布与习性 原产美洲热带。为一种间杂交种。喜温暖、湿润、阳光充足，有一定耐寒性，在长江流域小气候好的条件下可露地越冬，不耐阴，宜疏松肥沃砂质土壤。

繁殖 以扦插繁殖为主，也可播种、分株或压条。春、夏嫩枝扦插。播种宜春播，能自播繁衍，也可秋播于冷床或温室，种子发芽较慢，发芽率也不高，在18℃下2~3周始能发芽。注意大苗移植后缓苗慢及枝叶易枯黄，故应小苗时移栽。

栽培 生长季节除浇水、松土保持湿润外，还应每2~3周追施肥水，并且给予必要的摘心促使分枝。其余管理较粗放，简单。

园林用途 花坛；花境。

马缨丹 *Lantana camara*（图7-102）

别 名 五色梅、臭花簕

属 名 马缨丹属

形态特征 直立或半藤本状灌木。株高1~2m。茎枝四棱形，有刺或有下弯钩刺。全株被短毛，有强烈气味。叶对生，卵圆形，具锯齿，上面粗糙，两面有硬毛。花梗自叶腋抽出，顶生头状伞形花序，小花密生；花冠初开时常有黄、粉红色，继而变成橘黄或橘红色，最后呈红色；夏季为盛花期。

图7-102 马缨丹

分布与习性 原产巴西，广布热带和亚热带各地。性喜高温、高湿和阳光充足环境，耐干旱，不耐寒；适应性强，耐尘，喜疏松肥沃砂质土壤。

繁殖 扦插繁殖。早春选取二年生枝条扦插。

栽培 夏季注意多浇水，并适当追肥。寒冷地区冬季移入温室阳光充足之处越冬。管理粗放，易栽。

园林用途 盆栽；布置花坛、庭园地被覆盖和作绿篱，草坪点缀等。

43. 唇形科 Labiatae

草本或灌木，稀为乔木或藤本，常含芳香油。茎和枝条多数四棱形。叶对生，很少轮生；单叶或复叶；无托叶。花两性，两侧对称，二唇形；萼宿存，常5裂，有时唇形；花冠合瓣，顶端5或4裂，通常上唇2裂或无，下唇3裂，花冠筒内常有毛环；雄蕊4，2长2短；雄蕊由2心皮组成，子房上位。果实常由4个小坚果组成。本科约220属3 500种，分布于热带及温带；我国约98属800种；本书收录4属6种。

1. 雄蕊上升或平展而直伸向前。

  2. 雄蕊4，茎匍匐；轮伞花序少花，每轮有花2~6；叶肾形 ……………………… 1. 活血丹属 *Glechoma*

  2. 雄蕊2，药隔延长与花丝有一关节相连，花药线形 …………………………………… 2. 鼠尾草属 *Salvia*

1. 雄蕊下倾，平卧于花冠下唇上或包于其内 ……………………………………………… 3. 鞘蕊花属 *Coleus*

活血丹 *Glechoma longituba*(图 7-103)

别名 佛耳草、金线草

属名 活血丹属

形态特征 多年生草本。株高 10~20cm。具匍匐茎，幼嫩部分疏被长柔毛。叶心形，上面疏被粗伏毛，下面常紫色，也生疏柔毛，茎上部叶较大。轮伞花序，苞片刺芒状，花萼筒状；花冠淡蓝色至紫色，下唇具深色斑点；花期 6~9 月。

分布与习性 原产中国、朝鲜等地。耐寒；耐半阴；喜湿润，对土壤要求不严。

繁殖 播种繁殖为主，也可分株。

栽培 管理粗放，易栽。

园林用途 疏林下地被。

图 7-103 活血丹　　　　　　图 7-104 随意草

随意草 *Physostegia virginiana*(图 7-104)

别名 芝麻花、假龙头花

属名 假龙头花属

形态特征 多年生草本。株高 60~120cm。具根茎，地上部分茎丛生少分枝，稍具四棱。叶椭圆形至披针形，先端锐尖，具锯齿。顶生穗状花序，单一或分枝，每轮着花 2 朵；花冠筒长，唇瓣短，花紫红、红至粉色；花期 7~9 月。有白花、大花变种以及厚型和斑叶品种。

常见栽培变种：

白花假龙头花 var. *alba* 花白色，花期稍早，大量结籽，性较强健。

大花假龙头花 var. *grandiflora* 花稍大，鲜粉色。

分布与习性 原产北美。耐寒力强；喜阳光充足、湿润、通风良好；宜排水良好的土壤。适应性强。

繁殖 分株或播种繁殖。

栽培　夏季不宜干旱，应保持土壤湿润，否则叶片易脱落。管理粗放，易栽。

园林用途　花坛；花境；切花。

一串红 Salvia splendens（图 7-105）

别名　一串红、墙下红

属名　鼠尾草属

形态特征　多年生草本，常作一、二年生栽培。株高 50～80cm。茎光滑，四棱形。叶卵形，具锯齿。总状花序顶生，被红色柔毛；小花 2～6 朵轮生，白色；花萼钟状，与花瓣同色，宿存；花冠唇形，花期 5～7 月或 7～10 月。

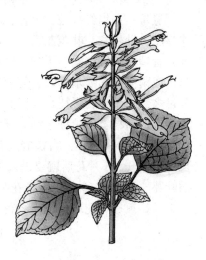

图 7-105　一串红

（1）常见变种：

一串白 var. alba　花及花萼均为白色。

一串紫 var. atropurpura　花及萼均为紫色。

丛生一串红 var. compacta　株形较矮，花序密。

矮一串红 var. nana　株高仅 20cm，花亮红色，花朵密集于总梗上。

（2）同属植物

一串蓝 S. farinacea　又名粉萼鼠尾草。多年生草本，常作一、二年生栽培。全株被短柔毛。茎基部木质化。叶长圆形，全缘或具波状浅齿。总状花序顶生，密被白或青蓝色绵毛；花萼全为青蓝色；花期 7～9 月。

鼠尾草 S. horminum　原产南欧。一年生草本。株高 30～50cm，直立。全株具长毛。具长穗状花序，花小，紫、堇、雪青等色。有多数变种，花色美丽。

分布与习性　原产南美巴西。喜光，喜温暖湿润的气候，不耐霜寒，生长适温 20～25℃，夏季气温超过 35℃ 以上或连续阴雨，叶片黄化脱落。特别是矮性品种，抗热性差，对高温阴雨特别敏感。喜疏松、肥沃、排水良好、中性至弱碱性土壤。

繁殖　一串红可用播种和扦插繁殖。花期随繁殖时期不同而异，采取分期播种，就可达到如期用花的目的。

播种繁殖：一串红的常规播种期为 3 月中下旬。一般都在塑棚内播种，播种前将土壤用托布津、多菌灵 0.1% 消毒，经充分喷水，使种子与土壤密切结合，然后覆上一层薄土，再覆上经消毒的秸草，既保温又保持土壤疏松，播后一般 7d 左右种子发芽，在此期间视土壤具体情况来决定浇水与否，一般无须浇水，发芽后及时揭除覆草，进入日常管理。由于供花日期不同，如需五一供花，则播种期就要提前到上一年的 10 月间，此时的播种苗要在棚内度过严寒的冬天，因此，在大棚内还要套盖塑膜拱棚，必要时加草片保暖，若国庆供花则播种期要延至 6 月间，夏季育苗应在大棚顶暂加塑膜与遮阳网，四面透风，待移植抚育一段时间后揭去塑膜，以利幼苗生长。待幼苗发出 2～3 枚真叶时移植，6 枚真叶时进行摘心，以促分枝，并进行上盆（定植）。

扦插繁殖：一串红扦插繁殖，一般于 5～6 月进行（根据用花需要，除严寒、酷暑季节外，在保护栽培下随时均可进行）。从母株上剪取组织充实的枝条，摘去顶端，长 5～

6cm，插入已准备好的培养土中，插入深度 1～2cm，插后浇透水，注意遮阳网遮阴，覆盖率在 80% 以上，经常保持床土湿润，插后 10d 发根，发根后用 50% 覆盖率的遮阳网遮阴至秋凉。插后一个月后上盆(定植)。10 月间在大棚内或温室内扦插，可提供春季或"五一"用花，此时的扦插苗要在棚内度过严寒的冬天，与播种苗一样要做好保暖工作。

栽培　一串红喜肥，上盆(定植)前要配好培养土，苗定植后根据生长情况施几次薄肥作追肥，助生长，叶茂花繁。一串红性畏炎热，特别是矮种一串红，在炎热的盛夏季节要加强管理。持续高温、干燥，气温高达 35℃ 时，叶片易发黄并导致灼伤，此时行叶面直接喷水或荫棚四周喷水降温，使其安全越夏。一串红在过阴的环境中，茎易徒长。当土壤水分过多，根系易腐烂死亡，因此要做好排涝防涝等措施。一串红萌发力强，摘心打顶有利于促进发新枝，使植株丰满、开花繁茂和控制花期，从小苗 6 枚真叶开始摘心，一般每隔 10～15d 摘心一次，一直控制至花期前 25～30d 停止摘心，一般摘心后 30d 左右，新的花蕾即可盛开，6 月花后就要进入高温天气，应于花后全修剪，有目标地留下植株下部健壮的叶芽，可望在 10 月再度开花。

园林用途　花坛；花境；花丛；花群；盆栽。

彩叶草 *Coleus blumei*(图 7-106)

图 7-106　彩叶草

别名　锦紫苏、洋紫苏

属名　鞘蕊花属

形态特征　多年生草本，常作一、二年生栽培。株高 30～80cm。茎四棱形，基部木质化。叶对生，卵形，具齿，两面有软毛，叶面绿色，具黄、红、紫等斑纹。总状花序顶生，小花上唇白色，下唇淡蓝色或带白色；花期 8～9 月。

分布与习性　原产印度尼西亚的爪哇岛。喜温暖，耐寒力弱，冬季最低温度需保持在 10℃ 以上，适温 20～25℃；喜阳光充足、通风良好；宜疏松肥沃、排水良好的砂质土壤，忌积水。

繁殖　播种繁殖为主，也可扦插。温室内可随时播种，四季均可扦插。

栽培　生长期间应控制水量以防止徒长，并有充足光照，保持叶色鲜艳。管理简单，易栽。

园林用途　为重要的观叶植物。宜盆栽或可配植花坛。

44. 茄科 Solanaceae

草本、灌木或小乔木，有时为藤本。叶通常互生，单叶或复叶，全缘、齿裂或羽状分裂；无托叶。花两性，辐射对称，稀两侧对称，顶生、腋生或腋外生的聚伞花序或丛生花序，有时单生或簇生，无苞片；花萼合生，常 5 裂或截头状，结果时常扩大而宿存；花冠钟状、漏斗状或辐射状，未开放时折叠状或啮合状排列，常 5 裂；雄蕊 5，很少 4～6。果实为浆果或蒴果，盖裂或瓣裂；种子多数，盘状或肾形，扁平。本科约80属300种以上，分布于热带和温带；我国有24属约100种，各地都有分布；本书收录8属12种。

1. 小乔木或灌木。
    2. 花单生于枝杈间，花冠漏斗状，雄蕊5，花和果大型 ·················· 1. 曼陀罗属 *Datura*
    2. 花冠高脚碟状，雄蕊4，成对 ··································· 2. 鸳鸯茉莉属 *Brunfelsia*
1. 草本。
    3. 聚伞花序。
        4. 花冠筒状漏斗形、高脚碟状，蒴果 ······················· 3. 烟草属 *Nicotiana*
        4. 单叶，花冠辐射状，浆果 ································· 4. 茄属 *Solanum*
    3. 花单生或二至数朵簇生于枝或叶腋。
        5. 花萼在花后显著增大，完全包围果实，花单独腋生 ·········· 5. 酸浆属 *Physalis*
        5. 花萼在花后不显著增大，不包围果实。
          6. 花冠辐射状，浆果 ······························· 6. 辣椒属 *Capsicum*
          6. 花冠长漏斗状，蒴果；一年生，稀多年生草本；常具腺毛；雄蕊不外露 ········
    ·································· 7. 碧冬茄属 *Petunia*

二色茉莉 *Brunfelsia latifolia*（图 7-107）

别名　鸳鸯茉莉、番茉莉

属名　鸳鸯茉莉属

形态特征　常绿灌木。株高100cm。单叶互生，叶片矩圆形，全缘。花单生或数朵聚生成聚伞花序，花初开时蓝紫色，渐而变淡蓝色至白色；花冠筒细长，花冠平展成高脚碟形，芳香；花期4～10月。

分布与习性　原产美洲热带。喜温暖，不耐寒；喜光，但不喜强光，稍耐阴；宜肥沃疏松、排水良好的微酸性土壤，喜肥，不耐涝。

繁殖　春秋季扦插繁殖。

栽培　夏季需适当庇荫，生长期间应注意施肥。冬季室内栽培需有10℃以上温度。管理简单，易栽。

图 7-107　二色茉莉

园林用途　室内盆栽。

曼陀罗 *Datura stramonium*（图 7-108）

别名　洋金花

属名　曼陀罗属

形态特征　一年生草本。株高1～2m。主茎常木质化。叶大，宽卵形，基部通常歪斜；叶缘有不规则波状或浅疏齿。花单生于枝分叉处或叶腋，花冠漏斗形，直立向上，筒部淡绿色，上部白或带茄紫色晕；花期6～10月。蒴果卵状，外被硬棘刺，偶有无刺变种。

同属常见栽培种：

白花曼陀罗 *D. metel*　一年生草本。株高1.2～1.5m。无毛。花白色，外面常带紫色晕，花冠长 14~17cm。并有重瓣品种。

红花曼陀罗 *D. sanguinea*　灌木或小乔木状。株高 1.2~3m。花朵下垂，橘红色，花冠长 20~25cm。

分布与习性　原产温带至热带各地。喜温暖，不耐寒；喜光；对土壤要求不严。适应性极强。

繁殖　春季播种繁殖。小苗长大后经一次移植即可定植，也可直播。因植株较大不宜过大再定植。

栽培　管理粗放，易栽。

园林用途　花瓣有镇静、镇痛的作用，有剧毒能致死，因此一般园林游览处极少应用，惟宜于植物园或专类园栽植。

图 7-108　曼陀罗

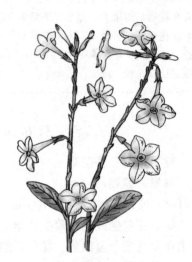

图 7-109　红花烟草

红花烟草 *Nicotiana sanderae*（图 7-109）

属名　烟草属

形态特征　一年生草本。株高 60~80cm，全株被黏性柔毛。茎多分枝。叶对生，基生叶匙形，茎生叶矩圆形至披针形。圆锥花序顶生，花朵疏散；花冠长漏斗形，花冠筒长约为花萼的 3 倍，上部膨大，花红色；花期 8~10 月。

同属常见栽培的种类有：

花烟草 *N. alata*　多年生草本，常作一年生栽培。花冠筒长约为花萼的 4~5 倍，裂片内面白色，外面紫色，白天闭合，夜间开放；花期夏季。其变种：大花烟草 var. *grandiflora*，株高 90~150cm，全株被腺毛，圆锥花序顶生，疏散；花冠具柔毛，花径达 7cm 以上，芳香；白天闭合，夜晚开放。

分布与习性　此种为种间杂交种，原种产于南美。喜温暖，耐寒；喜光；喜疏松、肥沃而湿润的土壤。

繁殖　播种繁殖，能自播繁衍。春季室内盆播或播于温床，发芽适温为 21℃。

栽培　管理粗放，易栽。

园林用途　花坛；花境；花丛等。

蛾蝶花 *Schizanthus pinnatus*（图7-110）

别名　蛾蝶草

属名　蛾蝶花属

形态特征　一、二年生草本。株高50～100cm，全株有腺毛。茎多分枝。叶互生，1～2回羽状全裂。总状圆锥花序顶生，有多数分枝，花大，花冠二唇状；花色的深浅和纹样的变化非常丰富，一般下唇堇蓝色，上唇较浅，其中裂片基部有黄斑，并有紫与堇蓝色的斑点；有时无斑点，全为红或堇蓝色；花冠筒比萼片短；雄蕊长而突出；花期4～6月。

分布与习性　原产南美智利。喜凉爽、通风良好，耐寒性不强，忌炎热气候；喜阴；宜湿润疏松肥沃、排水良好的土壤。

繁殖　播种繁殖。通常秋播，冬季在温室栽培，也可早春在室内盆播，以后种植露地。

栽培　栽培容易，生长期应少用氮肥。开花期应立支柱。

园林用途　室内盆栽；花坛；切花。

图7-110　蛾蝶花

冬珊瑚 *Solanum pseudocapsicum*（图7-111）

别名　珊瑚樱

属名　茄属

形态特征　小灌木，常作一、二年生栽培。株高60～100cm。叶互生，狭矩圆形至倒披针形。花单生或成蝎尾状花序，腋生；小花白色，花冠檐部5裂；花期夏秋季。浆果球形，深橙红色，稀有黄毛，径1～1.5cm，梗长约1cm，留枝经久不落，观果期秋冬季。

常见栽培变种：

矮生种 var. *nana*　矮生多分枝。

橙果种 var. *rigidum*　果鲜橙色，广椭圆形，先端尖。

分布与习性　原产欧亚热带，中国华东、华南地区有野生分布。喜温暖，半耐寒；喜光；宜排水良好的土壤。

繁殖　播种或扦插繁殖。春季盆播，春、秋季嫩枝扦插。

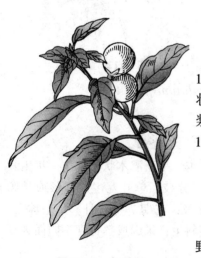

图7-111　冬珊瑚

栽培　选在阳光充足、通风良好之处栽培。管理粗放，易栽。

园林用途　盆栽观果。

乳茄 *Solanum mammosum*

属名　茄属

形态特征　小灌木，作一年生栽培。株高1m左右，具皮刺，被短茸毛。叶对生，阔卵形，具不规则短钝裂片。花单生或数朵腋生成聚伞花序，花青紫色。浆果倒梨状，长约5cm，黄或橙色，通常在基部有5个乳头状突起；观果期秋季。

分布与习性　原产美洲热带。喜温暖，不耐寒；喜光，喜肥，不耐干旱，可耐半阴。宜疏松肥沃土壤。

繁殖　播种繁殖。

栽培　管理简单。

园林用途　盆栽观果；花坛，切果。

酸浆 *Physalis alkekengi*（图 7-112）

别名　灯笼草、红姑娘

属名　酸浆属

形态特征　多年生草本，常作一年生栽培。株高30～80cm。地下具根状茎。叶长卵形或菱状卵形，全缘，基部歪斜。花单生叶腋，白色；花萼宿存，花后继续长大变为橙红色卵形，将浆果包入花萼内，形如灯笼；花期6～9月。浆果球形，熟后橙红色，观果期7～10月。

分布与习性　原产亚洲，欧洲东南部也有。喜温暖，具一定耐寒力；喜光；对土壤要求不严；适应性强。

繁殖　春季播种或分株繁殖。

栽培　生长强健繁茂，管理简单。

园林用途　林缘地被；盆栽观果或切果枝瓶插观赏。

图 7-112　酸　浆

观赏辣椒 *Capsicum frutescens* var. *fasciculatum*（图 7-113）

别名　五色椒、朝天椒

属名　辣椒属

图 7-113　观赏辣椒

形态特征　多年生草本，呈亚灌木状，常作一年生栽培。株高40～60cm。茎多分枝。单叶互生，卵形或长圆形。花小，白色，单生叶腋；花期7～10月。浆果球形、卵形或扁球形，直生或稍斜生；果因成熟程度不同而为红色、黄色或带紫色。

常见的变种：

五色椒 var. *cerasiforme*　浆果小而圆，初时绿色，渐次发白，带紫晕，逐步变红。

指天椒 var. *conoides*　浆果细长，果色由绿变红，长2～3cm。

樱桃椒 var. *fasciculatum*　浆果圆球形，似樱桃，果径1cm左右，常10～18只果簇生于枝顶，果色由绿渐变为红色。

佛手椒 var. *fascicalatum* 浆果指形，长 4 ~ 5cm，常 4 ~ 17 只簇生枝顶，长短不定，初时白色，熟后变红。

分布与习性 原产美洲热带。喜温暖，不耐寒；喜阳光充足；宜湿润、肥沃的土壤。

繁殖 播种繁殖。春季在室内盆播或露地背风向阳处播种。

栽培 生长期间应注意多浇水和施肥，开花期不宜多浇水。

园林用途 宜盆栽供室内观赏，也可布置花坛、花境等。

矮牵牛 *Petunia hybrida*(图 7-114)

别名 碧冬茄、灵芝牡丹

属名 碧冬茄属

形态特征 多年生草本，常作一年生栽培。株高 20 ~ 60cm，全株具黏毛。叶卵形，全缘，互生。花单生叶腋或枝端，花萼 5 裂；花冠漏斗形，先端具波状浅裂；栽培品种极多，有单瓣、重瓣品种，瓣边呈波皱状；花有白、堇、深紫、红、红白相间等色，以及各种斑纹；花期 4 ~ 10 月，温室栽培可以全年开花。单瓣种花冠漏斗形，花萼 5 裂，裂片披针形，重瓣者花冠半球形，花径可达 15cm，花瓣变化较多，有平瓣、波状瓣及锯齿状瓣品种。

图 7-114 矮牵牛

1996 年美国选种组织向园艺界及有关新闻媒介宣布了获 AAS 奖的两个矮牵牛品种。

'梦幻粉月'被美国称为开"千花"矮牵牛品系之先河，开花繁盛而花形小巧，且植株矮小紧凑，只有通常矮牵牛品种的 2/3，花小型，花径为 2.54 ~ 3.18cm，花色从边缘的粉红色向花心逐渐转淡，直至中心的奶油白色，花瓣质地有一种丝绸的质感。密集型开花习性，不用经常摘心和修剪，就能在生长季节不断开花，极适于大面积花坛和公共绿地栽植。

'可爱薰衣草'就是在传统重瓣矮牵牛基础上作了重大改进后推出的。它具有大花、突出的重瓣特性，花径达 5.08 ~ 6.35cm，最大可达 7.2cm；可称为三(重)瓣矮牵牛，花瓣上几乎没有脉纹，漂亮纯净的薰衣草蓝色在花瓣上浑然一体，使人心醉。该品种在阳光充足的地方生长良好，引人注目。

分布与习性 原产南美。喜温暖，不耐寒，干热季节开花繁茂；喜阳光充足，稍耐阴；喜排水良好的砂质土壤，忌积水。适应性强，耐瘠薄，但在湿润肥沃的土壤中生长特别好，土壤过肥，则易生长过于旺盛致使枝条徒长倒伏。

繁殖 矮牵牛主要是播种繁殖，也可扦插繁殖。

播种繁殖：播种期一般根据用花期来安排，如"五一"开花，其播种期通常在上一年的 9 ~ 10 月至当年的 1 ~ 2 月进行，盆苗在大棚或温室内培育成长，若迎国庆用花则播种期为 6 月。苗期应在保护栽培下成长。3 ~ 4 月播种提供平时用花。矮牵牛种子极细小，播种前必须精细整地，用 0.1% 百菌清喷于土中消毒，然后撒上适量种子，浇透水，使种子与细土密切结合，再覆上一层薄薄的细土，最好在细土上盖上一层稻草(经百菌清消毒)，既保温又保持土壤疏松。夏季播种必须加盖阴凉纱庇荫，冬季播种在大棚内尚需加盖弓形小塑膜保暖。若采用盆播，覆土后罩玻璃盖，用浸水渗透法保湿。种子在20℃的温度条件下5~7d即可发芽，夏季播种3d可发芽，出苗后及时除去覆盖物，注意通风换气，用细喷雾给水，小苗长出5~6枚真叶时，进行第一次摘心，待发出新芽时可移植于8cm的花盆中或移植于畦中，随着花苗的成长进行定盆出售，也可不经中间移植手续，直接定苗于盆内出售。

扦插繁殖：重瓣的矮牵牛品种均用扦插繁殖，取花后重新萌生的枝作为插穗，在5月和9月进行为宜。或根据需要避开严寒、酷暑的条件下，均可进行。选用新芽枝，长5~6cm，每插穗保留3对叶子，去掉基部部分叶片，带节扦插于蛭石、蛭石与土混合或疏松优质土中，插后喷透水，用遮阳网遮光，经常注意喷水保湿，在22~23℃的土温下，15d左右可生根发芽。

栽培　幼苗长出3~4片新叶后，带土移栽，加强水肥管理，当真叶5~6枚时进行移植，间距5cm×5cm或移植于约8cm的花盆中，此时进行摘心，待苗成长20d后，盆栽的矮牵牛换上12~14cm的花盆，培育至开花提供市场，约1个月后可开花。

矮牵牛在栽培过程中，要经常进行摘心，这样可限制株高，还能促使其萌发新芽，使盆栽矮牵牛更显丰满。移栽、定盆后，一般每隔10~15d施复合肥1次，直至开花。施肥不要过多或盆土太湿，否则容易徒长倒伏。矮牵牛在生长期间，特别注意修剪整形、施肥等管理措施，开花可至霜降。如果想让它继续生长开花，可在霜降前2d入温室或大棚，重新换盆、疏根、施肥和分期进行修剪、摘心，这样就可继续生长开花，变成多年生的花卉。

园林用途　花坛；花境；花丛；重瓣品种可盆栽。

45. 玄参科 Scrophulariaceae

草本或灌木，少数为高大乔木。叶对生，较少互生或轮生；无托叶。花两性，通常两侧对称，排成各式花序；花萼通常4~5裂很少6~8裂；花冠合瓣，通常二唇形，上唇2裂或有鼻状或钩状延长成兜状，下唇3裂，稍平坦或呈囊状，较少数辐射对称，裂片4~5；雄蕊通常4，多少2长2短；子房上位。蒴果室间开裂或室背开裂，或顶端孔裂，极少数为不开裂的浆果；种子少至多数。本科约200属逾3000种，广布世界各地，以温带为最多；我国产54属约600种，分布于南北各地，主产于西南；本书收录8属8种。

1. 花冠有囊或距。
　2. 雄蕊2枚；蒴果室间开裂……………………………………………1. 蒲包花属 Calceolaria
　2. 雄蕊4枚；蒴果孔裂。
　　3. 花冠基部有囊 …………………………………………………2. 金鱼草属 Antirrhinum
　　3. 花冠筒基部有长距 ……………………………………………3. 柳穿鱼属 Linaria
1. 花冠无囊或亦无距。
　4. 花冠无筒，花被片5数；叶互生 ………………………………4. 毛蕊花属 Verbascum
　4. 花冠大部分有明显的筒部。

5. 花萼无翅也无明显的棱，深裂(过半，少不过半)成明显的 5 裂片，有时裂片再分裂；花冠上唇极
　　短，下唇中裂片最长 ··· 5. 毛地黄属 *Digitalis*

5. 花萼具 3 ~ 5 翅或明显的棱，浅裂角成萼齿。

　　6. 花萼具明显 5 翅，少为 5 条明显的棱，沿部不为平截，果期不膨大；花丝常有附属物花着生上
　　　　部叶腋或总状花序 ··· 6. 夏堇属 *Torenia*

　　6. 花萼具 5 棱，沿部平截或斜截，果期常膨大成囊泡状；花丝无附属物，花单生叶腋 ···········
　　　　··· 7. 沟酸浆属 *Minulus*

蒲包花 *Calceolaria crenatiflora*（图 7-115）

别名　荷包花

属名　蒲包花属

形态特征　多年生草本，常作温室一、二年生栽培。为园
艺 杂 交 种，由 *C. crenatiflora*、*C. corymbosa*、*C. pururea*、
C. arachnoides 等种间杂交形成。株高 30 ~ 60cm，全株被细茸
毛。茎上部分枝。叶卵形或卵状椭圆形，对生。黄绿色不规则
聚伞花序，顶生；花冠二唇形，上唇小，前伸，下唇大并膨胀
呈荷包状；花多黄色或具橙褐色斑点，此外尚有乳白、淡黄、
赤红及浓褐等色；花期 12 月至翌年 5 月。

花类型主要有 3 种：

大花系：花径 3 ~ 4cm。

多花矮性系：花径 2 ~ 3cm，花多株矮。

多花矮性大花系：介于上述二者之间。

现在栽培的几乎全属大花系和多花矮性大花系品种。

分布与习性　原产墨西哥至智利。喜冬季温暖，夏季凉

图 7-115　蒲包花

爽，不耐寒，怕炎热；喜光及通风良好；喜湿润，忌干，怕
涝；宜排水良好，富含腐殖质的砂质壤土；生长最适温度 7 ~ 15℃，温度高于 20℃时不利
于生长和开花；同时它又是长日性植物，延长光照时间可以提前开花。

繁殖　播种繁殖为主，也可扦插。于 8 月下旬至 9 月上旬气温逐渐凉爽时在室内盆
播。不宜过早。种子细小，播后不覆土，但要保持湿度，并置于暗处；20℃条件下一周即
发芽，待子叶出现后移向通风透光处，气温降至 15℃注意保持空气湿度，到长出 2 ~ 3 片
真叶时移苗；盆土以腐叶土、泥炭土、河沙以 3∶1∶1 的比例配置加入少量肥料，pH 6.5
为宜。为防止腐烂病可加入少量木炭粉，移植距离为 3 ~ 4cm，待到 5 ~ 6 片真叶时可单株
装盆。

由于蒲包花天然结实困难，留种植株需人工辅助授粉，授粉宜在上午进行，授粉后摘
除花冠，保持干燥，待蒴果成熟后采收。

栽培　生长期间保持盆土见干见湿，空气湿度不低于 80%，浇水时切忌将水淋在叶片
及芽上，否则容易引起烂叶烂心。中午前后阳光过强时应予庇荫；喜肥，生长期间应注意
施肥。每 7 ~ 10d 追施肥水一次，冬季温室温度不低于 8℃，开花时气温可降至 5 ~ 8℃，
以延长开花时间。如要提早开花，可在 11 月初每平方米增加 80W 光照，补充 6 ~ 8h，便

可提早1个月开花。

园林用途　室内盆花。

金鱼草 *Antirrhinum majus*（图7-116）

别名　龙口花、龙头花

属名　金鱼草属

形态特征　多年生草本，作二年生栽培。株高20～90cm。茎基部木质化。叶披针形至阔披针形，全缘。总状花序顶生，苞片卵形，萼5裂；花冠筒状唇形，外被茸毛，基部膨大成囊状，上唇直立，2裂，下唇3裂，开展；花有粉、红、紫、黄、白色或复色；花期5～6月。

园艺品种丰富，有露地栽培品种和温室栽培品种；有高型、中型和矮型品种，还有重瓣品种及四倍体品种等等。

分布与习性　原产地中海沿岸及北非。喜凉爽，较耐寒，不耐酷热，喜光，耐半阴；喜疏松肥沃、排水良好的土壤。

繁殖　播种繁殖为主，也可扦插繁殖。异花授粉。8～9月播种，播于苗床，北方寒冷地区小苗于冷床越冬，播种出苗后，应注意间苗。

栽培　播种苗定植后除作切花栽培外应行摘心。栽培较容易，各品种间还应隔离栽植，以免混杂。

图7-116　金鱼草

园林用途　花坛；花境；花丛；花群；切花。

柳穿鱼 *Linaria moroccana*（图7-117）

别名　小金鱼草

属名　柳穿鱼属

形态特征　多年生草本。株高20～30cm。上部枝叶具黏质短柔毛。叶对生，长条形，全缘。总状花序顶生；花冠青紫色，下唇喉部向上隆起，具小黄斑，花冠筒部也有长距；花期5～6月。

分布与习性　原产墨西哥。耐寒，喜凉爽，忌酷热；喜光；宜排水良好的土壤。

繁殖　播种繁殖，多在秋季进行。

栽培　栽培容易，管理简单。

园林用途　花坛；花境等。

毛蕊花 *Verbascum thapsus*

别名　毒鱼草、毛蕊草

属名　毛蕊花属

形态特征　二年生草本。株高50～150cm，全株密被黄

图7-117　柳穿鱼

茸毛。茎粗壮。基生叶矩圆形，甚大，具锯齿或近全缘，有短柄；茎生叶基部两侧有翼。花1~7朵簇生并集为穗状花序；花冠辐射形，筒部甚短，苞片密被星状茸毛，花冠喉部凹入；花黄色，花丝上有白色绵毛；花期5~6月。

分布与习性　原产欧亚温带地区。中国浙江、云南、四川、西藏、新疆等地有分布。耐寒，喜凉爽；喜光；耐干旱，喜排水良好的土壤，耐石灰质土壤，忌水湿。

繁殖　播种繁殖。通常秋季9月播种，撒播或条播，覆土要薄，发芽较快而整齐。冷床或阳畦越冬，春季定植露地。能自播繁衍。

栽培　栽培容易。

园林用途　花坛；花境；岩石园及林缘隙地丛植。

毛地黄 *Digitalis purpurea*（图7-118）

别名　自由钟、洋地黄

属名　毛地黄属

形态特征　多年生草本，常作二年生栽培。株高90~120cm。茎直立，少分枝，全株密生短柔毛和腺毛。叶粗糙，皱缩；基生叶，互生，具长柄，卵形至卵状披针形；茎生叶叶柄短或无，长卵形。总状花序顶生，长50~80cm；花冠钟状而稍偏，着生于花序一侧，下垂；花紫色，筒部内侧浅白，并有暗紫色细斑点及长毛；花期6~8月。

分布与习性　原产欧洲西部。较耐寒，喜凉爽，忌炎热；喜光，耐半阴；喜湿润、通风良好，耐旱；喜排水良好的土壤。

繁殖　播种或分株繁殖。春季或夏季播种，翌年可开花，若秋季播种过迟则翌年春天不能开花。

图7-118　毛地黄

栽培　栽培容易，夏季应创造凉爽湿润通风的环境，适当庇荫以降低温度。寒冷地区冬季需保护越冬。

园林用途　花境；大型花坛中心材料；丛植于庭院绿地；切花。

猴面花 *Minulus luteus*（图7-119）

别名　锦花沟酸浆

属名　沟酸浆属

形态特征　多年生草本，常作一、二年生栽培。株高30~40cm。茎粗壮，中空，匍匐或开展，伏地时节处生根。叶交互对生，广卵形，脉自基部伸出，5~7脉。稀疏总状花序，或单朵生于叶腋；花冠钟形略呈二唇状；花黄色，具大小不同红、褐、紫色斑点；花期冬春季节。

分布与习性　原产智利。喜凉爽，不耐寒，越冬温度5~10℃；喜半阴；宜肥沃湿润土壤。

图7-119　猴面花

繁殖　播种繁殖为主，也可扦插。通常秋播，播后不覆土。

栽培　播种幼苗期应摘心，促使分枝。夏季温度不宜太高，保持盆土湿润肥沃。栽培容易，管理简单。

园林用途　室内盆花；花坛。

钓钟柳 *Penstemon campanulatus*（图7-120）

属名　钓钟柳属

形态特征　多年生草本。株高40～60cm，全株被腺质软毛。茎直立丛生，多分枝。叶交互对生，卵状披针形至披针形，具稀疏浅齿。圆锥花序总状，小花通常3～4朵腋生于总梗上；花有白、紫红、淡紫、玫瑰红等色，花冠筒内有白色条纹或条斑；花期7～10月。

分布与习性　原产墨西哥等地。耐寒，喜凉爽、湿润、通风良好，忌炎热干旱；喜光；对土壤要求不严，但需排水良好。

繁殖　分株繁殖为主，也可播种或扦插繁殖。分株春秋均可。扦插在秋季。注意保持土壤湿润，但不可过湿，尤其夏季须注意及时排水防涝；播种小苗娇嫩，更应注意养护。

栽培　栽培容易。

园林用途　花境；岩石园。

图7-120　钓钟柳

夏堇 *Torenia fournieri*

别名　蓝猪耳、蝴蝶草

属名　夏堇属

形态特征　一年生草本。株高20～30cm。茎光滑多分枝，四棱形，基部略倾卧。叶对生，卵形或卵状披针形、质薄，边缘有锯齿；端部短尾状，基部心脏形。花着生于上部叶腋或呈总状花序；花唇形，淡青色，上唇2裂，下唇3裂，下唇边缘堇蓝色，中央具黄斑；萼筒状膨大，有5宽翅；花期长，夏秋季节；初开于5月，越开越旺，特别是盛夏季节，可谓独占鳌头，一直开到初霜降临前的11月。它植株矮小，花形奇特，花色雅致，可为夏季园林中赏花的主要花卉之一。本种园艺品种不多，常见的有淡蓝色、粉红色和白色3个品种。

分布与习性　原产我国华南及东南亚。不耐寒，喜温暖气候，不畏炎热；喜半阴及湿润环境，宜疏松肥沃、排水良好的中性或微碱性土壤。在漫长炎热的夏季里，百花几乎都进入半休眠状态，唯有夏堇战高温、顶烈日，张着笑脸迎着骄阳开放。

繁殖　播种繁殖，也可扦插。

播种繁殖：夏堇的春季播种期为3月下旬至4月上旬，播后5~7d发芽出土，经60~70d的培育即能开花，可提供"六一"、"七一"用花。夏播，可于6月下旬至7月上旬播种，播后2~3d种子即发芽出土，本期播种，可提供"十一"国庆用花，花期6~11月，夏季播种对开花无碍。由于夏堇种子特别细小，子叶茎又特别短，如何使幼苗能顺利出土，提高出苗率，是个关键的技术问题。因此，最好在保护栽培下进行箱播或畦播。种子播种后，均匀地轻压土壤，喷透水，使种子与土壤密切结合，不必覆土，上覆经消毒过的秸秆，对夏播育苗起到保湿与庇荫降温的作用。在多雨水的情况下，棚顶尚需盖上临时塑膜，夏季还应用遮阳网遮阴，防止与避免幼嫩小苗受雨水冲击而死苗，随着幼苗的成长撤除保护措施。在3～4片真叶时移植，去劣存优。春季播种，幼苗初期生长缓慢，移植后，初夏生长较快。种子播种后不必覆土，这样能提高出苗率。苗期宜摘心，促使多分枝。播种苗前期生长缓慢，离开花尚有20d时，长势迅速，形成完整的株形。这充分说明根系的形成与地上部生长成正比。

扦插繁殖：夏堇的扦插繁殖一般于5～8月间进行，选择长势粗壮的枝条作插穗，一般带2对叶子，通常3～5d发根，在发根前要适当遮阳，发根后应除去庇荫物，让植株逐渐接受阳光，迅速成长，扦插至开花出售只需45d。

栽培　当夏堇3～4对真叶出现时，就要进行移植或上盆。此时，结合摘心，促使叶腋间萌发侧枝。在栽培过程中，灌水不应过多，施肥亦不能过量，一般10～15d施薄肥作追肥已足够。在整个生长过程中应勤摘心，促进多分枝，多开花。夏堇虽不畏炎热，但在大暑天稍加庇荫还是必要的。我们在实践中清楚地看到，稍加庇荫的，保持青枝绿叶，开花自如；若不庇荫对开花虽没有影响，但叶片呈现黄绿色，若太阴则会出现徒长而延缓开花。

园林用途　半阴处作小面积地被植物。它宜作花坛布置，特别是夏秋的花坛布置。

46. 苦苣苔科 Gesneriaceae

多年生草本或小灌木，稀乔木，有时呈攀缘状。叶片通常对生或轮生或近基部互生，叶片等大或不等大，全缘或有齿；无托叶。花序腋生或顶生，花两性，两侧对称；花萼管状，5裂；花冠合瓣，管部长或短，5裂或多少呈唇形，一唇2裂，另一唇3裂；雄蕊4～5；子房上位或下位。果实是蒴果，很少肉质；种子多数，细小。本科约140属1800种，分布于热带和亚热带；我国有40属210种，主产于长江以南各地；本书收录5属5种。

1. 攀缘小灌木；叶全缘；雄蕊2长2短，常伸出 ……………………………… 1. 芒毛苣苔属 Aeschynanthus
1. 一年生或多年生草本植物。
　2. 植株无明显的地上茎，叶呈莲座状。
　　3. 花冠筒远较裂片长；蒴果螺旋状扭曲 ……………………………………… 2. 扭果苣苔属 Streptocarpus
　　3. 花冠筒远较裂片短；蒴果不扭曲 ……………………………………… 3. 非洲紫罗兰属 Saintpauolia
　2. 植株具明显的地上茎或具较短的茎花盘为2～5枚腺体；4枚雄蕊等长，子房半下位 …………………
………………………………………………………………………………… 4. 大岩桐属 Sinningia

毛萼口红花 *Aeschynanthus radicans*（图7-121）

别　名　毛芒苣苔
属　名　芒毛苣苔属
形态特征　多年生肉质附生常绿蔓性植物。茎细弱丛生，下垂，长达60～90cm。叶矩圆状披针形，有光泽，鲜绿色。花腋生或着生枝端，管状，长3～4cm，鲜红色，似张开之嘴唇，故名，喉部黄色；花期5~7月。

分布与习性　原产热带。不耐寒，喜温暖、湿润；喜散射光，忌强阳光直射，喜疏松肥沃、排水良好的腐殖质土壤。

繁殖　扦插或分株繁殖。春季取嫩茎扦插，插穗长8~10cm，插入湿润的沙中或蛭石中。分株也应在春季结合换盆进行。

栽培　生长适宜温度夜间为18~22℃，白天20~25℃，冬季最低温度不应低于10℃。生长期间应保持土壤湿润，冬季应控制浇水，夏季要庇荫，生长期间每半个月应追施薄肥一次。为了使株丛整齐紧密，开花繁多，花后可修剪植株。

园林用途　室内盆栽悬吊。

图7-121　毛萼口红花

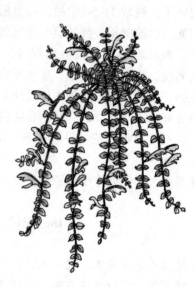

图7-122　金鱼花

金鱼花 *Columnea gloriosa*（图7-122）

属名　金鱼花属

形态特征　多年生附生亚灌木。茎圆柱形，长达120cm，于基部密生，叶对生，卵形至矩圆状披针形，肥厚，具微毛。花单生、腋生或顶生，长5~10cm；花冠筒状，基部有距，先端明显二唇形，红色，喉部黄色；花期5~6月。

分布与习性　原产热带。不耐寒，喜温暖、阴湿；忌强光直射；喜疏松肥沃、排水良好的腐殖质土壤。

繁殖　扦插繁殖。春季用嫩茎扦插，插穗长10~15cm，插入沙中或砾石中。保持土壤湿润。

栽培　生长期间应加强肥水管理，保持土壤湿润，浇水太多则花早落，太少则叶枯黄。生长最适温度，夜间宜10℃以上，白天15~20℃，保持空气相对湿度60%。

园林用途　室内盆栽悬吊。

非洲紫罗兰 *Saintpauolia ionantha*（图7-123）

别名　非洲紫苣苔

属名　非洲紫罗兰属

形态特征　多年生常绿草本。植株矮小，全株被茸毛。叶基生，多肉质，卵圆形，具浅锯齿，两面密布短粗毛，表面暗绿色，背面常带红晕，叶长6～8cm；具长叶柄10～15cm。总状花序，着花1～8朵，花梗长10cm，花径2.5～3cm，花堇色；花被片5枚，上2枚较小；花期夏秋季节，如温度适宜，则全年开花不断。

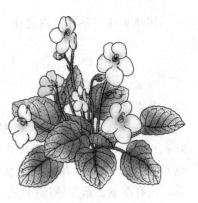

图7-123　非洲紫罗兰

常见变种：

大花非洲紫罗兰 var. *grandiflora*　花较大，径4～6cm。

白花非洲紫罗兰 var. *albescens*　花纯白色。

斑叶非洲紫罗兰 var. *variegata*　叶边缘具黄白色斑纹。

分布与习性　原产热带非洲的坦桑尼亚。不耐寒，喜温暖、湿润、半阴，忌强阳光直射和高温；喜疏松肥沃、排水良好的腐殖质土壤。

繁殖　播种、分株、扦插或组织培养繁殖。春、秋皆可播种，以9～10月最好，种子细小，播后不用覆土，保持湿润，25℃温度，20d左右发芽，分株多在春季结合换盆进行。扦插则选生长充实的叶片，带叶柄插入沙或砾石中，保持较高的空气湿度，适当庇荫，20d左右生根，除此之外，可采用组织培养的方法大量繁殖。

栽培　栽培中应保持较高的空气湿度，适当浇水，勿过湿，注意通风，切忌强光直射。每半个月追肥一次。生长适温为18～26℃，冬季室温不可低于10℃。

园林用途　室内盆栽。

大岩桐 *Sinningia speciosa*

属名　大岩桐属

形态特征　多年生块茎类球根花卉。株高12～25cm，全株有粗毛。块状茎球形，茎直立，单一，有毛。叶基生，肥厚，长椭圆形，密被茸毛，具钝锯齿，叶背稍带红色。花大，顶生或腋生，花梗长；花冠呈阔钟状，长达10cm，冠不相等5裂；萼五角形，裂片5枚，裂片卵状披针形比萼筒长；花有白、粉紫、红及堇青色等，也常见镶白边及各种斑纹品种；花期夏季。

分布与习性　原产巴西。不耐寒，喜温暖、湿润及半阴，忌高温和强光直射；喜疏松肥沃、排水良好的腐殖质土壤。

繁殖　播种繁殖为主，也可叶插或分割块茎。播种春秋皆可，以秋季播种为好，种子细小，播后不必覆土，由出苗至开花需6～8个月。扦插繁殖的，春季从老球茎上取新芽或叶片插入沙内保持较高空气湿度和25℃左右温度，约10d可生根。分株繁殖的在老球茎发芽后切成数块，每块均需带一个芽，切口涂草木灰。

栽培　夏季生长旺盛期要注意降温、增湿和防阳光直射；花后减少浇水，停止施肥，任叶片枯黄，将逐渐变干的盆存放于10～22℃条件下，翌年春重新换盆土栽植，栽植深度宜将球体表面与培养土的表面平齐，保持温暖略干，直至新芽叶显露。生长适温为18～22℃，生长期间保持较高的空气湿度，适当通风和庇荫，浇水不能浇到叶面上，休眠期保持土壤干燥，低温。冬季最低温度要求在10℃以上，每天光照8h。

园林用途　冬春室内盆花。

扭果花 *Streptocarpus rexii*

别名　姬筒草

属名　扭果苣苔属

形态特征　多年生草本。植株矮小有毛，无茎。叶数枚根生，稍直立，长20cm，宽5cm，呈长椭圆形，具钝锯齿，两面密生茸毛。花莛多数，自基部抽出，长15~30cm，先端着生1~2朵花；花冠漏斗状，长5cm，裂片5枚，常不等大；萼有毛，狭小；花半下垂，花有淡蓝、蓝紫或纯白色，下部裂片有紫色条纹，喉部有暗绿色条纹；花期5月。蒴果螺旋状扭曲，故名扭果花。

分布与习性　原产南非。喜冷凉及半阴多湿，不耐寒；忌炎热；喜排水良好的土壤。

繁殖　播种繁殖为主，也可叶插和分株繁殖。种子细小，除炎热夏季外，其他季节都可播种，通常秋冬播种，播后不必覆土。叶插除夏季和花期外都可进行，选取健壮成熟的叶片插入沙或苔藓中，保持较高湿度，20~30d生根。分株通常春季结合换盆进行。

栽培　生长期间应注意庇荫，经常追肥，但切勿灌入叶面或叶丛中，以免引起腐烂或造成叶面焦斑。

园林用途　盆栽。

47. 爵床科 Acanthaceae

草本或藤本，很少灌木或小乔木。单叶对生，稀互生，表面有时有钟乳体。花两性，常两侧对称，单生或成簇腋生，或成顶生或腋生的总状、穗状或头状花序；苞片通常大，有时有鲜艳色彩；小苞片2或退化；花萼4~5裂；花冠合瓣，裂片2唇形或为不相等的5裂；雄蕊4或2，着生花冠筒内或喉部；子房上位。蒴果，室背开裂。本科约250属2500种以上，主产于热带和亚热带地区；我国约50属400种，多产于长江以南各地；本书收录5属5种。

1. 叶上面主脉和侧脉白或黄色，或具白色网纹。
　2. 叶上面主脉和侧脉白或黄色，苞片黄、绿、黄至橙黄或为红色；花黄色叶全缘，上面主脉和侧脉白色 ·· 1. 单药花属 *Aphelandra*
　2. 叶上面具白色网纹，苞片绿带淡黄色；花淡黄色 ······················ 2. 网纹草属 *Fittonia*
1. 叶上面各级脉纹无美丽色彩。
　3. 聚伞花序下有2~4枚总苞状的苞片，其内有1~4花。花药1室 ············ 3. 枪刀药属 *Hypoestes*
　3. 花序下无总苞状苞片。
　　4. 苞片大而鲜艳，棕红色，长达2cm ··································· 4. 虾衣花属 *Callispidia*
　　4. 苞片较小，若为大则不为红棕色······························· 5. 珊瑚花属 *Jacobinia*

金脉单药花 *Aphelandra squarrosa*

别名　花叶爵床、斑马爵床、金脉爵床

属名　单药花属

形态特征　观叶小灌木。株高 50～80cm。茎直立，有分枝。叶大，卵形或卵状椭圆形，对生，绿色有光泽；具鲜明的黄白色叶脉，主脉和叶缘微带红色。穗状花序，花梗长 40cm 左右，花呈 4 列着生，苞片青色；花冠唇形，淡黄色；花期 8～10 月。

分布与习性　原产美洲热带。不耐寒，喜温暖；稍耐阴，忌强光直射；喜湿润，要求排水良好的土壤。喜肥。

繁殖　扦插繁殖。春、秋、冬均可切取粗茎扦插。

栽培　生长期间注意多浇水施肥。夏季注意庇荫。栽培较容易。

园林用途　室内盆栽观叶。

鹃泪草 *Hypoestes phyllostachya*

别名　红点草

属名　枪刀药属

形态特征　多年生草本，常作一、二年生栽培。株高 15～30cm。茎直立，多分枝，枝条伸长后呈半蔓性。叶卵形，密被茸毛；叶面橄榄绿上有漂亮的粉红色或白色斑点，极似人工喷洒了油漆彩墨，奇特艳丽。

分布与习性　原产热带。不耐寒，喜温暖、湿润；喜半阴，忌强光直射；喜疏松肥沃、富含腐殖质的土壤，要求排水良好。

繁殖　扦插繁殖，全年均可进行，但以春、秋二季为佳。剪取顶芽或枝条，每段 2～3 节插入沙中，保持土壤湿润。

栽培　生长期间适当追肥，保持土壤湿润及半阴环境。但过分阴暗易徒长，叶色变绿，斑点逐渐淡化，失去美观。冬季不低于 14℃。

园林用途　室内盆栽观叶。

虾衣花 *Callispidia guttata*（图 7-124）

别名　麒麟吐珠、狐尾木

属名　虾衣花属

形态特征　常绿灌木。株高 1～2m，全株具毛。枝柔弱，多分枝。叶椭圆形，端尖，全缘；叶柄细长。穗状花序顶生，常下垂或拱形弯曲；苞片重叠，棕红色、红色、黄绿色或黄色，甚美观；花小，白色，伸出苞片外，二唇形，上唇全缘稍 2 裂，下唇 3 裂，上有 3 行紫色斑花纹；花期冬春季节。

分布与习性　原产美洲热带。不耐寒，喜温暖，冬季最低温度要求在 5～10℃，15℃ 以上可继续开花。喜光，也耐阴；喜湿润、通风良好；宜排水良好的土壤。

繁殖　扦插繁殖。春秋切取粗枝扦插。

栽培　生长期间应多浇水施肥。夏季应注意庇荫，盆栽时应短截修剪，经常保持土壤湿润，花后剪除老枝。

图 7-124　虾衣花

栽培管理较粗放。

园林用途　室内盆栽；暖地庭园种植。

珊瑚花 *Cyrtanthera carnea*（图7-125）

别名　红樱花、芝麻花

属名　珊瑚花属

形态特征　亚灌木。株高40～80cm。茎四棱，具叉状分枝。叶卵形，全缘，矩圆形至卵状披针形。穗状花序顶生；苞片矩圆形；花冠粉红紫色，具黏毛，二唇形；花期4～10月。

分布与习性　原产巴西。不耐寒，喜温暖；耐阴；喜湿润、通风良好；宜肥沃疏松、排水良好的土壤。

繁殖　扦插繁殖，春夏扦插。

栽培　多温室盆栽，生长期间应多施肥，浇水应注意不可使盆土长时间潮湿。栽培管理较粗放。冬季应保持室温10℃以上。

图 7-125　珊瑚花

园林用途　室内盆栽。

网纹草 *Fittonia verschaffeltii*（图7-126）

属名　网纹草属

形态特征　多年生常绿草本植物。株高20～25cm。茎直立，茎着地常生根，多分枝，分枝斜生，开展。叶对生，卵形，薄纸质，具光泽，叶长5～8cm；先端钝全缘；叶面密布白色网状脉或具深凹的红色叶脉。花小，黄色微带绿色，生于叶腋，筒状，二唇形；有较大苞片，生于柱状花梗上。

品种有'姬白'网纹草'Minima'，叶脉象牙白色；'姬红'网纹草'Pearcei'，叶脉红色，叶背淡白。

分布与习性　原产热带。不耐寒，喜温暖、湿润；喜半阴，忌强阳光直射；喜疏松肥沃、湿润排水良好的石灰质土壤。生长最适温度夜间为15～20℃，白天25～30℃，要求空气相对湿度50%左右。

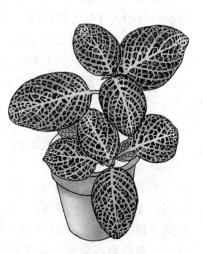

图 7-126　网纹草

繁殖　扦插繁殖，全年皆可进行，取嫩枝扦插，基质为砾石或沙，保持湿润，生长期间加强肥水管理，保持土壤湿润。置于半阴环境栽培。

栽培　生长期应保持土壤湿润及空气湿度。每两周施用稀薄肥水1次，并避免强烈阳光直射。冬季最低温度应不低于15℃，夏季应经常向叶面喷水。

园林用途　盆栽，作悬吊植物栽培。

48. 茜草科 Rubiaceae

乔木、灌木或草本，直立、匍匐或攀缘。单叶对生或很少轮生，全缘或有锯齿；托叶有时变为叶状，有时连合成鞘，宿存或脱落，有时退化成托叶痕迹。花两性，很少单性，辐射对称，很少两侧对称，单生或成各式花序；萼筒与子房合生，全缘或有齿裂，有时其中 1 裂片扩大为叶状；花冠筒状或漏斗状，裂片 3~6；雄蕊着生于花冠筒上，与裂片同数而互生；子房下位。果实为蒴果、浆果或核果。本科约 450 属 5000 种以上，主产于全球热带和亚热带地区；我国有 71 属约 450 种，大部产于西南和中南部地区；本书收录 3 属 4 种。

1. 花冠裂片旋转状排列，花 4 出数 ……………………………………… 1. 龙船花属 Ixora
1. 花冠裂片镊合状排列；种子有翅
　2. 果熟时开裂，蒴果；花 5 出数 ………………………………………… 2. 五星花属 Pentas
　2. 果熟时不开裂，浆果 ……………………………………………… 3. 玉叶金花属 Mussaenda

龙船花 Ixora chinensis（图 7-127）

别名　英丹花、水绣球
属名　龙船花属
形态特征　常绿小灌木。全株无毛。单叶对生，矩圆状卵形，全缘；托叶生于叶柄间。伞房花序顶生，具短梗；花冠红色或橙红色，高脚碟状，花冠细长，裂片 4 枚，卵形或近圆形；雄蕊与裂片同数，着生于花冠喉部；花期 6~11 月。浆果球形，紫红色。

同属常见栽培种类：
矮英丹花 I. coccinea　植株较矮。花瓣短尖，花殷红色，观赏价值高。

分布与习性　原产中国台湾、福建等地。马来西亚、印度尼西亚也有。不耐寒，喜温暖、高湿；耐半阴；宜疏松肥沃、富含腐殖质的酸性土壤。

图 7-127　龙船花

繁殖　播种或扦插繁殖。
栽培　生长期应多施肥水，苗期注意摘心。保持土壤适度酸性。栽培容易，管理较粗放。
园林用途　盆栽。华南地区可园林丛植，或与山石配植。

五星花 Pentas lanceolata

属名　五星花属
形态特征　亚灌木。株高 50~80cm，全株被毛。叶对生，卵形、椭圆形或披针状矩圆形。聚伞花序顶生，约由 20 朵小花组成，花淡红至鲜红色；花冠 5 裂，裂片端尖，花呈五星状；花期秋季至冬季。

分布与习性　原产中东及非洲。不耐寒，喜温暖，冬季要求温度在10℃以上，喜光，不耐阴；宜疏松肥沃、排水良好的土壤。

繁殖　扦插繁殖。扦插宜在春、夏进行。

栽培　花后有短期休眠，此时应控制水分。栽培容易。

园林用途　盆栽，适于室内布置。

玉叶金花 *Mussaenda pubescens*

别名　白纸扇

属名　玉叶金花属

形态特征　灌木。小枝有柔毛。叶对生或轮生，膜质或薄纸质，卵状矩圆形或卵状披针形，背面密生短柔毛。伞房花序顶生，花稠密，有极短的总花梗和被毛的条形苞片；花冠黄色，裂片内有黄色小凸点，每一花序中有3~4枚白色扩大的叶状萼片；花期5~10月。浆果圆形至椭圆形。

分布与习性　原产中国长江以南各地。喜温暖、半阴，宜酸性土壤。

繁殖　扦插繁殖。春季嫩枝扦插，生根快。

栽培　花后修剪。其他管理简单粗放。

园林用途　温暖地区植于疏林草地。

49. 川续断科(山萝卜科) Dipsacaceae

一年生或多年生草本。叶对生，稀轮生，全缘至羽状深裂；无托叶。花小，两性，稍两侧对称，排列成有总苞的头状花序或有间断的穗状花序；花萼管与子房合生，花萼裂片开展呈环形；花冠漏斗状，4~5裂，裂片相等或稍成二唇形；雄蕊4，着生花冠筒上；子房下位。果为瘦果。本科约10属160种，主要分布于地中海、亚洲及非洲；我国约5属30种；本书收录1属1种。

图7-128　紫盆花

紫盆花 *Scabiosa atropurpurea* (图7-128)

别名　轮峰菊、松虫草

属名　蓝盆花属

形态特征　一、二年生草本。株高30~60cm。茎多分枝，被稀疏长白毛，渐落。基生叶近匙形，不裂或琴裂，具粗齿，常互生；茎生叶对生，矩圆状倒卵形，3~4对羽状深裂至全裂。圆头花序近球形，具长总梗；总苞片略长于花序，具贴生毛；花冠4~5裂，深紫色；花序边缘小花较大，呈放射状，芳香；花期5~6月或8~10月。园艺品种繁多，花有白、粉、红、紫、蓝等深浅不一色，还有大花、重瓣及矮生品种。

分布与习性　原产南欧。耐寒，忌炎热，喜凉爽、通风；喜光；忌水湿及雨涝；宜排水良好的土壤。

　　繁殖　播种繁殖。通常 9 月播种，冷床越冬，翌春定植露地。寒冷地区可于春季播种。

　　栽培　栽培注意防积水及雨涝。管理较粗放。

　　园林用途　花坛；花境；盆栽；切花。

50. 葫芦科 Cucurbitaceae

　　茎匍匐或攀缘，常有螺旋状卷须。叶互生，有柄，通常单叶而深裂，有时为复叶。花单性，雌雄同株或异株，单生、簇生或组成各种花序。雄花：萼管状，裂片张开或覆瓦状排列；花冠离瓣或合瓣；雄蕊通常 3，有时 5 或 2，分离或各式连合。雌花：萼管与子房合生，子房下位或半下位。果实大都为瓠果，有些属种为蒴果；种子多数，多扁平。本科有 90 余属 800 多种，主产于热带及亚热带地区；我国有 23 属 130 多种，多分布于南部和西南部；本书收录 3 属 3 种。

1. 花冠具 5 片分离的花瓣或深 5 裂。
　　2. 花冠裂片全缘，花白色单生 ································· 1. 葫芦属 *Lagenaria*
　　2. 花冠裂片流苏状，多革质藤本 ······················ 2. 栝楼属 *Trichosanthes*
1. 花冠钟状，5 裂片仅达花冠中部或中部以上 ············· 3. 南瓜属 *Cucurbita*

小葫芦 *Lagenaria siceraria* var. *microcarpa*（图 7-129）

　　别名　腰葫芦、观赏葫芦
　　属名　葫芦属

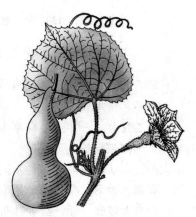

　　形态特征　一年生缠绕草本。茎长达 10m，有软黏毛，卷须分 2 叉。叶心状卵形或肾状卵形，具小齿。花单性，雌雄同株，单生叶腋；雄花花冠白色，边缘皱曲；花期 6~7 月。瓠果淡黄白色，中部细，下部大于上部，呈扁圆球形，熟后果皮木质化，果期秋季。

　　分布与习性　原产欧亚大陆热带。不耐寒，喜温暖、湿润、阳光充足；宜疏松肥沃、湿润而排水良好的中性土壤，也能适应微碱或微酸土壤。

　　繁殖　播种繁殖。早春室内盆播，出真叶后定植露地。

图 7-129　小葫芦

　　栽培　生长期间注意多浇水施肥，并及时设立棚架。栽培容易，管理较粗放。

　　园林用途　布置花架等。

栝楼 *Trichosanthes kirilowii*（图 7-130）

　　别名　瓜蒌、药瓜
　　属名　栝楼属

形态特征 多年生攀缘草本。具圆柱状块根，灰黄色。茎攀缘，卷须分2~5叉。叶圆形，常3~7浅裂或中裂，具粗齿。花单性，雌雄异株；雄花数朵呈总状花序，花白色，裂片倒卵形，长流苏状；雌花单生。瓠果近球形，橙红色至黄褐色。

分布与习性 原产中国北部至长江流域，朝鲜、日本也有分布。耐寒，喜光，也耐半阴；忌水涝，不择土壤，但在湿润、疏松、肥沃、排水良好的土壤中生长良好。

繁殖 播种繁殖为主，也可分根繁殖。播种在春季进行，盆播或直播。

栽培 生长期注意施肥浇水，及时设置支架。栽培容易，管理粗放。

园林用途 作棚架垂直绿化。

图7-130 栝 楼

图7-131 观赏南瓜

观赏南瓜 *Cucurbita pepo* var. *ovifera*(图7-131)

别名 观赏西葫芦、桃南瓜

属名 南瓜属

形态特征 一年生蔓性草本。茎被半透明的粗糙毛。卷须多分叉。叶广卵形，有角或裂片，两面被粗糙毛。花单性，雌雄同株，单生；花鲜黄色至橙黄色；花期夏秋季节。瓠果大小、形状及色泽因品种不同而异，一般有白、黄、橙等单色或双色或具条纹，形状有圆、扁圆、钟形、梨形等；果期秋季。

分布与习性 原产欧亚热带及美洲热带。不耐寒，喜温暖、湿润、阳光充足，宜疏松肥沃的土壤。

繁殖 播种繁殖。春季播种。

栽培 需经常用土压蔓，注意浇水施肥，勿使其干旱。栽培管理简单。

园林用途 盆栽观果；垂直绿化。

51. 桔梗科 Campanulaceae

一年生或多年生草本，很少灌木，或呈攀缘状，通常有乳汁。叶互生或对生，稀轮生，全缘，有齿或少有分裂；无托叶。花两性，辐射对称或两侧对称，花腋生或顶生，成总状或圆锥状花序，有时单生；无苞片，着生花茎上的叶小如苞片，花萼裂片 4~6，通常宿存；花冠蓝色或有时白色，合瓣，整齐或不整齐，管状、辐射状、钟状或两唇状，裂片在芽中呈镊合状排列；雄蕊 4~6；子房下位或半下位。果实为蒴果，很少是浆果。种子有肉质胚乳，扁平，或三角状，有时有翅。本科约 60 属 1500 余种；产于温带、亚热带；热带分布较少；我国有 17 属 150 种；本书收录 3 属 4 种。

1. 花冠辐射对称。
  2. 果为顶端瓣裂的蒴果；高大草本；叶轮生或对生，稀互生 ……………… 1. 桔梗属 Platycodon
  2. 果在侧面的基部或上部孔裂的蒴果；无花盘 ……………………………… 2. 风铃草属 Campanula
1. 花冠两侧对称；雄蕊合生；子房下位，2 室；蒴果 …………………………… 3. 半边莲属 Lobelia

桔梗 *Platycodon grandiflorus*（图 7-132）

别名　僧冠帽、六角荷、道拉基

属名　桔梗属

形态特征　多年生草本。株高 30~100cm，上部有分枝。枝铺散，有乳汁。块根肥大多肉，胡萝卜状。叶互生，或对生，或 3 叶轮生，近无柄，卵形至披针形，具锯齿，叶背具白粉。花单生，或数朵聚合呈总状花序，顶生；花冠钟形，蓝紫色，未开时抱合似僧冠，开花后花冠宽钟状，蓝紫色，有白花、大花、星状花、斑纹花、半重瓣花及植株高矮不同等品种；萼钟状，宿存；花期 6~9 月。与风铃草的主要区别在于其蒴果的顶端瓣裂。

图 7-132　桔　梗

分布与习性　原产中国、朝鲜和日本。多生长于山坡、草丛间或林边沟旁。耐寒性强，喜凉爽、湿润；宜排水良好、富含腐殖质的砂质土壤。

繁殖　多用播种繁殖，也可分株、扦插繁殖。播种通常 3~4 月直播，播前先浸种，种子在 20~30℃ 5d 均可萌发，但以 15~25℃ 为好，栽培地施用堆肥和草木灰作基肥，播种覆土宜薄，播后略加镇压，盖草防旱，发芽后注意保持土壤湿润，间苗 2 次，定苗株行距 20~30cm。扦插、分株春秋均可进行。

栽培　栽培容易。花期前后追肥 1~2 次，秋后欲保留老根应剪去干枯茎枝覆土越冬。挖根入药时宜深挖 50cm，以保全根，挖取后切取根颈用于繁殖，下部去皮晾干入药。播种苗 2~3 年后可收根。

园林用途　花期长，花色美丽。适宜栽植岩石园或花坛，也可盆栽或作切花。

风铃草 *Campanula medium*

别名　钟花、吊钟花、瓦筒花

属名　风铃草属

形态特征　二年生草本。株高 30~120cm。全株具粗毛。茎粗壮直立，稀分枝。基生叶卵状披针形,具钝齿;茎生叶披针状矩圆形,叶柄具翅。总状花序顶生,着花多数,花向上斜展;萼片具反卷的宽心脏形附属物;花冠膨大,钟形;栽培品种很多,花有白、粉、蓝及堇紫等色,深浅不一;花期5~6月。

常见栽培变种:

杯碟风铃草 var. *calycantheme* 花萼瓣状,彩色,并有重瓣变型。

分布与习性 原产南欧。稍耐寒,喜冷凉,忌炎热;喜光,稍耐阴;喜深厚肥沃、湿润的土壤,不耐贫瘠干旱之地。

繁殖 播种繁殖,因风铃草营养生长期长,因此一般于4~6月播种。夏季苗期注意创造凉爽通风环境,冬季冷床越冬,翌春定植露地。

栽培 栽培管理应精细。

园林用途 花坛;花境;或作切花。

半边莲 *Lobelia chinensis*

属名 半边莲属

形态特征 多年生草本。株高6~15cm,有白色乳汁。茎平卧,在节上生根,分枝直立,全株无毛。叶互生,狭披针形或线形,具波状小齿或近无齿;无柄或近无柄;花单生上部叶腋,花梗长,超出叶外,无小苞片;萼筒长管形,基部狭窄成柄;花冠粉红色、白色,近唇形;花期4~5月。

分布与习性 原产中国、印度、越南等地,朝鲜、日本也有。半耐寒,喜冷凉,忌炎热;喜光,稍耐阴;宜湿润、肥沃的土壤。

繁殖 播种、分株或扦插繁殖。分株、扦插在春、秋均可进行。播种,因种子极细小,直播于疏松而排水良好的土壤,播后不覆土,多春播或秋播。

栽培 冬季需移入冷室越冬。管理简单。

园林用途 作地被植物,点缀园路边、草坪上、湖边、沼泽地及溪边;或作花坛材料。

山梗菜 *Lobelia sessilifolia*

别名 六倍利

属名 半边莲属

形态特征 多年生草本,常作一、二年生栽培。有乳汁,株高15~30cm。茎多分枝,开展呈半匍匐状。基部叶倒卵形,具不整齐疏齿;茎生叶倒披针形至线形。花单生叶腋,多花;萼短;花冠筒状,檐部5裂,下方3裂片大而开张,上方2裂片窄小;花淡蓝或堇蓝色,喉部白色或红紫色。变种很多,有垂枝、长枝、白花、蓝紫花、玫瑰红花以及矮生种、垂瓣种等。

分布与习性 原产南非。性喜凉爽,忌霜冻。在湿润、肥沃、排水良好的土壤中生长良好。

繁殖 用播种繁殖,秋、冬或早春均可,种子细小,种子发芽喜光,播后不必覆土。灌溉宜用温水。真叶2~3片时移植。少用分株、扦插等法。

栽培 不耐干冷,栽培之地宜较湿润;南方地区露地越冬,华北多作一年生栽培,秋播的需温床防寒越冬。

　　园林用途　春季花坛。

52. 菊科 Compositae

　　草本、灌木或很少乔木，有些种类有乳汁管或树脂道。互生叶，少对生或轮生，全缘至分裂；无托叶或有时叶柄基部扩大成托叶状称假托叶。花无柄，两性、单性或中性，少或多数聚集成头状或缩短的穗状花序，为1至数层总苞片组成的总苞所围绕，头状花序单生或再排成各种花序；花序托也称花托(花序柄扩大的顶部，平坦或隆起)，有或无窝孔，有或无托片(即小苞片)；花萼退化成鳞片状、刺毛状或毛状，称冠毛；花冠合生、管状、舌状或唇形；头状花序由同形花(全为管状花或舌状花)或异形花(通常由外围缘花舌状和中央盘花管状)组成；雄蕊4～5着生花冠管上。瘦果。本科约1000属25 000～30 000种，广布全世界，热带较少；我国有200余属2000多种；本书收录30属47种。

1. 花药基部钝或微尖。
　2. 头状花序全为两性管状花；花柱分枝圆柱形，上端有棍棒状或稍扁的附器。
　　3. 头状花序盘状 ……………………………………………………… 1. 霍香蓟属 *Ageratum*
　　3. 头状花序穗状或总状 ……………………………………………… 2. 蛇鞭菊属 *Liatris*
　2. 头状花序有舌状缘花和管状盘花；花柱分枝上端微扁钝。
　　4. 叶互生；花柱分枝常一面平一面凸，上端有尖三角形附器，头状花序有1至数层缘花和多数盘花。
　　　5. 舌状花黄色，冠毛为多数长糙毛……………………………… 3. 一枝黄花属 *Solidago*
　　　5. 舌状花白色，红色或紫色，冠毛各式或无。
　　　　6. 总苞片1～2层，近等长 ……………………………………… 4. 雏菊属 *Bellis*
　　　　6. 总苞片2至数层，外层总苞片小于内层总苞片。
　　　　　7. 总苞片外层叶状，冠毛2层 ……………………………… 5. 翠菊属 *Callistephus*
　　　　　7. 总苞片外层非叶状，冠毛1至多层 ……………………… 6. 紫菀属 *Aster*
　　4. 叶对生；花柱分枝通常截形，无或有尖或三角形附器，若互生则雌性头状花序的内层总苞片结合成囊状，或头状花序仅有2～4朵缘花及1～3朵盘花。
　　　8. 无冠毛或冠毛鳞片状、芒状，或冠状。
　　　　9. 总苞片草质。
　　　　　10. 花序托通常有托片。
　　　　　　11. 叶对生，稀上部互生；舌状花无或有短管部，宿存于瘦果上而随瘦果脱落；有异形小花。
　　　　　　　12. 花托圆锥状或圆柱状；至少内部瘦果有1～3芒；总苞3至多层，覆瓦状排列 ……………………………………………………………………… 7. 百日菊属 *Zinnia*
　　　　　　　12. 花托稍平；瘦果无芒或1～2短芒；总苞片2～3层，稍不等长 ………………………………………………………………………………………… 8. 金鸡菊属 *Coreopsis*
　　　　　　11. 舌状花不宿存于瘦果上；头状花序有异形花，辐射状或近盘状；舌状花结果或无性；或仅有同形两性花。
　　　　　　　13. 瘦果肥厚，圆柱形或蛇状花瘦果有棱，筒状花瘦果侧扁。

14. 叶无柄互生；花序托凸起成圆锥状或圆柱 ·················· 9. 金光菊属 *Rudbeckia*

14. 叶有柄，对生或上部互生；花序大；花序托扁平或圆锥状 ························

·· 10. 向日葵属 *Helianthus*

13. 瘦果多少背腹压扁。

15. 冠毛鳞片状或芒状，无倒刺或无冠毛；叶对生。

16. 舌状花黄色或黄褐色，根非块状 ··················· 11. 金鸡菊属 *Coreopsis*

16. 舌状花白色、红色或紫色等；根块状 ··············· 12. 大丽花属 *Dahlia*

15. 冠毛宿存，芒状，尖锐而有倒刺；叶对生或上部互生；果上端有喙，舌状花红色、

黄色、紫色或白色 ··· 13. 秋英属 *Cosmos*

10. 花序托通常无托片或多少有毛或隧形膜片。

17. 总苞片1层，常联合；叶对生 ························· 14. 万寿菊属 *Tagetes*

17. 总苞片1~2层，常分离；叶互生 ······················ 15. 天人菊属 *Gaillardia*

9. 总苞片全部或边缘膜质。

18. 花序托有明显托片。

19. 头状花序有长梗；总苞半球形 ···················· 16. 春黄菊属 *Anthemis*

19. 头状花序有短梗；总苞卵圆形或长圆形 ·················· 17. 蓍属 *Achillea*

18. 花序无托片；头状花序单生或排成伞房状，花序托半球形或平；叶片全缘或羽状裂 ········

·· 18. 菊属 *Chrysanthemum*

8. 冠毛通常毛状。

20. 总苞片2层，草质稀革质；花药基部钝或具小耳，颈部圆柱形或倒锥形，基部边缘无增大细

胞，药室内壁细胞壁增厚，两极、分散或辐射状排列。总苞圆柱形或倒锥形 ··············

·· 19. 橐吾属 *Ligularia*

20. 总苞片1层，软骨质；缘膜质；花药基部尾状或箭状，花药颈部栏杆状、倒卵状或倒梨状，

基部边缘细胞增大，药室内壁细胞壁增厚通常辐射状，稀分散排列；柱头通常分离，稀汇合

或连接。

21. 总苞无外苞片，头状花序常有舌状花 ··············· 20. 瓜叶菊属 *Cineraria*

21. 总苞具外苞片。

22. 花柱分枝外弯，顶端无钻形附器；头状花序有异形花，通常黄色 ··· 21. 千里光属 *Senecio*

22. 花柱分枝直立。顶端有被乳头状毛的钻形附器 ·················· 22. 菊三七属 *Gynura*

1. 花药基部锐尖，戟形或尾状；叶互生。

23. 花柱上端无被毛的节，分枝上端截形，无附器或三角形附器。

24. 头状花序的管状花浅裂，非二唇状。

25. 冠毛通常毛状，有时无冠毛；头状花序盘状，或辐射状边缘有舌状花，头状花序仅有两性花，

或外层兼有少数雌花，总苞片有白色或颜色明显瓣状附片紧压或疏松或放射状开展 ··········

·· 23. 蜡菊属 *Helichrysum*

25. 冠毛无；头状花序辐射状，雌花舌状，结果；两性花管状，不结果；花药基部有尾；果大，

两端向内卷 ··· 24. 金盏花属 *Calendula*

24. 两性花不规则深裂或二唇形，或边缘花舌状；头状花序同形具辐射状异形小花 ··············

·· 25. 扶郎花属 *Gerbera*

23. 花柱上端有稍膨大而被毛的节，节以上分枝或不分枝；头状花序有同形管状花；瘦果常有歪斜的

基底着生面或有侧面着生面；总苞片有针刺状的附片 ·················· 26. 矢车菊属 *Centaurea*

藿香蓟 *Ageratum conyzoides*

别名 胜红蓟

属名 藿香蓟属

形态特征 一年生草本。株高 30～60cm，全株被白色柔毛。茎披散。叶对生，卵形至圆形。头状花序聚伞状着生枝顶，花有蓝或粉白色；花期夏秋季节。

常见栽培品种：

'蓝带''Blue Ribbon' 株丛密而圆整，花繁密近覆盖全株。

'粉球''Pink Improved Selection' 高 15～20cm，密丛，粉色花。

'夏雪''Summer Snow' 高 15～20cm，花白色、丰满。

同属植物：

心叶藿香蓟 *A. houstonianum* 别名大花藿香蓟。多年生草本，常作一年生栽培。株高 15～25cm。茎上部多分枝，丛生而密集。叶卵形，表面皱缩，基部心脏形。头状花序聚伞状着生枝顶，花序较大，小花筒状，无舌状花，花淡蓝色，苞片背部有细密的黏质毛，花期 7～9 月。园艺品种较多，花有蓝、淡蓝、雪青、粉红和白色等。

分布与习性 原产美洲热带。不耐寒，忌炎热；喜阳光充足、温暖、湿润，稍耐阴。对土壤要求不严。

繁殖 一般在春季播种繁殖，自播繁衍能力强；晚霜过后定植露地。扦插繁殖宜在冬春进行，用嫩枝扦插在沙中或砂质土壤中。母株冬季需在温室中越冬，越冬温度要求 10℃以上。夏季注意适当庇荫以降低温度。

栽培 栽培容易，管理粗放。

园林用途 高型品种适宜布置花坛、花境或作切花；矮型品种是作毛毡花坛和地被植物的好材料，也可点缀岩石园或盆栽。

蛇鞭菊 *Liatris spicata*（图 7-133）

属名 蛇鞭菊属

形态特征 多年生草本。株高 60～150cm，全株无毛或散生短柔毛。具黑色块根。茎直立，少分枝。叶互生，条形，全缘。头状花序多数，呈穗状着生，花穗长 15～30cm；花紫红色，自花穗基部依次向上开放；花期 7～9 月。

分布与习性 原产北美。性强健，较耐寒，喜光，对土壤要求不严。

繁殖 分株繁殖为主，春秋皆可，分株时块根上应带有新芽。也可播种繁殖。

栽培 栽培容易，管理粗放。

园林用途 切花；花境；切花时通常在花穗基部开放时切取。

图 7-133 蛇鞭菊

加拿大一枝黄花 *Solidago canadensis*(图7-134)

别名 一枝黄花

属名 一枝黄花属

形态特征 多年生草本。株高100~150cm。茎光滑，仅上部稍被短毛。叶披针形，具3行明显叶脉，具齿牙。密生小头状花序组成圆锥花序，总苞近钟形，圆锥花序生于枝端，稍弯曲而偏于一侧，花黄色；花期7~8月。

分布与习性 原产北美东部。耐寒，喜阳光充足、凉爽、高燥、耐旱，对土壤要求不严。

繁殖 分株繁殖为主，也可播种。春、秋皆可进行。

栽培 栽培容易，管理粗放。

园林用途 花境丛植；切花。

图7-134 加拿大一枝黄花

雏菊 *Bellis perennis*(图7-135)

图7-135 雏 菊

别名 延命草、春菊

属名 雏菊属

形态特征 多年生草本，常作二年生栽培。株高10~15cm，全株具毛。叶基生，长匙形或倒卵形，基部渐狭，先端钝，微有齿。头状花序单生，花莛自叶丛抽出；舌状花1轮或多轮，条形，白色，深红色，淡红色等；筒状花黄色；花期4~5月。

分布与习性 原产西欧。性强健，较耐寒，喜冷凉，可耐-3~-4℃低温，忌炎热；喜阳光充足；宜肥沃、富含腐殖质土壤。

繁殖 播种繁殖为主，也可分株及扦插繁殖。播种多在8~9月进行，10月下旬移至阳畦越冬。

栽培 生长期间应注意施肥和浇水。栽培较容易，管理较粗放。

园林用途 花坛；花境；盆栽。

翠菊 *Callistephus chinensis*(图7-136)

别名 蓝菊、江西腊

属名 翠菊属

形态特征 一年生草本。株高30~100cm，全株疏生短毛。茎直立，上部多分枝。叶互生，阔卵形至长椭圆形，具粗钝锯齿。头状花序单生枝顶；总苞片多层，外层叶状；外围舌状花雌性，原种单轮，浅堇至蓝紫色，栽培品种花色丰富，有绯红、桃红、橙红、浅粉、紫、墨紫、蓝、天蓝、白、乳白、乳黄、浅黄诸色；筒状花黄色，端部5齿裂；春播花期7~10月，秋播5~6月。瘦果有柔毛、冠毛两层，外层短，易脱落。

分布与习性　原产中国、朝鲜，日本也有。耐寒性不强，秋播苗在北京需保护越冬，喜温暖，忌暑热；要求阳光充足，稍耐阴；宜疏松肥沃、湿润、排水良好的土壤，忌连作及雨涝。

　　繁殖　播种繁殖，春、夏、秋皆可播种，一般多春播。

　　栽培　栽培时应注意中耕保墒，避免浇水过多。土壤过湿，易引起徒长、倒伏或病害。

　　园林用途　矮型品种适宜于花坛、边缘装饰及盆栽，中高型品种适用于各种园林布置及切花。

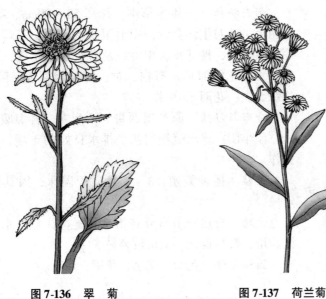

图 7-136　翠　菊　　　　　　　　图 7-137　荷兰菊

荷兰菊 *Aster novi-belgii*（图 7-137）

　　别名　柳叶菜

　　属名　紫菀属

　　形态特征　多年生草本。株高 50～150cm，全株被粗毛，上部呈伞房状分枝。叶狭披针形至线状披针形，近全缘，基部稍抱茎，无黏性茸毛。头状花序伞房状着生，花较小；舌状花 1～3 轮，淡蓝紫色或白色；总苞片线形，端急尖，微向外伸展；花期 8～10 月。

　　同属植物：

　　紫菀 *A. tataricus*　多年生草本。株高 40～50cm。茎直立，粗壮，具疏粗毛，茎部有纤维状残叶片和不定根。基部叶矩圆状或椭圆状匙形，上部叶狭小，厚纸质，两面有粗短毛。头状花序复伞房状着生，总苞半球形，总苞片 3 层，顶端尖或圆形，边缘宽膜质，紫红色；舌状花 1～3 轮，淡紫色；花期秋季。原产中国、日本及西伯利亚。

　　分布与习性　原产北美。耐寒性强，喜凉爽；需阳光充足和通风良好；宜湿润、肥沃、深厚的土壤，忌夏季干燥。

　　繁殖　播种、分株或扦插繁殖。播种宜在春季进行，盆播或温床播种，但品种特性不易保持，4～5 月下旬定植露地。分株春、秋均可。栽培品种扦插繁殖多在 5～6 月进行，取嫩枝扦插在沙床上，栽培管理较粗放。

栽培　花前追肥2~3次，生长早期修剪控制高度，后期摘心使株型丰满。荷兰菊在北京自然花期为9月上中旬，通常摘心后20d又可显花。

园林用途　花坛；花境；花丛；盆栽。

百日草 *Zinnia elegans*（图7-138）

图7-138　百日草

别名　百日菊

属名　百日菊属

形态特征　一年生草本。株高50~90cm。茎直立而粗壮，被粗毛。叶对生，全缘，卵形至长椭圆形，基部抱茎。头状花序单生枝端，梗甚长，中空；总苞钟状，全缘，基部连生成数轮；舌状花倒卵形，有白、黄、红、紫等色；筒状花橙黄色，边缘5裂；花期6~9月。

分布与习性　原产墨西哥。不耐寒，喜温暖，忌酷热；喜光，耐半阴；要求疏松肥沃、排水良好的土壤，较耐干旱，忌连作。

繁殖　播种繁殖，3~4月播于温床，因其侧根少，应早定植。

栽培　炎热季节常开花不良，夏季注意防水湿。在炎热地区栽培，常易退化。栽培较容易。

园林用途　花坛；花丛；花境；切花。

黑心菊 *Rudbeckia hybrida*（图7-139）

属名　金光菊属

形态特征　多年生草本。株高60~90cm，枝叶粗糙，全株被粗硬毛。基生叶卵状倒披针形，上部叶互生，叶匙形或阔披针形，具粗齿。头状花序，花大，径约10cm；舌状花单轮，金黄色；筒状花深褐色半球形；花期6~9月。

同属植物：

金光菊 *R. laciniata*　株高1.5~2.5m，叶片较宽，基生叶羽状5~7裂；茎生叶3~5深裂或浅裂，具少数锯齿。头状花序单生或数个合生，具长总梗；舌状花金黄色，倒披针形、下垂；筒状花黄绿色；总苞稀疏、叶状；花期7~9月。

常见栽培变种：

重瓣金光菊 var. *hortensis*　花重瓣。其习性、繁殖、栽培及用途均同黑心菊。

分布与习性　原产北美。耐寒，喜温暖；宜阳光充足、通风良好；耐干旱，对土壤要求不严，适应性很强。

繁殖　播种繁殖为主，也可分株或扦插繁殖。播种多9月进行，11月定植，露地越冬；也可春播，3月初播种，7月至秋末陆续开花。分株春、秋均可。能自播繁衍。

栽培　栽培容易，生长期间应保持土壤湿润，适当施肥水，则枝叶繁茂，花大色艳。

园林用途　庭园丛植；群植；花境；草地边缘、道路两侧栽植；切花。

图7-139　黑心菊　　　　　　　　　　图7-140　向日葵

向日葵 *Helianthus annuus*（图7-140）

属名　向日葵属

形态特征　一年生草本。株高1～3m。茎直立、粗壮，被粗硬刚毛，不分枝或少分枝。叶宽卵形，两面密生硬毛，具粗锯齿，基部3脉，有长叶柄。头状花序单生于茎端，大型，径达35cm；总苞片卵圆形或卵状披针形，顶端尾状渐尖，被长硬刚毛；舌状花金黄色，1～2轮，不结实；筒状花棕色或紫色；花期夏秋季节。

常见栽培变种：

观赏向日葵 var. *flore-pleno*　一年生草本。株高100～150cm。茎多分枝。叶较向日葵小，全株具毛。花淡黄至棕红色，花期6～9月。

分布与习性　原产北美。不耐寒，喜温暖、湿润、阳光充足；宜深厚、肥沃的土壤。也稍耐干旱、瘠薄盐碱地。

繁殖　播种繁殖，春播。定植后要设立支柱。

栽培　栽培容易，管理简单。

园林用途　草坪边缘丛植，作背景材料。高大品种适宜切花；矮生、重瓣品种适宜盆栽布置花境、花坛。

金鸡菊 *Coreopsis basalis*

属名　金鸡菊属

形态特征　一、二年生草本。株高30～60cm。茎分枝伸展。叶1～2回羽状裂，裂片圆形至长圆形，上部叶呈线形。头状花序顶生，具长梗，总苞片外轮披针形；舌状花黄色，基部褐紫色；筒状花深紫色；花期6～9月。

同属植物：

大花金鸡菊 *C. grandiflora* 多年生草本。株高 30～60cm，稍被毛。茎分枝。叶对生，基部叶全缘，披针形；上部叶 3～5 裂，裂片披针形至线形，顶裂片尤长。头状花序大，具长总梗；内外到总苞近等长，舌状花与筒状花均黄色；花期 6～9 月。原产北美。

大金鸡菊 *C. lanceolata* 多年生草本。株高 30～60cm，全株无毛或疏生长毛。叶多簇生基部，茎上叶较少且向上渐小，长圆状匙形至披针形，全缘或基部有 1～2 个裂片。头状花序具长总梗；总苞 2 列，每列 8 枚，基部合生，总苞较窄而短；舌状花 8 枚，端 3 裂，舌状花和筒状花全为黄色；花期 6～9 月。园艺品种中有重瓣品种。原产北美。

分布与习性 原产北美。耐寒力不强，忌暑热；喜光；耐干旱和瘠薄土壤。

繁殖 播种繁殖。多春季 4 月播种，秋季播种者，幼苗需在冷床保护越冬。

栽培 栽培管理较粗放。

园林用途 花坛；花境；花径；花丛；岩石园；切花。

蛇目菊 *Coreopsis tinctoria*

属名 金鸡菊属

形态特征 一、二年生草本。株高 60～80cm，全株光滑。茎上部分枝。叶对生，茎生叶具长柄，2 回羽状深裂至全裂，裂片线形或披针形，茎生叶无柄或具翅柄。头状花序顶生，具细长梗，组成疏松的聚伞花丛；总苞片外列短于内列；舌状花单轮，黄色，基部红褐色，端具裂齿；筒状花紫褐色；花期 6～9 月。

分布与习性 原产北美。喜温暖、湿润，不耐霜冻；喜光；对土壤要求不严。

繁殖 播种繁殖，春、秋皆可。秋播在寒冷地区需移入冷床越冬。自播繁衍能力强。

栽培 栽培容易，管理简单粗放。

园林用途 花境；自然式地被；切花。

大丽花 *Dahlia pinnata*

别名 大理花

属名 大丽花属

形态特征 多年生球根花卉。具粗大纺锤状肉质块根。茎光滑粗壮，直立而多分枝。叶对生，大形，1～2 回羽状裂，裂片卵形，具粗钝锯齿，总柄微带翅状。头状花序顶生，其大小、色彩及形状因品种不同而异；花期 6～10 月。园艺品种繁多，花有白、黄、橙、红、粉红、紫等色，并有复色品种及矮生品种。

分布与习性 原产墨西哥。不耐寒，忌暑热，喜高燥、凉爽；要求阳光充足、通风良好；宜富含腐殖质、排水良好的砂质土壤；忌积水。短日照下开花。

繁殖 分块根和扦插繁殖为主，矮生品种可播种繁殖。扦插全年均可进行，但以早春为好，2～3 月间，将根丛在温室内催芽扦插。分根宜在早春进行，每分株的块根上必须带有根颈部，否则不能发芽。播种也宜在春季。

栽培 生长期应注意排水及整枝修剪、摘蕾等，注意施肥，但不可过量。冬季应挖出块根，使其外表充分干燥，再用干沙埋存。

园林用途 花坛；花境；庭院丛植；盆栽；切花。

大波斯菊 *Cosmos bipinnatus*

别名 波斯菊

属名 秋英属

形态特征 一年生草本。株高120~150cm，全株光滑或具微毛。茎细而直立，上部分枝，具沟纹。叶对生，2回羽状深裂至全裂，裂片稀疏，线形，全缘。头状花序单生于总梗上；总苞片2层，内层边缘膜质，苞片卵状披针形；舌状花单轮，花大，花有白、粉红及深红等色，顶端齿裂；筒状花黄色；花期6~10月。

同属植物：

硫华菊 *C. sulphureus* 别名黄波斯菊。一年生草本。株高60~100cm，全株具柔毛。茎多分枝。叶对生，2~3回羽裂，裂片披针形，端突尖，比波斯菊宽。头状花序具长总梗；舌状花背面有脊，暗黄、橙红或金黄色；筒状花黄色；花期8~10月。原产墨西哥至巴西。

分布与习性 原产墨西哥。喜温暖、凉爽，不耐寒，忌暑热；喜光，稍耐阴；耐干旱。短日照下开花。

繁殖 播种繁殖。春播，也可夏播。生长期注意水肥控制、勿使徒长。能大量自播繁衍。

栽培 栽培容易，管理粗放。

园林用途 花丛；花群花境；地被；切花。

万寿菊 *Tagetes erecta*（图7-141）

别名 臭芙蓉

属名 万寿菊属

形态特征 一年生草本。株高60~90cm。茎光滑而粗壮，直立，常具紫色纵纹及沟槽。叶对生，羽状全裂，裂片锯齿带芒状；全叶有油腺点，有强烈臭味。头状花序单生，具长总梗而中空；舌状花有细长的筒部，缘波状皱，花冠有长爪；花有乳白、黄、橙黄至橘红色；花期6~10月。

同属植物：

孔雀草 *T. patula* 又名红黄草，一年生草本。株高20~40cm。茎多分枝而铺散，较万寿菊矮小，细长而呈紫褐色。叶羽状全裂，裂片锯齿明显而细长。头状花序顶生，有长梗；舌状花黄色，基部具红褐斑；花期6~10月。有全为柠檬黄、橙黄色等重瓣品种。其产地、习性、繁殖与栽培等均同万寿菊。

图7-141 万寿菊

分布与习性 原产墨西哥。稍耐寒，喜阳光充足、温暖，耐半阴；耐干旱，对土壤要求不严，抗性强。

繁殖 播种繁殖为主，3~4月进行，5月下旬定植露地。也可嫩枝扦插，多在5~6月进行。

栽培 栽培容易，管理粗放。

园林用途 花坛；花境；花丛；切花。

宿根天人菊 *Gaillardia aristata*（图7-142）

别名　大天人菊

属名　天人菊属

形态特征　多年生草本。株高60～90cm。全株具长毛。茎稍有分枝，多铺散。叶互生，基部叶多匙形，上部叶披针形及长圆形，全缘至波状羽裂。头状花序单生，总苞的鳞片线状披针形，基部多毛；舌状花黄色，基部红褐色，先端多3裂；管状花裂片尖或芒状；花期6～10月。

同属植物：

天人菊 *G. pulchella*　一年生草本。株高30～50cm，全株具软毛。茎多分枝。叶近无柄，全缘或基部成琴状裂。头状花序顶生，具长总梗；舌状花黄色，基部紫红色，先端3齿裂；筒状花先端成尖状，紫色；花期7～10月。原产北美。

常见栽培变种：

矢车天人菊 var. *picta*　头状花序较大，舌状花裂，内卷成偏漏斗状，沿花盘排成多轮。

图7-142　宿根天人菊

筒天人菊 var. *lorenziana*　舌状花与筒状花较大，呈筒状，先端3～5裂。

红花天人菊 *G. amblyodon*　一年生草本。株高30～60cm。叶长圆形，叶基垂耳状，无柄，微抱茎。头状花序，舌状花红褐色，原产北美南部。

分布与习性　原产北美西部。耐寒性强，喜阳光充足。温暖，不耐阴，宜排水良好的土壤，忌积水。

繁殖　播种、分株或扦插繁殖。播种、分株春秋皆可。春、秋扦插，8～9月用嫩茎扦插，春季时用根扦插。

栽培　栽培容易，管理粗放。

园林用途　丛植；花境；切花。

春黄菊 *Anthemis tinctoria*

别名　西洋菊

属名　春黄菊属

形态特征　多年生草本。株高30～60cm，具浓香气味。茎直立，具条棱，上部常分枝，被白色疏绵毛。叶2回羽状裂，裂片长圆形或卵形，具锯齿。头状花序单生，花鲜黄色；花期6～8月，种子冠毛很短。

分布与习性　原产欧洲及近东。耐寒，喜凉爽，喜光，耐半阴；对土壤要求不严。

繁殖　播种或分株繁殖。春、秋播种，以秋季为好。分株在春季进行。

栽培　栽培容易，管理粗放。

园林用途　花坛；花境；岩石园；切花等。

凤尾蓍 *Achillea filipendulina*

属名 蓍属

形态特征 多年生草本。株高约100cm。茎具纵沟及腺点，有香气。羽状复叶，椭圆状披针形，小叶羽状细裂；叶轴下延；茎生叶鞘小，上部叶线形刺毛状。头状花序伞房状着生，鲜黄色；花期6~9月。

同属植物：

千叶蓍 *A. millefolium* 别名西洋蓍草。多年生草本。株高60~100cm。具匍匐的根状茎。茎直立，稍具棱，上部有分枝，密生长白色柔毛。叶矩圆状披针形，2~3回羽状深裂至全裂，裂片披针形或条形，顶端有骨质小尖，被疏长柔毛或近无毛，有蜂窝状小点。头状花序伞房状着生，花白色；花期6~7月。常见栽培变种：var. *rubrum* 花红色，花期6~7月。var. *purpureum* 花紫色。var. *roseum* 花粉红色。原产欧洲、亚洲及美洲，中国西北、东北等地有野生。

蓍草 *A. sibirica* 多年生草本。株高80cm。茎直立，密生柔毛，上部分枝。叶披针形，边缘羽状浅裂，基部裂片抱茎。头状花序伞房状着生，总苞钟形；舌状花单轮，白色；花期7~9月。原产欧洲。

分布与习性 原产高加索。耐寒，宜温暖、湿润；喜阴，耐半阴；对土壤要求不严，宜疏松、肥沃、排水良好的土壤。

繁殖 播种、扦插或分株繁殖。通常春播；扦插在5~6月进行；春、秋两季均可分株。

栽培 栽培容易，管理简单粗放。

园林用途 花坛；花境；切花。

牛眼菊 *Chrysanthemum leucanthemum*

别名 春白菊、法兰西菊

属名 菊属

形态特征 多年生草本。株高30~100cm。茎直立，单生或少有分枝。单叶互生，下部叶有长柄，倒披针形至长椭圆形，具齿牙；中部叶披针形。头状花序，径3~6cm，具长总梗；舌状花单轮，白色；筒状花黄色；总苞片数层，覆瓦状排列，边缘常具膜质；花期5~8月。

分布与习性 原产欧亚、北美及大洋洲。性强健，耐寒性强，喜阳光充足、温暖，稍耐阴；喜排水良好的肥沃土壤。

繁殖 播种或分株繁殖，也可扦插。春季播种，春、秋分株。

栽培 生长期间注意保持土壤湿润。生长强健，栽培容易，管理简单粗放。

园林用途 花坛；花境；切花。

花环菊 *Chrysanthemum carinatum*

别名 三色菊

属名 菊属

形态特征　一、二年生草本。株高 70～100cm，全株嫩绿多汁。茎直立，多分枝。叶数回细裂，裂片线形。头状花序顶生或腋生；舌状花基部黄色，中上部白色、雪青、深红、玫瑰红或褐黄等色；筒状花深紫色，整个花序形成三轮不同的环状色带；花期 4～6 月。

分布与习性　原产北非摩洛哥及欧洲南部。不耐寒，喜冷凉，忌炎热，冬季需保护越冬；喜光，稍耐阴，宜疏松肥沃、深厚的土壤。

繁殖　播种繁殖，多秋季播种，在夏季凉爽地区也可春播。江南越冬需在冷床中度过，华北地区需在低温温室中越冬。

栽培　栽培容易，管理较简单。

园林用途　花坛；花境；盆栽；切花。

滨菊 *Leucanthemum vulgare*

别名　西洋滨菊、春白菊

属名　菊属

形态特征　多年生草本。株高 60～100cm。茎单生，具长毛或无毛。叶倒披针形，锯齿粗钝。头状花序单生枝端；舌状花单轮，白色；筒状花黄色；花期 6～8 月。

分布与习性　本种为种间杂交种，原种 *C. lacustre* 产于德国，*C. nipponicum* 产于日本。

繁殖　同牛眼菊。

栽培　同牛眼菊。

园林用途　庭园栽培；切花。

菊花 *Dendranthema morifolium*（图 7-143）

别名　秋菊、九花

属名　菊属

形态特征　多年生草本。株高 60～150cm。茎直立，基部半木质化。叶互生，有柄，卵形至披针形，羽状深裂或浅裂，具锯齿短尖或钝，基部楔形。头状花序单生或数朵集生于枝顶端，微有香气，花的大小、颜色及形态极富变化；花期也因品种而异，早菊花期 9～10 月，秋菊花期 11 月，寒菊花期 12 月。园艺栽培可全年开花。

分布与习性　菊花为一高度杂交种，原种均产于中国。主要原种有小红菊 *D. chanetii*；毛华菊 *D. vestitum*；野菊 *D. indicum*；紫花野菊 *D. zawadskii* 等。较耐寒，喜凉爽，宿根能耐 -10℃ 的低温，但地上部分在 -1℃ 时即受冻害；喜阳光充足，但夏季应遮庇烈日照射；宜湿润肥沃、排水良好的土壤，喜肥，忌连作，忌涝。为短日照植物。生长发育适温 18～22℃，气温下降到 15℃ 左右利于花芽分化。虽为宿根花卉，但因一个生长期后，长势和开花

图 7-143　菊　花

较差，故需每年重新繁殖新株为宜。

繁殖 以扦插为主，其次为嫁接、分株和播种。通常于早春挖取留种植株的萌蘖芽（脚芽）另行栽植或扦插培育母株，夏季剪取嫩枝扦插或嫁接培育各种艺菊。入冬，选留种株并剪去残花，移植于背风向阳处越冬；翌春加强管理，对脚芽所长枝条经多次摘心，使枝条粗壮供扦插用。培育新品种时，常采用种子播种法繁育，分株时注意每小株要带有脚芽和白根。

栽培 栽培管理依栽培方式不同而异，生长期间注意水肥控制，勿使其徒长。现将常见形式介绍如下：

盆菊：又称多头菊、立菊，为常见的盆栽菊花。选大花系或中花系品种养成每盆3～9枝，每枝1花。盆土用园土5份、腐叶土2份、厩肥土2份、草木灰1份加少量石灰、骨粉配置而成。骨粉不宜多，防止磷的含量偏高引起茎叶老化。具体的过程是：4～6月上旬剪取种株上由脚芽苗形成的粗壮嫩梢作插穗，长8～10cm，切口平整，除去基部叶片，或上部大叶片剪去一半，扦插深度约3cm，扦插介质采用陈砻糠灰或蛭石等，遮阴、保湿，经2～3周生根成活。

上盆后半月当株高15～20cm具6～7枚叶时进行第1次摘心，保留下部3～4枚叶；3～4周后腋芽萌发出新枝，这时进行第2次摘心；最后1次摘心一般在立秋前1周左右，称定头。定头太早，枝条细长；定头过迟，花期迟而花序小，须掌握时宜。定头后抹去所有腋芽，仅保证顶部1芽生长发育。9月中、下旬现蕾，每枝顶端保留正蕾，剔去侧蕾，使养分集中于主花蕾。生长期要定期浇水、追肥，追肥宜用腐熟饼肥水、粪尿等，夏季高温及花芽分化时宜停止施肥，现蕾后4～5d 1次，浓度可逐渐增大并增加磷、钾成分。10月初始直至开花，用0.1%尿素加0.1%磷酸二氢钾液混合进行根外追肥，半月1次。为了抑制高生长可喷洒0.5%矮壮素或 B_9 的水溶液。10月下旬转动花盆，11月初见花微开时就可出圃供观赏了。浇水、施肥时注意忌污水、污物溅入叶面，如溅入，应立即用清水除净。

独本菊：又称品种菊，标本菊，每株1枝1花。可进行冬插（11～12月），也可于6～7月上中旬进行扦插。冬插繁殖成的菊株至翌年5月摘心。每次摘心保留新枝3枚叶；侧芽膨大时除保留顶端1芽分枝外，抹去其余芽，7月中旬停止摘心。一般要分3次剥蕾，第1次留3个蕾，第2次留2个蕾，第3次即最后一次留1个蕾。

悬崖菊：选节长、分枝多，枝细软坚韧的小花品种，如'一捧雪'、'金满天星'、'白星球'、'玫瑰龙眼'等进行培育。当年11月扦插或分脚芽置于低温温室越冬，翌春2月上旬换入大孔底菊花盆中，盆土配制同盆菊；3月下旬或4月上旬出温室。

其造型方法为：3月中下旬株高30cm时用长2m的细竹（棒）或宽2cm的竹片一端约30cm处拱弯，插入植株的盆土中，另一端固定在横架上，竹片与园地成45°角，以后将主枝每隔2～3节用麻皮绑缚在竹片上，诱引菊枝斜卧向前生长。除主枝及基部两旁最长的两根侧枝不摘心外，其余侧枝都要适时摘心，形成小枝密集、顶部侧枝短小，基部侧枝长的孔雀尾似的冠形。具体做法是：基部侧枝9～10枚叶时摘心保留5～6枚叶；梢部侧枝5～6枚叶时摘心保留2～3枚叶。摘心从4月至7月中旬，每半月1次；对生长快的品种，也可在处暑（8月23日）前最后进行一次摘心。由于小菊顶端先开花，欲使花期一致，基部先停止摘心，梢部后停。9月下旬至10月上旬分两次把生长特高的花蕾摘去，并修剪整形,使株形整齐,花朵(花序)高低相近。

大立菊:其特点是株大花多,能在一棵植株上同时开放出成百上千朵大小整齐、花期一致的花朵(花序)。培养一株大立菊要有一年的时间,宜选用抗性强、枝条软、节间短、易分枝、且花大鲜艳,并易于加工造型的品种进行培植,如'白莲'、'东方亮'。通常于11月挖取菊花根部萌发的健壮脚芽,然后在温室内扦插育苗。翌年3、4月移植于露地苗床,株距130~150cm,多施基肥。待苗高20cm有7~8枚叶片时即可开始摘心,连续5~7次直至7月下旬止,每次摘心后要养出3~5个分枝,这样就可以形成数百个至上千个花头。为了便于造型植株下部外围的花枝要少摘心1次,养长枝使枝展开阔。大立菊冠幅阔大,周围要立支撑的竹竿,再用细绳缚扎固定。

要使大立菊花朵大小一致、同时开放,必须注意选蕾。每个枝顶出现的花蕾,在第1次剥蕾时,凡顶蕾大的要多留几个侧蕾,使养分分散,抑制顶蕾的发育。通过几次分批摘除侧蕾,调整顶蕾生长的速度,在最后1次剥蕾时每枝顶端仅留1蕾,大小基本相似。大立菊在8月中旬即可移栽于缸盆或木盆中,9月中、下旬定蕾,为了使花朵分布均匀,设立正式竹架,竹圈上扎铜丝,将花茎引向固定的地位,称作"上竹圈架",10月上旬平头,将花朵逐个进行缚扎固定,在竹圈架的统一高度上,10月中旬用铜(铁)丝做成花托状,形成一个微凸的球面。

培育大立菊除用扦插苗外,还常用嫁接法。夏秋之际,挖取野生粗壮的黄蒿或青蒿作砧木,在温室内栽培。蒿的茎干直径达3mm时便可用劈接法接上菊株,可以在砧木的基部或在砧木长出数十个侧枝时进行劈接。1月下旬至2月进行,接穗套上塑料袋,嫁接苗要遮阴并经常浇水。黄蒿或青蒿性强健,茎粗壮,根系发达,用作砧木嫁接菊花可以培育出特大型大立菊,或构成多层次高大的塔菊。

园林用途 菊花是我国十大名花之一,品种繁多,是秋季花坛、花境、花台及岩石园的重要材料。又常盆(缸)栽制作成多种艺菊,用来举办大型的菊花展览。菊花也是世界四大切花之一,可以制作瓶花、花束、花篮、花环等。

菊花脑 *Chrysanthemum nankingense*

别名 菊菜、黄花

属名 菊属

形态特征 多年生草本植物。高约30cm,基部分枝疏散有腺毛。叶长圆披针形,边缘有深波状齿。头状花序径约4cm;舌状花橙黄色,有时基部紫堇色;管状花黄色;花期秋季。瘦果2型:舌状花果3棱或近圆柱状;管状花果心脏形,扁平,有变厚的翅。

分布与习性 原产南非。喜向阳、温暖不耐寒,忌炎热。菊花脑野生性状极强,对环境条件要求不严,它对光照比较敏感,在阴处开花较少。不耐潮湿,尤其不耐阴湿的环境。

繁殖 一般采用播种繁殖,也可用其宿根分株繁殖。3月上旬至4月上旬播种,4~10月均可进行扦插,成活率极高。

栽培 菊花脑栽培管理粗放,但作为地被在管理上要注意控制高度,使花期一致。作为地被栽培,在苗期必须适当修剪,和菊花打头一样,一般在9月上旬以前进行2~3次低剪,则成片的植株高矮一致,盛花期间,似黄色花毯一样,景色可观。为了促进植株健壮生长，可在早春和入夏期间，分别施薄氮肥1次。

园林用途 良好观花地被，盛花期正是百花凋零的季节(在华东地区，从11月上旬至12月中、下旬陆续开花不绝)，一片金黄色小菊，更显得妖艳。它适宜于在林缘和光照较好、不积水的封闭性树坛内成片栽植。

鹿蹄橐吾 *Ligularia hodgsonii*

别名 滇紫菀

属名 橐吾属

形态特征 多年生草本。株高30~80cm。茎基部为枯叶残存的纤维所包围，有沟纹。叶互生，基生叶有长柄，基部抱茎，叶肾形，具浅锯齿，两面无毛，具掌状脉；茎生叶通常2个，叶基部扩大。头状花序5~15个，复伞房状着生，总苞钟状，舌状花单轮，黄色，筒状花多数，花期8~10月。

分布与习性 原产中国西南部。耐寒，喜半阴、湿润，宜排水良好、富含腐殖质的砂质土壤。

繁殖 播种繁殖，春季4月播种。

栽培 栽培容易，管理粗放。

园林用途 林下地被植物。

瓜叶菊 *Cineraria hybridus*（*Senecio cruentus*）(图7-144)

别名 千日莲

属名 瓜叶菊属

形态特征 多年生草本，多作一、二年生栽培。株高20~90cm，全株密被柔毛。茎直立，草质。叶大，心脏状卵形，叶缘波状，掌状脉，形似黄瓜叶；茎生叶柄有长翼，基部呈耳状；基生叶无翼。头状花序多数簇生成伞房状，花除黄色外，还有蓝、紫、红、淡红及白色，具光泽；花期冬春季节。有复色及具花纹品种。

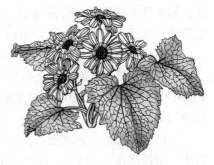

图7-144 瓜叶菊

分布与习性 原产北非加那列群岛。不耐寒，喜冬季温暖、夏季凉爽，忌炎热，经锻炼的秧苗能忍耐短时间的0~3℃低温。生长适温15~20℃。在15℃以下低温处理6周可完成花芽分化，再经8周可开花。要求阳光充足、通风良好但怕夏日强光。宜富含腐殖质、排水良好的砂质土壤。长日照促进花芽发育能提前开花，一般播种后的3个月开始给予15~16h的长日照，促使早开花。瓜叶菊喜湿润的环境，适宜土壤pH 6.5~7.5。怕旱、忌涝。氮肥过多秧苗易徒长。

繁殖 播种繁殖为主，也可扦插。

播种法：瓜叶菊种子小，播种床土要过细筛，进行精细播种。

用育苗盘播种，少量也可用花盆播种。育苗床土应疏松肥沃，用腐叶土、草炭土兑上等量园土配制作播种床土较好。也可用充分腐熟的马粪和园土等量配制。把配制好的床土装盘后稍压实刮平，然后用喷壶浇足底水，水渗入后撒播。每平方米播种床播种量4g左右。播后盖细土2~3mm，上面盖地膜置于阴凉处，播干籽4~5d出苗，出苗后立即揭去地膜，移到遮光率为60%的地方适当见光。籽苗期要防雨，防徒长。当籽苗缺水时最好将育苗盘置于水中，并使水面低于播种盘中的顶面，通过盘下的条状缝隙渗入，当播种盘中的土面略见湿时将播种盘从水中取出。根据播种密度适时分苗。一般出苗后20d左右，有2~3片真叶时进行第1次分苗，苗距5cm，或用直径8cm左右的容器直接培育成苗，4层叶片时采取控制水肥、蹲苗，并降低空气湿度，白天温度不超过20℃，温、湿度偏高则叶大花小。开沟分苗的在5~6片叶时装入容器育成苗。

瓜叶菊从播种到开花一般品种在南方需6个月的时间。种子发芽适温21~24℃，约10d出芽。出苗时立即掀去保湿薄膜，温度降至16℃，及时分苗，经2~3次移植、换盆，温度可升至18℃，约经1个月可单株定盆。从播种到育出大龄苗定植，一般需100d左右。从4~10月都可以播种，但春播到夏天需在荫棚下栽培，并经常向叶片洒水降温，且不要淋上雨水，否则经过酷暑秧苗会大批死亡。因此，我国多在8月播种。8月播种的植株大、花大，10月播种的植株较小。这主要是由于秧苗不同生长发育阶段处于不同季节所致，8月播种的环境条件更适宜。

在8~9月瓜叶菊苗应在遮光率60%的荫棚内生长，南方当气温降至21℃时可逐步撤除遮阳网，实行全光照育苗。瓜叶菊叶片蒸腾量大，需水多，苗期应注意防止叶片缺水过度萎蔫。

当有6~7片真叶时，如果温度适宜，秧苗生长迅速，此时对水肥需要量多，应及时浇水追肥，可采用叶面追肥。苗期气温以10~20℃为宜，夜间稍低些以抑制徒长。一般当有9~10片叶时将苗栽植于花盆中。如果受某种条件限制需推迟定植时应适当控水。反之，如条件允许应早些将苗栽植于花盆中，如在7~8片叶时定植。瓜叶菊叶片大，育苗后期将容器适当调开增大光合面积。

扦插法：对于不易结实的重瓣品种或因气候原因没有结实的年份可用扦插方法繁殖。

一般在5月份于花谢后进行，选健壮腋芽扦插，芽长6~8cm。摘除基部大叶，留2~3枚嫩叶插于沙盘中，20~30d生根，然后放在遮光通风处培养。因品种和所需花期而定，2~9月都可进行。

栽培　生长期控制水肥，勿使植株徒长。夏季注意防雨，降温。栽培管理需精细。观赏期气温控制在8~13℃，16℃以上高温会促使花朵早蔫。温度高茎长得细长影响开花。盆花置光亮处但防止日光直射；保持盆栽基质的湿润；灌溉水温要适宜；盆底过干、过湿或盆底排水不畅，花期均会大大缩短。在长日照下会提早现蕾，植株偏小；温室栽培中要注意光线的偏射，保持株行的匀称。采种需在2月注意选留开花优良的植株，在气温较高的中午前后，使植株能直接接受阳光照射2~3h。采种株要每周补充液肥，并控制浇水，约50~60d种子成熟。

园林用途　盆栽；花坛。

'雪叶'菊 *Cineraria cineraria* 'Silver Dust'

别名　'雪叶莲'

属名　瓜叶菊属

形态特征　多年生草本。株高20~40cm，全株具白色茸毛。茎多分枝。叶长圆形，羽状深裂，被长白毛，呈银灰色。头状花序成紧密伞房状，花黄色；花期春夏季节。

分布与习性　原产美洲。稍耐寒，喜凉爽；稍耐半阴；宜排水良好、富含腐殖质的土壤，忌雨涝。

繁殖　扦插繁殖为主，除冬季外均可进行，取嫩茎扦插，成活容易。也可分株，多在春季进行。夏季适当庇荫，并注意防雨涝。

栽培　栽培较容易。寒冷地区冬季需保护越冬。

园林用途　花坛；盆栽观叶。

绿铃 *Cineraria rowleyanus*

属名　瓜叶菊属

形态特征　多年生蔓性多浆植物。垂蔓可达 1m 以上。具地下根茎。茎铺散，细弱，下垂。叶绿色，卵状球形至椭圆球形，全缘，先端急尖；肉质，具淡绿色斑纹，叶整齐排列于茎蔓上，呈串珠状。花小。

分布与习性　原产南美。其余习性同仙人笔。

繁殖　同仙人笔。

栽培　同仙人笔。

园林用途　盆栽；悬吊观赏。

仙人笔 *Senecio articulatus*（图 7-145）

属名　千里光属

形态特征　多年生多浆植物。株高 30～70cm，全株被白粉。茎直立，肉质，圆柱形具节。叶扁平，提琴状羽裂。头状花序全为管状花；花径 2～3cm，白色，花柱分枝顶端细圆锥状；花果期5～6月或早春（温室）。

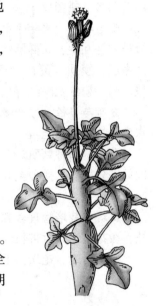

图 7-145　仙人笔

分布与习性　原产南非。喜温暖向阳干旱气候。耐高温和半阴，不耐寒，要求排水良好的石灰质砂砾土。忌湿涝。

繁殖　扦插繁殖。春秋季切取当年生茎 2～3 节作插穗，待切口略干缩后插于洁净沙中，置阴处，保持空气潮湿，极易生根。

栽培　夏季保持空气略湿润，则茎叶色滋润，冬季应控制浇水并保持空气略干燥，越冬气温不低于 8℃。

园林用途　盆栽室内装饰。

紫鹅绒 *Gynura aurantiaca*（图 7-146）

属名　菊三七属

形态特征　多年生草本。植株直立，全株被紫红色茸毛。茎多汁。叶互生，卵形，具粗牙齿；叶柄有狭翅。头状花序顶生，全为两性的筒状花，无舌状花，花黄色或橙

图 7-146　紫鹅绒

黄色；花期 4～5 月。

分布与习性　原产亚洲热带。不耐寒，喜温暖；要求漫射光，忌强光直射；宜疏松肥沃、排水良好的土壤。

繁殖　扦插繁殖，春、秋两季均可进行。

栽培　生长期间注意水肥控制，放置在通风良好之处。开花之际因其释放一种臭味，可将整个花序剪去。

园林用途　盆栽观叶。

麦秆菊 *Helichrysum bracteatum*

别名　蜡菊

属名　蜡菊属

形态特征　多年生草本，常作一、二年生栽培。全株被微毛。茎粗硬直立，仅上部有分枝。叶互生，长椭圆状披针形，全缘，近无毛。头状花序单生枝顶，径 3～6cm；总苞片多层，膜质，覆瓦状排列，外层苞片短，内部各层苞片伸长酷似舌状花，有白、黄、橙、褐、粉红及暗红等色；筒状花黄色；花期 7～9 月。

分布与习性　原产澳大利亚。不耐寒，喜阳光充足、温暖，忌酷热，宜湿润肥沃、排水良好的稍黏质土壤。

繁殖　播种繁殖。多 3～4 月播种，约 4～6d 出芽，7～8 片叶时定植，苗期摘心 2～3 次促进分枝。从播种至开花约需 3 个月，单朵花期约 1 个月；也可以秋播，冬季在温床或冷床中越冬。

栽培　栽培管理较粗放，施肥不宜过多，否则花虽繁多但花色不艳。作干花用的花枝，在花朵半开时带长约 20cm 梗剪下，除去叶片，成束倒悬，置于阴处，风干备用。

园林用途　花坛；干花。

金盏菊 *Calendula officinalis*（图 7-147）

图 7-147　金盏菊

别名　金盏花

属名　金盏花属

形态特征　一、二年生草本。株高 30～60cm，全株具毛。茎直立，有分枝。叶互生，长圆形至长圆状倒卵形，全缘或有不明显锯齿，叶基部稍抱茎。头状花序单生，总苞 1～2 轮，苞片线状披针形；舌状花单轮至多轮，橘黄色或橙黄色；花期 4～6 月。金黄色的花朵，圆盘形，亭亭向上，犹如金色的灯盏，故名。

常见栽培品种有：依花色来分，常见的品种有金黄、乳黄、橙黄、橙红等品种。

近年来日本推荐的两个良种是：

'安房真黑'金盏花：为'安金盏菊'与'房州真黑'的早生系杂交育成的品种。花为鲜明的橙色，重瓣率高，叶圆形，直立性，花茎粗而短，株形良好，植株强健，尤其对炭疽病的抗性特强。

'中安'金盏花：为明亮的橙色大花，重瓣率亦高，叶带圆形直立，侧枝发生少，株形优美，但抗病力较差。

分布与习性 原产南欧及伊朗。喜阳光，耐低温，耐移植，适应性强，但忌高温。在生育期遇0℃以下低温，就会延缓开花，亦会由于冻害而发生花瓣损伤或褪色等情况。长、短日照均能开花。

繁殖 播种繁殖。一般秋冬用花宜于9月上旬播种，早春用花于9月下旬或10～11月初播种为妥。选择阳光充足、排水良好、土壤肥沃的场所作苗床，土壤经消毒后作精细整地，最好拌些焦泥灰，使土壤更疏松并起到消毒作用。播种前将苗床略镇压一下，将种子稀疏撒播，播种后浇透水，使种子与土壤密切结合，覆上薄薄一层土，再在床面盖上有双层遮阳网的小弓棚遮光，一般种子4d左右发芽，发芽后揭去一层遮阳网保留一层，待子叶开展后全部揭去，连续晴天需喷水保湿，待真叶长至3～4枚时进行移植，株行距6cm×7cm，30d左右即可定植或上盆，或不经移植直接上盆，视苗的生长情况而追肥。待真叶长至6～7枚时，及时摘心，促分枝。华北地区小苗需冷床保护越冬。能自播繁衍。

栽培 栽培环境应选择阳光充足，排水良好的砂质壤土为宜。易发生湿害，故种植畦宜稍高，并开好排水沟，种植地尽量避免连作，若无法解决土地需连作时，必须进行土壤消毒。生长期间应控制水肥管理，使植株低矮、整齐。

上盆：经移植培育一段时间后，就要进入上盆阶段，上盆前制作好疏松肥沃的盆土，上盆时选好健康的良苗，淘汰有病之苗，上好盆遮光3～4d，则可促进成活，其后生长亦会良好。

追肥：视植株生长情况酌情施用追肥，肥料过多易徒长。

保暖：对提供早春用花的金盏菊要做好保暖工作，冬季，在大棚顶加盖塑料薄膜的环境里生长，这样可保持植株青枝绿叶，花团锦簇。但不宜在封闭式大棚里，否则易产生徒长而降低商品价值。

修剪：在开花期间若能及时剪除残花则可延长花期。

园林用途 花坛；花丛；花境；盆栽；切花。

非洲菊 *Gerbera jamesonii*（图7-148）

别名 扶郎花

属名 扶郎花属

形态特征 多年生无茎草本。株高20～30cm，全株被细毛。叶丛生，具长柄；羽状浅裂，叶背被白茸毛，叶矩圆状匙形。头状花序自基部抽出，具长总梗，花梗中空；舌状花1～2轮，花色有红、粉、黄、橘黄等色；筒状花小，常与舌状花同色；花四季常开。有重瓣及多倍体品种。

分布与习性 原产南非。半耐寒，能耐短期0℃低温，不耐高温高湿，喜温暖、阳光充足、空气干燥、通风良好，宜疏松肥沃、微呈酸性的砂质土壤，不耐积水，不宜连作。

繁殖 播种、分株或组织培养繁殖。原种与某些栽培品种用种子繁殖。种子发芽适温21～24℃，约10～15d出芽。种子发芽喜光且种子寿命短，只有数月时间，通常种子成熟后即播。分株多在春季新生长开始前，将母株从栽培基质中脱出，分切成若干子株，每株需带有新芽与根，子株栽植时根颈需露于土面。扦插繁殖的，将优选的健壮母株挖起，除去根部泥块，截取根部粗大部分，去除叶片，切去生长点，将保留的根颈部栽于种植箱内，温度 22～24℃，相对湿度 70%～80%，由根颈部会陆续长出不定芽和叶腋芽，长成扦插用穗，扦插最佳时间为3～4 月，不易生根的宽瓣类型用 100mg/L 6 - BA 浸泡插穗12～24h 或用 NAA0.03%～0.05% 生根粉处理均可。用生根粉处理时将插条基部放在 0.01% 高锰酸钾溶液中浸湿，抖去水滴，蘸取配好的生根粉后再扦插。

栽培 栽培地应深厚肥沃，定植前施足有机肥，矮生品种可酌情少施，作切花生产的高型品种必须施充足基肥。以垄沟形式栽培，垄宽 60cm，沟宽 50cm，双行交错栽植，株距 25cm，根颈部略显露于土表，定植后只在沟内灌水。

图 7-148 非洲菊

盆栽用土可考虑腐殖质土或泥炭土：壤土：河沙按 3：2：1混合，加 0.5 份腐熟粉碎厩肥与 0.01% 骨粉；盆底排水口要通畅。

生长适温白天 20～25℃，夜间 16℃，土表温度应略低，根部维持在 16～19℃，最有利于根部生长。冬季保持 12～15℃以上，夏季不超过 26℃可周年开花。越冬 7～8℃以上。26℃以上易引起休眠。对日照长度无明显反应。在强光下花朵发育好，通常冬季应有强光照，夏季要适当遮阴。生长旺盛期应供水充足。苗期保持适当湿润与蹲苗，以壮苗。生长期间应充分供水，浇水时，勿使水灌入叶丛中心，否则易使花芽腐烂。

大花、重瓣品种生长期要求追施氮、磷、钾用量比例为 15：8：25；要特别注意补充钾肥，每平方米硝酸钾 40g，磷酸铵 20g，最适生长季每 5～6d 1 次，生长略缓季每 10d 1 次，高温或偏低温引起的半休眠状态则停止施肥。

园林用途 矮生品种适宜布置花境、花坛或布置专类园，或盆栽或镶边花饰；高型品种是世界著名切花。

图 7-149 矢车菊

矢车菊 *Centaurea cyanus*（图 7-149）

别名 蓝芙蓉

属名 矢车菊属

形态特征 一、二年生草本。株高 60～80cm；全株多绵毛，幼时尤多。茎多分枝，细长。叶灰绿色，基生叶大，具深齿或羽裂，裂片线形；茎生叶披针形至线形，全缘。头状花序单生枝顶，具细长总梗；舌状花大，偏漏斗形，外轮呈放射状，花有蓝、紫、堇、粉、红及白色；花期 6～8 月。

分布与习性 原产欧洲东南部。较耐寒。喜冷凉，忌炎热；喜光；直根性，宜疏松肥沃的土壤。华北地区秋播需保护越冬。

繁殖 播种繁殖。春、秋皆可播种，播种时宜直播，不耐移植。能自播繁衍。

栽培 栽培容易，管理粗放。

园林用途　花坛；地被；切花。

黄帝菊 *Melampodium paludosum*

别名　美兰菊、黄星花

属名　黄星花属

形态特征　多年生草本。株高 30～50cm，多分枝。叶对生，阔披针形或长卵形，先端渐尖，边缘具锯齿。头状花顶生，直径约 2cm，花色鲜黄明媚；舌状花可孕，盘心花不孕；春至秋季开花。瘦果无冠毛。

分布与习性　原产北美。适应性强，能耐 35℃ 高温。喜较强光照与潮湿环境。

繁殖　用播种法繁殖。种子不喜光。自生力强，成熟种子落地能发芽生长，可直接播种。春、秋季均适合播种，发芽适温为 15～20℃。播种基质以等量粗粒泥炭与沙混合为宜。

栽培　栽培土质以肥沃的砂质壤土为佳，排水，光照需良好，荫蔽易徒长。栽培中要适时浇水，防止表土干燥，造成下部叶片枯萎。常修剪，促发侧枝，使株形紧凑，枝繁叶茂花多。追肥可用无机复合肥，增施磷、钾肥能促进开花。

园林用途　适宜大面积种植；盆花；花坛镶边；花钵。

蟛蜞菊 *Wedlia chinesis*

别名　黄花蜜菜

属名　蟛蜞菊属

形态特征　多年生草本，具半匍匐性。株高 25～50cm。叶对生，倒披针状长椭圆形，全缘或有钝锯齿。头状花序腋生，花冠黄色；春至秋季开花。瘦果倒卵形。

分布与习性　原产中国及东南亚。生性强健粗放，耐阴耐湿。

繁殖　用播种或扦插法繁殖。春至秋季育苗。

栽培　栽培土质以湿润的壤土最佳。对光照要求不严，全日照、半日照均可。茎叶老化需修剪，性喜温暖至高温，生长适温约为 20～30℃。

园林用途　良好的地被植物；也适于庭植；盆栽。

7.3　单子叶植物

1. 香蒲科 Typhaceae

多年生水生或沼生草本。具根状茎，茎直立，圆柱形。叶二列，条形，具平行脉，下部鞘状；无柄。花极小，单性，雌雄同株，排成紧密的、圆柱状的穗状花序，上部为雄花序，下部为雌花序；雄花无梗，有雄蕊 2～7 枚；雌花有短梗，无花被。果实为小坚果，种子椭圆形。本科仅 1 属，即香蒲属 *Typha*，分布于热带和温带；我国约有 10 种，大部分产北部和东北部；本书收录 1 属 4 种。

香蒲 *Typha orientalis*（图7-150）

别名 水蜡烛、蒲草

属名 香蒲属

形态特征 多年生沼生草本植物。株高1m。地下根状茎粗壮而无分枝。具地下匍匐根茎，多须根，由匍匐茎萌发直立植株。叶剑形，互生，较宽，长80~200cm，全缘，平行脉；基部鞘状，抱茎。花序暗褐色，雌雄花序相连，圆柱状；花期5~7月。

同属植物：

宽叶香蒲 *T. latifolia* 叶宽剑形，长50~120cm，宽约4~5cm。花序暗褐色，雌花白毛短于花柱。我国各地皆分布。

小香蒲 *T. minima* 株高30~50cm。叶线形，细长。雄花与雌花两者虽生一穗上，但中间有一空段而不相连。我国东北、华北及西北、西南有分布。

图7-150 香蒲

分布与习性 原产欧亚两洲及北美。喜阳光充足也耐半阴，宜深厚肥沃的土壤；耐寒性强，在冰下越冬，但不能在旱地生存。

繁殖 分株繁殖。春季将根茎切成10cm左右的小段，每段根茎上带2~3芽。

栽培 生长期应保持5~10cm深的清水，栽培管理简单。

园林用途 园林中水池、溪河近岸或港湾静水处小片栽植，或盆栽置于庭前观赏，颇具自然野趣。蒲花棒也是切花的好材料；叶可编织工艺品，花药入药为蒲黄；果上茸毛可填充枕头，即蒲绒或称蒲花。

2. 露兜树科 Pandanaceae

乔木或灌木，很少为草本。地上茎有时极短或无，常有气根或支柱根，有时攀缘状。叶3~4列或螺旋状排列而聚生于枝顶，狭长，革质，带状或条形，基部有鞘，中脉常凸起呈脊状，叶缘和中脉上常有刺。花单性，雌雄异株，聚集成腋生或顶生的穗状、头状、总状或圆锥花序，为叶状或佛焰苞状的苞片所包围；花被无或小；雄花：雄蕊多数；雌花：心皮多数；子房上位。果为球形或矩圆形的聚花果，由分离或连生、木质或肉质的核果组成；种子小。本科3属300种以上，广布热带地区；本书收录1属1种。

小露兜 *Pandanus gressitii*

属名 露兜树属

形态特征 多年生草本。株高60~90cm。叶丛生，节间短，革质，条形，长30~50cm，边缘和背部中脉有刺。雄花序由数个穗状花序组成，具长叶状苞片，无锐刺。聚花果椭圆形。

分布与习性 原产亚洲热带。不耐寒，喜高温、多湿，稍耐阴，宜排水良好、富含腐殖质的砂质土壤。

繁殖 分株繁殖，春季切下母株旁生长的子株，插于砂土中，待充分发根后种植。

栽培　生长期间应多施氮肥，夏季高温时要适度庇荫，越冬温度需10℃以上。

园林用途　盆栽观叶，室内装饰。

3. 泽泻科 Alismataceae

多年生或一年生的水生或沼生草本，有根状茎。叶多基生，有鞘，变化大。花两性或单性，雌雄同株或异株；花序总状或圆锥状，花被6，排成2轮，外轮3，绿色，花萼状，宿存；内轮3，较大，花瓣状，脱落；雄蕊6至多数；雌蕊由多数或6个分离心皮组成，子房上位。果实为瘦果，内含1种子；种子小。本科约14属100种，广布全球，原产北半球温带和热带地区；我国有7属约20种，南北都有分布；本书收录2属2种。

1. 花两性，花托小，心皮1轮；叶长圆形 ··· 1. 泽泻属 Alisma
1. 花单性，花托大，球形，心皮多数 ··· 2. 慈姑属 Sagittaria

泽泻 *Alisma orientale*（图7-151）

属名　泽泻属

形态特征　多年生沼生植物。株高80~100cm。地下具球茎，卵圆形。叶全部基生，卵状椭圆形，两面光滑，鲜绿色；具长叶柄，下部呈鞘状。花葶自叶丛抽出，顶生轮生伞形花序，多轮，呈圆锥状；具苞片，小苞片白色，带紫红晕或淡红色；花柱宿存；花期夏季。

同属植物：

毛茛泽泻 *Ranalisma rostrata*　原产亚洲热带，不耐寒。

分布与习性　原产北温带和大洋洲。耐寒，喜温暖、阳光充足；宜富含腐殖质而稍带黏性的土壤；生于浅沼泽地或浅水中。

图7-151　泽泻

繁殖　分株或播种繁殖。

栽培　春季分球，将球插入泥中，使顶芽向上。播种于3~4月进行，盆播，上面覆水3~5cm。栽培管理较粗放。

园林用途　水景园、沼泽园或水池中配植。

慈姑 *Sagittaria sagittifolia*（图7-152）

别名　茨菰

属名　慈姑属

形态特征　多年生直立水生植物。株高可达2m。有纤匐枝，枝端膨大成球茎。叶具长柄，叶形变化极大，通常呈戟形。圆锥花序三出，轮生；雌雄同株异花，花白色，雄花生花序上部，雌花生下部，花茎高20~30cm；花期夏季。果熟期8~9月。

图7-152　慈姑

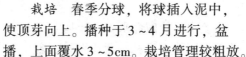

分布与习性 原产我国，南北各地均有分布，南方栽培较多。性喜阳光，适应性较强，宜生于浅水或沼泽地，在富含有机质的黏质壤土上生长最好。

繁殖 播种或用球茎分株繁殖，一般播种苗翌年始见花。

栽培 在球茎生长期，忌连日阴雨。栽培容易，管理粗放。

园林用途 庭园中池塘种植慈姑可绿化水面；盆栽观赏；球茎含大量淀粉，可蔬食或酿酒；地上茎可作动物饲料。

4. 花蔺科 Butomaceae

多年生的水生或沼生草本，新鲜时有乳状汁液。地下有粗壮的匍匐茎。叶基生，线形，主脉平行，有横次脉。花两性，单生或花茎顶端排成有苞的伞形花序；花被6，整齐，分离，排列为2轮；外轮3片，花萼状；内轮3片较大，花瓣状；雄蕊通常6～9或更多；雌蕊通常有6心皮，子房上位。果实为多种子的蓇葖果，种子无胚乳。本科6属9种；欧、亚、美三洲都有分布，主产于热带美洲；我国只有2属2种；本书收录1属1种。

花蔺 *Butomus umbellatus*

属名 花蔺属

形态特征 多年生水生草本。根状茎横生，粗壮。叶基生，上部伸出水面，条形，呈三棱状，细长，顶端渐尖，基部鞘状。花莛圆形，直立；多数花呈伞形花序，萼片状，带紫色，宿存，花淡红色。

分布与习性 原产欧洲、亚洲。耐寒，喜阳光充足，宜生于浅水或沼泽地。

繁殖 分株或播种繁殖。春、秋分株皆可，多于春季进行，或春季播种于浅水中。

栽培 栽培管理简单粗放。

园林用途 绿化水面，水生园。

5. 水鳖科 Hydrocharitaceae

浮水或沉水草本，生淡水或盐碱性水中。叶基生或抱茎，茎生叶无柄，互生，轮生或对生。花辐射对称，单性，同株或异株，很少两性，着生在佛焰苞或两个对生的苞片内，雄花常多数，雌花单生；花被1～2轮，每轮3片；雄蕊3～12；子房下位。本科约17属50多种，广布于全球温带和热带地区；我国约11属20种，分布很广；本书收录3属3种。

1. 浮水植物；叶背面有一群凸起的漂浮组织 ………………………………… 1. 水鳖属 *Hydrocharis*
1. 沉水植物；叶背面无凸起的浮漂组织。
　2. 叶狭长，带状，花被1轮。雌花佛焰苞有长柄，开花时伸出水面，授粉后旋卷，将子房拉入水下结果 ……………………………………………………………… 2. 苦草属 *Vallisneria*
　2. 叶较宽，卵状披针形、卵形或心形。花被2轮；雌花佛焰苞柄不旋转 ………… 3. 水车前属 *Ottelia*

水鳖 *Hydrocharis dubia*

属名 水鳖属

形态特征 多年生水生漂浮植物。具匍匐茎及须根。叶圆形至肾形，基部心形，全缘，表面深绿色，背面略带红紫色，中央有膨胀的气室；具长柄。雌雄同株异花，雄花2～3朵簇生于佛焰苞内；雌花单生，白色。

分布与习性 原产欧洲、大洋洲和亚洲。稍耐寒，喜阳光充足、温暖，耐半阴；适生于湖泊、池沼等静水中。

繁殖 分株繁殖，春、夏分株，将匍匐茎上的小植株分离。

栽培 要求生活在浅水或深水水面上，不耐干旱。

园林用途 绿化水面，水景园。

苦草 *Vallisneria spiralis*

属名 苦草属

形态特征 多年生沉水草本。无直立茎，有匍匐枝。叶基生，极长，条形，全缘或稍有细齿，上面有棕褐色条纹和斑点。雌雄异株，雄花多数，极小；雌花单生，苞片筒状，具长梗；花期夏秋季节。

分布与习性 原产世界温带地区。较耐寒，喜温暖，耐阴。

繁殖 分株繁殖，春、夏皆可分株。

栽培 栽培容易。

园林用途 点缀水族箱。

水车前 *Ottelia alismoides*（图7-153）

别名 水带菜、龙舌草

属名 水车前属

形态特征 多年生沉水草本。具短茎或无茎。叶聚生基部，叶形变化大，沉水叶狭矩圆形；浮水叶阔卵形，具长柄。花单生于苞片内，白色或浅蓝色；花期7～9月。

分布与习性 原产亚洲热带至澳大利亚。耐寒力弱，喜阳光充足，稍耐阴，宜在浅水中生长。

繁殖 播种繁殖，4～5月播于浅水中。

栽培 栽培容易，管理简单。

园林用途 水生园。

图7-153 水车前

6. 禾本科 Gramineae

一年生或多年生草本或木本。秆有显著而且实心的节与通常中空的节间。叶互生，两行排列，由包于秆上的叶鞘和通常狭长的叶片组成；叶鞘与叶片间常有呈膜质或纤毛状的叶舌；叶片基部两侧有时还有叶耳。花小型，退化，生于外稃(即苞片)及内稃(即小苞片)之间，通常由2(3)枚极小而呈透明的膜质鳞被(或称浆片，即花被片)，3枚雄蕊(稀可较多或较少)及1枚雌蕊所组成；由内外稃及包于其内的鳞被、雌雄蕊形成小花(或简称花)；由1至多数小花和位于基部的2颖片(简称颖，即不孕的苞片)成两行紧密排列在小穗轴(即着生小花轴)上而形成小穗；以小穗为单位再排成圆锥、总状、穗状或头状等花序；雌蕊由2(3)心皮合成，具1室1胚珠的子房及2(3)枚呈羽毛状的柱头。果为颖果。种子有多量胚乳及小型的胚。本科约600属6 000种以上，广布于全球各地；我国约190余属800种以上；本书收录12属17种。

1. 小穗通常两侧压扁，脱节于颖之上，通常有多数小花，少数种类有1小花；在顶生小花之后，通常均有1延伸的小穗轴。

  2. 小穗无柄，排列于穗轴的两侧而成穗状花序，或有极短的柄至无柄，排列于穗轴的一侧，组成穗状花序或穗形总状花序。

    3. 顶生的穗状花序，小穗排列于穗轴的两侧，穗轴每节单生一小穗 ·············· 1. 黑麦草属 *Lolium*

    3. 小穗排列于穗轴的一侧。

      4. 两性花，花序指状，每小穗仅有1两性小花，稀2枚 ·············· 2. 狗牙根属 *Cynodon*

      4. 雌雄同株或异株；植株体为低矮具匍匐茎的多年生草本 ·············· 3. 野牛草属 *Buchloe*

  2. 小穗大多有较长的柄，排列成开展的圆锥花序。

    5. 小穗通常仅含1小花，外稃有1~5脉，圆锥花序开展或狭窄，但决不紧缩成圆柱状、穗状或头状，外稃基盘平滑无毛或仅有微毛 ·············· 4. 剪股颖属 *Agrostis*

    5. 小穗有2至数小花，如为1小花时，外稃有数至多脉；外稃显著具芒 ··············
·············· 5. 燕麦草属 *Arrhenatherum*

      6. 外稃的背部或基盘常有长短不等的露出颖外的柔毛，高大如竹类的禾草。

        7. 地下茎节间短缩而味苦；秆壁较厚而硬；叶片基部较宽而几成耳状抱秆；外稃至少在中部以下遍生丝状柔毛。

          8. 植株为两性；叶散生于秆上 ·············· 6. 芦竹属 *Arundo*

          8. 植株为单性；叶丛生于秆的基部 ·············· 7. 蒲苇属 *Cortaderia*

        7. 地下茎节间较长而味甜；秆壁较薄；叶片基部较窄而不成耳状抱秆；外稃背部无毛，仅在延长的基盘上有长丝状柔毛 ·············· 8. 芦苇属 *Phragmites*

      6. 外稃的背部或基盘无毛，如有毛，其毛常不露出颖外，一般为中型或小型禾草。

        9. 外稃背圆，有芒或无芒，其基盘无绵毛 ·············· 9. 羊茅属 *Festuca*

        9. 外稃的主脉隆起成脊，无芒，其基盘多少有些绵毛，若基盘无毛，则外稃沿脉的下部有毛 ·············· 10. 早熟禾属 *Poa*

1. 小穗背腹压扁或成圆筒状，很少两侧压扁，脱节于颖之下，若脱节于颖之上时，则均为背腹压扁；在顶生小花之后，均无延伸的小穗轴，如有不孕小花，则位于成熟小花之下。

  10. 小穗通常仅含1小花；多年生，有匍匐根茎；小穗两侧压扁 ·············· 11. 结缕草属 *Zoysia*

  10. 小穗常含两小花，第一颖通常甚长，总状花序略压扁，有背腹之分 ··············
·············· 12. 假俭草(蜈蚣草)属 *Eremochloa*

多花黑麦草 *Lolium multiflorum*

属名 黑麦草属

形态特征 多年生草本，常作一、二年生栽培。株高 50～70cm。秆丛生，生长快，分蘖力强。叶浓绿色，窄细，宽 3～5mm，幼叶呈螺旋状。穗状花序有芒。

分布与习性 原产欧洲南部、非洲北部及小亚细亚等地。喜冬季温暖、夏季凉爽，不耐寒，易受霜害，不耐炎热气候；喜肥沃湿润而深厚的土壤。

繁殖 播种繁殖，春播或秋播，多秋播。

栽培 栽培容易，形成草皮快。

园林用途 南方冬季草坪植物。

狗牙根 *Cynodon dactylon*

别名 爬根草、绊根草

属名 狗牙根属

形态特征 多年生草本。株高 10～40cm。茎细圆而矮，匍匐地面，可长达 1m，节上生根可长出分枝。叶线形，扁平。穗状花序，3～6 个排列秆顶，呈指状，小穗排列于穗轴一侧；花果期 4～9 月。

分布与习性 原产世界温暖地区。耐寒力弱，耐炎热，喜温暖；不耐阴，喜光；耐旱；耐践踏，耐修剪；喜肥沃、低温、排水良好的土壤。

繁殖 分株或播种繁殖。分株春、夏皆可进行，生长快，易成活。播种宜春季进行，每亩需种子 0.5kg。

栽培 栽培容易，管理粗放。应经常修剪。

园林用途 为温暖地区优良的草坪植物，绿色期达 180d。

野牛草 *Buchloe dactyloides*

属名 野牛草属

形态特征 多年生草本。株高 5～20cm。有匍匐茎，节处有须根及小植株。根可深入土层 30～40cm。叶细柔，线状，密被细柔毛，叶面呈灰绿色。雌雄异花，雄花高出叶丛，黄褐色，排列在穗轴一侧；雌花序藏于叶丛中，黑褐色；花期 6～7 月。

分布与习性 原产北美及墨西哥。耐寒，耐热；喜光，不耐阴，稍耐半阴；耐干旱，耐盐碱；耐践踏，耐修剪。

繁殖 分株或播种繁殖。

栽培 分栽匍匐茎，春、夏皆可栽植，容易成活。播种宜春季进行，种子发芽慢。为了增长绿色期，应加强肥水管理及适当修剪，夏季注意排水。栽培管理较粗放。

园林用途 为重要草坪植物。

匍匐剪股颖 *Agrostis stolonifera*

属名 剪股颖属

形态特征 多年生草本。株高 30～50cm。秆基部平卧地面，具匍匐茎，节上生根。

叶鞘无毛，稍带紫色；叶条形，宽3~5mm，浅绿色，具小刺毛，粗糙。圆锥花序，分枝细弱，小穗紫铜色；花期7月。

分布与习性 原产北半球温带。耐寒性强，喜冷凉、潮湿，忌炎热，耐阴，不耐干旱及碱性土壤，喜酸性土壤。耐践踏，绿色期长。

繁殖 播种或分株繁殖。多秋季播种。

栽培 生长期应多浇水，保持土壤湿润，经常施肥。

园林用途 为重要"冷季型"草坪植物。可植于林下。

丽蚌草 *Arrhenatherum elatius* var. *tuberosum* f. *variegatum*

别名 银边草、花叶菖蒲

属名 燕麦草属

形态特征 多年生草本。高可达100cm以上。具念珠状块茎，秆簇生，细长，光滑。叶鞘无毛；叶片长可达20cm，宽3~5mm，具黄白色边缘。圆锥花序，具长梗，长20~30cm，分枝簇生；小穗含2花，下面的雄花具长芒，上面的两性花芒较短；外稃具7脉，第一外稃基部的芒长可达稃长的2倍，第二外稃先端的芒仅长1~2mm。颖果。栽培中多不开花。

分布与习性 原产欧洲。性耐寒，喜凉爽气候与排水良好的潮湿环境。

繁殖 供栽培观赏的品种，多用分栽块茎繁殖。

栽培 栽培简易，生长适应性较强，我国江浙一带及北方庭院均有栽培。栽培环境差，若多高温、潮湿，极易遭白绢病（*Sclerotium rolfsii*）的危害；注意加强管理与通风，合理施肥，适当施用草木灰，也可抑制病菌的蔓延，并可增强植株的抗性；发现病株应及时拔除，并对病穴进行消毒；冬初可喷洒哈茨木霉菌预防。

园林用途 赏其彩色叶丛。独立丛植。夏、秋季具长茎的圆锥花序也颇为别致。

芦竹 *Arundo donax*（图7-154）

图7-154 芦 竹

别名 芦荻竹

属名 芦竹属

形态特征 多年生草本。株高3~6m。具根茎，秆稍木质化，粗壮，可分枝。叶片扁平，宽2~5cm，阔披针形，除边缘外两面光滑无毛，叶散生于秆上。圆锥花序直立，长30~60m，穗多，较紧密，每小穗含2~4花。

常见变种：

斑叶芦竹 var. *versicolor* 又名彩叶芦竹或花叶芦竹。叶片具白色或淡黄色边或条纹。观赏价值更高，花期7~9月。

分布与习性 原产地中海地区，我国长江流域以南亦有分布。多生于河岸、湖滩及道旁湿地。性喜温暖、水湿，较耐寒，对土壤适应性较强，可在微酸或微碱性土壤中生长。

繁殖　分株繁殖。

栽培　早春挖取有幼芽的根茎分栽；喜疏松肥沃土壤，栽植后灌足水，并经常保持土壤湿润，极易成活。华北地区露地栽培选避风向阳处，冬季地上部分枯干，春季自地下茎重新萌发。地下根茎可耐 −5℃ 低温。

园林用途　庭园中可丛植、行植，花叶及高大雄浑花序供观赏。茎叶为造纸原料，秆可作乐器簧片，秆内薄膜可作笛膜，根茎药用。

蒲苇 *Cortaderia selloana*

属名　蒲苇属

形态特征　多年生丛生草本。植株高大。叶聚生于基部，长而狭，具细齿，被短毛。雌雄异株，圆锥花序大，呈羽毛状，银白色；花期秋季。品种'银叶'蒲苇'Silver Comet'（图 7-155），秆高 1.2 ~ 1.5m。叶基生，狭长约 1m，边缘银白色，粗糙。

常见栽培品种还有'金线'蒲苇'Gold Band'等。

分布与习性　原产巴西南部及阿根廷。性强健，耐寒，喜温暖、阳光充足及湿润，对土壤要求不严。

繁殖　分株繁殖，春季分株，不可秋季分株，否则植物枯死。

栽培　栽培容易，管理粗放。

园林用途　庭园栽培，或植于岸边秋赏其具银白色羽状穗的圆锥花序。也可作干花。

图 7-155　'银叶'蒲苇

芦苇 *Phragmites communis*（图 7-156）

别名　芦、苇

属名　芦苇属

形态特征　多年生高大草本。株高可达 2 ~ 5m，茎节有白粉。具粗壮匍匐根茎。地上茎粗壮，簇生。带状披针形叶，基部微收缩紧接叶鞘；叶鞘圆筒形，叶舌极短。圆锥花序顶生、疏散多分枝，长可达 40cm，小穗有花 4 ~ 7 朵；第 1 小花常为雄性；花期 8 ~ 9 月。颖果外稃的基盘具长 6 ~ 12mm 的柔毛，成熟期 10 ~ 11 月。

分布与习性　广布中国及全球温带地区。喜温暖、湿润及阳光充足，耐盐碱、水涝与严寒，抗干旱，喜生于河边、溪涧等潮湿地或浅水中。

繁殖　分植匍匐根茎，也能自行蔓延，或种子自播繁衍，生长迅速。

栽培　栽培容易，管理粗放。

图 7-156　芦苇

园林用途　适宜庭院池边种植，春夏赏翠绿叶丛，秋冬大型花序随风摇曳，野趣盎然，花序可作切花；嫩茎叶作饲料，秆供造纸，编织帘、席等供防寒与防强光灼晒，也是固堤植物。

羊茅 *Festuca ovina*

别名　酥油草

属名　羊茅属

形态特征　多年生草本。株高 15～30cm。秆稠密丛生，直立。叶内卷呈针状，质较软，叶鞘开口几达基部，叶舌短。圆锥花序紧缩，长 2.5～5cm；小穗绿色或带绿色；花期 6～7 月。颖果红棕色。

同属植物：

紫羊茅 *F. rubra*　别名红狐茅。株高 60～100cm。有短匍匐茎，基部红色或紫色。叶鞘基部红棕色，破碎呈纤维状。是一重要的观赏草坪植物，绿色期长，也为冷凉型草种。

分布与习性　原产北温带。耐寒性强，喜温暖、湿润，忌高温多湿，耐干旱，生长缓慢；喜光，耐半阴，耐修剪。

繁殖　播种繁殖，春、秋皆可进行。种子发芽率低，每亩播种量0.5～1kg。

栽培　栽培较容易。

园林用途　冷季型草坪，优良牧草。

草地早熟禾 *Poa pratensis*

属名　早熟禾属

形态特征　多年生草本。高 50～80cm。根系发达，根状茎细而匍匐。秆光滑，直立丛生。叶条形，宽 2～4mm，细长而柔软，密生于基部，叶舌膜质。圆锥花序开展，花期 5～6 月。

同属植物：

加拿大早熟禾 *P. compressa*　别名扁秆早熟禾。叶线形，基部叶片多而短小，幼时边缘内卷。花期 7 月。

分布与习性　原产北半球温带，中国东北地区、黄河流域、江西、四川均有分布。耐寒力强，喜凉爽，忌酷暑，夏季停止生长；喜湿润、阳光充足，稍耐阴；喜疏松肥沃及微酸性土壤；耐践踏。冬季也能保持绿色。

繁殖　播种繁殖，也可分株繁殖。多秋季播种。春秋皆可分株。

栽培　栽植前要深翻土地，要求平整，排水良好，栽后压实并及时灌水。

园林用途　优良的冷凉型草坪植物。绿色期长达 7 个月。

结缕草 *Zoysia japonica*

别名　锥子草

属名　结缕草属

形态特征　多年生草本。植株矮小，株高 5～15cm。具横生根状茎。秆直立。叶鞘无毛；叶舌短，纤毛状或边缘呈纤毛状，叶扁平，条状披针形，宽达 5mm，近革质。总状花序，花小，绿或淡紫色；花期 5 月。

同属植物：

沟叶结缕草 *Z. matrella*　别名马尼拉。原产中国南部。形似结缕草，叶片内卷具纵沟、丝状，小穗披针形。用途同细叶结缕草。

细叶结缕草 *Z. tenuifolia*　别名天鹅绒草、朝鲜芝草。株高 10～15cm。叶线状内卷，针状，宽0.2cm。重要草坪观赏植物，绿色期长。原产中国及美洲。耐寒力弱，华北地区不能越冬，喜温暖；喜光，不耐阴；耐干旱，雨水多时叶生长茂盛反而易腐烂；耐践踏。

中华结缕草 *Z. sinica*　株高 10～30cm，叶舌不显著，为一圈纤毛；叶细长，条状披针形，宽达3mm，边缘常内卷。不如结缕草耐践踏。原产中国。栽培同结缕草。

分布与习性　原产中国东北至华东一带，朝鲜及日本也有。耐寒，喜温暖；喜光，耐阴；抗旱性强；耐践踏，修剪。

繁殖　分株或播种繁殖。雨季切取匍匐茎栽植，栽后保持湿润。播种宜在 5～6 月进行，播后覆土宜浅，保持土壤湿润。

栽培　生长期间应及时剔除杂草，多施肥，经常修剪。

园林用途　草坪及运动场草坪。绿色期达 7 个月。

假俭草 *Eremochloa ophiuroides*

别名　老虎皮、蜈蚣草

属名　假俭草（蜈蚣草）属

形态特征　多年生草本。株高30cm。具匍匐茎。秆斜生，稍扁平。叶线形，扁平，端钝，稍革质。总状花序单生秆顶，小穗呈覆瓦状排列于穗轴一侧；花期7～8月。

分布与习性　原产中国长江以南各地。稍耐寒，喜温暖、阳光充足，稍耐半阴；耐旱；喜排水良好、土层深厚、肥沃、湿润的土壤；耐践踏，耐修剪。

繁殖　播种、分株或扦插繁殖。春季播种。分株多在雨季进行。

栽培　生长期间应加强肥水管理。

园林用途　为华南地区主要草坪植物。绿色期 250～280d。

7. 莎草科 Cyperaceae

多年生草本，较少一年生。根簇生，纤维状。根状茎丛生或匍匐状，少数兼具块茎。秆单生或丛生，坚实，少数中空，三棱柱形或圆柱形，较少四至五棱状或扁。叶通常排成3 列，基生或秆生；叶片条形，基部具闭合的叶鞘或叶片退化而仅具叶鞘。花甚小，单生于鳞片（颖片）腋间，两性或单性，雌雄同株，较少雌雄异株，由 2 至多数花（极少仅具 1 花）排成穗状花序，称为小穗；小穗单一或若干枚排成复穗状、头状、圆锥状或长侧枝聚伞花序；花序下面通常具 1 至多枚叶状、刚毛状或鳞片状苞片，苞片基部具苞鞘或无；鳞片二列或螺旋状排列，多数，少数雌小穗因减退而仅具 1 鳞片；无花被或花被变化为下位鳞片或下位刚毛，有的雌花为先出叶所形成的囊包所包裹；雄蕊 3，较少 2 或 1；子房 1室。果实为小坚果，有三棱、双凸状、平凸或圆球状。本科 80 余属4000余种，广布于全世界；我国约28 属500 余种；本书收录 3 属 3 种。

1. 花两性或单性；小坚果无苞片所形成的囊包。

　2. 鳞片螺旋状排列，有下位刚毛，很少完全退化；下位刚毛内轮和外轮均为刚毛状，很少完全退化
…………………………………………………………………………………… 1. 草属 *Scirpus*

　2. 鳞片二列，下位刚毛完全退化；柱头3，小坚果三棱形 ………………………… 2. 莎草属 *Cyperus*

1. 花单性；小坚果有苞片所形成的囊包 ………………………………………………… 3. 苔草属 *Carex*

水葱 *Scirpus tabernaemontani*(图7-157)

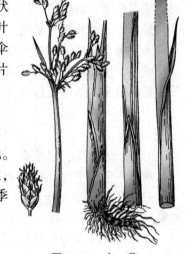

别名 莞

属名 草属

形态特征 多年生水草。株高1~2m。具粗壮匍匐根状茎。秆圆柱形，内为海绵状，质地柔软，表面光滑。鞘状叶褐色，基部着生，仅最上部的一枚具叶片；叶片条形。聚伞花序顶生，多分枝，每枝1~3小穗，各小穗含多数花，鳞片棕色或紫褐色；花期7~9月。

变种：

花叶水葱 var. *zebrinus* 茎白绿相间。

分布与习性 分布于欧洲、亚洲、美洲、大洋洲等地。我国多野生，常在海拔1000m上下山地积水坑、河湾自生、浅沼、湖畔浅水处常自然形成群落。性耐寒，喜水湿，夏季宜凉爽和空气流通；要求肥沃而深厚的土壤。

繁殖 多分株繁殖。

栽培 盆栽植株经常保持5~10cm水，置通风向阳处，霜冻期茎叶枯萎后剪去地上部，倒出余水，存于不冰冻处。

图7-157 水 葱

园林用途 园林中在水池、溪流平缓处种植，配以荷花、睡莲、慈姑等，极具自然情趣与田园风光。盆栽置庭院、厅堂观赏也具特色，与水枝锦并置，更觉别致。

旱伞草 *Cyperus alternifolius*(图7-158)

别名 风车草、伞草

属名 莎草属

形态特征 多年生草本。株高60~100cm，茎秆丛生，三棱形，直立无分枝。叶鞘状，秆顶有多数叶状总苞苞片，密集螺旋状排列，伞状。复伞形花序，小穗短矩形，扁平，每边有花6~12朵，聚于辐射枝顶，无花被；花果期4~8月。

变种：

花叶伞草 var. *variegatus* 茎、叶上具白色条纹。

分布与习性 原产非洲马达加斯加，世界各地广为栽培。喜温暖、潮湿及通风良好环境；耐阴性极强，不耐寒及干旱，生长期适宜温度15~20℃，冬季最低温度5~7℃，要

图7-158 旱伞草

求富含有机质及黏重土壤。

繁殖 播种、分株、扦插繁殖。春季分株最为简便，扦插随时均可进行。

栽培 生长期要经常湿润，不能过干。夏季高温要有较高的空气湿度，避免强光直射，每2周施1次稀薄肥水，可使叶色碧绿。冬季适当控制水分，温度不低于5℃。盆栽可用河泥，适当加入骨粉、蹄角片、草木灰作基肥。

园林用途 冬暖之地露地丛植或片植，作湖岸浅水区水湿之地装饰，且有净水之效，北方盆栽或配以山石制作盆景，赏其优美姿态。茎秆可供造纸。

宽叶苔草 *Carex siderosticta*

别名 崖棕

属名 苔草属

形态特征 多年生草本。具细长匍匐根状茎。株高10～30cm，侧生，细软，基部叶鞘褐色。叶广披针形，背面疏被短柔毛。小穗5～8枚，短圆柱形；总苞苞片佛焰苞状，绿色。果囊椭圆形，淡绿色，顶端有短喙。花果期5～7月。

分布与习性 广泛分布于北半球温带。生于山坡、阔叶林下，常形成小群聚生。较耐阴，喜湿润、肥沃土壤。

繁殖 播种或分株繁殖，播种前种子用水冲洗96h，可解除种子外表含有的不透水、不透气物质，提高发芽率5～7倍。

栽培 在郁闭度达75%的林荫下仍能正常生长，保持原有绿色。根状茎发达，水平方向扩展能力强。

园林用途 园林中可植于树坛边缘、乔木林荫下或人工湖边，作观赏性禾草，也是良好的地被植物。

8. 天南星科 Araceae

陆生或水生草本，或木质藤本，常具块茎或根状茎，植物体多含水质、乳质或针状结晶体，汁液对人的皮肤或舌和咽喉有刺痒或灼热的感觉。叶为单叶或复叶，全缘或各式各样的分裂、基部常有膜质的鞘。花两性或单性，雌雄同株或异株，有花被或无，组成肉穗花序；雄蕊1～6，分离或成聚药雄蕊。果为浆果。全科有百余属，约两千种，主要分布于热带和亚热带地区；我国有23属(外来引种者不计在内)，百余种；本书收录10属31种。有多种药用植物；某些种类的块茎富含淀粉，处理后供食用。

1. 花全部两性；肉穗花序上部无附属器。
　2. 花有花被，直立或匍匐草本。
　　3. 佛焰苞和叶片同形、同色 ·················· 1. 菖蒲属 *Acorus*
　　3. 佛焰苞和叶片分异，具特异颜色，宿存 ·················· 2. 花烛属 *Anthurium*
　2. 花无花被；陆生攀缘藤本植物。
　　4. 肉穗花序无梗；浆果互相分离，室内胚珠1 ·················· 3. 藤芋属 *Scindapsus*
　　4. 肉穗花序无梗；浆果相互黏合，胚珠2 ·················· 4. 龟背竹属 *Monstera*
1. 花全部单性，雌雄同株或异株；花被通常不存在或至多为环状。

5. 肉穗花序无不育附属器。

  6. 陆生草本植物,直立或上升,稀亚灌木状。

    7. 雄蕊分离。

      8. 胚珠1;果期佛焰苞凋落,果外露;雌花无假雌蕊 …… 5. 广东万年青(亮丝草)属 Aglaonema

      8. 胚珠多数;果期佛焰苞檐部展开为漏斗状,先端后仰;果藏于宿存或花后膨大的佛焰苞内;
        雌花常具假雌蕊 ……………………………………………………… 6. 马蹄莲属 Zantedeschia

    7. 雄蕊合生成一体。

      9. 雌花具假雄蕊4~5;矮小亚灌木 ……………………… 7. 花叶万年青属 Dieffenbachia

      9. 雌花通常无假雄蕊;草本 ……………………………………… 8. 花叶芋属 Caladium

  6. 陆生攀缘植物 ……………………………………………………… 9. 喜林芋属 Philodendron

5. 肉穗花序有顶生附属器;雄蕊合生成一体,子房1室,胚珠少数,基底胎座 ………………
    ……………………………………………………………………………… 10. 海芋属 Aloeasia

菖蒲 *Acorus calamus*(图7-159)

图7-159 菖蒲

      别名 水菖蒲

      属名 菖蒲属

      形态特征 多年生草本植物。根状茎粗壮。叶剑形,长达80cm,中脉明显凸起,边缘膜质,基部叶鞘套折。花莛基出,短于叶片,佛焰苞叶状;肉穗花序圆柱形,长4~7cm;花两性,花被片6,雄蕊6,子房2~4。花期5~8月。浆果紧密靠合,红色。果期6~9月。

      同属植物:

      石菖蒲 *A. gramineus* 株高仅40cm。花莛高仅10~25cm。叶片无明显中脉。园林栽培中以花叶石菖蒲 var. *variegatus* 叶有黄色条纹,更受到青睐。

      分布与习性 分布于我国各地,俄罗斯至北美也有。生于山谷湿地或河滩湿地。性健壮,耐寒。

      繁殖 繁殖用分株法,间隔3~4年,春、秋两季均可进行。

    栽培 盆栽用黏土配加河沙与碎石块;夏季只保持水分充足与光线充足或半阴的水湿环境或栽于浅水池塘,水深控制在25cm以下。冬季稍干,清除枯残叶片。

    园林用途 园林中栽培赏其清雅优美芳香叶丛,根状茎供药用。

花烛 *Anthurium andraeanum*(图7-160)

    别名 红掌、安祖花

    属名 花烛属

    形态特征 多年生附生常绿草本。具肉质气生根。茎长达1m左右,节间短。叶鲜绿色,革质,长椭圆状心形,全缘。花梗长,超出叶上;佛焰苞阔心脏形,直立开展,革质,表面波状,鲜朱红色,有光泽;肉穗花序无柄,圆柱形,黄色;花期全年。

同属植物：

红鹤芋 *A. scherzerianum* 别名火鹤花。茎短。叶簇生，叶片长椭圆至宽披针形，深绿色。花序由绯红佛焰苞和朱红色肉穗花序组成，高出叶面；肉穗花序卷曲，似一条动物的尾巴。是现代流行的盆栽观花观叶花卉。有许多杂交变种，佛焰苞有红色、白色、白底红苞、红底白斑、黄色、绿色等变异。原产危地马拉、哥斯达黎加。

分布与习性 原种产南美热带雨林下阴暗湿润沟谷中。性喜高温、高湿，较低光照，忌炎热，怕直射光。土壤要求富含腐殖质、通气良好。

繁殖 分株繁殖。选健壮老株，先将根颈割伤，包裹青苔，待生新根后切离母株另行栽植。或将成龄植株旁有气生根的子株剪下，单独分栽；分下的子株至少应有 3 片

图 7-160 花 烛

叶。子株培养 1 年，可形成花枝。1 株成龄株 1 年只能分 1～2 株。组织培养繁殖可以迅速获得大量优质苗。

栽培 近年国内已大量在温室大棚中地栽作切花栽培。栽培土壤必须有很好的通气性。根据地区条件不同而作适当调节。如南方可用泥炭、草炭土、珍珠岩 2：1：2 配合。北方地区用腐烂后的松针土均可。生长温度，白天控制 28～34℃ 以内，夜间维持在 15℃ 左右，不得低于 10℃，否则生长不良。25℃ 以上时，要特别注意加强通风。相对湿度应维持在 85% 以上，以极小的雾点为好。花烛需肥量大，开花期每周用1000倍复合液肥作根部灌溉外，还要每天喷施 1 次 MS 培养基大量元素与微量元素的 100 倍稀释液。

盆栽时，花盆内四周用泥炭块或藏根将植株固定，表面再覆青苔，经常浇灌稀薄液肥或营养液以补给营养。宜常年室内栽培，夏季室温不宜超过 28℃，相对湿度不低于 80%，置半阴处。冬季室温不得低于 12℃，相对湿度不可低于 70%。本属植物病害主要有细菌性疫病、炭疽病、线虫病等。叶、根、佛焰苞等受害会给生产造成巨大损失。但病原菌侵入与环境及植株生长发育状况密切相关。已有研究表明施肥中以硝态氮替代氨态氮，有利于控制疫病的感染。在种苗生产中要严格控制各个操作环节的消毒与清洁防护。

园林用途 花烛叶形别致。佛焰苞火红挺直，犹如灯台上点燃的蜡烛，是较珍奇的观赏花卉，更是近年重要高档切花。

绿萝 *Epipremum aureum*（图 7-161）

别名 黄金葛

属名 麒麟叶属

形态特征 常绿大藤本。蔓长达 10m 以上。具气根，可附着其他物体上。茎节间具小沟。叶卵形，全缘或少数具不规则深裂，光亮，淡绿色，有淡黄色斑块，长达 60cm，垂挂。品种'白金葛' 'Marble Queen'白色斑块占叶片 2/3 以上，叶斑和茎上也有白斑。

同属植物：

褐斑绿萝 *S. pictus* 又名彩叶绿萝。叶长约 15cm，表面具淡褐色斑纹；叶柄较短。产于马来半岛。

图7-161 绿萝

常见园艺品种：

'银星'绿萝　别名'银点白金葛'、'可良叶彩'绿萝'Argyraeus'。叶面具银白色斑点，更有活泼感，又较耐阴，是室内庇荫处理想攀缘观叶植物，也适宜吊挂装饰。

分布与习性　原产马来半岛。性喜温暖、荫蔽、湿润，要求土壤疏松、肥沃、排水良好。

繁殖　扦插繁殖。可单节插，春夏间均可进行，约20d生根。

栽培　栽培方法与龟背竹相似，但略较耐光，尤其冬季须日光充足，夏季切勿阳光直晒，如植株基部裸露。5~6月可剪除枝条1/2，促其发叶。盆栽用土要选择好，如选用肥沃砂质壤土，或用腐叶土与肥沃菜园土等量混合；每盆中应栽植3~5株苗。生长适宜温度为15~25℃；栽培品种可略高；冬天最低温不低于10℃。空气相对湿度40%~50%，夏季生长旺盛时须充足水、肥供应；入冬后应减少水分。置于室内稍明亮处，可长期生长，时间久而过于阴暗，叶片上黄色斑纹会逐渐消退，叶片变薄失去光泽。

园林用途　绿萝攀缘性极强，吸附墙壁或树干，生长极为繁茂，是华南地区园林中吸附墙壁垂直绿化或攀附林下的良好观叶花卉。又可作大型立柱观赏，上盆后不能换盆。栽培养护好的可观赏2~3年。盆栽适宜作大、中型立柱装饰、壁挂，也可作水瓶插或悬吊植物。

龟背竹 *Monstera deliciosa*(图7-162)

别名　电线兰、蓬莱蕉

属名　龟背竹属

形态特征　常绿大藤本。茎粗壮。气根可长达1~2m，细柱形，褐色。嫩叶心形，无孔，长大后呈羽状深裂，各叶脉间有穿孔，革质，下垂。花茎多瘤，佛焰苞淡黄色，长可达30cm；花穗长20~25cm，乳白色。浆果球形，成熟后可食，味似菠萝。

变种：

斑叶龟背竹 var. *variegata*　叶面有白或奶黄色大小不同的不规则斑纹。

同属植物：

斜叶龟背竹 *M. obliqua*　茎扁平，绿色。叶缘完整，叶脉偏向一方。株形弱小，可作中小型盆栽，也可作悬挂植物。原产南美洲北部。

图7-162　龟背竹

多孔龟背竹 *M. friedrichsthalii*　别名开窗蓬莱蕉、仙洞万年青。叶卵状椭圆形，主脉偏向一侧，侧脉间有大小不等的穿孔；叶柄淡绿色，全长4/5呈鞘状。

分布与习性　原产墨西哥。野生龟背竹缠绕树木向上生长，高达7~8m及以上。性喜温暖、半阴、湿润，不耐寒；忌夏季阳光直晒；要求土质肥沃、排水良好。

繁殖　春、秋压条繁殖，或扦插繁殖。

栽培　华北地区温室栽培，可植于荫蔽墙下或水池旁沿墙攀引。甚喜肥，栽培土应富含腐殖质的疏松肥沃培养土，夏、秋季节每天早、中、晚向叶面喷水，以增加湿度，每10～15d施稀薄液肥1次，冬季应适当控制水分和肥料。对低温和干燥有较强的耐受性，能耐短时5℃低温，但对植株生长不利。合适的生长气温为20～25℃。空气湿度60%～70%。植株多分枝的，应适当修剪。盆栽需设支架，以便枝蔓攀附。

园林用途　龟背竹攀缘性强，气根延伸似电线，叶大多孔，佛焰苞大如灯罩，株态具有豪迈、开拓、自由的象征，又别具热带风趣，盆栽装饰厅堂、会场阴暗角隅，极为适宜。

广东万年青 *Aglaonema modestum*（图7-163）

别名　亮丝草、万年青

属名　亮丝草属

形态特征　多年生常绿草本。株高60～150cm。茎直立，不分枝，粗壮，节明显。叶暗绿色，卵形，长10～25cm，宽8～10cm，叶柄长；基部具阔鞘。肉穗花序，长3～5cm，花小，绿色，具柄；花期夏秋。浆果成熟后黄色或红色。

同属植物：

玉皇帝 *A. crispum*　别名波叶亮丝草。株高达到30～40cm。叶片椭圆披针形，表面革质，缘略带波状起伏，浓暗油绿色，中央有银白色斑块。性健壮。扦插繁殖适温为20～28℃。在光线较暗淡的地方也能生长，越冬温度不低于8℃。原种产菲律宾吕宋岛。

图7-163　广东万年青

斑叶万年青 *A. pictum*　茎多分枝，枝亮绿色。侧脉间具灰色斑点。原产印度尼西亚。品种'白斑'万年青'Tricolor'，叶有黄色与黄绿色斑纹。

'皇后'万年青 *A.* 'Malay Beauty'　别名长柄亮丝草。长披针形叶，叶脉间灰绿色斑块占据叶片表面1/2以上。冬季较喜阳光，栽培适宜温度18～32℃，越冬最低温为8℃。

'银皇帝' *A.* 'Silver king'　别名银王亮丝草。茎短，披针形叶暗绿色，中央有许多大银灰色斑块。叶柄上部圆柱形，下部鞘状抱茎。茎基部易发新枝呈丛生状。性耐阴、耐湿而又耐旱，生长适宜温度20～28℃；越冬最低温8℃以上，入冬后减少浇水量，可适当增强抗寒力。

分布与习性　原产我国南部；马来西亚、菲律宾等地也有。性喜温暖阴湿，能耐0℃低温；要求疏松肥沃的酸性土壤。

繁殖　扦插或分割繁殖，极易生根。扦插，在春夏两季进行。取粗壮的嫩枝条，长15～25cm，基部修平，做成插穗。晾干浆汁，插入花瓶或插床中。要保持较高的环境湿度。在25℃温度中约3周可以生根。分割，在春季换盆时进行。将植株从盆中脱出后，按上部分枝情况由茎的基部切开，伤口处涂上草木灰，然后植于微酸性的盆土中。

栽培 在空气湿度较大的环境中生长较好。华南可露地栽培，以近水沟边又无阳光直晒的地方为好。华北地区温室盆栽，生长期间要求水分充足，旱季早、中、晚应向叶面及附近地面洒水，以保持空气湿润。越冬最低温度不低于5℃。极耐阴；室内摆设光线较暗也不徒长。

每半月施肥1次，以氮肥为主。冬季减少浇水量，不要使盆土太湿，以免根腐、叶发黄。如叶片发黄，应提高室内温度，补施薄肥1次。

园林用途 万年青叶子清秀，终年常绿，果实殷红，经冬不凋，华南阴地片植，是地被、护坡的良好材料；华北盆栽或用悬篮容器悬挂装饰，也可用玻璃瓶水插养植，更清洁、方便，更富有情趣。广东万年青极耐阴的特性格外适宜中国式建筑的厅堂、书房等处点缀。

马蹄莲 *Zantedeschia aethiopica*（图7-164）

别名 慈姑花、水芋、观音莲

属名 马蹄莲属

形态特征 多年生草本。株高70～100cm。地下具褐色肥大肉质根茎，根茎节间处向下生根，向上长茎。基生叶片箭形或戟形，长15～45cm，鲜绿色，有光泽。花茎基生，高与叶长相同，顶端着一肉穗花序，包于佛焰苞内，白色，形似马蹄状；肉穗花上部雄花，下部雌花。

同属植物：

黄花马蹄莲 *Z. elliottiana* 株高60～100cm。叶片卵圆形，长达28cm，与宽相近，上面具半透明白色斑点；叶柄长60cm。佛焰苞长15cm，黄色，外面绿黄色；花期5～6月。原产南非。

红花马蹄莲 *Z. rehmannii* 株高可达60cm。叶片窄椭圆状披针形。佛焰苞近12cm长，玫瑰红至红紫色，也有具红色边的白色类型；花期4～6月。原产南非。以上几种，是现代彩色马蹄莲的重要亲本。

图7-164 马蹄莲

分布与习性 原种产非洲南部。喜温暖湿润、略庇荫的气候环境。不耐寒，忌干旱与夏季暴晒。要求疏松肥沃、排水良好的黏质壤土。彩色品种栽培中要求略干燥的环境条件。

繁殖 秋天分球繁殖，切下带芽的块茎另行栽种，也可秋季播种繁殖。

栽培 生长适温15～25℃，可耐4℃低温，光照好产花多，生长期水肥要充足，施肥时如有肥水流入叶柄，易造成烂叶，故施肥后宜冲洗叶片。夏季炎热，植株休眠应减少浇水。

园林用途 马蹄莲乳白色大花苞中央裹着黄色肉质圆柱状物，象征"永结同心、吉祥如意、圣洁虔诚"，给人以美好、幸福与喜悦的感受，是喜庆花篮、花束重要切花；叶片挺拔、鲜绿、光亮又是很好的切叶。矮小品种适宜盆栽，既赏叶又观花。冬暖之地也是庭院重要宿根花卉，可植于湖边或塘畔观赏。

花叶万年青 *Dieffenbachia maculate*（*D. picta*）

别名　白黛粉叶

属名　花叶万年青（黛粉叶）属

形态特征　多年生常绿灌木状草本。株高可达 1m。茎粗壮直立，少分枝。叶大，常集生茎顶部，上部叶柄 1/2 成鞘状，下部叶柄较其短；叶矩圆形至矩圆状披针形，端锐尖；叶面深绿色，有多数白色或淡黄色不规则斑块，中脉明显，有光泽。

同属植物：

黛粉 *Dieffenbachia* × ‘Camilca’　别名白玉黛粉叶。叶卵状椭圆形，先端尖锐；幼叶浓绿色，成熟叶仅边缘 1～2cm 范围浓绿色，其余全为乳白或黄白色斑纹，老叶斑纹会退化；叶缘稍呈波状。

分布与习性　原产巴西。喜高温、高湿及半阴，不耐寒；忌强光直射；要求肥沃、疏松而排水好的土壤。

繁殖　扦插繁殖，温度在 25℃ 以上，任何季节均可进行，以嫩茎插为主，水插也可生根。

栽培　生长适温 25～30℃，但 16℃ 时全年可生长，而 7℃ 以下则会落叶死亡。越冬温度要 12℃ 以上。生长期应充分浇水和叶面喷水，高温干燥易生红蜘蛛。茎秆达一定高度时会弯曲，可回剪至基部，使其重发新芽。夏秋季节应庇荫，严防阳光直晒。

园林用途　优良的室内盆栽观叶植物。

花叶芋 *Caladium bicolor*（图 7-165）

别名　彩叶芋

属名　花叶芋属

形态特征　多年生草本。株高 50～70cm。块茎扁圆形，黄色。叶心形，长达 30cm，表面绿色，具红或白色斑点，背面粉绿色；叶柄长为叶片 3～7 倍。佛焰苞外面绿色，里面粉绿色，喉部带紫，苞片锐尖，顶部褐白色。

常见栽培品种：

‘白叶芋’‘Canadidum’　叶白色，脉绿色。

‘约翰·彼得’‘John Peed’　脉粗，金红色。

‘红云’‘Pink Cloud’　叶具红斑。

‘海鸥’‘Seagull’　叶深绿色，具凸出宽白脉。

‘车灯’‘Stoplight’　叶绛红色，边缘绿色。

分布与习性　原产西印度群岛至巴西。性喜高温、高湿、半阴；不耐寒，要求土壤疏松、肥沃、排水良好。

图 7-165　花叶芋

繁殖　分株繁殖。华南地区春季气温 21℃ 左右时，块茎开始抽芽长叶，用利刀切割带芽块茎另行栽植即可。

栽培　在生长旺盛期，块茎表面的芽眼凸起，此时可除去表土，用刀切开，用泥炭土和粗沙混合作基质栽种，生长适宜温度 22～26℃。如生长季较干燥地区可用塑料薄膜或玻璃罩保持湿度，注意适当通风，防止腐烂长霉，一个月后即可独立成新植株。

园林用途　花叶芋绿色叶片上嵌红、白斑点或条纹。色彩浓淡协调、夺目，是盛夏最好的室内装饰植物，巧置案头，极雅致。

红柄喜林芋 *Philodendron erubescens*（图7-166）

属名　喜林芋属

形态特征　多年生常绿藤本植物。茎粗壮，基部稍木质，节部有气生根。叶柄、叶背和幼嫩部分常为暗红色；叶片卵圆状三角形，长达30cm，宽15cm，有光泽。佛焰苞长达15cm，紫红色，肉穗花序白色，通常不开花。

图7-166　红柄喜林芋

常见栽培品种：

'红宝石'喜林芋'Red Emerald'　嫩叶片富紫红色光泽。

'绿宝石'喜林芋'Green Emerald'　茎、叶、片、叶柄嫩梢、叶鞘均为绿色。

'绿帝王'喜林芋'Imperial Green'　节间短，绿色叶较密集。

'红苹果'喜林芋'Pink Priencess'　叶片短而宽，叶色有紫铜光泽。

'皇后'喜林芋'Royal Queen'　全株富有暗紫铜色泽等。

分布与习性　原产美洲热带哥伦比亚一带。喜温暖、潮湿和半阴环境。

繁殖　扦插繁殖。

栽培　合适的生长温度20～30℃，越冬最低气温为15℃。空气湿度应在70%左右。生长季节每2周施一次液态氮肥，并须经常浇水；每天对叶片喷水2次，冬季要用微温水浇喷，用软化水或雨水更好。中、大型盆栽，通常每盆3株，中央要立支柱，使植株攀扶向上，生长成大型图腾柱。耐阴力强，在2500～3500lx的光线下仍可生长。

园林用途　本种是室内著名大型观叶植物，株态壮观。

春羽 *Philodendron selloum*

别名　羽裂喜林芋、羽裂蔓绿绒、羽裂树藤小天使蔓绿绒

属名　喜林芋属

形态特征　多年生常绿草本。茎粗壮直立而短缩，密生气根。叶聚生茎顶，大型；幼叶三角形，不裂或浅裂，后变为心形；基部楔形，羽状深裂，裂片有不规则缺刻，基部羽片较大，缺刻也多；厚革质，叶面光亮，深绿色。

分布与习性　原产巴西。喜高温、高湿，稍耐寒；喜光，极耐阴。生长缓慢。

繁殖　春季用嫩茎扦插繁殖。插入水中也易生根。

栽培　为常见栽培的喜林芋种类中耐寒性最强者，越冬温度5℃。生长期要充分浇水并保持高的空气湿度。不宜大量施肥，否则叶柄细长而弯曲，株形不整齐。

园林用途　优良的室内盆栽观叶植物，也可水养瓶中观叶。

绒叶喜林芋 *Philodendron melanochrysum*

别名 天鹅绒、蔓绿绒

属名 喜林芋属

形态特征 多年生常绿攀缘草本。茎半蔓性。叶垂挂着生，叶柄基部为明显鞘状，较宽抱茎；叶片长卵状心形，端锐尖，基部心形；叶面绿褐色如天鹅绒质，主脉及侧脉以及叶缘均为明显的银白色，极美丽。

同属植物：

姬喜林芋 *P. oxycardium* 茎蔓性，细长可达数米，节间有气生根。叶卵状心形，全缘，绿色，质地较厚。

琴叶喜林芋 *P. panduraeforme* 茎蔓性，木质，具气生根。叶互生，提琴形，革质，暗绿色，有光泽。绿色的嫩芽细长直立而尖。

分布与习性 原产哥伦比亚。喜温暖、阴湿，稍耐寒；要求疏松而富含腐殖质的土壤，生长缓慢。

繁殖 扦插繁殖。

栽培 生长适温 18～22℃，越冬温度 3℃以上。生长期充分浇水，可使叶片光亮。需设支柱供其攀缘。冬季给予一定光照。易栽培。

园林用途 优良的室内盆栽观叶植物。

海芋 *Alocasia macrorrhiza*（图 7-167）

属名 海芋属

形态特征 多年生常绿草本。茎粗壮，高达 3m。叶聚生茎顶，叶片卵状戟形，长 15～90cm。总花梗 10～30cm，佛焰苞全长 10～20cm，下部筒状，上部稍弯曲呈舟形，肉穗花序稍短于佛焰苞；雌花在下部，仅具雌蕊，子房 1 室，雄花在上部，具 4 个聚药雄蕊。

同属植物：

黑叶芋 *A. × amazonica* 又名黑叶观音莲。由楼氏海芋和美叶芋杂交而成。深绿叶色与鲜亮白色的叶脉，形态近似美叶芋。是现代室内装饰的佳品。栽培成功的关键：夏季 21℃ 以上，冬季不低于 16℃，冬季需光照，夏季需半阴；保持培养基质的潮湿，冬季控制用水；保持空气湿度，保持叶面经常喷雾。

图 7-167 海 芋

楼氏海芋 *A. lowii* 根状茎延长。叶片长箭形，长 45cm，宽 15cm，下部呈长圆三角形，上面茶青绿色，具银白色边脉，叶绿白色，下面紫色；叶柄淡红色。佛焰苞白绿色。产于马来西亚。

美叶芋 *A. sanderana* 植株较小。叶片箭状卵圆形或盾状，基部裂片窄三角形，边缘深波状裂，上面绿色有金属光泽，具白色脉，通常边缘亦为白色。产于菲律宾。

分布与习性 产中国华南、西南及台湾省；东南亚也有分布。喜温暖、潮湿和半阴环境，排水良好的土壤。

  繁殖 分株、扦插和播种繁殖。分株即分离母株萌生的分蘖。扦插法取长约 10cm 茎段作插穗，插于疏松基质。播种种子采后即播，约 25℃ 下发芽。

  栽培 生长适宜温度 20~25℃，越冬温度 12~15℃。栽培土壤可用园土、泥炭或草炭土、腐叶土加沙配制而成。

  园林用途 大型观叶植物，北方多以大桶栽培，布置大型厅堂、室内花园或热带温室，十分壮观。

9. 凤梨科 Bromeliaceae

  附生或陆生，无茎或短茎草本。茎直，全缘或有刺状锯齿，基部常扩展，并常具鲜明的颜色。叶通常基生，密集成莲座状叶丛，狭长带状。顶生头状、穗状或圆锥花序；苞片通常明显而具鲜明的颜色；花两性，辐射对称，花被片 6，2 轮，外轮 3 片萼片状，分离或部分合生，内轮 3 片花瓣状，分离或稍合生；雄蕊 6，着生于花被的基部；子房下位、半下位或上位。果为浆果或蒴果，有宿存的花萼。全世界约 50 属 1000 余种，分布于热带和亚热带美洲；我国均为引种栽培；本书收录 8 属 14 种。

1. 子房上位，花柱极短；蒴果室间开裂；叶缘具刺。
1. 子房下位；浆果。
 2. 花序为莲座状退化叶所包，总状花序。
  3. 花序有少数花，萼片结合成一管 ⋯⋯⋯⋯⋯⋯⋯⋯⋯⋯⋯⋯⋯ 1. 姬凤梨属 *Cryptanthus*
  3. 花序有许多花，萼片分离，不结合成管。
 2. 花序不为莲座状退化叶所包。
  4. 花密集，聚生在一肉质花序轴上；果实为球果状的复花果；花序和复花果顶部有退化的叶丛。
  4. 花密集，不密集聚生在花序轴上，花序和果顶无退化的叶丛。
   5. 单花序，如为复花序，则花粉粒上有纵向膜质沟⋯⋯⋯⋯⋯⋯⋯⋯⋯ 2. 水塔花属 *Billbergia*

美叶光萼荷 *Aechmea fasciata*（图 7-168）

图 7-168 美叶光萼荷

  别名 蜻蜓凤梨、光萼凤梨

  属名 光萼荷属

  形态特征 附生多年生草本。高 40~60cm，一次性开花，无茎。叶莲座状，10~20 枚，条状弓剑形，长50cm，宽 6cm，绿色至灰绿色，边缘有黑刺；叶鞘圆，内面红褐色，背面有大理石状横纹。花莛高约 30cm，有白色鳞毛，密生圆锥花序；苞片红色至粉红色，小花初开为蓝色后变红色。栽培品种很多，如'银边'光萼荷'Albomarginata'、'紫铺'光萼荷'Purpurea'、'白锚'光萼荷'Silver king'、'斑叶'光萼荷'Variegata'等。

同属植物：

光萼荷 *A. chantinii* 别名军凤梨、斑马凤梨。叶弓形，约 10 片，橄榄绿色，叶面有横向银灰色条纹，叶背有白粉，叶缘具小锯齿。复穗状花序从叶丛中抽出，总花梗基部有橙红色披针状条斑，苞片大，深橙红色，花序有数个分枝，叠生黄萼，红苞小花；观赏期长达 4~5 个月。原产巴西、秘鲁、委内瑞拉。

分布与习性 原产巴西。喜温暖、潮湿，阳光充足环境，疏松、透气、丰富营养的栽培基质；易受霜害。

繁殖 繁殖用播种或分栽吸芽。

栽培 栽培容器多用木筐或多孔盆或用泥炭藓、蕨根包裹，悬吊栽培。生长适宜温度不低于 24℃，花期最低温度不低 10℃。要求光线明亮，忌直射阳光，用软化水或雨水浇灌，保持容器润湿，但不可过湿，夏季供水量宜大，要多作叶面喷雾，其他季节宜少；追肥由叶丛灌水中加以补充。

园林用途 美叶光萼荷叶丛、叶色优美，花期长，是著名的室内观叶、观花植物。

姬凤梨 *Cryptanthus acaulis*（图 7-169）

别名 紫锦凤梨、星鱼花

属名 姬凤梨属

形态特征 多年生常绿草本。株高仅 8~10cm。叶莲座状，叶片反曲不铺于地面，外轮叶的叶腋生匍匐茎；硬质；椭圆状披针形，叶缘波状，具皮刺；叶背被银灰色小鳞片。花序隐于叶丛中，小花白色。

栽培品种：

'绿地星''Green Earth Star' 叶缘星状凸起，叶有浅绿色条纹。

图 7-169 姬凤梨

'粉带''Roseopictus' 叶边有深紫色带，中央红色带，两侧粉色带。

'红姬'凤梨'Ruber' 叶丛为红色等。

分布与习性 原种产巴西。生于热带雨林空地，向阳岩石缝中；喜高温、半阴、湿度大，能耐阳光，亦较耐旱，以排水良好的砂砾土为宜。

繁殖 除分吸芽繁殖外，也可剪取匍匐茎另行栽植。

栽培 盆栽基质可选用苔藓泥炭加沙各半混合，拌入 20% 腐熟厩肥混匀。天暖后移至室外荫棚下栽培；光线强时叶色彩晕较浓；保持盆土与空气湿润，每 2 周浇 1 次充分腐熟稀薄液肥，入秋后控制肥水。10 月中旬移入温室越冬，室温不低于 10℃。

园林用途 姬凤梨株型小巧玲珑，叶色彩纹鲜明相间，华南地区作花坛镶边或林下附生于矮树旁。北方多供案头小装饰。

美艳羞凤梨 *Aregelia carolinae*

别名 凤梨、彩叶凤梨

属名 赪凤梨属

形态特征　多年生常绿附生草本。株高20cm。叶莲座状着生，基部成筒状，披针形，缘具细齿；革质；绿色有金属光泽，开花前中心部分叶基部或全叶变成深红色。花序隐于叶丛中，小花蓝紫色具白边。可保持观赏期2~3个月。

分布与习性　原产巴西。喜温暖湿润，不耐寒，喜充足散射光，忌直射光照；喜疏松、透气的强酸性(pH 3.5~4.5)土壤。

繁殖　扦插繁殖。春天将植株基部产生的吸芽掰下，削平基部插于沙中。

栽培　生长期适温18~28℃，冬季15~18℃，越冬温度10℃以上。生长期需较高的空气湿度，并充分灌水，可灌入叶筒，叶面常喷水，但气温低于15℃停止向叶筒灌水及喷水。一般管理。

园林用途　可供盆栽观赏。

巢凤梨 *Nidularum innocetii*

别名　红凤梨

属名　巢凤梨属

形态特征　多年生附生常绿草本。叶莲座状着生；条形，缘具细齿；叶面棕紫色，背面绿色晕红色。花序初生苞片暗红色，尖端有时绿色；每一莲座叶丛只开一次花，花期不定。

同属植物：

深紫巢凤梨 *N. fulgens*　圆锥花序着生在莲座状叶中央基部，径约8cm，每朵花有一红色或紫红色苞片，花堇蓝色。

分布与习性　原产巴西。喜温暖湿润环境，不耐寒；喜光，耐半阴，忌强光直射。

繁殖　扦插繁殖。春季切取有2~4片叶的蘖芽扦插。越冬温度10℃。

栽培　生长期叶筒中注入水，并常叶面喷水，还需叶面追肥。

园林用途　可供室内观赏。

铁兰 *Tillandsia cyanea*（图7-170）

别名　紫花凤梨、艳花钱兰

属名　铁兰属

形态特征　多年生附生草本。株高约30cm。叶丛莲座状，叶20~30片，线形，长约30cm，中部下凹，斜出后横生反曲成弓状，淡绿色至绿色，基部酱褐色，叶背面绿褐色。花梗粗，总苞呈扇状，深红色；春、夏自下而上开蓝紫色花；花瓣3枚，花径约3cm，花朵伸出苞片外。观赏期可长达4个月。

分布与习性　原产厄瓜多尔、秘鲁一带。喜高温、通风、半阴或光线充足环境；畏霜寒。

繁殖　春季分株或分栽吸芽繁殖。

栽培　栽培基质须选用富含腐殖质疏松、透水而耐久的材料，可用泥炭藓、含粗纤维泥炭或树皮，腐叶或树干、

图7-170　铁　兰

蕨根等调制绑扎成附着物，如兰花栽培所用的基质。灌溉须用软化水；夏季水量需较丰足，其他季节要节制水分。越冬最低气温7~10℃。

园林用途　植株小巧，叶姿优美，花色浓艳，观赏期长，是重要盆栽花卉。

莺歌凤梨 *Vriesea carinata*

别名　鹦哥凤梨

属名　丽穗凤梨属

形态特征　多年生常绿附生草本。株高20cm。叶莲座状着生呈杯状；质薄，柔软具光泽；浅绿色；外拱。花莛细长，高于叶面；穗状花序肉质，扁平；苞片2列互叠，基部红色，端黄色，每小苞片顶端常为弯钩状，似鹅嘴；小花黄色，端绿；花期冬春季节。观赏期可达半年。

分布与习性　原产巴西。喜温暖，较耐寒；喜半阴；要求疏松、通气及排水好的基质；不耐旱。

繁殖　扦插繁殖。取植株基部萌芽扦插，1个月可生根。

栽培　越冬温度5℃以上。用蕨根块、腐叶土及泥炭土混合制成的基质较好。生长季充分浇水，叶杯内应注水，施薄肥。

园林用途　可盆栽观赏及切花。

彩苞凤梨 *Vriesea × poelmannii*

别名　大鹦哥凤梨、火炬

属名　丽穗凤梨属

形态特征　多年生常绿草本。株高20~30cm，植株粗壮。叶基生呈莲座状，叶片带状，全缘；浅绿色具光泽。花莛多分枝，高出叶丛；顶生穗状花序扁平，苞片2列套叠，鲜红色，有光泽；小花黄色；花期可达3个月。

分布与习性　为 *V. gloriosa* 与 *V. vangerttii* 的杂交种。原种产于中南美洲及西印度群岛。喜高温高湿，稍耐寒，喜半阴。

繁殖　扦插繁殖，取植株基部小芽扦插，生根缓慢，需2个月时间。

栽培　越冬温度8℃以上，15℃以上可生长。生长期充分浇水，可注入叶筒内并叶面喷水，需勤施追肥。光线不足花色不艳丽，花后剪除花莛有利促进分生小芽。

园林用途　可供盆栽观赏或切花。

火剑凤梨 *Vriesea splendens*（图7-171）

别名　丽穗兰、斑背剑花

属名　丽穗凤梨属

形态特征　附生性多年生草本。高达1m。叶莲座状密生，条形，长30cm，宽9cm，先端向下弯，质硬；叶面有深紫褐色不规则横纹，背面有白粉。花莛高出叶面，一次性开花，穗

图7-171　火剑凤梨

261

状花序扁平，不分枝，艳红色苞片大，蜡质，紧密贴生；花黄白色，自苞片间伸出；花期夏季。

常见栽培品种：

'纵带'丽穗兰'Anderken Carl Wolf'；'紫斑'丽穗兰'Chantrieri'；'横带'丽穗兰'Favorite'；'红剑'丽穗凤梨'Variegata'；'花叶'丽穗凤梨'Vadegata'等。

分布与习性 原产圭亚那。喜温暖高湿环境，不耐寒；喜半阴，较耐旱。

繁殖 扦插或分割蘖芽繁殖。蘖力低。花后从植株基部长出2～3个小芽，待有4～6片叶时可切取。扦插或用湿苔藓包住基部种植。

栽培 生长适温20～25℃，越冬温度10℃以上。生长期充分浇水，可向叶筒中注水。冬季须使盆土适度干燥。光照过弱不易开花。

园林用途 丽穗凤梨是极美艳的室内观叶赏花植物，观赏期长达数月。

水塔花 *Billbergia pyramidalis*（图7-172）

图7-172 水塔花

别名 火焰凤梨、红笔凤梨

属名 水塔花属

形态特征 多年生草本，附生性。无茎。叶阔条形或披针形，基部略膨大，筒状簇生，上面绿色，下面粉绿色。穗状花序，直立，稍高于叶，苞片粉红色，萼片暗红色，被粉；花冠鲜红色，开花时旋扭；花期春季。有变种：斑叶水塔花 var. *variegata*。

同属植物：

斑马水塔花 *B. zebrina* 株高约60cm。叶厚，叶尖反卷，叶背横斑极明显。穗状花序垂俯，长约45cm，具小花30多朵，苞片红色，花黄绿色或绿色，花瓣长约5cm。产于巴西。

分布与习性 原产巴西。喜温暖、湿润，半阴或光线充足；要求疏松、肥沃、排水良好的栽培基质。

繁殖 分株繁殖。早春自株丛基部切取吸芽或萌蘖另行栽植即可。

栽培 冬暖地区可露地栽培。北方多盆栽。盆土用腐叶土或苔藓泥炭加沙或珍珠岩，拌入适量腐熟厩肥。生长季节要适度灌溉，水可浇入叶筒内，保持较高的空气湿度、通风良好。冬季需要充足阳光，轻微喷雾，室内温度不低于8～10℃。易受霜害。

园林用途 水塔花叶筒存水，别有风趣。株丛青翠，花色艳丽，是优良的观叶赏花植物。

果子蔓 *Guzmania lingulata*（图7-173）

别名 红杯凤梨、姑氏凤梨

属名 果子蔓属

形态特征 多年生草本。地生或半附生，无茎；高约30cm。莲座状叶丛生于短缩茎上，叶带状，弓形，长达40cm，宽约4cm，叶面平滑，边缘有疏细齿，亮绿色。总花梗与总苞片等长，位于叶丛中央，总苞片鲜红色；花序圆锥状或短穗状，小苞片三角形，长 6cm，红色或绯红色，花与小苞片等长，花冠筒浅黄色，花萼花冠状，短于花瓣；每朵花开 2～3d。

栽培品种：

'小擎'凤梨'Minor'株丛紧密，高仅 15cm，叶宽 2.5cm，黄绿色，苞片猩红色，花少，橘红，色浓艳，更耐久。

分布与习性　原产美洲热带雨林。喜高温高湿、半阴与排水良好环境，易受霜害。

繁殖　春、夏季分植吸芽或播种繁殖。

栽培　栽培基质以等量肥沃腐叶土、蕨根或粗沙、苔藓泥炭或树皮屑配制。越冬最低气温 10～15℃。自夏至秋，莲座叶丛中要保持足够水分，须用软水灌溉。

图 7-173　果子蔓

园林用途　果子蔓叶丛与花整株观赏效果均佳，花苞浓艳色可保持数月之久，是著名观赏盆花，如'日之星'果子蔓。

紫星 *Cuzmania* × 'Amaranth'

别名　紫擎天凤梨

属名　果子蔓属

形态特征　多年生常绿草本。株高 60～70cm。叶基生斜出，稍外拱，全缘，绿色有光泽。花葶高于叶丛，穗状花序顶生，叶状苞片自下向上逐渐变小，披针形；下部苞片基部紫色，上部苞片紫红色。小花生于苞片腋间。

分布与习性　原种产于美洲。本种为园艺杂种。喜凉爽湿润，耐寒。喜荫蔽。

繁殖　分株或扦插繁殖。花后茎部叶腋长出小芽，待长出 6 片叶时，留 1～2 个芽取代母株外，其余的芽可切下扦插，也可用湿润苔藓包好直接栽植。

栽培　生长适温 15～25℃，越冬温度 7℃以上。栽培中盆土宜保持适度湿润，不可过湿。注意通风。生长期可叶面施肥。

园林用途　可供盆栽观赏。

红星 *Guzmania minor*

别名　小果子蔓、橘红星凤梨

属名　果子蔓属

形态特征　多年生附生常绿草本。株高 70～80cm。叶莲座状着生呈筒状；叶片带状；黄绿叶面上有自基部向上延伸的栗色细纹，近端时隐没。穗状花序密集，总苞片开展，橘红色或猩红色，有极高的观赏价值；花萼橙红色。

分布与习性　原产巴西、美洲。

繁殖与栽培　同果子蔓。

园林用途　可供盆栽观赏。

10. 鸭跖草科 Commelinaceae

一年生或多年生草本，茎有明显的节和节间。叶互生，具叶鞘。通常为蝎尾状聚伞花序，或缩短而为头状，或伸长，集成圆锥花序或单生，顶生或腋生；花两性，极少单性；萼片3枚，通常分离；花瓣3枚，通常分离，有的中部连合成筒而两端分离；雄蕊6枚，全育，或仅2~3枚能育而有3枚退化雄蕊。果为开裂蒴果，少不裂。种子大而少数。本科约45属400种；我国有13属近50种，主要分布于广东和云南；本书收录4属4种。

1. 能育雄蕊3枚，总苞片佛焰状，花瓣完全分离 ····················· 1. 鸭跖草属 Commelina
1. 能育雄蕊6，稀5。
  2. 花瓣分离或近于分离。
    3. 子房每室有2个胚珠 ······················· 2. 紫叶鸭跖草属 Setcreasea
    3. 子房每室有1个胚珠 ······················· 3. 紫万年青属 Rhoeo
  2. 花瓣合生成一长筒，植株不呈紫色，或仅叶背紫色 ·············· 4. 吊竹梅属 Zebrina

鸭跖草 *Commelina communis*（图7-174）

图7-174 鸭跖草

属名 鸭跖草属

形态特征 鸭跖草属一年或多年生草本植物。茎叶光滑，茎基部分枝匍匐，上部向上斜生，高约20cm，匍匐枝长约9cm，常在节处生根。叶片披针形至卵状披针形，长约11cm，宽约4cm，茎叶绿色。花深蓝色，花期6~9月。高大型变种（var. *hortensis*），夏秋开花，呈蓝紫色。

分布与习性 原产中国，华东、华北、西南均有分布。喜温暖、湿润、耐阴和通风环境；要求土壤疏松、肥沃、排水良好，但对各类土壤均能适应。

繁殖 播种、分株、扦插、压条繁殖均可。四季均可压条。春夏扦插，保持15℃左右，约14天即可生根。宜秋播，常随采随播。

栽培 盆栽宜置于适当庇荫处。每14d施稀薄液肥1次。冬季置于室内有阳光处，气温不可低于8℃。

园林用途 鸭跖草生长强健，叶色青绿，下垂铺散，是良好的室内观叶植物，可布置窗台几架，也可作为荫蔽处的花坛镶边。

紫叶鸭跖草 *Setcreasea purpurea*

别名 紫叶草、紫竹梅

属名 紫叶鸭跖草属

形态特征 多年生常绿草本。全株深紫色，被短毛。茎细长，多分枝，下垂或匍匐，稍肉质，节上生根。每节具一叶，抱茎；叶阔披针形，端锐尖，全缘。花小，数朵聚生枝端的 2 枚叶状苞片内，紫红色；花期 5 ~ 9 月。

分布与习性 原产墨西哥。喜温暖，较耐寒；喜阳光充足，耐半阴。

繁殖 分株或扦插繁殖。扦插极易生根，形成的新株较老株株形好。

栽培 生长适温 15 ~ 25℃，越冬温度 5℃以上。浓荫处枝叶徒长，节间长，叶色变浅或返绿。可摘心促进分枝，使株形圆整。管理粗放。

园林用途 华南地区可作花坛或地被及基础种植用；北方盆栽，吊盆观赏。

紫背万年青 *Rhoeo discolor*（图 7-175）

别名 紫万年青、蚌花

属名 紫万年青属

形态特征 多年生草本。具短茎；茎常伸长可达 20cm，有分枝。披针形叶片，长约 30cm，宽 7 ~ 8cm，覆瓦状集生茎顶，上面绿色，下面紫色。花小，聚生成密伞形，白色，具短梗，花下具 2 大紫色船形苞片，花期 8 ~ 10 月，蒴果。

变种：花叶紫背万年青 var. *vittata*，叶面具黄褐色条纹。

分布与习性 原产墨西哥及西印度群岛。喜温暖、向阳、湿润，不耐寒；要求土壤疏松、肥沃、排水良好。

图 7-175 紫背万年青

繁殖 播种、分株、压条均可繁殖。早春结合换盆进行分株。

栽培 栽培中注意保持较高的空气湿度，否则在强光照晒下极易引起叶片边缘干枯，生长期略追肥。要求土壤疏松、肥沃、排水好。入秋后如出现黄叶，应及时剪掉，冬季室内培养，温度在 12℃以上可正常生长，低于 5℃则以休眠状态越冬。

园林用途 室内盆栽、吊盆观赏；阴湿处地被植物。

吊竹梅 *Zebrina pendula*（图 7-176）

别名 吊竹兰、白花吊竹草

属名 吊竹梅属

形态特征 多年生常绿草本。全株稍肉质。茎多分枝，匍匐，疏生粗毛，接触地面后节处易生根。叶互生，具短柄，基部鞘状抱茎，狭卵圆形，端尖；叶面银白色，其中部及边缘为紫色；叶背紫色。花小，紫红色，数朵聚生于 2 片紫色叶状苞片内；花期 5 ~ 9 月。

分布与习性 原产墨西哥。耐寒力强，短期低温不会冻死。喜半阴，光线过暗易徒长，叶无光泽，耐干燥。

繁殖与栽培 同紫叶鸭跖草。

园林用途 暖地可供花坛、基础种植用；也可盆栽，吊盆观赏。

图 7-176 吊竹梅

11. 雨久花科 Pontederiaceae

多年生水生或沼泽生草本，根状茎粗厚，缩短或横走。叶浮在水面或沉没水中，脉平行，基部有鞘。花两性，不整齐，花序穗状，总状或圆锥状，从佛焰苞的鞘内抽出；花被片6，花瓣状，分离或基部连合，花后脱落或宿存；雄蕊6或3，很少1；子房上位，3室。果实为蒴果，3瓣裂或不开裂。种子有纵条纹。本科约5属30余种，分布于热带或温带；我国有2属；本书收录3属3种。

1. 浮水植株；叶柄基部膨大成囊状；花无梗，花被片下部结合成显著的管，6枚雄蕊中有3枚较长，3枚较短 ·· 1. 凤眼莲属 *Eichhornia*
1. 水生植株；叶柄不膨大成囊状；花有梗，花被片不联合成管状，6枚雄蕊中有1枚较长，较大 ·· 2. 雨久花属 *Monochoria*

凤眼莲 *Eichhornia crassipes*

别名 水葫芦、凤眼兰

属名 凤眼莲属

形态特征 多年生浮水草本或根生于浅水泥沼中。株高30~50cm。茎极短，具匍匐枝。叶基生，近倒卵状圆形；叶柄长于叶片，长约10~20cm，基部膨大成葫芦形，内部海绵质。穗状花序，花淡蓝紫色；花期7~9月。

变种：

大花凤眼莲 var. *major* 花大，粉紫红色。

黄花凤眼莲 var. *aurea* 花黄色。

分布与习性 原产南美洲。喜温暖、向阳、富含有机质的静水，喜淡水。较耐寒。但忌霜冻。

繁殖 分蘖繁殖，春、夏、秋均可。将植株上幼芽剪下，投入水中，很快生根。生长迅速，繁殖快，极易布满水面。

栽培 盆栽越冬温度10℃以上。生长适温18~25℃。生长期施肥，株丛夏季茂盛。由于生长迅速繁茂，在水面上应有一定控制，以免堵塞水面。管理粗放。

园林用途 凤眼莲株丛浓绿，花色艳丽，是装饰湖面、河沟的良好水生花卉，又具净化水面的功能，还是很好的饲料和绿肥。但在长江流域及以南地区水域已成入侵植物，造成环境的严重污染。

雨久花 *Monochoria karsakowii*

属名 雨久花属

形态特征 一年生挺水植物。株高50~90cm。地下茎短，匍匐状，地上茎直立。基生叶具长柄，茎生叶其柄渐短，基部扩大呈鞘状，抱茎；叶卵状心形，端短尖，质地较肥厚，深绿色有光泽。花茎高于叶丛端生，圆锥花序，花被蓝紫色或稍带白色；花期7~9月。蒴果长卵形。

分布与习性　原产中国东部及北部，日本、朝鲜及东南亚也有。喜温暖、潮湿及阳光充足，不耐寒，耐半阴。

繁殖　播种繁殖，可自播繁衍。

栽培　多盆栽，同一般水生花卉管理。

园林用途　绿化水面，盆栽。

梭鱼草 *Pontederia cordata*

别名　海寿花

属名　梭鱼草属

形态特征　多年生挺水植物。株高 30～60cm。叶具长柄，枪矛状三角形至卵形，基部心形。穗状花序，花序顶端着生上百朵紫色小花，甚为优美；春末至秋季开花。

分布与习性　原产美国至阿根廷。性喜温暖，耐高温。喜光照。生长适温 18～28℃。

繁殖　分株繁殖，春至夏季为适期。

栽培　可把苗株栽植于浅水的池土中。也可将苗株盆栽，再放入池水中，盆面浸水 5～10cm，池水太深需将盆底垫高。栽培土质以肥沃的壤土为佳，光照需良好。

园林用途　适于水池、水盆、湿地、河塘美化。

12. 龙舌兰科 Agavaceae

一年生或多年生植物。植株小或大型，终生一次结实或多次结实，无茎或乔木状，有时匍生。根纤维状或肉质；根茎横走或肥厚而直立。叶呈莲座状、螺旋状排列，或聚生于枝顶、线状、披针形、椭圆形或卵形，肥厚肉质或稍带木质或纤维质。花两性或单性顶生或腋生，圆锥状、总状、穗状或头状；花完全；花被片 6，呈花瓣状，离生或连合成管状；雄蕊 6，子房上位或下位。浆果或 3 瓣裂蒴果。种子少数或多数，扁平，有时边缘具狭翅，黑色。本科为新世界和热带分布，含 8 属计 300 种；云南共 6 属 15 种，除龙血树属外，多为引种栽培；本书收录 2 属 2 种。

1. 叶莲座式排列，肉质或较厚；花茎有叶，向上渐小呈苞片状；子房下位；花辐射对称；花序通常为圆锥状；叶肉质 ·· 1. 龙舌兰属 *Agave*
1. 叶顶端通常不具明显变为黑色的刺；花较小，花被片不同程度地合生，长 5～25mm。茎草质，叶基生或生于茎上，淡绿色而有深绿色斑纹；花序通常不为圆锥花序 ················· 2. 虎尾兰属 *Sansevieria*

龙舌兰 *Agave americana*

别名　番麻、世纪树、龙舌掌

属名　龙舌兰属

形态特征　多年生常绿大型植物。茎极短。叶倒披针形，灰绿色，肥厚多肉，基生呈莲座状，叶缘具疏粗齿，硬刺状。十几年生植株自叶丛中抽出大型圆锥花序顶生，花淡黄绿色；一生只开一次花。异花授粉才结实，蒴果椭圆或球形。

常见栽培变种与品种：

'金边'龙舌兰 var. *marginata-aurea*　叶缘为黄色（图7-177）。

金心龙舌兰 var. *mediopicta*　叶中心具淡黄色纵带。

'银边'龙舌兰 var. *marginata-alba*　叶缘为白色。

分布与习性　原产墨西哥。我国华南、西南亚热带地区广为栽植。喜温暖，稍耐寒；喜光，不耐阴；喜排水好、肥沃而湿润的砂壤土，也适酸性土壤；耐干旱和贫瘠土壤。

繁殖　春季分株繁殖。将根处萌生的萌蘖苗带根挖出另行栽植。如根蘖没有根系，可扦插砂土中发根后再种。也可以在春季换盆或移栽时，切取带有4~6个芽的一段根株盆栽。

图7-177　'金边'龙舌兰

栽培　5℃以上气温可露地栽培。华北地区多作温室盆栽，越冬温度5℃以上。浇水不可浇在叶上，以防发生褐斑病。随新叶生长，及时去除老叶，保证通风良好。管理粗放。

园林用途　龙舌兰叶形美观大方，为大型观叶盆花。暖地也可庭院栽培，作花坛中心、草坪一角。

虎尾兰 *Sansevieria trifasciata*（图7-178）

图7-178　虎尾兰

别名　千岁兰

属名　虎尾兰属

形态特征　多年生常绿草本。具匍匐状根茎。叶2~6片，成束基生，直立，厚硬，剑形，基部渐狭成有槽的短柄；叶两面具白绿色与深绿色相间的横带纹。花莛高80cm，小花数朵成束，1~3束簇生花莛轴上，绿白色。

常见栽培变种：

金边虎尾兰 var. *laurentii*　叶边缘金黄色。观赏价值高。繁殖只能用分株法，叶插会失去金边。

分布与习性　原产非洲西部。喜温暖，不耐寒；喜光，耐半阴；喜湿润而排水好的土壤。

繁殖　分株或叶插繁殖。温度适合，随时可进行。叶插注意切断叶后，需按生长方向插入基质，不可倒置。

栽培　生长适温20~30℃，越冬温度13℃以上，过低易从叶基部腐烂。从半阴处移到光照强处需逐步进行，否则叶易被灼伤。生长期充分浇水，冬季控制浇水。

园林用途　很好的室内观叶植物，供盆栽观赏，也可切叶用。暖地常作宅园刺篱。

13. 百合科 Liliaceae

通常为多年生草本，具鳞茎或根状茎，少数种类为灌木或具卷须的半灌木。叶基生或茎生，茎生叶通常互生，少有对生或轮生，极少数种类退化为鳞片状。花序各式各样；花两性，少数为单性或雌雄异株；花被片 6 片，少有 4 片，两轮排列，分离或合生；雄蕊 6，少有为 3 ~ 4 枚或更多；子房上位，少有半下位。果为蒴果或浆果。全世界约 240 属 4 000 种，广布于世界各地，温暖地带和热带地区尤多；我国有 60 属约 600 种；本书收录 20 属 35 种。

1. 地下部分有须根或块茎、根茎，但绝无鳞茎或球茎。
  2. 叶退化为鳞片状；枝变为绿色假叶；杂性花或雌雄异株。假叶狭长、细小，三棱形或锥形或扁平；花丝分离，花药内向，花序从枝腋或假叶的腋部生出 ⋯⋯⋯⋯⋯⋯⋯⋯⋯⋯ 1. 天门冬属 Asparagus
  2. 叶绝不退化为鳞片状；枝亦不呈假叶状。
    3. 果为蒴果。
      4. 果在成熟时才开裂。
        5. 花丝着生在花药的基部；花茎纤细而长，有时变为匍匐枝，花在花茎上成一簇总状花序；叶基生 ⋯⋯⋯⋯⋯⋯⋯⋯⋯⋯⋯⋯⋯⋯ 2. 吊兰属 Chlorophytum
        5. 花丝着生在花药的背部。
          6. 花小或中等大小，长度不超过 5cm。
            7. 叶非肉质，亦非旱生性多汁植物；雄蕊长于或等于花被，花红色或黄色，顶生密穗状或密总状花序 ⋯⋯⋯⋯⋯⋯⋯⋯⋯⋯ 3. 火炬花（火把莲）属 Kniphofia
            7. 叶为肉质，旱生性多汁植物。
              8. 植株较大；叶长在 15cm 以上，缘有刺或锯齿，基部有短而闭锁的叶鞘 ⋯⋯⋯⋯⋯⋯⋯⋯⋯⋯⋯⋯⋯⋯⋯⋯⋯⋯⋯⋯ 4. 芦荟属 Aloe
              8. 植株较小；叶长在 10cm 以下，全缘。
                9. 叶通常两列，互生；雄蕊与花被片近等长 ⋯⋯⋯⋯ 5. 脂麻掌（砂皮掌）属 Gasteria
                9. 叶非两列，呈辐射状基生；雄蕊长度短于花被片 ⋯⋯⋯⋯⋯⋯⋯⋯⋯⋯⋯⋯⋯⋯⋯ 6. 十二卷（蛇尾兰）属 Haworthia
          6. 花大，长度通常在 5cm 以上，显著而美观。
            10. 叶阔，有长叶柄；花紫色或白色，雄蕊下位 ⋯⋯⋯⋯⋯⋯ 7. 玉簪属 Hosta
            10. 叶狭长，禾叶状，无叶柄，排成两列；花橘红色或黄色，雄蕊着生在花被管上 ⋯⋯⋯⋯⋯⋯⋯⋯⋯⋯⋯⋯⋯⋯ 8. 萱草属 Hemerocallis
      4. 果在未成熟时，已做不整齐的开裂，成熟种子为小核果状。
        11. 子房上位，花略两侧对称，花梗挺直，花丝与花药等长 ⋯⋯ 9. 山麦冬属 Liriope
        11. 子房半下位，花辐射对称，花梗弯曲，花下垂，花丝极短 ⋯⋯ 10. 沿阶草属 Ophiopogon
    3. 果为浆果或浆果状。
      12. 花序总状或穗状。
        13. 总状花序俯垂，雄蕊不伸出于花被管外；叶 2 枚，长圆形，叶鞘闭锁 ⋯⋯⋯⋯⋯⋯⋯⋯⋯⋯⋯⋯⋯⋯⋯⋯⋯⋯⋯ 11. 铃兰属 Convallaria

13. 穗状花序，花不下垂，雄蕊伸出于花被管外；叶多枚，禾叶状 ⋯⋯ 12. 吉祥草属 *Reineckia*

　12. 花单生或为肉穗状花序。

　　14. 柱头盾状，花单生于横走的根茎上；叶从横卧的根茎上生出 ⋯⋯ 13. 蜘蛛抱蛋属 *Aspidistra*

　　14. 柱头三棱形，几无柄；花被片不存在 ⋯⋯⋯⋯⋯⋯⋯⋯⋯⋯⋯⋯⋯ 14. 万年青属 *Rohdea*

1. 地下部分有鳞茎或球茎。

　15. 伞形花序，在其基部有 1 至数枚总苞片；植株含有强烈气味；叶鞘闭锁 ⋯⋯⋯⋯ 15. 葱属 *Allium*

　15. 花绝不为伞形花序。

　　16. 花常单生，偶有少数花排成总状，花大而美丽。

　　　17. 花药基部着生；花冠多少成钟状。

　　　　18. 花俯垂或下垂，花被片在基部之上有腺穴，全部有小方格彩色斑纹 ⋯⋯ 16. 贝母属 *Fritillaria*

　　　　18. 花仰立，花被片无腺穴，没有方格彩斑 ⋯⋯⋯⋯⋯⋯⋯⋯⋯⋯⋯⋯⋯ 17. 郁金香属 *Tulipa*

　　　17. 花药丁字形着生；鳞茎肥厚，叶线形、披针形或倒卵形，通常无柄，平行脉；鳞茎由多片肉质鳞瓣组成，无鳞茎皮 ⋯⋯⋯⋯⋯⋯⋯⋯⋯⋯⋯⋯⋯⋯⋯⋯⋯⋯⋯⋯⋯⋯⋯ 18. 百合属 *Lilium*

　　16. 花多而小，总状花序或穗状花序。

　　　19. 花被片成坛状，茎部紧缩 ⋯⋯⋯⋯⋯⋯⋯⋯⋯⋯⋯⋯⋯⋯⋯ 19. 蓝壶花（蝇合草）属 *Muscari*

　　　19. 花被管呈窄钟状或漏斗状，口张开 ⋯⋯⋯⋯⋯⋯⋯⋯⋯⋯⋯⋯⋯ 20. 风信子属 *Hyacinthus*

文竹 *Asparagus plumosus*（图 7-179）

别名　云片竹

图 7-179　文　竹

属名　天门冬属

形态特征　多年生草本。茎柔细伸长，略具攀缘性。叶枝纤细如羽毛状，水平开展，叶小，长 3～5mm，为刺状鳞片。花小，两性，白色；花期多在 2～3 月或 6～7 月，亦有时一年开花两次。

栽培变种和品种有：

密丛文竹 var. *compactus*　株矮小。

纤美文竹 var. *comorensis*　具规则宽三角形的优美株丛。

‘矮’文竹‘Nanus’　茎丛生，矮小，叶状，枝密而短。

大文竹 var. *robustus*　小叶状枝较原种短，排列不规则，植株健壮。

细叶文竹 var. *tenuissimus*　叶状枝细而长，鳞状叶长 5～6mm，淡绿色，具白粉。浆果成熟后黑色。

同属植物：

天冬草 A. *sprengeri*　又称天门冬。半蔓性草本。具纺锤状肉质块根。叶状枝扁平条形，常 3 枚簇生。花白色，有香气。浆果成熟时红色，状如珊瑚珠。

常见变种：

矮天门冬 var. *compactus*、斑叶天门冬 var. *variegatus* 等，原产南非。播种、分株均可繁殖，北京多盆栽观叶，也可供切叶，块根药用。

分布与习性　原产南非。喜温暖、湿润、略荫蔽，忌霜冻，不耐旱；要求土壤层深厚、富含腐殖质，肥沃和排水良好的砂质壤土。

繁殖　播种或分株繁殖。4～5 年的大株可分株，但所分得的植株常株形不整。若播种繁殖，首先要培养种株，一般因盆栽营养面积太小，多开花不结实；将 2～3 年生的健壮植株，选略有荫蔽而通风透光的地方，准备充足营养的定植槽，施用富含磷钾的基肥，进行定植，并搭设支架，任蔓生枝向上攀缘；温室内栽培至秋冬季节或春季开花结实。翌春可于浅盆中播种，加盖玻璃或塑料薄膜，保持 20～25℃ 和盆土湿润，1 个月后即可发芽，苗高 4～5cm 时移植，8～10cm 时，即可单株定植小盆。

栽培　盆栽用腐叶土 50%、园土 20%、沙 20%、腐熟厩肥 10% 加适量磷肥，混合成疏松肥沃、排水良好的土壤。夏季置室外不受阳光直晒的半阴处，栽培中盆土要求见湿见干，空气要经常保持湿润，每 10～15d 施 1 次以氮、钾为主的充分腐熟的稀薄液肥，促其旺盛生长。植株长出长枝条时，及时搭架绑缚，并适当修剪，保持株形整齐美观。10 月上旬移入室内，冬季室温不得低于 8℃，低于 3℃ 将死亡。

园林用途　文竹枝叶纤细，清秀，盆栽室内观赏，又是重要的切叶材料。

天门冬 *Asparagus cochinchinensis*

属名　天门冬属

形态特征　多年生攀缘草本。茎长 1～2m。具分枝，茎有棱或狭翅。叶状枝扁平，镰刀状，3 枚一簇着生；叶退化为鳞片状，基部具硬刺。浆果红色。

分布与习性　分布于中国华东、中南、西南地区及河北、山西、陕西、甘肃。性强健，耐寒，喜强光，不耐水涝及干旱。

繁殖　播种或分株繁殖。

栽培　生长期保证水分供应。一般管理。生长中可设支架供攀缘。

园林用途　垂直绿化，适用较低矮的棚架。或吊盆观赏。

宽叶吊兰 *Chlorophytum capense*（图 7-180）

属名　吊兰属

形态特征　多年生常绿草本。具粗根状茎。叶基生，叶片条形，自叶丛中常抽出长匍匐茎，匍匐茎先端节上常滋生带根的小植株。花茎细长，高出叶面；总状花序，花小，常 2～4 朵簇生，白色；花期夏季，冬季室温 12℃ 以上时，也可开花。

同属植物：

吊兰 *C. comosum*　别名窄叶吊兰。叶多根生，细而长。

栽培变种：

金心吊兰 var. *medio-pictum*　形态似宽叶吊兰，但叶中部有

图 7-180　宽叶吊兰

黄白色纵条纹。

银边吊兰 var. *marginata* 叶缘黄白色，叶片较宽，且长。本变种耐寒性稍差，但耐旱性强。

金边吊兰 var. *variegatum* 叶缘绿白色。

分布与习性 原产南非。喜温暖湿润气候和半阴环境，易受霜冻，要求土壤疏松肥沃、排水良好。

繁殖 分株繁殖极为容易。

栽培 每年早春进行换盆，略剪除多余须根，用排水良好的腐叶土重栽，先放在荫蔽处，待植株恢复生长后，用细铅丝将容器吊挂适当高处。夏季忌阳光直射，生长适温15～25℃。生长旺盛季节，略施稀薄液肥，并经常用与室温相近的清水喷洒枝叶，保持空气湿润和植株清洁潮湿。冬季越冬温度不低于5℃，并控制浇水，防烂根。

园林用途 优良的室内观叶植物；吊盆观赏；装点岩壁、山石也相宜。

火炬花 *Kniphofia uvaria*(图7-181)

别名 火把莲

属名 火把莲属

形态特征 多年生常绿草本。根状茎稍带肉质，通常无茎。基生叶丛生，革质，稍带白粉，长60～90cm。花葶高约120cm，总状花序长约30cm；小花圆筒形，长约4.5cm，顶部花绯红色，下部花渐浅至黄色带红晕，雄蕊伸出。

常见栽培变种：

大花火把莲 var. *grandiflora* 花朵较大。

大火把莲 var. *grandis* 株高可达1.5m，花鲜红色和黄色。

短叶火把莲 var. *nobilis* 叶片较短而硬，花葶高达1.8m。花期夏季。

分布与习性 原产南非。性喜温暖，光照充足，对土壤要求不严，但以腐殖质丰富、排水良好的轻黏质壤土为适宜，忌雨涝积水。

繁殖 播种或分株繁殖。种子发芽适宜温度约25℃，2～3周出土。1月温室播种育苗，4月露地定植，当年秋季可开花。分株繁殖的，春、秋季均可进行。

图7-181 火炬花

栽培 栽培地应施用适量的腐熟有机肥；生长季喜较充足的水分。可耐短时间10℃低温，北京地区避风向阳的小环境中，绿色叶丛可以露地越冬。

园林用途 庭园中多群植作花境、花坛中心背景或坡地片植，鲜丽如火把的独特花序挺立在翠绿的叶丛中，别具特色。

芦荟 *Aloe arborescens* var. *natalensis*（图 7-182）

图 7-182 芦 荟

别名 西非芦荟、蜈蚣掌

属名 芦荟属

形态特征 多年生肉质多汁草本。枝干高可达 2m。盆栽植株通常多具高莲座状簇生叶，叶缘具白色刺状硬齿。总状花序，花朵长约 3.5cm，红色，花期 4～6 月或冬至春。

同属植物：

花叶芦荟 *A. saponaria* 又名皂质芦荟。叶较宽，密集，具多数不整齐白斑点，边缘具三角形角质细刺。花赤黄色。

翠花掌 *A. variegata* 别名蛇皮掌。叶三角形略长，缘近顶端有锯齿，浓绿色，有不规则的白色横斑纹，形如鸟羽，非常美丽。花红色带绿条纹。

草芦荟 *A. vera* var. *chinensis* 别名芦荟、狼牙掌。茎不明显。叶条状披针形，肥厚多汁，粉绿色，缘疏生小齿。花茎高达 90cm，花淡黄色或有红色斑。原产地中海地区，本种在我国南部有由栽培变为野生的。除观赏外，更是重要的药用植物，并具有美容的功效。

常见变种：

花叶大芦荟 var. *variegata* 叶蓝绿色，具乳黄色条纹。

分布与习性 原产南非。喜温暖，不耐寒；喜春夏湿润，秋冬干燥；喜阳光充足，不耐阴；耐盐碱。

繁殖 扦插或分株繁殖。春季扦插或分种母株过密的侧芽。

栽培 除华南、西南及华东部分地区外，均作温室栽培。越冬温度 5℃以上。在排水好、肥沃的砂质壤土上生长良好，不需大肥水。光照过弱不开花。生长快，需每年换盆。冬季保持盆土干燥。

园林用途 芦荟花序高出叶面，红色鲜艳的花朵冬春开放，极为醒目，是一种较为理想的室内盆栽花卉。

沙鱼掌 *Gasteria verrucosa*（图 7-183）

别名 白星龙

属名 脂麻掌属

形态特征 多年生肉质植物。叶肥厚多汁，由基部伸出排成垂直 2 列，长 10～25cm，宽约 4cm，叶面粗糙，密生白色硬质小凸起。总状花序，高约 60cm，花朵疏生；花被筒长约 2.5cm，下部微带红晕，先端绿色。

分布与习性 原产南非。性喜温暖、向阳，不耐寒，耐半阴与干燥，冬季温度不低于 10℃；要求排水良好的砂质土壤。

繁殖 分株繁殖。

图 7-183 沙鱼掌

栽培　栽培时，夏季应适当庇荫，并给予较湿润的空气，冬季则需干燥多光。栽培中盆土宜微干燥，浇水不可过勤。空气湿度不可过干。否则易生虫害。管理方法与多浆植物相似。

园林用途　沙鱼掌叶肥株壮，叶面如撒满白沙，是常见室内观赏小盆花，适于窗台、阳台装饰。

十二卷 *Haworthia fasciata*

别名　条纹十二卷、蛇尾兰、锦鸡尾

属名　十二卷属

形态特征　多年生常绿多浆植物。叶基生呈莲座状，肥厚肉质，长三角状披针形，叶深绿色有白色斑纹，叶背具白色瘤状凸起，成模纹样。

分布与习性　原产南非。喜温暖，稍耐寒；喜半阴；要求土质疏松，排水好。

繁殖　分株繁殖。剥离母株旁分生的小植株，另行栽植即可。

栽培　越冬温度10℃以上。控制浇水，可耐5℃温度，生长期盆土适度湿润即可，不可过干过湿。光线不足叶色易发红，不好肥，生长期温度也不可太高。

园林用途　盆栽。

玉簪 *Hosta plantaginea*（图7-184）

别名　玉春棒

图7-184　玉　簪

属名　玉簪属

形态特征　多年生草本。株高40cm。叶基生成丛，具长柄，叶柄有沟槽；叶片卵形至心脏形，基部心形，弧形脉。顶生总状花序，高出叶丛；花被筒长，下部细小，形似簪；小花漏斗形，白色，具浓香；花期6~7月，傍晚开放，翌日晚凋谢。

常见变种：

重瓣玉簪 var. *pleno*　叶较玉簪肥厚。花重瓣，香气淡。

同属植物：

紫萼 *H. ventricosa*　又名紫玉簪。叶阔卵形，叶柄边缘常下延呈翅状。原产中国、日本、西伯利亚也有分布。栽培品种：'黄心叶'紫萼 'Aureamaculata'，株型略小，叶片中央鲜黄色，边缘深绿色；'花叶'紫萼 'Variegata'，叶缘有不规则乳白色条带。

花叶玉簪 *H. undulata*　其叶卵形，叶缘波状，叶面有乳黄或白色纵纹。花莛高于叶面，花淡紫色，较小，花期7~8月。

分布与习性　原产我国及日本。性健壮，耐寒，耐阴，忌强烈日光照射，在浓荫通风处生长繁茂；喜土层深厚、肥沃湿润、排水良好的砂质土壤。

繁殖　分株或播种繁殖。早春或秋末分株。春播。

栽培　栽培中注意忌强光照射，以免叶面灼伤。生长期充分浇水，发芽期及花前可施少量磷肥及氮肥。管理简单。

园林用途　可作林下地被及阴处的基础种植，也可盆栽观赏，切叶用。同属中各种彩色花叶玉簪是极好的观叶植物。

萱草 *Hemerocallis fulva*（图 7-185）

别名　忘忧草、忘郁

属名　萱草属

形态特征　多年生宿根草本。具短根状茎和肉质肥大的纺锤状块根。叶基生，条形，排成 2 列，长可达 80cm。花葶粗壮，高约 100cm，螺旋状聚伞花序，有花十数朵；花冠漏斗形，径约 12cm，橘红色；花瓣中部有褐红色"八"形色斑。

图 7-185　萱　草

变种：千叶萱草 var. *kwanso*：花瓣重瓣；长筒萱草 var. *longituba*；斑花萱草 var. *maculata* 花瓣内部有明显的红紫色条纹；玫瑰红萱草 var. *rosea* 等，花期夏季。

同属植物：

黄花菜 *H. citrina*　又名金针菜。花被管长 3～5cm，花淡黄色，具芳香，常夜间开放，翌日午闭合。除观赏外，干花蕾是食用干菜，为金针菜的主要栽培种，长江和黄河流域广泛栽培。

小黄花菜 *H. minor*　根较细，绳索状。植株矮小。花葶顶部叉状分枝；花黄色，干花蕾也可食用。分布我国北部、朝鲜及西伯利亚也有。

近数十年来，世界园艺界已培育出许多优良的多倍体新品种。花色有淡白绿、深金黄、淡米黄、绯红、淡粉、深玫瑰红、淡紫、深雪青等各种深浅不同的色泽，花瓣质地柔嫩，瓣缘平展或细波皱等变化，丰富多彩；有的品种一花葶上可开花 40 多朵，而单花径有达 19cm 的，极为壮观。

分布与习性　原产我国南部，欧洲南部至日本均有分布。性耐寒，亦耐干旱与半阴，块茎可在冻土中越冬；对土壤选择性不强，但以富含腐殖质、排水良好的湿润土壤为最好。

繁殖　分株、播种均可繁殖。分株春秋均可，每丛带 2～3 芽，栽植在施入充足的腐熟堆肥土中，翌年夏季开花，一般 3～5 年分株 1 次。播种繁殖春秋均可，春播时，种子头一年秋季用沙藏处理，播后发芽迅速而整齐，秋播时，9～10 月露地播种，翌春发芽，实生苗一般 2 年开花。

栽培　栽培管理极为简易。

园林用途　花色鲜艳，单朵花只开 1 天，但一花开完他花继放，且春季叶子萌发早，绿叶成丛，亦甚美观，在园林中丛植与群植，效果最好，萱草类的根还可入药。

阔叶麦冬 *Liriope platyphylla*（图 7-186）

别名　麦冬、麦门冬、阔叶山麦冬

属名　山麦冬属

形态特征　多年生常绿草本。根系长，分枝多，有时具局部膨大呈纺锤形或椭圆形肉

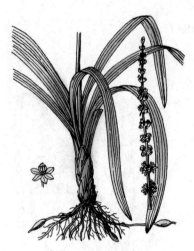

图7-186 阔叶麦冬

质小块根。叶宽线形，长40～65cm，密集成丛。花葶高45～100cm，总状花序可长至40cm；花小，4～8朵簇生在苞片腋内，红紫色或紫色；花期夏季。

同属植物：

山麦冬 *L. spicata* 又名土麦冬、麦门冬、麦冬。有地下匍匐茎，近末端处常有膨大的肉质小块根。叶较窄而短硬。花葶也较短而纤细，每苞腋内着花3～5朵，花梗关节位于中部以上或近顶端，花淡紫或淡蓝色至白色。根为滋补强壮药。园林中重要地被植物。

分布与习性 分布在我国华中、华南、西南等地；日本也有。生于海拔100～1400m山地林下或潮湿处。性喜阴湿，忌阳光直晒，较耐寒；对土壤要求不严，但在湿润肥沃土壤中生长更好。

繁殖 春季分株繁殖，也可早春播种。

栽培 长江流域可露地过冬。生长迅速。生长期需追肥，保持土壤湿润，提供半阴、通风的环境，管理极粗放。

园林用途 阔叶麦冬株丛繁茂，终年常绿，为良好的地被植物，亦可作花境、花坛镶边材料。盆栽可作大盆花或组合盆栽的镶边材料。

沿阶草 *Ophiopogon bodinieri*

别名 麦冬、书带草、绣敦草

属名 沿阶草属

形态特征 多年生常绿草本。与阔叶沿阶草的区别为：其叶较窄而短，长10～30cm，宽2～4mm；线形，主脉不隆起、花葶有棱，并低于叶丛；总状花序也短，长2～4cm；小花梗弯曲向下，花淡紫色或白色，花葶长6～15cm，总状花序长达5cm，有花8～10多朵；花期8～9月。外形及特性与麦冬属极近似。区别之处在于：本属子房半下位，花下垂，花丝甚短，花药锐头；而麦冬属，子房上位，花柄直立，花丝明显长于花药，花药钝头。地下匍匐茎细长，先端或中部膨大成纺锤形肉质块根，地下茎短，叶成禾草状密丛。

分布与习性 原产亚洲东部，我国华东、华中、华南均有分布，多生于海拔2000m以下山坡林下或溪旁。性喜温暖湿润气候，半阴及通风良好环境，要求排水良好，疏松肥沃土壤。

繁殖 分株繁殖。

栽培 栽培管理与麦冬类相同，在北京房山区上方山有野生，可露地越冬。

园林用途 沿阶草是优良的地被植物，园林布置中，用以点缀山石、步阶路旁、草地镶边；亦可盆栽观叶；块根入药。

铃兰 *Convallaria majalis*（图 7-187）

别名 君影草、草玉铃

属名 铃兰属

形态特征 多年生草本。具长匍匐根状茎。多分枝，端部具肥大地下芽。叶通常 2 枚，上面粉绿色，具长柄，鞘状相抱。花葶高 15～20cm，稍向外弯；总状花序偏向一侧，着花 10 余朵；花小，径约 8mm，钟状，下垂，芳香；花期春季。浆果，成熟时红色，有毒。

栽培品种：

'大花'铃兰'Fortunei'叶与花均大；'粉花'铃兰'Rosea'花被上有粉红色条纹；'重瓣'铃兰'Prolificans'花重瓣；'花叶'铃兰'Aureo-variegata'叶片上有黄色条纹；'白边叶'铃兰'Albimarginata'；'白纹叶'铃兰'Albitriata'等。

分布与习性 欧亚大陆及北美广泛分布，我国东北、华北、西北林区有野生，生于半阴坡林下，在杨、桦林下常自成群落，多生于排水良好的砂质壤土中。性健壮，耐严寒，喜湿润及半阴凉爽气候，忌炎热干燥。

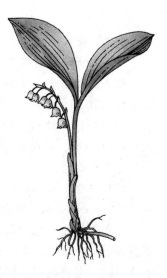

图 7-187 铃 兰

繁殖 分株或播种繁殖。秋季分株繁殖为主。秋播翌年春天发芽。幼苗生长缓慢，经 3～4 年才能开花。

栽培 性健壮，耐严寒。栽培中注意保持空气和土壤湿润，忌强光直射，否则叶易被灼伤，栽培密度不可过大，以免影响株形。管理简单。

园林用途 铃兰是世界庭园中著名的一种耐阴花卉，优良的林下地被植物，可用于盆栽或作切花、切叶。

吉祥草 *Reineckia carnea*（图 7-188）

别名 松寿草、观音草、小叶万年青

属名 吉祥草属

形态特征 多年生常绿草本。地上匍匐根状茎节处生根与叶；叶 3～8 枚，簇生于根状茎顶端，长 10～38cm。花葶高约 15cm，通常短于叶，穗状花序长约 6cm；花无柄，粉红色，芳香；花期秋季。浆果球形，鲜红色。有金边、银边叶类型。

分布与习性 原产我国南方各地及日本。生阴湿山坡、山谷及密林下。性喜温暖、阴湿、较耐寒；要求富含腐殖质、排水良好的湿润砂质壤土。

繁殖 分株、播种均可繁殖。春、秋分株均可。

栽培 生长期忌阳光直射，经常浇水保持湿润，每月追施液肥 1 次，促生长茂盛。越冬温度不得低于 2℃，

图 7-188 吉祥草

不耐华北地区的严寒。

园林用途　林下地被；盆栽。

一叶兰 *Aspidistra elatior*（图7-189）

别名　蜘蛛抱蛋

属名　蜘蛛抱蛋属

形态特征　多年生常绿草本。具粗壮匍匐根状茎。
株丛高约70cm。叶基生，长可达70cm，质硬；基部狭窄
形成沟状长12～18cm的叶柄。花单生短梗上，紧附地
面，径约25cm，乳黄至褐紫色；花期春季。

主要栽培变种：

斑叶一叶兰 var. *punctata*　叶面上有白色斑块；金线
一叶兰 var. *variegata*：叶面有白或黄色线条。

分布与习性　原产我国，海南岛和台湾有野生。性
喜温暖阴湿，易受霜害，耐贫瘠，在空气较干燥的地方
也能适应，但喜疏松、肥沃、排水良好的砂质壤土；忌
直射阳光。

图7-189　一叶兰

繁殖　分株繁殖，春季将株丛切分，另行栽植即可。

栽培　生长期需充足水分与较高的空气湿度。冬季5～10℃可安全越冬。栽培容易，
适应性强。

园林用途　一叶兰叶片挺拔、浓绿、光亮，又极耐阴，华南地区可用于花坛、林下地
被或丛植，是极优良的室内盆栽观叶植物，还可切叶。全草药用。

万年青 *Rohdea japonica*（图7-190）

别名　九节莲、冬不凋草

属名　万年青属

形态特征　多年生常绿草本。根状茎粗。叶矩圆披针形，3～6枚，纸质。穗状花序
长3～4cm，无柄，花数十朵密集于花莛上部；花被合生，球
状钟形，淡黄或乳白色；花期夏季。浆果球形，橘红色。

常见变种：

金边万年青 var. *marginata*，叶缘具黄边；银边万年青
var. *variegata*，叶片具白边；花叶万年青 var. *pictata*，叶片具
白色斑点，以及大叶、细叶、矮生等品种。

分布与习性　原产我国南部及日本，秦岭有野生；生于
山涧、沟谷、林下湿地。性健壮，喜温暖、湿润及半阴，忌
强光；微酸性砂质壤土或黏土均可生长。

繁殖　分株、播种均可繁殖。分株春、秋季均可；3～4
月间播种，在25～30℃下，约1月发芽。

栽培　夏季生长旺盛期应加强灌溉，每2周追肥1次，

图7-190　万年青

适量增施磷肥，则叶色浓绿，生长旺盛。要求较湿润的空气和通风良好的荫蔽条件。冬暖地区露地栽培。华北地区盆栽，0℃以上温度越冬。

园林用途 万年青四季青翠，鲜红果秋冬不凋，宜作林下地被或盆栽，为良好的观叶、观果花卉。

大花葱 *Allium giganteum*（图 7-191）

别名 高葱

属名 葱属

形态特征 多年生草本。具鳞茎，鳞茎具白色膜质皮。基生叶宽带形，长约 60cm，宽约 5cm。花莛高可达1.2m，小花多达2000~3000朵密集成球状大伞形花序，直径 10~15cm，鲜淡紫色；花序开放前有一闭合总苞，开放时破裂；雄蕊伸出；花期 5~6 月。种子黑色，成熟期 7月上旬。

分布与习性 原产中亚和喜马拉雅山地区。喜凉爽，耐寒；喜阳光充足，忌湿热；不择土壤，耐瘠薄，耐干旱。

繁殖 秋季播种或分球繁殖。可自播繁殖。鳞茎分生能力极弱。

栽培 华北可露地过冬。在肥沃、疏松、排水好的砂

图 7-191 大花葱

质壤土上生长良好。秋天栽植，盛夏地上部分枯萎，休眠后可取出鳞茎，置通风凉爽处，也可几年挖一次鳞茎。栽培地应施用充分腐熟的有机肥，并增加适量磷锌钾肥作基肥。生长期多施含磷的肥料开花更好。一般管理。

园林用途 花境；草坪及林缘丛植；或作切花。

浙贝母 *Fritillaria thunbergii*

别名 贝母

属名 贝母属

形态特征 多年生球根花卉。具肥厚鳞茎，由 2~3 片鳞片对合而成圆形或扁圆形。茎单生，绿色晕紫。下部叶对生，中部叶轮生，上部叶互生，叶披针形，中部以上叶及叶状苞端都呈卷须状。花单生茎上部叶腋。每株3~9朵；顶生花下具 3 枚叶状苞片，其他花为 2 枚；花钟形，倒垂，淡黄绿色，外被绿色条纹，内面具紫色网纹；花期 3~4 月。

分布与习性 原产中国江浙至西南地区。喜凉爽、湿润，稍耐寒，忌炎热；喜阳光充足，夏季宜半阴；要求含腐殖质丰富、深厚及排水好的土壤，以微酸性至中性为宜。

繁殖 播种或分球繁殖。夏季种子成熟即须播种，翌春发芽。秋植球根，华北地区露地保护过冬。

栽培 生长期保持土壤湿润，夏季休眠后土壤需适当干燥。鳞茎可 2~3 年取出分栽一次。管理简单。

园林用途 林下地被。

郁金香 *Tulipa gesneriana*(图7-192)

别名 洋荷花

属名 郁金香属

形态特征 多年生球根花卉。鳞茎圆锥形而一侧扁平。叶基生，3~5枚，稍被白粉，披针形至卵形，全缘，边微波状皱。花大，单生茎顶，直立，杯状或钟状，有红、黄、白、紫、褐等色，基部常有黄、紫斑；花期3~5月。现在栽培的郁金香是经过近百年人工杂交，由多亲本参加的杂种，品种达8000个，花型、花色、花期、株型有很大变化。

分布与习性 原产地中海沿岸、中亚伊朗、中国新疆。喜夏季凉爽湿润，冬季温暖干燥，耐寒；喜光，耐半阴；喜富含腐殖质肥沃而排水好的砂质壤土。

繁殖 分球繁殖，也可秋天播种。分球繁殖于6月上中旬将休眠鳞茎掘起，清除污泥，按大小分级贮藏，至9~10月，分别栽种。繁殖地应阳光充足、有机质丰富、疏松肥沃而又排水良好。

图7-192 郁金香

栽培 栽植时间以土壤上冻前约有1个月5~9℃的温度条件，必须使栽种球有一段最适宜生根的温度(9℃)。栽植覆土深5~8cm，随球茎大小而略作调整。栽植前应施入大量腐叶土和腐熟厩肥。用量约每百平方米800~1000kg，并增加骨粉20kg，均匀翻入土中。若土壤墒情适当，栽后不必立即灌溉，鳞茎能自然发根。冬旱地区，入冬前灌一次冻水。翌春，土壤解冻后叶芽出土时开始，每2周追液肥1次，用浓度1%~2%硝酸钙或硝酸钾溶液，整个生长季追肥5~6次。灌溉水与追肥相结合，用量适中，使土壤基质始终保持既潮润而又有良好通气状态。炎热天气来临前，植株将进入休眠期，停止肥、水，使土壤渐渐转干。地上茎叶枯萎期要及时收获种球，收获时应选择晴朗天气、土壤不湿条件下收球，便于清洁表皮。鳞茎须轻拿轻放，防止弄破鳞茎皮。置通风处。贮藏期间，破皮鳞茎，极易感染病害。一般品种增殖系数仅3~5个，按大小分级存放。

园林用途 重要的切花；也可用于花坛、花境、林缘及草坪边丛栽；盆栽。

百合 *Lilium brownii*

别名 野百合、紫背百合、白花百合

属名 百合属

形态特征 多年生草本。鳞茎无皮膜。茎直立。花大，单生、簇生或呈总状花序；花被片6，基部具蜜腺；有白、粉、橙、橘红、洋红、紫或具赤褐色斑点花；花期自春至秋，而以夏季最盛。

同属植物：

白花百合 *L. brownii* 又名野百合。鳞茎黄白色。花喇叭形，花筒长约为花长的1/3，白色，极香。我国华北以南各地有分布。生山沟、山坡草丛中及疏林下。鲜花含芳香油，可提取香精，鳞茎含丰富淀粉，供食用与药用。

台湾百合 *L. formosanum*　鳞茎黄色。茎高可达 180cm。花 1～3 朵，有时近 10 朵排成伞形，平伸，狭漏斗状，径约 12cm，花被片先端反卷，白色，外有淡紫红色晕。原产我国台湾，生于海拔 3 500m 以下的向阳草坡，是重要的观花栽培种。

湖北百合 *L. henryi*　又名鄂西百合。鳞茎黄褐红色，质厚而粗硬。茎常弯曲。叶二型。花下垂，花瓣反卷，橙黄色；茎可有花多达数十朵。产于湖北、江西、贵州等地。世界各地有栽培，华北可露地栽培。适应性强。

卷丹 *L. lancifolium*　叶腋生黑色珠芽。有花 8～20 朵，花瓣橙红色，反卷，有黑色斑点。全国广泛分布，生于山坡灌木林下或草地。鳞茎富含淀粉，供食用和药用。江苏、浙江有大面积栽培。

麝香百合 *L. longiflorum*　又名铁炮百合。一茎有花可达 10 朵，花喇叭形，白色，外略带绿色晕，具香气。产于我国台湾。耐寒性较差。华北栽培须风障、阳畦保护，或覆草防寒越冬。是世界著名花卉。花含芳香油，可作香精原料，福建漳州一带有大面积栽培。

分布与习性　广泛分布在北温带，尤以东亚与北美为主要分布区。百合性喜肥沃、较潮润、腐殖质丰富、土层深厚、排水极为良好的疏松砂质土壤，多数种类要求微酸性土。忌连作与湿热通风不良的环境。

繁殖　分球或扦插鳞片繁殖，也可播种。播种时应采后即播，20～30d 可发芽。近年来，利用组织培养法繁殖；鳞片扦插则宜选成熟肥大之鳞片，干后插入粗沙中。秋植球根，新芽常于翌春才发出。

栽培　管理同一般球根花卉。栽培百合的土地应选择略倾斜的坡地，要求土层深厚、疏松肥沃、排水良好的砂质土壤。整地前要施入充足的腐熟有机堆肥和适量磷、钾肥作基肥，将肥料深翻入土混合均匀。施用量可参考：每公顷过磷酸钙或钙镁磷肥 750kg，农家肥 15 000～22 500 kg；栽植时，种植沟底每平方米撒入蹄角粉 50g，骨粉 100g，硫酸钾 30g。

花期追 1～2 次磷钾肥，有利生长。不宜每年挖出鳞片，3～4 年分栽一次即可。因为无皮鳞茎，采收后即应分栽，如不能及时栽，则用微潮的砂土予以假植，置阴凉处。忌连作。

庭院栽植时，种球下方宜用砾石(卵石)垫托，种球忌与肥料接触，用适量粗沙填入鳞茎旁，以利于通气、排水，防止鳞茎腐烂，表层与下层土要用肥效高的营养土，一旦根系发出，即可获得充足的营养。

园林用途　百合种、品种资源丰富，可适时适地选用。庭院栽植，一次栽植，多年欣赏，花期 6～9 月，是夏、秋园林中的佼佼者。庭园配置中，多用高、中杆种类在灌木林缘配置，中、低杆种类作疏林下片植；亦可作花坛中心及花境背景，草地丛植；矮生品种更适宜岩石园点缀与盆栽观赏。高杆品种最适宜作切花。百合花枝已成为插花装饰中的名贵花卉，周年应市。更可用自然原种与现代众多栽培品种，按种缘关系、品种系统、花型、花期等不同特征、特性布置成百合专类园。

葡萄风信子 *Muscari botryoides*（图 7-193）

别名　蓝壶花、葡萄百合

属名　蓝壶花属

形态特征　多年生球根花卉。小鳞茎卵圆形，皮膜白色或淡褐色。叶基生，线形，边缘常内卷，稍肉质，呈深绿色。花莛长 10～30cm，高于叶丛；小花多而密，组成细圆锥状的总状花序，顶生，呈坛状下垂，碧蓝色；花期 3～5 月。有白花变种。

分布与习性 原产中南欧至高加索。喜温暖，向阳，也可耐半阴；要求富含腐殖质、疏松肥沃、排水良好的土壤。

繁殖 播种或分球繁殖。秋季采种即露地直播，也可秋植球根时分子球种植。

栽培 华北地区可露地越冬。性强健，适应性强，栽培中施足基肥，生长期可追肥。管理同一般球根花卉。

园林用途 葡萄风信子植株低矮，蓝色小花集生成串，适宜花坛、草地镶边及岩石园栽植；又可小盆栽，供室内装饰。

图 7-193 葡萄风信子

风信子 *Hyacinthus orientalis*（图 7-194）

别名 洋水仙、五色水仙

属名 风信子属

形态特征 多年生草本。鳞茎球形，皮膜白、蓝、紫、粉色，具光泽，常与花色相关。叶 4～6 枚，带状，长 20～25cm，较肥厚，先端钝圆。花茎中空，略高于叶，高约 40cm；总状花序上部密生小钟状花 10～20 朵，花序长 25cm，斜生或略下垂，单瓣或重瓣，芳香。

栽培变种：

白花风信 var. *albulus* 生长势较弱，每球能抽生数花莛，花稀疏。栽培品种：‘粉珍珠’‘Pink Pearl’；‘白珍珠’‘White pearl’；‘红钻石’‘Red Diamond’；‘彩蓝’‘Delft Blue’；‘城市之光’‘City Haarlen’等，花期春季。

分布与习性 原产南欧、地中海东部沿岸及小亚细亚。喜凉爽，不耐寒，宜湿润及阳光充足气候。要求富含腐殖质、排水好的砂壤土，喜肥。秋季发根萌芽，早春抽叶开花；盛夏茎叶枯黄，鳞茎休

图 7-194 风信子

眠并分化花芽。

繁殖 分鳞茎、播种均可繁殖，但以前者为主。

栽培 华北地区选避风向阳小环境处种植，冬季稍加覆盖可越冬。栽前施足基肥，花前追肥，后期节制肥水。每年夏季休眠后须起球，贮藏于干燥、凉爽的通风环境，也可水养促其开花。

园林用途 风信子植株低矮整齐，花色丰富，花姿秀丽、优美且具芳香，为著名秋植球茎花卉，可栽植毛毡花坛或布置林缘、草坪、花境及小径旁，又可盆栽观赏。

14. 石蒜科 Amaryllidaceae

多年生草本，具鳞茎或根状茎。叶基生，细长，全缘或有刺，有平行脉或横脉。花通常鲜艳，两性，辐射对称或两侧对称，单生或数朵排成顶生伞形花，具佛焰状总苞或无；花被片 6，2 轮，花瓣状，分离或下部合生成筒，凋萎或宿存；副花冠有或无；雄蕊 6；子房下位。蒴果或浆果，种子多数。本科 80 多属 1 300 余种，分布于全世界温带地区；我国约有 10 属 25 种左右；本书收录 13 属 26 种。

1. 无副花冠，花丝基部不膨大，花丝之间也无鳞片。
　　2. 浆果；胚珠每室 2～6 枚，种子近圆形。
　　　　3. 叶终年不落；花被片长约 5～7.5 cm，雄蕊约与外轮花被片等长 ………………… 1. 君子兰属 Clivia
　　　　3. 叶每年要干枯；花被片长在 3 cm 以内，雄蕊超出于花被片之外 ………… 2. 网球花属 Haemanthus
　　2. 蒴果，胚珠每室多数。
　　　　4. 花被筒短，甚至没有，雄蕊常着生于花被的基部。
　　　　　　5. 花被近相等，整齐花，花单生或有数枚成伞形。
　　　　　　　　6. 花葶中空，叶数枚，内外轮花被相等 ………………… 3. 雪片连属 Leucojum
　　　　　　　　6. 花葶实心，叶仅 2～3 枚，内轮花被片短 ………………… 4. 雪花莲属 Galanthus
　　　　　　5. 花被漏斗状，花常下倾，花数枚伞形，花大形 ………………… 5. 孤挺花属 Amaryllis
　　　　4. 花被筒长，雄蕊着生于花被筒上。
　　　　　　7. 花单生或成对或成总状，每一花葶通常具花 1 枚，花各色 ………………… 6. 葱莲属 Zephyranthes
　　　　　　7. 花数枚呈伞状，花近无柄或具柄，种子亚球形，花葶实心 ………………… 7. 文殊兰属 Crinum
1. 具副花冠，副花冠由膨大的花瓣状花丝组成，或由花丝之间分离的鳞片组成，或直接成环成管。
　　8. 副花冠由膨大的花瓣状花丝组成，花丝基部常合生成管状，胚珠每室常 2 枚 …………………………
　　　　………………………………………………………………………… 8. 蜘蛛兰属 Hymenocallis
　　8. 副花冠由花丝之间分离的鳞片组成或直接成环成管。
　　　　9. 副花冠由花丝之间分离的鳞片组成，每室仅有胚珠数枚 ………………… 9. 石蒜属 Lycoris
　　　　9. 副花冠成环或成管 ………………………………………………… 10. 水仙属 Narcissus

百子莲 Agapanthus africanus（图 7-195）

别名　百子兰、紫君子兰

属名　百子莲属

形态特征　常绿多年生草本。叶二列基生，线状披针形，深绿色，光滑。花葶高 60～90 cm；顶生伞形花序，有花 10～50 朵，外被两大苞片，花后即落；花漏斗形，长 2.5～5 cm，开时鲜蓝色，后逐渐转紫红色；花期夏季。有花色、大小及单、重瓣不同等品种；'白花'百子莲'Albidus'；'蓝花'百子莲'Mooreanus'；'花叶'百子莲'Variegatus'等。

分布与习性　原产南非。喜温暖、湿润、阳光充足，具一定抗寒力。

繁殖　分株繁殖为主。以秋季花后为宜，春季分株当年多不开花。播种繁殖的，种子

图 7-195 百子莲

需经两个低温阶段才能发芽，实生苗 5～6 年开花。

栽培　要求腐殖质丰富、排水良好的砂质土；土壤瘠薄，则分蘖较多。分株后的幼株应加强肥水供应，否则 1～2 年内不开花。炎热夏季，应置阴凉和通风良好处并充足追肥，肥料中配用过磷酸钙及草木灰，则开花繁茂。冬季进入休眠期，应控制浇水。越冬温度不得低于 5℃。长江流域以南，露地稍加覆盖可越冬。

园林用途　花坛中心；盆栽；或作切花，小花将开放时剪切为宜。

六出花 *Alstroemeria aurantiaca*

别名　秘鲁百合

属名　六出花属

形态特征　多年生草本。根肥厚肉质，平卧土中延长，须根多。茎自根茎上不定芽萌发，直立细长。叶片多数，互生状散生，披针形，光滑，长 7.5～10cm；叶柄短而狭，平行脉数条。总花梗 5，各具花 2～3 朵，极少超过 3 朵或仅 1 朵者，鲜橙色或黄色；花瓣 6，排成 2 轮，无管筒，长短不规则，内轮 3 片常上部 2 片大，上有红褐色条纹斑点，下部 1 片较小；外轮 3 片较大而形似，外缘中部微凹。本种与其他栽培种多年杂交产生很多杂种，统称六出花杂种群 *A. hybrids*。花色有红、粉红、深黄、浅黄及二色混杂等很多变化，与异色六出花 *A. versicolor* 已无法区分了。

分布与习性　本属各种均产南美智利、巴西、秘鲁、阿根廷及中美墨西哥等地，多生长于森林覆盖率较高的山地，排水良好多砾石的砂质土壤中，沿海丘陵及沙滩上也有分布。忌积水，有一定的耐旱能力。喜肥沃、湿润而排水良好的中性土壤。仅六出花 1 种及其一部分杂种较能耐寒，冬季在 –10～5℃ 的短暂低温下不致冻死，其余各种均不耐寒或只能在保护地、室内越冬。

繁殖　早春或临冬直播繁殖，也可分株繁殖。

栽培　可耐 –10～–5℃ 的低温，栽培头两年冬季宜保护过冬。花期最好有半阴环境。根质脆，注意保护。盆栽切花用，需设支架支持茎。休眠期保持干燥。

园林用途　花期长，植株秀丽，是优良的花坛装饰材料；也可盆栽观赏；生产上广泛用于保护地栽培，生产鲜切花。

大花君子兰 *Clivia miniata*（图 7-196）

别名　君子兰

属名　君子兰属

形态特征　多年生常绿草本。根系粗大，肉质。叶基部形成假鳞茎；叶片宽带状，革质，深绿色。伞形花序有花数朵至数十朵，花漏斗形，直立，橙红色。浆果熟时紫红色。

变种：黄花君子兰 var. *aurea*。花期冬、春季。现代栽培中，花型与叶型、花色等变异极多。

同属植物：

垂笑君子兰 *C. nobilis*　叶片与花被片均较君子兰窄，因花朵下垂，花被不甚开张，得垂笑君子兰之名。

图 7-196　大花君子兰

分布与习性　原产南非。性健壮，喜温暖湿润而半阴环境。要求排水良好、肥沃壤土。不耐寒冷。

繁殖　播种与分株繁殖。种子充分成熟后即可盆播，25℃条件下 30 余日生根，2 片真叶时分苗；2~3 年后开花。由播种繁殖的种苗常可选出许多园艺品种。分株繁殖宜 3~4 月换盆时进行。将母株周围产生的脚芽(小苗)切离，另行栽植或插入沙中，生根后上盆。

栽培　盆栽土以腐叶土加适量骨粉或肥沃壤土加木炭、河沙为好。盆栽时，结合换盆施足基肥，夏季置荫棚下，并将盆底垫起，生长期每 10 余日施 1 次追肥并保持盆土湿润，炎热多雨季节一般不施肥，以免烂根；叶面经常喷水，加强通风。秋、冬季移入室内，适当干燥和降低温度，则可再次开花。生长健壮的植株，不需每年换盆，用新培养土适当换去表土即可。若盆内积水和通风不良，则易患腐烂病。

园林用途　华南可布置花坛或作切花；华东及长江流域以北地区作室内盆栽，观叶观花。

<h2 style="text-align:center">朱顶红 Amaryllis vittata</h2>

别名　孤挺花、百枝莲、华胄兰

属名　孤挺花属

形态特征　多年生草本。大球形鳞茎。叶 6~8 枚，宽带状，略带肉质，与花同时或花后抽出。花葶自叶丛抽出，粗壮、中空；伞形花序，有花 3~6 朵，花梗短；总苞 2，分离；花大，花被漏斗状，长约 12~18cm，花被片不相等，基部分离，雄蕊在花喉部着生；花鲜红色或带白色，或有时有白色条纹。

同属植物：

孤挺花 *A. belladonna*　春季出叶。花鲜红色，基部黄绿色，花被片无方格斑纹，喉部有一个小副冠。栽培品种：'爱神''Hathor'，花大，白色。花期夏秋季。

杂种孤挺花 *A. hybridum*　为朱顶红、短筒孤挺花、网纹孤挺花等种杂交而培育成的园艺品系。花大、色艳，丰富多彩，品种如：花深红色的'红狮''Red Lion'，'自由''Libetty'，'罗马''Roma'；花白色的'露德维''Ludwig Dazzler'，花乳黄带绿色心的'蒙特布朗''Mont Blanc'；花浅橙色的'丽罗娜''Rilona'；红色花被白色中肋的'米娜娃''Minerva'；白色花被中肋旁有红色条纹的'玛萨依''Masai'等。

短筒孤挺花 *A. reginae*　花被筒短，花亮红色，无条纹，喉部有绿白色星；花期春季。产热带美洲，非洲西部也有。

网纹孤挺花 *A. reticulata*　花叶同出，花粉红色，具暗色方格斑纹；花期秋冬间。产巴西。

分布与习性　原产秘鲁。生长期要求温暖湿润和阳光不过强的环境；冬季休眠期要求不低于5℃的冷凉而干燥环境。要求富含腐殖质而排水良好的土壤，但忌过分疏松。

繁殖 分球或播种繁殖。春天栽植时分栽子球，或种子随采随播。

栽培 华北地区露地种植，冬季覆盖过冬，也可温室盆栽，越冬温度5℃以上。生长适温18～25℃。宜浅植，球茎与地面平即可，子球可栽深些。初栽浇水量宜少，以后逐渐加量。生长期需肥多，随叶片伸长，不断追肥。花后也需追肥，促进鳞茎生长。栽培中，若茎、叶及鳞茎上有赤红色病斑，应剪除烧毁。忌对植株喷水；在鳞茎休眠期，以40～44℃温水浸泡1h或在春季喷洒波尔多液，均有防治之效。

园林用途 华南、西南地区可庭园丛植或用于花境；北方盆栽；或作切花，花蕾将开放时连花梗切取。

文殊兰 *Crinum asiaticum*

属名 文殊兰属

形态特征 多年生球根花卉。具叶基形成的假鳞茎，长圆柱状，有毒。叶多数，基生，带状披针形，肥厚。顶生伞形花序，下具2枚大形苞片，开花时下垂；小花纯白色，花被筒直立细长，花被片线形，有香气；花期夏季。主要栽培变种：中国文殊兰 var. *sinicum* 叶缘呈波状，花被筒及花被裂片更长。花期春、夏季。

分布与习性 原产亚洲热带，我国海南岛有野生。喜温暖湿润，不耐寒；喜阳光充足；耐盐碱土。

繁殖 繁殖以分株为主。早春或晚秋分离母株四周发生的吸芽另行栽植，2～3年分株1次。栽植不宜过浅，栽后充足浇水，置于阳光不直射处。也可播种繁殖，种子成熟后即播。

栽培 幼苗期宜有适度庇荫，夏季置荫棚下养护。长江流域以北作室内盆栽；盆土宜用腐殖质丰富的疏松、肥沃培养土。生长期喜肥水，开花前后更需肥水量大，应及时补充。花后略修剪。秋凉后移入室内，保持室温不低于6℃，减少浇水。栽培管理恰当，每年可开花3次，每次花期约半个月左右。

园林用途 暖地可庭院丛植；基础种植；盆栽。

雪钟花 *Galanthus nivalis*

别名 小雪钟、雪地水仙、雪花莲

属名 雪花莲属

形态特征 多年生球根花卉。株高10～20cm。鳞茎卵形而小。叶基生，2～3枚，线形，稍内折呈沟状，粉绿色，具白霜。花葶实心，高出叶丛；着花1朵，顶生，下垂，外具纸质苞片；花被片2轮白色，外花被片长而分离，内轮花被片连合而直伸，先端微凹，带绿色；花期2～4月。重瓣品种'Flore-Pleno'。花期早春。

分布与习性 原产欧洲中南部至高加索一带。喜凉爽湿润，耐寒力强；喜冬季及早春阳光充足，春夏季半阴，要求富含腐殖质的土壤。

繁殖 繁殖多用分栽小球法。秋季分植。

栽培 生长期宜略有庇荫。开花前后须追施液肥，冬暖地区可露地越冬。

园林用途 林下地被；丛植坡地、草坪上；花坛、花境及岩石园和假山石配置；盆栽；或作切花。

绣球百合 *Haemanthus katharinae*

属名 网球花属

形态特征 多年生球根花卉。叶自鳞茎上方短茎上抽出，3~5枚，长可达30cm，与花同时生长。圆球状伞形花序顶生，径约20cm，具小花30~100朵，鲜红色；花期夏秋季。

同属植物：

网球花 *H. multiflorus* 又名多花网球。鳞茎扁球形具棕红色斑点。株高50~70cm。叶3~4片，条形，具短柄。球状伞形花序，径达15cm，花序下有淡绿色佛焰苞；小花多数，血红色。原产非洲热带。云南昆明有栽培。气温20℃左右开始。抽生花、叶，25~30℃时，生长旺盛，10℃以下叶片枯萎，能耐短时-2℃低温，喜酸性或中性砂壤土与长日照；在直射光照条件下花朵繁茂，色泽鲜艳，子球分生多。

分布与习性 原产南非。性喜温暖、湿润向阳或半阴环境，要求排水良好的砂质壤土或泥炭土，不耐寒。

繁殖 分球或播种繁殖。

栽培 盆栽植株每年春季换盆时应施足基肥，生长期还需常施追肥。生长适宜温度14~16℃，最高不超25℃。夏季宜半阴，花期置凉爽处，可适当延长花期。秋末叶片枯黄，鳞茎休眠越冬期不得低于10℃，并保持土壤干燥。若为延迟花期，可将休眠球继续干燥，夏季放在半阴处，至8月下旬供应水与追肥，花莛便会迅速抽出，"国庆"节前开花。

园林用途 绣球百合花色艳丽，小花朵密集四射，形如彩球，为美丽鳞茎花卉。

蜘蛛水鬼蕉 *Hymenocallis speciosa*（图7-197）

别名 美丽水鬼蕉、美丽蜘蛛兰

属名 蜘蛛兰属

形态特征 多年生常绿草本。具鳞茎。叶基生，椭圆形至长圆状椭圆形，长至60cm，先端急尖。花莛硬，高30~70cm；伞形花序顶生，有花7~12朵，花径约20cm，花被筒长至7.5cm或稍长，花被裂片窄，长达11cm，形如蜘蛛，绿白色，有香气；花期夏、秋季。

同属植物：

水鬼蕉 *H. americana* 又名美洲蜘蛛兰。叶剑形，长达1m，宽约6.5cm。花8~11朵，白色，花筒长约10~15cm，花被裂片线形，比花筒略短；由雄蕊花丝形成的杯状副花冠，长25cm，具齿，雄蕊花丝长5cm。

分布与习性 原产美洲西印度群岛。性健壮，喜温暖湿润气候和黏质土壤。

繁殖 分株繁殖。秋植。

栽培 栽培管理简便。生长期半遮阴，适当灌溉即

图7-197 蜘蛛水鬼蕉

可。冬暖地区略加保护，即可年复一年开花。北方盆栽，越冬气温15℃左右。

园林用途　庭院供花境条植，或草地、灌木前丛植。叶姿健美，花形特殊，又具芳香，是很好的观花赏叶植物。

雪滴花 *Leucojum vernum*(图 7-198)

别名　雪片莲、雪花水仙、雪铃花

属名　雪片莲属

形态特征　多年生球根花卉。具球形小鳞茎。叶成丛基生，较短，约 15～20cm，线形。花莛高 15～30cm，中空；顶生小花 1 朵或数朵，聚成伞形花序下垂，阔钟形；花被片先端具绿点，内外轮等长，无筒，白色，味芳香；花期 3～4 月。变种：黄尖雪片莲 var. *carpathicum*：通常 2 花，花冠裂片先端与花柱具一点黄色。

分布与习性　原产中欧。喜凉爽湿润，耐寒喜光，耐半阴，要求肥沃而富含腐殖质的土壤。

繁殖　分球繁殖。

栽培　适应性强，生长健壮。一般管理。园林栽植 3～4 年可分栽一次，取出后如不及时种植，需用微湿砂土埋藏。

园林用途　宜植林下、坡地及草坪边缘；布置花境、假山石或岩石园；盆栽。

图 7-198　雪滴花

石蒜 *Lycoris radiata*(图 7-199)

别名　红花石蒜、老鸦蒜、龙爪花、螳螂花

属名　石蒜属

形态特征　多年生球根花卉。基生叶线形，5～6 片，长 30～60cm，表面深绿，背面粉绿色，秋冬季抽出，夏季枯萎。花莛在叶前抽出，与叶近等长；伞形花序，有花 2～10 朵，鲜红色或具白色边缘；花被片 6，向后反卷；雄蕊及花柱伸出甚长；花期 8～10 月。有白花品种 'Alba' 花白色。

同属植物：

忽地笑 *L. aurea* 又名黄花石蒜、铁色箭。叶阔线形，粉绿色。花大，鲜黄色。分布在我国中南部。

长筒石蒜 *L. longituba* 又名白花石蒜。花被筒长 4～

图 7-199　石　蒜

6cm，顶端稍反卷，花白色，稍具红纹。分布江苏南部。

鹿葱 *L. squamigera* 又名夏水仙、叶落花挺。叶阔线形，淡绿色。花粉红色，有雪青或水红色晕，雄蕊与花被片等长，花柱稍伸出；具芳香。原产日本，分布广。

分布与习性　分布在我国长江流域至西南。多生于阴湿的山坡及河岸草丛中。喜富含腐殖质而排水通气良好的土壤，性较耐寒亦较耐旱。

繁殖　本种为3倍体，分植鳞茎繁殖。因鳞茎根寿命1年以上，故不宜每年分栽，一般4～5年分栽1次；本属其他种可播种繁殖，种子10月成熟后即播，种苗4年后开花。

　　栽培　冬季温暖地区，在叶枯后而花葶尚未抽出时，分植为宜。栽培深度以土刚埋过鳞茎之顶部为合适；过深翌年不能开花。华北地区需保护越冬，花后常因气候寒冷不能抽叶；迟至翌春始发叶，初夏枯萎。抗性强，几无病虫害。

　　园林用途　石蒜宜作疏林下地被，或栽植于溪涧、石旁作自然点缀，颇有野趣。因花期无叶，配置时，需与其他低矮草本混植，观赏效果更好。亦可作盆栽、切花、水培之用。鳞茎富含淀粉和多种生物碱，有毒。

<h2 style="text-align:center">水仙类 Narcissus spp.</h2>

　　属名　水仙属

　　形态特征　多年生球根花卉。鳞茎肥大，卵形至广卵状球形，外被棕褐色薄皮膜。叶带状线形或近柱形。伞形花序有花1至多朵；花被6片，基部合成筒状，中央有杯状副冠，长短不一；花期冬、春季。全属植物约26种。

　　常见栽培变种与品种：

　　中国水仙 N. tazetta var. chinensis　为法国水仙变种。叶芽4～9叶，花芽4～5叶。花被片平展如盘，副花冠黄色浅杯状（图7-200）。常见栽培的品种有：

　　'金盏银台'，单瓣，具黄色浅杯状副冠，香味浓。'玉玲珑'，重瓣，副冠及雌雄蕊瓣化，并有皱褶，黄白相间，香味淡。产于福建漳州、上海崇明、浙江舟山等地。大量用于冬季催花，供室内摆放。

图7-200　中国水仙

　　红口水仙 N. poeticus　叶扁平，光滑。花单生或2朵，花被片白色，副冠浅杯状，黄色，质厚，边缘皱褶色橘红。产法国至希腊。品种极多。供庭院栽植或盆栽。

　　黄水仙 N. pseudonarcissus　又名喇叭水仙。叶宽带形，灰绿色，光滑。花大，单朵，平伸，径约5cm，副冠钟状或喇叭状，与花被等长或稍长，边缘皱褶或波状，略向外展；同为鲜黄色，或花被白色、副冠黄色。产于瑞典、英格兰、西班牙和罗马尼亚等地。主要变种：二色喇叭水仙 var. bicolor 花被片白色，副冠黄色；淡黄喇叭水仙 var. johnstonii 花被淡黄色；大花喇叭水仙 var. major 花特大；小喇叭水仙 var. minimus 花小，花期早，副冠较短；重瓣喇叭水仙 var. plenus 花大，副冠与雄蕊全瓣化。

　　分布与习性　产西班牙和葡萄牙。性喜温暖、湿润、阳光充足之环境，尤喜冬无严寒，夏无酷暑，春秋多雨之地。喜水、耐肥，要求富含有机质、水分充足而又排水良好的中性或微酸性疏松壤土。亦耐干旱、瘠薄土壤和半阴；花期则宜阳光充足。就其耐寒性而言，华北地区可以露地越冬的，如喇叭水仙、红口水仙等；长江流域露地能越冬的，如中国漳州水仙和崇明水仙等。

　　繁殖　通常分球繁殖。有些种类，为了培育新品种可用有性杂交方法获取种子，播种繁殖，播种苗3年后开花。但中国水仙系三倍体，具不育性。

栽培　中国水仙大面积栽培有 2 种方法。其一旱栽法：秋季栽培地开深沟，沟底施入充足的腐熟厩肥和磷、钾基肥，注意种植的鳞茎勿与肥料接触，基肥上覆园土后再栽种，深约 10cm，开花前后增施腐熟人粪尿或豆饼液肥，并经常保持土壤湿润。5～6 月叶枯黄后，将球掘出。其一露地灌水法：在高洼四周挖成灌溉沟，沟内经常保持一定深度的水，使水仙在整个生长发育期都能得到充足的土壤水分和空气湿度。要求的环境条件是：温度——生长前期喜凉爽，后期喜温暖，中期耐寒而不宜有剧烈的温度变化。在气温 20～24℃，湿度 70%～80% 时最宜鳞茎生长。临界低温为 -3℃。每天需 10h 光照。但生长期强光照有利于养分积累。鳞茎下地初期只需保持土壤湿润；生长发育旺盛期，需水、肥量大，成熟期代谢活动减弱，对水需要相应减少至完全停止。培养花球技术中的一个关键是培养的种球在第 3 年要进行"阉割"，即挖掉侧芽，使养分集中主芽生长，促其长大球，形成更多的花蕾。作促成栽培的，先将鳞茎维持在 10℃ 以下，待根充分生长后，再置于 12～20℃ 阳光充足条件下，约 1 个月可开花。鳞茎贮藏：中国水仙最适宜贮藏温度 26～28℃，相对湿度 50%，通风良好。喇叭水仙球挖起后经 5 天 35℃ 处理后转入 7～8℃ 处理 8 周，有利于花芽分化。

园林用途　中国水仙多盆栽水养，置于几案、窗台装饰点缀；其他各种水仙除盆栽观赏及作切花外更适宜布置专类花坛、花境或成片栽植在疏林下、溪流坡地、草坪上，不必每年掘起，是优良的地被花卉。

晚香玉 *Polianthes tuberosa*（图 7-201）

图 7-201　晚香玉

别名　夜来香、月下香

属名　晚香玉属

形态特征　多年生球根花卉。地下部分为鳞茎状块茎（上部分为鳞茎，下部分为块茎）。基生叶 6～9 片，带状披针形，茎生叶越向上越短。总状花序高约 1m，有花 10～20 朵，成对着生，自下而上陆续开放；花漏斗状，白色，芳香（夜间更浓）；花期 5～10 月。变种：重瓣晚香玉 var. *fore-pleno* 植株较高而粗壮。花较多，花被淡紫晕，香味较淡。

同属植物：

双花晚香玉 *P. geminiflora*　基生叶，叶片窄带形。花莛长穗状，高约 20～40cm，花冠筒状，红色或橙色。原产墨西哥。

分布与习性　原产墨西哥。喜温暖湿润，稍耐寒；喜阳光充足，要求肥沃、排水好的黏质壤土，忌积水；无休眠期，如气温适宜，四季均可生长开花。生长适温 25～30℃，花芽分化最低温 20℃，生长期白天不低于 20℃，夜间不低于 8℃。对土壤要求不甚严，耐盐碱。

繁殖　分株繁殖。栽植前将母球侧旁子球分离，另行栽植。

栽培　我国大部分地区，冬季寒冷，不能露地越冬而作春植球茎栽培。在长江流域可露地过冬。大球浅栽，使整个顶芽露出土面。为促进根系发达，栽前用利刀削去下部衰老的块茎及须根，出叶后初期不宜浇水太多，后期生长快，水肥宜充足。秋季采收后，充分干燥，存放于干燥温暖处。贮藏块茎要防止主花芽霉烂，并及早栽种，尽晚收获，是保证多开花的主要条件。

园林用途　晚香玉为重要的切花材料；亦宜丛植或条植于花坛、花境或散植于石旁、路旁、草坪或花灌木丛间。

红花葱兰 *Zephyranthes grandiflora*（图 7-202）

别名　韭兰、红玉帘、风雨花、菖蒲莲

属名　葱莲属

形态特征　多年生常绿球根花卉。鳞茎卵形有膜，径约 25cm。叶条形。花莛高约 30cm，花单生花莛顶端，苞片红粉色，花梗长约 2cm；花冠漏斗状，花被长 5～7cm，粉红色或淡玫瑰红色；花期 6～9 月。

同属植物：

葱兰 *Z. candida*　别名白玉帘、葱莲，鳞茎较小，颈部细长。苞片白色，花白色或外侧略带紫红晕，花期夏、秋季。原产南美。

分布与习性　原产中、南美洲。喜阳光充足和排水良好、有机质丰富的砂质壤土；亦可耐半阴和潮湿，性较耐寒。

繁殖　分球繁殖。

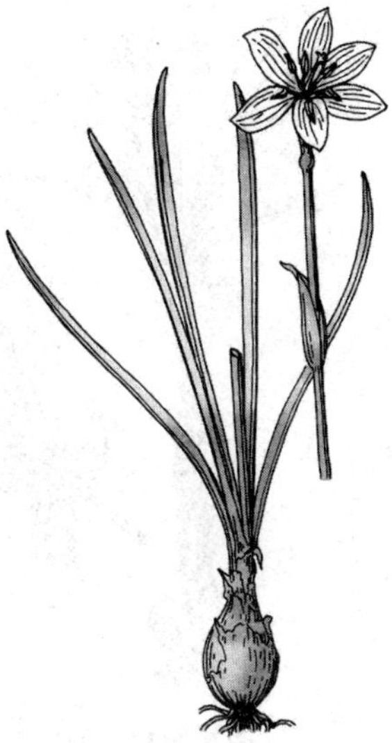

栽培　春季一般用 3～4 枚鳞茎丛植，上端稍露出土面，发芽生长前充分灌水，生长健壮的植株，子球增殖快。生长期水、肥供应充足，栽培简便。冬季基本无冻土层地区可露地越冬，栽植后，几年挖出分植 1 次。华北地区霜降后要挖出贮藏。盆栽植株 2～3 年后将鳞茎取出，再地栽培养 1～2 年，使鳞茎复壮。

图 7-202　红花葱兰

园林用途　植株低矮，叶绿花繁，花期长，宜作花坛、花境、草地镶边栽植；或盆栽观赏；亦可作半阴处地被花卉。

15. 鸢尾科 Iridaceae

多年生草本，少为灌木状。具根状茎、球茎或鳞茎。茎数条由根状茎或球茎抽出或单出。叶常从茎生，二列，通常狭条形，基部有套折的叶鞘。花两性，由鞘状苞片内抽出，常常大而鲜艳，有美丽的斑点，辐射对称或两侧对称；花被片 6，花瓣状，排成两轮，花被片近相等而相似，或内外 2 轮不等大且不同形，通常基部合生；雄蕊 3，着生外轮花被上；子房下位。蒴果 3 室，室背开裂；种子多数，种皮薄或革质。本科约 60 属 1 500 种；我国约有 8 属（其中 6 属为引种栽培）约 60 种，主要产北部、西部及西南部；本书收录 5 属 13 种。

1. 植株地下部分具球茎。

  2. 花辐射对称，雄蕊彼此间距离相等。

    3. 植株无明显的茎 ·· 1. 番红花属 *Crocus*

　　3. 植株有明显的茎 ·· 2. 香雪兰属 Freesia

　　2. 花两侧对称，雄蕊多少偏于一侧 ·· 3. 唐菖蒲属 Gladiolus

1. 植株地下部分具根茎；蒴果椭圆形或卵形。

　　4. 多数有明显的花被管，花柱分枝呈花瓣状 ································ 4. 鸢尾属 Iris

　　4. 花被筒极短，花柱 3 裂，但不成花瓣状 ·························· 5. 射干属 Belamcanda

番红花 Crocus sativus（图 7-203）

图 7-203　番红花

别　名　藏红花

属　名　番红花属

形态特征　多年生球根花卉，高仅 15cm。具扁圆形球茎。叶多数，成束丛生，细线形，断面半圆形，中肋白色，叶面有沟，叶缘有毛并内卷，叶基具淡绿色鞘状宽鳞片。花莛与叶同时或稍后抽出，顶生一花；花被管细长，花柱长，端 3 裂，血红色；花雪青、红紫或白色，芳香；花期 9～10 月。昼开夜合。栽培品种很多。

分布与习性　原产小亚细亚。喜温和凉爽环境，稍耐寒，忌酷热；喜阳光充足，耐半阴；要求富含有机质、排水好的砂质壤土，pH 值 5.5～6.5；忌积水。

繁殖　繁殖多用分植小球茎。母球茎寿命 1 年，每年于母球上形成新球及子球；也可播种繁殖，实生苗 3 年开花。秋季分栽母球，重 8g 以下球翌年多不能开花。

栽培　华北地区需温室栽培，如露地种植，冬季覆盖过冬。开花期多浇水，不宜施肥，否则易烂球。花后可追肥，以促进新球生长。夏季休眠应挖球后，贮藏于通风凉爽处。栽植深度为球茎的 3 倍。生长适温为 15℃，开花适温 16～20℃，土温 14～18℃，苗期可耐 -10℃低温。忌连作。

园林用途　适宜作花坛、草地镶边；岩石园栽植或草坪丛植点缀；也可盆栽或水养，促成栽培观赏。柱头药用，俗称"藏红花"。

小苍兰 Freesia refracta（图 7-204）

别　名　小菖兰、香雪兰

属　名　香雪兰属

形态特征　多年生球根花卉。株高 40cm。具圆锥形小球茎。茎柔弱，少分枝。叶二列互生，狭剑形，较短而稍硬。花莛细长，稍扭曲，着花部分横弯；单歧聚伞花序，花朵偏生一侧，直立；花狭漏斗形；苞片膜质，白色；小花黄绿至鲜黄色；花期春季。有许多变种及品种，花色丰富。

分布与习性　原产南非。喜凉爽、湿润环境，不耐寒；喜阳光充足，肥沃而疏松的土壤。

繁殖　播种或分球繁殖。春季采种后即播种；秋天栽植球茎。

栽培　中国大部分地区作温室栽培。冬春开花，温度 14～16℃为宜，3～4 月后逐渐休眠。生长期需经常追肥，保持土壤湿润，加强室内通风。开花期易倒伏，需设支架支撑花茎。

　　园林用途　暖地可自然丛植。重要的冬春盆花，也是著名的切花。对 SO_2 抵抗力极弱。

图 7-204　小苍兰

图 7-205　唐菖蒲

唐菖蒲 *Gladiolus gandavensis*（图 7-205）

　　别名　剑兰、菖兰、什样锦

　　属名　唐菖蒲属

　　形态特征　多年生球根花卉。球茎扁圆形，外有 4～6 干膜片。叶剑形，灰绿色。花莛直立，高 90～150cm；穗状花序长 50～100cm，有花多达 20 余朵以上；每花基部有 2 叶状苞片；单花径 8～14cm，花被 6，上 3 枚较大；花冠基部具短筒，呈偏漏斗状，有红、黄、白、紫、蓝等深浅不同或具复色、洒金等品种，花瓣类型有平瓣、波瓣、皱瓣等变化。

　　主要亲本种：

　　罗马唐菖蒲 *G. byzantinus*；绯红唐菖蒲 *G. cardinalis*；柯氏唐菖蒲 *G.* ×*colvillei*；甘德唐菖蒲 *G.* ×*gandavensis*，为园艺品种的原始亲本之一；莱氏唐菖蒲 *G. lemoinei*；鹅黄唐菖蒲 *G. primulinus*；鹦鹉唐菖蒲 *G. psittacinus*；圆叶唐菖蒲 *G. tristis*。现有品种多达万种以上。就开花习性分，有夏花种与春花种两大类，春花种在冬暖地区是秋季栽植，翌春开花；夏花种是春季种植，夏秋开花。由于生长期长短不一，又分为早花、中花和晚花类；其营养生长期分别为 60～65d、70～90d 和 90～120d。通常花期为夏、秋季，但作切花生产的，控制温度与适度光照一年四季均可开花。

　　分布与习性　本种为杂交种。主要亲本种均产非洲热带和地中海地区，南非好望角是种类最多的地方。唐菖蒲为喜光性长日照植物。夏季喜凉爽气候，不耐过度炎热，27℃以上生长受阻，10℃以下生长缓慢；忌寒冻。茎在 4℃ 中即萌动，20～25℃ 生长最好。在一年有 4~5 个月生长期的地区，均可露地栽植，栽培地要求阳光充足，排水良好微酸性至中性肥沃砂壤土。生长期要求土壤潮湿，长日照促进花芽分化。

繁殖 以分球繁殖为主。0.8cm 径子球培养好的，翌年开花，但花期较晚，花朵数较少。为加快繁殖可将球茎分切，每切块必须具芽及发根部位，切口涂草木灰，略干燥后栽种。培育新品种时用种子繁殖，秋季采种后即播；秋冬季将幼苗转入温室栽培，翌春仔细分栽于露地，加强管理，秋季可有部分苗开花。

栽培 栽培土壤应施足基肥，以富含磷、钾肥为好。生长期间应施 3 次追肥：第一次在两片叶展开后，促茎叶生长；第二次在有 4 片叶，茎伸长孕蕾时，促使花茎粗壮，花朵肥大；第三次在开花后，促进新球发育。

为使周年有切花供应，可利用温室、温床或冷床栽培。10~2 月温室栽种，"元旦"至"五一"开花；3 月栽于温床或冷床，6 月有花；8~9 月栽于改良阳畦，秋凉，防寒加温，可于 11~12 月有花。栽培管理中注意通风良好，空气新鲜；苗期保持 10~15℃，花茎发育期渐增至 20~25℃，夜间相应略低；阳光充足，每日 14h 光照与保持土壤疏松潮润，忌黏重，阴凉；选择适应性强、花期早、生长期间要求温度偏低及球茎成熟早的品种。冬季栽培中，若 3 叶期光照不足，易产生盲花，5~7 叶光不足，花蕾萎缩，花朵数减少；通风不良易引起徒长等。

高大品种，应立支柱防倒伏，作花境栽植的植株，花后应在第一朵下剪除花梗，以免结种子消耗营养。9~10 月气温降低，生长减慢，应节制浇水。10~11 月间新球发育充实（一般在花后满 2 个月），可在 3/4 叶片呈黄色时，在距地面 5cm 左右剪去茎叶，将球挖出，阴干，贮藏于冷凉而不受冻之处（约 3~4℃）。如因调节花期而需春季贮存、夏季栽植之球，一定要注意冷凉干燥，最好贮藏在 1~3℃条件下，否则易过早萌芽或腐烂。

唐菖蒲病虫害很多。细菌性病害主要有枯萎病、疮痂病、软腐病等；真菌性病害主要有球茎腐烂病、硬腐病、干腐病、叶枯病、灰霉干腐病、镰刀菌干腐病等；病毒病主要有花叶病毒，花瓣突起病等；虫害主要有蓟马、红蜘蛛与根瘤线虫等。

主要防治措施：①坚持科学的栽培管理方法；②选用培育无病害种球；③定期喷布药液防除病虫侵染；④经常检查及早发现病球病株，及时清除烧毁；⑤选择天晴干燥条件收挖种球，防止种球受伤，收后立即清除污泥与残球盘，用杀菌药作球茎消毒，然后在 29.5℃条件下 10~15 天，使球迅速干燥；⑥球茎贮藏在 -1~4℃条件；⑦土壤轮作。

园林用途 唐菖蒲主要供作切花，制作花篮、花束，有"切花之王"的美誉，也可布置花境或专类花坛。

鸢尾 *Iris tectorum*（图 7-206）

别名 蓝蝴蝶

属名 鸢尾属

形态特征 多年生草本。株高 30~40cm，植株较矮。叶剑形，淡绿色，纸质。花莛 35~50cm，高于叶面，单一或有 1~2 分枝，着花 3~4 朵；花蓝紫色；垂瓣倒垂形，具蓝紫色条纹，瓣基具褐色纹，瓣中央有鸡冠状突起；旗瓣较小，拱

图 7-206 鸢 尾

形直立，基部收缩，色稍浅；花期5月。常见栽培变种为：白花鸢尾 var. *alba* 花为白色。

分布与习性　原产中国中部，性强健，喜半阴，耐干燥。根系较浅，生长迅速。

繁殖与栽培　同德国鸢尾。

园林用途　花坛；花境；丛植；林下地被；或作切花。

德国鸢尾 *Iris germanica*

属名　鸢尾属

形态特征　多年生草本。株高60～90cm。根茎粗壮。叶剑形，绿色略带白粉。花莛高60～95cm，有分枝，着花3～8朵；花大，紫色或淡紫色，垂瓣倒卵形，中央具黄色须毛及斑纹，旗瓣较垂瓣色浅，拱状直立；苞片下部绿色，上部常皱缩带紫红色；花期5～6月。栽培园艺品种极多，花形、花色也十分丰富，还有花形特大的四倍体品种。

常见栽培变种：

白花德国鸢尾 var. *florentina*　花莛稍低，高45～70cm。垂瓣灰白色，中部以下有黄色须毛，基部及边缘具淡褐色斑纹；旗瓣淡莲青色，基部有淡褐色斑纹；花柱枝淡黄色。

分布与习性　原产欧洲中部。耐寒性强。喜阳光充足，排水好，适度湿润，含石灰质的土壤。

繁殖　分株繁殖。春天花后或秋季进行，也可秋季采种后播种繁殖。

栽培　特别喜好土质疏松、排水好的环境，忌水涝与氮肥过多。栽植时要适当浅植，根茎顶部与地面平；若栽植地为较黏重潮湿的土壤，则要进行土壤改良与筑高垄，以改善土壤的黏重潮湿状况。土壤肥力较好的圃地，可不必施用一般性农家肥。

园林用途　不同品种可分别用于花坛、花境、丛植；或作专类园布置；也是重要切花材料。

蝴蝶花 *Iris japonica*

属名　鸢尾属

形态特征　多年生常绿草本。根茎细弱，入土浅。叶3～4枚，嵌叠着生，深绿色有光泽。花莛等高于叶丛，有2～3分枝；花较小，淡紫色，垂瓣边缘具波状锯齿，中部有橙色斑点及鸡冠状隆起，旗瓣稍小，上部边缘有齿；花期4～5月。

分布与习性　原产中国长江流域及日本。稍耐寒，长江流域可露地过冬。喜半阴，较德国鸢尾喜水湿，喜微酸性土壤。

繁殖与栽培　同德国鸢尾。

园林用途　花境；林下地被；丛植或作切花。

花菖蒲 *Iris ensata* var. *hortensis*

别名　玉蝉花

属名　鸢尾属

形态特征　多年生草本。根茎粗壮。植株基部常有棕褐色枯死的纤维状叶鞘。叶阔线形至宽带形，中肋明显。花莛稍高出叶面，45～80cm，着花2朵；花极大，垂瓣下垂，光滑，旗瓣较小，色浅，花色丰富，有黄、白、鲜红、堇、紫色等许多品种，花形也丰富；

花期6～7月。有近百个园艺品种，目前栽培的多为大花及重瓣类型。

分布与习性　原产中国东北地区及朝鲜、日本。耐寒力强。喜阳光充足；喜水湿、肥沃的酸性土壤。

繁殖　秋天分株繁殖。

栽培　华北地区可露地过冬。最适宜栽在水深10～15cm的浅水或沼泽地。栽在水池畔、水边时，生长旺季要求水分充足，其他时期可减少水量。栽前施足基肥。管理简便。

园林用途　花坛；水景园、沼泽园、专类园，观赏价值高；或作切花材料。

燕子花 *Iris laevigata*

属名　鸢尾属

形态特征　多年生草本。株高60cm。根茎粗壮。形态与花菖蒲相似，但叶无中脉，较柔软光滑。花莛与叶等高；着花3朵左右，浓紫色，基部稍带黄色，垂瓣与旗瓣等长；花期4～5月。有红、白、翠绿等品种或变种。

分布与习性　原产中国东北地区，日本及朝鲜有分布。

繁殖与栽培　同花菖蒲。

园林用途　水景园。

黄心鸢尾 *Iris ochroleuco*

别名　白花鸢尾、兰花鸢尾

属名　鸢尾属

形态特性　多年生草本。株高100cm。根茎粗壮，叶片剑形。花白色，外花被片边缘白色，中心黄色，内花被片白色；花期5～6月。

分布与习性　同鸢尾。

繁殖与栽培　同鸢尾。

园林用途　切花；切叶。

黄菖蒲 *Iris pseudacorus*

别名　黄鸢尾、菖蒲鸢尾

属名　鸢尾属

形态特征　多年生草本。植株高60～100cm，健壮。根茎短肥。叶阔带形，端尖，淡绿色，中肋明显，具横向网状脉，易识别。花莛与叶近等高，约65cm，具1～3分枝，着花3～5朵；花黄至乳白色，垂瓣上部为长椭圆形，基部有褐色斑纹；旗瓣明显小于垂瓣，稍直立，淡黄色；花柱枝黄色；花期5～6月。有大花形深黄色、白色、斑叶及重瓣等品种。

分布与习性　原产南欧、西亚及北非。极耐寒，适应性强，不择土壤，旱地、湿地均可生长良好。喜浅水及微酸性土壤。

繁殖与栽培　同花菖蒲。

园林用途　同花菖蒲。

溪荪 *Iris sanquinea*

别名 红赤鸢尾

属名 鸢尾属

形态特征 多年生草本。株高 50～60cm。根茎细。叶 3～5 枚一束，线形，中肋明显，叶基赤色。花葶与叶丛等高，不分枝，着花 4 朵左右；苞片晕红色；花浓紫色，垂瓣先端圆，中部有褐色条纹，旗瓣稍短，色较浅，爪部黄色具紫斑；花期 5～6 月。有白花变种。

分布与习性 原产中国东北地区、西伯利亚、朝鲜及日本。结实力强。

繁殖与栽培 同花菖蒲。

园林用途 同花菖蒲。

西班牙鸢尾 *Iris xiphium*

别名 球根鸢尾

属名 鸢尾属

形态特征 多年生球根花卉。地下部分具鳞茎，长卵圆形，外具黄褐色皮膜。叶基生，3 枚，线形具沟槽，内面具银白色光泽，外面灰绿色。花葶粗壮，高 40～50cm，着花 1～2 朵；小花有梗，浅紫色或黄色；垂瓣端部黄色，中部有橙黄色斑，基部细缢呈长爪状；旗瓣披针形，先端微凹，白色晕黄，直立；花柱枝淡黄色；花期 4 月。

常见栽培的变种为：

荷兰鸢尾 var. *hybridum* 花大而美丽，有各种花色和花形。

分布与习性 原产西班牙及地中海沿岸。喜凉爽、阳光充足，稍耐寒，耐半阴；喜排水好的砂质壤土。

繁殖 秋季分球繁殖或种植。

栽培 长江流域可露地过冬，华北地区需要风障或覆盖保护过冬。栽前施足基肥，栽后浇透水，春季花后加强水肥管理，使新鳞茎充实。夏季挖球后，分开母球及子球，贮藏于凉爽通风处。

园林用途 重要的切花材料。也可用于花坛、花境或丛植。

射干 *Belamcanda chinensis*（图 7-207）

别名 扁竹兰

属名 射干属

形态特征 多年生宿根草本。根状茎短而硬。叶扁平宽剑形，二列，嵌叠状排列成一平面。二歧状伞房花序顶生；花被片长 2～3cm，橘黄色，有暗红色斑点，径 5～8cm，花被片 6，不明显 2 轮排列；花期夏季。栽培中有黄白叶条纹及花色各异的变种。变型：密丛射干 var. *cruenta* f. *vulgaris* 株

图 7-207 射 干

型紧密而较矮。

同属植物：

矮射干 *B. flabellata*　植株稍矮。花色淡黄，花被片基部有橘黄色斑，初秋开花。原产日本。

分布与习性　原产中国及日本、朝鲜。性强健，适应性强；耐寒力强；喜阳光充足的干燥环境；不择土壤；在湿润、排水好、中等肥力的砂质壤土上生长良好。

繁殖　分株或播种繁殖。春、秋播皆可。

栽培　蒴果微裂种皮已呈蓝黑色时采收，用湿沙（5～10℃）贮藏，120d后再播种，发芽适温15～20℃，约10d出苗。播种苗2年后开花。分株繁殖3～4月将带芽根茎切截分开栽植。栽培管理简便，生长健壮。

园林用途　园林中多栽植于花境或草地丛植；也可作切花。

16. 芭蕉科 Musaceae

草本，单生或丛生，常有树干状假茎，全由叶鞘紧密或疏松层重叠而成。叶二列或螺旋状排列，大多具羽状脉，若具横脉，则成方格状。花单性或两性，单生或组成穗状花序，位于佛焰状苞片内；花被多少呈花冠状，常合生，裂片6，2轮，常不相同；雄蕊6，常5枚发育，另1枚退化；子房下位。果为浆果或蒴果；种子具或无假种皮。芭蕉亚科2属约60种，主要分布在亚洲及非洲热带地区；我国连栽培在内有10种；本书收录2属4种。

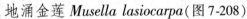

1. 花序直立，下垂或半下垂，不生于假茎上，密集呈球穗状；苞片常脱落，苞片绿、褐、红或暗紫色；下部苞片内的花为雌花，稀有两性花 ………………………………………………… 1. 芭蕉属 *Musa*
1. 花序直立，生于假茎上，密集呈球穗状；苞片宿存，苞片淡黄或黄色，下部苞片内的花为两性花或雌花 …………………………………………………………………………………… 2. 地涌金莲属 *Musella*

地涌金莲 *Musella lasiocarpa*（图7-208）

图7-208　地涌金莲

属名　地涌金莲属

形态特征　多年生多浆肉质草本。植株丛生，亦具水平生长匍匐茎，地上部分假茎矮小，高不及60cm，基部径约15cm，有宿存的前1年叶鞘。叶片长椭圆形，长约50cm，宽约20cm，有白粉。花序出于假茎顶，莲座状，与芭蕉近似，但并不伸长；苞片金黄色，有花2列，每列4～5花，花序下部为雌花，上部为雄花；花被合生，顶端5裂，微带浅紫色，味清香。果被密毛，种子球形，光滑，黑褐色。

分布与习性　原产中国云南，为中国特有植物。喜光，亦耐半阴；好温暖，绝对低温不得低于－5℃，短期低温不至受害。要求夏季湿润、冬春稍干的气候。土壤过湿、过干均不适应；在排水好、肥沃而疏松的砂质壤土上生长最好。长江以北多盆栽，冬季最低温0℃以上。

繁殖　播种或分株繁殖，种子发芽适温20℃，约20d出芽。分株繁殖的，早春或秋季将假茎连同部分地下匍匐茎吸芽切断，另行栽植即可。

栽培　栽培中注意旱季适当浇水，雨季及时排水；秋末或早春施以腐熟有机肥，或于假茎基部培壅肥土，对生长开花有利。盆栽观赏的，需选用直径30cm以上大盆栽植。花后果熟，假茎随即枯烂，匍匐茎上重生新假茎，应及时将枯假茎切除。

园林用途　庭园中作花坛中心或与小竹一起配植山石旁、墙隅，背衬粉墙，观赏金黄色的莲座花。

香蕉 *Musa nana*

属名　芭蕉属

形态特征　多年生高大草本植物。由叶包围而成的假茎粗壮，浓绿色带黑斑，高15～35m。叶巨大，侧脉羽状，平行，多数；叶柄短粗，张开；叶翼显著，边缘褐红色，密被白粉。穗状花序下垂，花序轴被褐毛，大苞片佛焰状，紫红色，被白粉，花序下垂后苞片展开至脱落；每苞片有花二列；花单生，乳白或稍带浅紫色；雄花生于花序上部，雌花在下部。果实成熟后为黄色，具香味，内无种子。

同属植物：

芭蕉 *M. basjoo*　假茎高4～6m。叶甚大，具长柄。果实短粗肉质，种子多数。较香蕉稍耐寒。四川、湖北、山东以南各地可作为多年生宿根植物栽培。

红蕉 *M. uranoscopos*　又名红花蕉。多年生草本植物。较矮，假茎高1～2m，丛生。叶片长椭圆形。花序上的苞片为黄色，花鲜红色；花期夏秋。产于我国华南及越南，供观赏。

分布与习性　原产我国南部。性喜温暖、湿润气候，多生于低海拔地区，要求土壤肥沃、深厚及排水良好，不耐寒，易遭风害。

繁殖　分株繁殖。

栽培　冬寒地区只能温室栽培。因其叶片巨大，水分蒸腾量大，要经常给植株补充水分，并于夏季适当庇荫和用清水喷洒叶片，增加空气湿度。每月施肥水1～2次，促进生长。冬季室内温度不得低于5℃。

园林用途　香蕉树姿优美，果穗金黄，除果实为重要水果外，更是温室重要观赏植物。

17. 旅人蕉科 Strelitziaceae

大型多年生草本。叶、苞片二列状排列，由叶片、叶柄和叶鞘组成；叶脉羽状。花两性，两侧对称，排成蝎尾状聚伞花序，生于1大型佛焰苞中；花萼3；花瓣3；发育雄蕊5～6；子房下位，3室。蒴果，3瓣开裂或不裂；种子坚硬有假种皮或无。本科4属87种，产热带美洲、非洲南部及马达加斯加；我国引种栽培3属3种，云南引种栽培2属2种；本书收录3属6种。

1. 花被片分离；每室胚珠多数，种子有假种皮。

  2. 花略两侧对称；花被片近相等，中央1枚花瓣稍窄；雄蕊6 ·················· 1. 旅人蕉属 *Ravenala*

  2. 花两侧对称；花被片不相等，中央1枚花瓣特短，舟状，余2枚靠合呈箭头状，内藏5枚雄蕊 ···

  ·················· 2. 鹤望兰属 *Strelitzia*

1. 花被片部分连合成管状；每室胚珠单生基底；种子无假种皮 ·················· 3. 蝎尾蕉属 *Heliconia*

垂花火鸟蕉 *Heliconia rostrata*

  别名　金鸟蝎尾蕉

  属名　蝎尾蕉属

  形态特征　多年生常绿大型草本植物。株形似香蕉，高达2m。与火鸟蕉区别为：叶柄稍短。顶生穗状花序下垂，苞片15～20枚排成2列，相互不覆盖；船形，基部红色，向端部渐变成黄色，边缘绿色，为主要观赏部分；花期夏初。

  分布与习性　原产美洲热带，阿根廷至秘鲁一带。性喜高温及阳光充足环境，亦耐半阴，但夏季忌强光暴晒。

  繁殖　播种或早春分株繁殖。

  栽培　栽培土宜富含腐殖质、排水良好的肥沃壤土，冬季须严格控制浇水。越冬温度最低不可低于18℃。温带地区室内盆栽，生长季应每日向叶面喷洒水雾，每年春季须重新盆栽或分株换盆。

  园林用途　为珍贵的切花，可盆栽观赏。

火鸟花 *Heliconia bihai*

  别名　火鸟蕉

  属名　蝎尾蕉属

  形态特征　多年生常绿大型草本。株高可达5m。具根茎。叶长椭圆形，端尖，具长叶柄，叶面绿色，主脉苍白色，侧脉隆起。花序直立，苞片二列状着生，排列较疏，可见苞片抱花序轴部分；硬质，船形，端尖；深红色；黄绿色小花簇生苞片腋部。有许多品种。

  分布与习性　原产巴西、印度、苏格兰及南太平洋的萨摩亚群岛。其他同垂花火鸟蕉。

  繁殖与栽培　同垂花火鸟蕉。

  园林用途　为珍贵的切花，或盆栽。

旅人蕉 *Ravenala madagascaiensis*

  属名　旅人蕉属

  形态特征　大型树状攀缘草本植物。具棕榈树状干；株高可达10m以上。叶片大，形如芭蕉，长可达3m；具长柄，二列，直立于干顶，长大后似扇状排列；叶鞘紧密套叠。穗状花序腋生，花两性；每花序具舟形苞片，长可达60cm，每苞片有花数朵；花白色，外花被片分离，相等；内花被两侧片与外被片相似，较下部 1 片短；雄蕊 6；花期夏季。蒴果长达 10cm，种子多数，假种皮蓝色。

分布与习性 原产马达加斯加岛。性喜温暖潮湿、阳光充足环境，畏霜寒。

繁殖 繁殖以春季播种为主，亦可分株。

栽培 栽培地宜选排水良好，腐殖质丰富的肥沃、疏松砂质壤土及阳光充足的位置；夏季应有充足的水分；冬季温度宜保持 16℃ 以上，并控制供水。生长期通风不良易遭红蜘蛛危害。

园林用途 旅人蕉长成后植株体态壮观，叶片翠绿潇洒，烈日下浓荫诱人；叶鞘与花苞片内又能贮水，可为旅行者提供清泉，其名称由此而来。

鹤望兰 *Strelitzia reginae*（图 7-209）

别名 天堂鸟、极乐鸟之花

属名 鹤望兰属

形态特征 多年生草本。高 1 ~ 2m，茎不明显。叶基生，两侧对生，硬革质。花顶生或腋生；佛焰苞高于叶片，水平生长，基部及上部边缘近紫色，花 3 枚外瓣为橙黄色，3 枚内瓣为亮蓝色，色彩鲜艳，花形奇特美丽，犹如仙鹤翘首远望；花期春夏或夏秋季。变种：小叶鹤望兰 var. *juncep*：叶棒状。花大，深橙红或紫色。

同属植物：

白花鹤望兰 *S. augusta* 秆单生，高可达 8m。叶柄具深沟槽，叶长 12m，宽 60cm。花白色，佛焰苞深紫色。

大鹤望兰 *S. nicolai* 又名尼古拉鹤望兰。树状，更高大，高达 10m。花序复出，花蓝色或近白色，佛焰苞红褐色。

图 7-209 鹤望兰

分布与习性 原产南非。喜温暖湿润，不耐寒；喜光照充足；要求肥沃、排水好的稍黏质土壤；耐旱，不耐湿涝。

繁殖 春季分株繁殖或播种繁殖。人工辅助授粉可结种子。采后即播种。

栽培 生长适温 25℃，冬季 10℃ 以上。夏季生长期和秋冬开花期需水分充足，并喷水增加湿度。生长季及花茎抽出后追肥。夏季适当庇荫。栽培不当不开花，关键是保证充分的光照和适温，尤其是花芽分化时，保持温度稳定而缓慢上升，给予充分的水肥。

园林用途 鹤望兰是温室中极美丽的观赏花卉，盆栽可布置大型会议室、厅堂，更是重要切花；冬暖之地作庭园露地丛植，终年赏叶、观花。

18. 姜科 Zingiberaceae

多年生草本，通常具有芳香、匍匐或块状的根状茎，或有时根的末端膨大呈块状。地上茎高大或很短，基部通常具鞘。叶基生或茎生，通常二列，少数螺旋状排列，叶片大，披针形或椭圆形，有多数致密、平行的羽状脉自中脉斜出；有叶柄或无；具有不闭合或闭合的叶鞘，叶鞘的顶端有明显的叶舌。花单生或组成穗状、总状或圆锥花序，生于具叶的茎上或单独生于由根状茎发出的花葶上；花两性，对称或不对称，具苞片；花被片 6 枚，2 轮，外轮萼状，通常合生成管，一侧开裂及顶端齿裂，内轮花冠状，美丽而柔嫩，基部合生成管状，通常位于后方的一枚花被裂片较大；发育雄蕊 1 枚；子房下位。果室背开裂为 3 瓣的蒴果或肉质不开裂，呈浆果状；种子圆形或有棱角，有假种皮。本科约 47 属1500种，分布于全世界热带、亚热带地区，主产地为热带亚洲；我国约 17 属 11 种；本书收录 3 属 3 种。

1. 侧生退化雄蕊花瓣状。
　2. 花药基部有距；花序球果状；苞片基部连生呈囊状，内有 2~7 花的蝎尾状聚伞花序 …………………
　　 ………………………………………………………………………………… 1. 姜黄属 *Curcuma*
　2. 花药基部无距；每花序有苞片 1~10，苞片基部不和花序轴合生；花丝长，稀极短；蒴果球形、卵圆形或卵状长圆形 ………………………………………………………… 2. 姜花属 *Hedychium*
1. 侧生退化雄蕊位于唇瓣基部呈齿状或无 ………………………………………… 3. 山姜属 *Alpinia*

泽泻叶姜黄 *Curcuma alismatifolia*

别名 姜荷花
属名 姜黄属
形态特征 多年生草本植物。株高 60~80cm。块状根茎粗壮，地上茎短。具大而长圆披针形叶 3~6 片。穗状花序顶生，上半部具色泽鲜明的苞片，13~18 枚，苞片末端有淡绿色斑点，每苞叶具小花 2~3 朵，小花着生部位苞叶为绿色；花萼短圆柱状，花冠漏斗状，花被片宽，有红、紫、橙、白等各色栽培品系。
分布与习性 原种产泰国北部。性喜温暖潮湿、疏松肥沃而排水良好的砂质壤土，pH 5.5~6.5。
繁殖 繁殖以分割根状茎为主。栽种时，选择具有 3 个营养块茎以上的根茎作种块。
栽培 栽培地要选择疏松肥沃、阳光充足而土层深厚的砂壤土。栽植时间以 2 月下旬（台湾），西双版纳海拔 600m 地区以 3 月为宜；栽植后，土壤须保持充足水分，北方露地栽植时间逐渐推迟到 3~4 月末或待晚霜过后。过晚栽植的，秋季可供花与种块均少。生长适宜温度白天 26~29℃，夜间 20~22℃，在最适的生长条件下，栽植后 15 个月即可产花。
园林用途 园林中，在温暖地作庭院花坛、花境栽植，供观花赏叶；寒冷地区盆栽，冬季在高温温室越冬，供室内厅堂与门廊摆放；也可当作切花。

艳山姜 *Alpinia zerumbet*（图 7-210）

别名 月桃
属名 山姜属
形态特征 多年生常绿草本。株高可达 2~3m；具根状茎。叶具短柄，二列状，长圆状披针形，平行叶脉，叶缘有短柔毛，表面深绿色，背面浅绿色。穗状总状花序顶生，下垂，主花轴有毛；花形似兰花；苞片白色，顶端和基部粉红色；花冠白色，唇瓣长而皱有红及黄色斑点，极香；花期华南地区于 5 ~ 6 月，华东地区春夏季。

　　分布与习性　原产印度。喜高温高湿环境，不耐寒；喜半阴；要求土质肥沃、排水好的土壤。

　　繁殖　分株或播种。春末或夏初分株；种子发芽温度范围 15 ~ 25℃，最适宜温度为 25℃，约 1 个月发芽。

　　栽培　栽培土壤要求有丰富的腐殖质与排水良好；生长期喜少部分遮阴与保持充分的湿润，经常追施液肥。忌霜冻、干燥与灼射阳光；越冬温度 18℃，最低不得低于 14℃，保持半休眠状态，有利于翌年开花。注意防蜗牛危害。

　　园林用途　绿叶艳花，是冬暖地区露地栽培的优良花卉；寒冷之地多作盆栽。

图 7-210　艳山姜

姜花 Hedychium coronarium

　　别名　香雪花、夜寒苏

　　属名　姜花属

　　形态特征　多年生草本。有根状茎和直立茎，高可达 2m。叶无柄；长圆披针形，长达 60cm，叶背有细茸毛。穗状花序顶生，长 10 ~ 20cm，苞片 4 ~ 6 枚，覆瓦状排列，每一苞片内有花 2 ~ 3 朵，花冠管长 8cm，后部的 1 枚花被兜状，退化雄蕊侧生花瓣状，长 5cm，唇瓣长、宽约 6cm，花白色，芳香；花期秋季。

　　分布与习性　原产中国南部、西南部，印度、越南也有。喜温暖湿润，不耐寒；喜半阴及肥沃、湿润的微酸性壤土。

　　繁殖　春季分开地下块状根茎，另行栽植即可。

　　栽培　栽前施足基肥，生长期追肥 1 ~ 2 次，保持土壤湿润。栽培管理简便。

　　园林用途　花境；丛植；盆栽；或作切叶。

19. 美人蕉科 Cannaceae

　　多年生草本。大而粗壮，根壮茎块状。叶多为矩圆形至宽椭圆形；叶柄包茎，无叶舌；主脉隆起，侧脉羽状。总状花序或圆锥花序；花大而鲜艳，两性，不整齐，具 1 枚明显的苞片，有短花梗；萼片 3，草质，绿色或紫色，果时宿存；花瓣 3，直立，比萼片长，基部合生；雄蕊 6(4)，特化呈花瓣状，在花中最显眼，其中 1 枚最大，反卷，称为唇瓣；仅 1 枚能育，近顶端边缘具 1 室的花药；雌蕊 1。蒴果，不规则开裂，具疣状突起；种子多数，近球形。本科 1 属(美人蕉属 Canna)约 30 种以上，主产于美洲热带；我国栽培约 8 种；本书收录 3 种。

大花美人蕉 Canna generalis(图 7-211)

　　别名　红艳蕉

　　属名　美人蕉属

形态特征　多年生草本植物。多种源杂交的栽培种。具肉质粗壮根状茎，地上茎高80～150cm，茎叶被蜡质白粉。叶大型、椭圆状披针形，全缘，粉绿、亮绿或古铜色，也有红绿镶嵌或黄绿镶嵌的花叶品种。总状花序，花瓣直伸，具4枚退化雄蕊，有1枚具单室花药；花径10～20cm，有乳白、黄、橘红、粉红、大红与鲜黄相嵌（'绝世美人''Cleopatra'）、红紫或镶有金边等鲜亮色泽，亦有叶色（'孟加拉虎''Bengal Tiger'）、株型高矮不同的品种；主要花期4～6月，9～10月。

同属植物：

蕉藕 C. edulis　又名食用美人蕉、芭蕉芋。株高可达3m。茎紫色。叶下面被紫晕。瓣化雄蕊3枚，花小，鲜红色。产于南美。南方农村多于田边栽种，根茎富含淀粉，可作饲料。

美人蕉 C. india　别名小花美人蕉、小芭蕉。株高120cm。绿色，叶长45cm，宽20cm。花序疏散，花较小，常2朵聚生，

图7-211　大花美人蕉

瓣化雄蕊3枚，鲜红色。产于热带美洲。

分布与习性　亲本种主产美洲热带。喜阳光充足，日照7h以上，温暖、湿润的气候；要求疏松肥沃、排水良好的深厚土壤。对土壤酸碱度要求不严。

繁殖　分切根茎繁殖，多春季栽植时进行。培育新品种时多用种子繁殖。因种皮坚硬，播种前需刻伤。

栽培　管理粗放简单。喜肥，花前追1～2次肥有利开花。花后从基部剪去花枝，以利根茎生长，长江以北地区冬季挖出根茎，在室内干藏越冬。

园林用途　花坛中心、庭院种植；花境；盆栽。

20. 竹芋科 Marantaceae

多年生草本。有根状茎，地上茎有或无。叶通常大，二列，具羽状平行脉；通常叶柄顶端增粗呈圆柱状的花枕；叶鞘开放。花两性，不对称，排成穗状花序、总状花序、头状花序或圆锥花序，有时花序由根状茎抽出，有苞片；萼片3，大小相等，分离；花冠筒短或长，裂片3，通常不等大；雄蕊通常2轮，基部合生，外轮的退化雄蕊1～2枚，花瓣状，或有时无，在内轮中，发育雄蕊1枚，具1室花药，退化雄蕊2枚；雌蕊1枚，子房下位。果为室背开裂的蒴果或浆果；种子坚硬。本科约26属35种，分布于热带、亚热带地区，但主产于热带美洲；我国有2属数种；本书收录3属11种。

1. 头状花序，苞片排列紧密，子房3室，外轮退化雄蕊1枚，果开裂3瓣，叶面常有绿色的斑纹 ……
…………………………………………………………… 1. 肖竹芋属 Calathea
1. 总状花序，苞片排列稀疏，绿色，子房1室，外轮退化雄蕊倒卵形，顶端2裂 ………………
…………………………………………………………… 2. 竹芋属 Maranta

斑叶肖竹芋 *Calathea zebrina*

别名　绒叶肖竹芋

属名 肖竹芋属

形态特征 多年生常绿草本植物。具根茎。叶基部丛生，薄革质，椭圆形，长可达60cm，宽30cm，具长柄，叶面深绿色；脉纹、中肋与边缘黄绿色，有丝绒光泽，叶背紫红色。短穗状花序，卵圆形，花白色至浅紫红色。栽培品种：'大'斑叶肖竹芋'Binotii'植株较大，叶片可长达120cm，色更深。

同属植物：

肖竹芋 *C. ornata* 株高可达2.7m。叶片长圆披针形，成龄叶长可达60cm，上面绿色，下面暗紫红色；沿侧脉通常有粉色和白色线。退化雄蕊二列，带黄色；花瓣草色。产于圭亚那、厄瓜多尔和哥伦比亚。长势健壮。

栽培品种：

'粉线'肖竹芋'Roseo-lineata' 嫩叶片有显著的粉色条。

'白羽'肖竹芋'Sanderana' 叶片稍宽，叶面深绿色，有粉白色线条，形如白羽。

分布与习性 原产巴西。喜温暖、湿润而排水良好的半阴环境；对霜敏感，忌阳光直射。

繁殖 春季分株繁殖。

栽培 栽培要求富含腐殖质的肥沃土壤。最适宜的生长温度为15~21℃，高温季节防叶片受干。要经常喷水，需要使用软化水。不耐寒，生长最低温度15℃，冬季低温易使叶片枯萎而休眠，要节制浇水。翌春可再发新叶。

园林用途 斑叶肖竹芋叶片色泽与斑纹极美丽，是著名的观叶植物。

紫背肖竹芋 *Calathea insignis*

别名 箭羽肖竹芋、披针叶竹芋、红背葛郁金

属名 肖竹芋属

形态特征 多年生常绿草本。株高30~100cm。叶丛生，有柄，狭披针形，长10~50cm以上，表面淡黄绿色，与侧脉平行分布着大小交替的深绿色斑纹，叶背暗紫红色，叶缘稍波状。短总状花序，不分枝，瓣化状退化雄蕊1枚，子房3室。本属各种均具此特征。

分布与习性 喜高温高湿，不耐寒；喜半阴；喜疏松、多孔的微酸性基质。

繁殖 初夏分株繁殖。

栽培 生长适温为18~25℃，越冬温度不低于10℃。对空气湿度要求高，尤其是新叶长出后，除叶面喷水外，最好有其他增加湿度的措施。盆土不易过湿，否则烂根，保持湿润即可，秋冬季还要控制浇水。盆土宜选通气、透水好的微酸性基质。生长期追肥，并注意通风良好。

园林用途 盆栽，室内观叶。

豹纹肖竹竿 *Calathea leopardina*

别名 豹纹竹芋

属名 肖竹芋属

形态特征 多年生常绿草本。植株低矮，匍匐状。叶具柄，叶片倒卵形，鲜绿色，主

脉两侧有成对排列的墨绿色条斑；幼叶白绿色。

分布与习性　原产巴西。喜湿润，但要求不是很严格。繁殖力强。

繁殖与栽培　同紫背肖竹芋。

园林用途　盆栽；吊盆观赏。

彩虹肖竹芋 *Calathea roseo-picta*

别名　彩叶肖竹芋、红边肖竹芋

属名　肖竹芋属

形态特征　多年生常绿草本。植株矮小，高 17cm 左右。叶阔卵形，暗绿色，中脉淡粉色，近边处有具光泽的淡粉色斑纹，叶背暗紫色；叶柄紫红色。

分布与习性　原产巴西。较其他肖竹芋耐寒性差，15℃以下生长不良，10℃以下逐渐死亡。越冬温度 15℃以上。要求湿度高。

繁殖与栽培　同紫背肖竹芋。

园林用途　同紫背肖竹芋。

孔雀竹芋 *Calathea makoyana*

别名　五色葛郁金、蓝花蕉、马克肖竹芋

属名　肖竹芋属

形态特征　多年生常绿草本。株高 50cm。株形挺拔，密集丛生。叶簇生，卵形至长椭圆形，叶面乳白或橄榄绿色，在主脉两侧和深绿色叶缘间有大小相对、交互排列的浓绿色长圆形斑块及条纹，形似孔雀尾羽；叶背紫色，具同样斑纹；叶柄细长，深紫红色。

分布与习性　原产巴西。耐阴性强，需肥不多，喜湿，叶面要常喷水。用水苔作无土栽培基质效果好，分生力强。

繁殖与栽培　繁殖容易。其他同紫背竹芋。

园林用途　优良的室内观叶植物。

'银影'竹芋 *Calathea picturata* 'Argentea'

属名　肖竹芋属

形态特征　多年生常绿草本。株高 10cm。植株低矮，密集丛生。叶银灰色，叶缘翠绿色，叶背褐红色。

分布与习性　原种产于南美热带。对低温敏感，越冬温度 15℃以上。

繁殖与栽培　不宜过多施肥，常需向叶面喷水提高湿度。分生力强。其他同紫背肖竹芋。

园林用途　盆栽，吊盆观赏。

竹芋 *Maranta arundinacea*（图 7-212）

别名　麦伦脱、葛郁金

属名　竹芋属

形态特征　多年生常绿草本。高可达 2m。根状茎肥厚，淀粉质，白色。叶片卵状矩圆形或卵状披针形，长 30cm，宽 10cm，绿色，质薄。总状花序顶生，有分枝；花小，白色，花 1～2cm。果褐色。栽培品种：'斑叶'竹芋'Variegata'叶片具深绿、浅绿和绿黄色斑纹。

同属植物：

白脉竹芋 *M. leuconeura*　又名豹纹竹芋、条纹竹芋。株高 20～30cm。叶片椭圆形，叶面绿色，中脉两侧有 5～8 对黑褐色大斑块，叶背淡紫红色，有粉。花白色，有紫斑。原种产巴西。

分布与习性　原产美洲热带。我国云南、广东等地多有栽培。喜高温、高湿，不耐寒；宜半阴，要求土壤排水良好。

繁殖　分株繁殖，春、夏季进行。

栽培　北方温室盆栽，栽培基质宜腐殖质丰富，排水良好。栽植不宜深，以根茎稍露土表为适宜。生长期应置荫棚下，防强日光灼伤叶片。适宜生长气温 18～21℃，叶面应保持潮湿；夏季浇水要及时；秋、冬季浇水要减少，过湿导致叶片焦黄或根部受伤，影响生长。13℃以下停止生长或死亡。冬季越冬温度保持不低于 15℃。

图 7-212　竹　芋

园林用途　园林中多盆栽，观赏四季美丽的肥大叶片。

二色竹芋 *Maranta bicolor*

别名　花叶竹芋

属名　竹芋属

形态特征　多年生常绿草本。株高 25～40cm。茎基部呈块状茎。叶长椭圆形至阔椭圆形，两面平滑，绿白色，中脉两侧脉间有暗褐色规则斑块，叶背淡紫色；叶柄 2/3 以上呈鞘状，淡紫色。花序纤细，花白色，具草色条纹；夏、秋开花，为美丽观叶花卉。

分布与习性　原产巴西。对空气湿度要求高。

繁殖与栽培　同竹芋。

园林用途　盆栽。

水竹芋 *Thalia dealbata*

别名　再力花、水莲蕉、塔利亚

属名　再力花属

形态特征　多年生挺水草本。株高 1～2m。地下有根茎，根出叶，叶鞘抱茎。叶长卵形，先端突尖，全缘；叶柄极长，近叶基处暗红色。夏至秋季开花，穗状圆锥花序，花茎细长，小花紫红色，苞片粉白色。

近年新引入我国的一种观赏价值极高的挺水花卉，为纪念德国植物学家约翰尼·赛尔而得此名。包括 12 个生于沼泽地的种。

分布与习性　原产北美洲、墨西哥。在微碱性的土壤中生长良好。

繁殖　分株繁殖，春至夏季为适期。

栽培　栽培土质以潮湿的壤土为佳。光照需良好。盆栽需浸水保湿，水池栽培以基部浸水为宜，也可种植于池畔湿地，平时土壤须保持潮湿。植株避免强风吹袭折枝。性喜温暖至高温，生长适温约为 20～30℃。

园林用途　株形美观洒脱，叶色翠绿可爱，是水景绿化的上品花卉；或作盆栽观赏。

21. 兰科 Orchidaceae

陆生、附生、腐生的多年生草本、亚灌木，极少为攀缘藤本。陆生及腐生的具须根，通常还具根茎状茎或块茎；附生的则具有肥厚的气生根。茎直立，基部匍匐状、悬垂或攀缘，合轴或单轴，延长或缩短，常在基部或全部膨大为具 1 节或多节、呈各种形状的假鳞茎。叶通常互生、二列或螺旋状排列，有时生于假鳞茎顶端或近顶端处，极少为对生或轮生，草质或带肉质，扁平、两侧压扁或圆柱状，通常无毛，顶端有时为不等的 2 裂，基部有时具关节，通常有鞘，鞘抱茎。花茎顶生或侧生于茎上、假鳞茎上，具单花或花排列成总状、穗状、伞形或圆锥花序；花苞片宿存或早落、直立、平展或外折；花通常鲜艳有香味，两性，极少为单性，两侧对称，常因子房呈 180° 扭转、弯曲或花苞片下垂而使唇瓣位于下方；花被片上位，6 片，排列为 2 轮，外轮 3 片为萼片，通常花瓣状，离生或部分合生，外轮中央的 1 片称中萼片，有时凹陷，并与花瓣靠合成盔，外轮两侧的 2 片称侧萼片，通常略歪斜，离生或靠合，极少合生为一(合萼片)，有时侧萼片基部的部分或全部贴于蕊柱脚上而形成萼囊；内轮两侧的 2 片称花瓣，与萼片相似或不相似，有时分裂，内轮中央的 1 片特化而称唇瓣；唇瓣常常有极为复杂的结构，呈各种形状，分裂或不分裂，有时由于中部缢缩而分成上唇与下唇(前部与后部)，上面通常有脊、褶片、胼胝体或其他附属物，基部有时具囊或距，其内有蜜腺组织，雄蕊与雌蕊合生而形成合蕊柱，通常半圆柱形，其正面朝向唇瓣，长或短，基部有时延伸为蕊柱朦胧脚，顶端一般有药床；能育雄蕊通常 1 枚，生于蕊柱顶背面(为外轮中央雄蕊)，较少为 2 枚而侧生的(为内轮侧生雄蕊)；退化雄蕊存在时，为很小的凸起，极少为大而具色彩；柱头侧生或极少为顶生的凹陷或凸起，表面具黏质，常 2～3 裂；在柱头上方通常有一喙状的小突凸起，称蕊喙；子房下位。蒴果常为三棱状圆柱形或纺锤形，成熟时开裂为 3～6 果片。种子极多，微小。本科约 500属15 000种，分布于热带、亚热带与温带地区，尤以南美洲与亚洲的热带地区为多；我国约 150 属 1000 种，主要分布于长江流域和以南各地；本书收录 7 属 11 种。

1. 花两侧对称，唇瓣囊状明显不同于花瓣，能育雄蕊 2～3 ┄┄┄┄┄ 1. 兜兰属 *Paphiopedilum*
1. 能育雄蕊 1。
　2. 花粉团粉粒质，柔软；地生植物；叶无关节 ┄┄┄┄┄┄┄┄┄┄ 2. 白及属 *Bletilla*
　2. 花粉团蜡质，坚硬；大部分为附生；叶常具关节。
　　3. 植物单轴生长，无假鳞茎或肥厚根状茎、块茎；花粉团坚硬，具黏盘柄，每个花粉团劈裂为不等大的两片，蕊柱具长或短的蕊柱足 ┄┄┄┄┄┄ 3. 蝴蝶兰属 *Phalaenopsis*
　　3. 植物合轴生长，多具假鳞茎或肥厚的根状茎、块茎；花粉团不甚坚硬，无黏盘柄。
　　　4. 花粉团 2 个 ┄┄┄┄┄┄┄┄┄┄┄┄┄┄┄┄┄┄┄┄┄┄┄ 4. 兰属 *Cymbidium*
　　　4. 花粉团 4～6 个。

5. 蕊柱有明显的蕊柱足，萼囊清晰可见 ······························· 5. 石斛属 *Dendrobium*

5. 蕊柱无明显的蕊柱足，无萼囊。

白及 *Bletilla striata*（图 7-213）

别名 凉姜、双肾草、紫兰

属名 白及属

形态特征 多年生球根花卉。株高 30～60cm。具扁球形假鳞茎。茎粗壮，直立。叶互生，3～6 枚阔披针形，基部下延成鞘状而抱茎；平行叶脉明显而突出使叶面皱褶。总状花序顶生，花淡紫红色；花被片 6 枚，不整齐，其中 1 枚较大，成唇形，3 深裂，中裂片波状具齿；花期 3～5 月。

分布与习性 产于秦岭山脉以南各地。生于海拔 200～3050m 的山坡、林缘、河谷旁草丛多石地或湿润高旷地等。半耐寒。

繁殖 春或秋季分株繁殖。将假鳞茎分割成小块，每块带 2～3 芽眼，分栽即可。

栽培 长江流域地区可露地过冬。长江流域以北温室栽培，越冬温度不低于 5℃。栽前施足基肥，生长期保持土壤及空气湿润，适当追肥。参阅春兰栽培管理。

园林用途 白及株丛浅绿，叶形优美，花色艳丽，南方作花坛边缘或林下片植，或岩石园点缀；北方盆栽供作案头欣赏。

图 7-213 白 及

卡特利亚兰 *Cattleya hybrida*（图 7-214）

别名 卡特兰、嘉德利亚兰、多花布袋兰

属名 卡特兰属

形态特征 园艺杂种。附生兰。茎通常膨大成假鳞茎状。顶端具叶 1～3 枚，革质。花单朵或数朵排成总状花序，着生于茎顶或假鳞茎顶端，花大而艳丽；萼片与花瓣相似，唇瓣 3 裂，基部包围蕊柱下方，中裂片显著伸展。

主要亲本种：大唇卡特兰 *C. labiata* 高 12～24cm，又名大花卡特兰；假鳞茎 1 叶。9～11 月开花，每茎 2～5 朵，径 12～18cm，粉红色，唇瓣中裂片大，紫色，边缘粉红，花喉部黄色。

分布与习性 原产南美洲。喜温暖，不耐寒；喜阳光充足，但忌强光直射；喜高湿及通风好；要求排水、通气好的基质。

繁殖 分株或播种繁殖。

图 7-214 卡特利亚兰

栽培 生长适温 15～24℃，冬季不可低于 12℃，花

后休眠可耐 2~3℃低温。生长季多浇水，并在叶面喷雾，休眠期少浇水，但仍需喷雾，生长期每月追肥 1 次。栽培时，盆内下层最好加碎砖片等排水层，上用蕨根、树叶、泥炭藓；或用泥炭、草炭加腐叶土做基质。

园林用途 卡特兰花大色艳(栽培品种很多)，姿态诱人，为热带兰中的珍品。也是极优良的切花材料。

春兰 *Cymbidium goeringii*(图 7-215)

图 7-215 春 兰

别名 山兰、草兰

属名 兰属

形态特征 多年生常绿草本。地生兰。具较粗厚的根。假鳞茎卵球形，较小，藏于叶基与鞘内。叶 4~6(7) 枚，狭带形；叶脉明显；叶缘粗糙具细齿。花莛直立，具 4~5 枝鞘；花单生，少数 2 朵，淡黄绿色，有香气；花期 2~3 月。依花被片的形状不同，可分为几类花型，如梅瓣型、水仙瓣型、荷瓣型以及蝴蝶瓣型。有许多名贵品种。

分布与习性 原产我国温暖地带。分布广泛，栽培历史悠久，因而春兰的种质资源极其丰富，变种及品种极多。

产地在北纬 25°~34°间山区分布，高度因地区而异。喜温暖气候，生长期适温为 15~25℃，冬季可耐 -5~-8℃低温，短期 0℃低温也可生长。冬季花芽有休眠，从 10 月至翌年 2 月需 10℃以下低温的刺激，才能开花；生长期要求 70% 左右相对湿度，休眠期约 50%。对光线要求是冬季要阳光充足，夏季遮光约 70%。要求通风良好，忌酷热。土壤以富含腐殖质、疏松透气、保水、排水良好、潮润而不过湿、微酸性，pH 值 5.5~6.5 为最好。

繁殖 播种和分株繁殖，亦可组织培养。

栽培 耐寒力较强。夏季生长期保持土壤湿润，不可过湿，并需要喷雾，提高空气湿度，秋末后控制浇水。每年换盆可不追肥，若几年换盆一次则要追肥。生长期 5~10d 施一次液肥，掌握"宜勤而淡"，切忌"聚而厚"的原则。开花前后不宜追肥。盆栽时，底层需有排水层，置通风处。雨季防雨涝。

园林用途 兰花神韵、气质富有内在含蓄美，又具幽香，园林应用中作名贵盆花，供室内陈列；气候适宜地区又是高雅露地宿根花卉；也可用以插花，还可熏茶。

蕙兰 *Cymbidium faberi*

别名 夏兰、九节兰

属名 兰属

形态特征 多年生常绿草本。地生性，假鳞茎不显著。叶 5~7 片丛生，较春兰叶宽、长，直立性强，基部常对褶，横切面呈"V"形，叶缘具粗齿。花莛直立而长，着花 6~12 朵，浅黄绿色，具紫红斑点；香气较春兰淡；花期 3~4 月。名贵品种很多。

分布与习性　原产中国中部及南部。

繁殖与栽培　同春兰。

园林用途　盆栽。

大花蕙兰 *Cymbidium hybrida*

别名　西姆比兰、东亚兰

属名　兰属

形态特征　多年生常绿附生草本。根粗壮。叶丛生，带状，革质。花大而多，色彩丰富艳丽，有红、黄、绿、白及复色；花有香味，但不同于中国兰花，呈丁香型香味；花期长达 50~80d。

分布与习性　大花蕙兰为兰属中许多大花附生原种和杂交种类的总称。首个人工杂交品种称韦奇 *Cymbidium × veitchii* 是原产于我国的碧玉兰 *C. lowianum* 和象牙白花兰 *C. eburneum* 作亲本杂交而成的。喜凉爽、昼夜温差大，10℃以上为好。适应性强，开花容易。

繁殖　通常分株繁殖，在开花后短暂的休眠期进行，分株时将大丛的植株用利刀或剪刀切割成数丛，使每丛最少应带有 3 个以上的假鳞茎，单独盆栽；杂交育种和商品性的大量生产，可通过种子无菌播种和茎尖组织培养的方法来繁殖。

栽培　生长期喜较高的空气湿度和充足的水分。北方气候干燥，需经常在植株及根部喷水。大花蕙兰比中国兰花(地生兰)喜较强的阳光，过度遮阴易影响花芽的形成，但不能放在阳光下栽培。春夏秋三季应遮去阳光50%，冬季栽培可不遮光或少遮光。生长季节注意施肥。

园林用途　盆栽。

建兰 *Cymbidium ensifolium*

别名　秋兰、雄兰

属名　兰属

形态特征　多年生常绿草本。地生性，假鳞茎较小。叶 2~6 枚丛生，广线形，全缘，基部狭窄，中上部宽。花莛短于叶丛，直立，着花 5~9 朵；浅黄绿色至浅黄褐色，有暗紫色条纹，香味浓；花期 7~9 月。有许多名贵品种。

分布与习性　原产福建、广东、四川、云南。耐寒力较弱。

繁殖与栽培　早春分株，冬季盆土宜干燥。其他同春兰。

园林用途　同春兰。

寒兰 *Cymbidium kanran*

属名　兰属

形态特征　多年生常绿草本。地生性。外形与建兰相似，但叶较狭，基部更狭；3~7 枚丛生，直立性强，全缘或近顶端有细齿，略带光泽。花莛直立，与叶等高或稍高出叶，疏生花 10 余朵；萼片较狭长，花瓣较短而宽，唇瓣黄绿色带紫斑，有香气；花期 12 月至翌年 1 月。品种多。

分布与习性　原产中国福建、浙江、江西、湖南、广东等地。耐寒性差，冬季仍需浇水。

繁殖与栽培　同春兰。

园林用途　同春兰。

墨兰 *Cymbidium sinense*

别名　报岁兰

属名　兰属

形态特征　多年生常绿草本。地生性。假鳞茎椭圆形。叶2～4枚丛生，直立性，宽而长，剑形，全缘，深绿色有光泽。花莛直立，高于叶面，着花5～17朵；苞片狭披针形，淡褐色，有5条紫脉，花瓣较短宽，向前伸展；小花基部有蜜腺，淡香；花期11月至翌年1月。品种丰富。

分布与习性　原产中国广东、福建及台湾。不耐寒，冬季开花，仍需浇水。

繁殖与栽培　同春兰。

园林用途　盆栽；吊盆观赏。

石斛 *Dendrobium nobile*

别名　金钗石斛

属名　石斛属

形态特征　多年生附生草本。株高20～40cm。茎丛生，直立，有明显的节和纵槽纹，稍扁，上部略呈回折状，基部收缢。叶互生，近革质，长椭圆形，端部2圆裂，两侧不等，基部成鞘，膜质。总状花序着花1～4朵；花大，白色，端部淡紫色；唇瓣宽卵状矩圆形，唇盘上有紫斑；花期3～6月。

分布与习性　原产中国云南、广东、广西、台湾及湖北等地。喜高温、高湿环境，较耐寒，忌酷热及干燥；喜半阴，忌阳光直射。

繁殖　分株繁殖。春季花后进行。

栽培　栽培中盆底需填入排水层。华北地区温室栽培。秋季需一个干燥、低温（约10℃）的过程，以促进花芽分化。生长期适当浇水，需追肥。宜用蕨根等疏松、通气、排水好的基质。春季开花时对花序扶持。

园林用途　盆栽；吊盆观赏；或作切花。

美丽兜兰 *Paphiopedilum insigne*（图7-216）

别名　波瓣兜兰

属名　兜兰属

形态特征　地生兰。无假鳞茎。叶5～6枚，淡绿至绿色。花萼长25～30cm，有紫色短柔毛；花通常单生，极少成对，蜡状，径约13cm；中萼片淡绿黄色，有紫红斑点和白边，合萼片无白边；花瓣黄绿色或黄褐色，有红

图7-216　美丽兜兰

褐色脉和斑点，唇瓣倒盔状，紫红色或紫褐色，有黄绿色边。

分布与习性　产云南西北部。喜温凉，通风流畅，空气湿润，略耐光。

繁殖　分株繁殖。

栽培　华南可露地栽培。越冬温度 12℃。

园林用途　美丽兜兰花大色艳，花形极别致，为精美盆花。

蝴蝶兰 *Phalaenopsis amabilis*（图 7-217）

别名　蝶兰

属名　蝴蝶兰属

形态特征　多年生附生常绿草本。根扁平如带，表面多疣状凸起，茎极短。叶近二列状丛生，广披针形至矩圆形，顶端浑圆，基部具短鞘，关节明显。花茎 1 至数枚，拱形，长达 70~80cm；花大，白色，蜡状，形似蝴蝶；花期冬春季。

常见变种：

小花蝴蝶兰 var. *aphrodite*　花期 10 月至翌年 1 月。栽培品种很多。新品种'红孩儿''Red Boy'及'白花红唇'蝴蝶兰。

分布与习性　原产亚洲热带及中国台湾。喜高温高湿，不耐寒。喜通风及半阴；要求富含腐殖质、排水好、疏松的基质。

图 7-217　蝴蝶兰

繁殖　分株或组织培养无菌播种繁殖。可分栽花茎节上产生的幼株，宜秋季进行。

栽培　栽培基质多用蕨根，栽培环境要求通风良好；在湿度高处悬吊在树干或树蕨上，夏季须适当遮阴，约需 40% 全光照，相对湿度 70%，生长适温 18~30℃。北方冬季高温温室栽培。

园林用途　蝴蝶兰花姿优美，花色艳丽，为热带兰中的珍品。盆花，吊盆观赏。也是优良的切花材料。

文心兰 *Oncidium sphacelatum*（图 7-218）

别名　金蝶兰、蝶花文心兰

属名　文心兰属（舞女花属或金蝶兰属）

形态特征　附生兰。多年生草本植物。假鳞茎卵圆形。多数 1 叶，带状，长达 18cm，宽 7cm，具紫褐色斑纹。花序大而长，长达 1.2m，有分株与节；花 1 至数朵，花径约 10cm，花背萼片和花瓣线形，直立，红棕色，明显带黄色，侧萼片向左、右下弯，栗褐色；唇瓣提琴形，平展，下挂，黄色，边缘有宽棕色带，似蝴蝶；花朵连续开放，花期可长达全年。栽培观赏的品种很多。

分布与习性　分布于巴西、委内瑞拉、秘鲁等地。喜温

图 7-218　文心兰

暖、潮湿与庇荫环境。

繁殖　分株或组织培养。

栽培　盆栽基质可用蕨根碎块、苔藓、沙(3∶1∶1)配制。北方地区温室栽培，夏季遮光应不少于50%，冬季遮光约20%~30%。生长季需水较大，并应每月施2~3次浓度0.1%的液肥。休眠期停水、肥，保持根部不太干即可。冬季温度不得低于12~15℃。北方中、高温温室栽培。

园林用途　生产中多用产花量大、花形小、色泽更佳的杂交种，供作切花，取其花期长、花形奇特、花色鲜艳的特点，为切花装饰中名品配花材料。

 思考题

1. 了解并掌握常见蕨类植物的形态特征、分布与习性、繁殖栽培方法和在园林中的用途。

2. 能识别重要的双子叶植物的形态特征，对于园林中常见的种需掌握它们的分布与习性、繁殖栽培方法和在园林中的用途。

3. 对常见的单子叶植物的形态特征要能识别，并掌握它们的习性和繁殖栽培方法。

4. 区别下列各组花卉(包括学名、科名及主要形态特征)：

三色苋与红叶苋　矮雪轮与高雪轮　石竹与须苞石竹　荷花与睡莲　花菱草与虞美人　红花酢浆草与白三叶　四季秋海棠与球根秋海棠　藏报春与四季报春　矮牵牛与大花牵牛　蒲包花与金鱼草　雏菊与金盏菊　万寿菊与孔雀草　翠菊与菊花　狗牙根与结缕草　匍匐剪股颖与假俭草　文竹与天门冬　麦冬与沿阶草　风信子与葡萄风信子　红花葱兰与葱兰　鸢尾与蝴蝶花　黄菖蒲与花菖蒲

 推荐阅读书目

中国花经. 陈俊愉, 程绪珂. 上海文化出版社, 1990.

园林植物栽培手册. 龙雅宜. 中国林业出版社, 2004.

花卉词典. 余树勋, 吴应祥. 农业出版社, 1999.

花卉鉴赏词典. 胡正山, 陈立君. 湖南科学出版社, 1992.

一年生草花120种. 薛聪贤. 河南科学技术出版社, 2000.

观叶植物大全. 马太和. 中国旅游出版社, 1989.

观叶植物225种. 薛聪贤. 河南科学技术出版社, 2000.

时尚观叶植物100种. 王意成. 中国农业出版社, 2000.

室内观叶植物及装饰. 戴志棠. 中国林业出版社, 1994.

兰花. 吴应祥. 中国林业出版社, 1980.

中国兰花. 吴应祥. 中国林业出版社, 1991.

仙人掌与多浆花卉. 张守约, 赖达蓉. 四川科技出版社, 1986.

观赏蕨类的栽培与用途. 邵利桶. 金盾出版社, 1994.

种子植物属种检索表. 华东师范大学, 上海师范学院. 人民教育出版社, 1982.

江苏植物志. 江苏省植物研究所. 江苏人民出版社, 1997.

西藏植物志．吴征镒．科学出版社，1985.

江西植物志．《江西植物志》编辑委员会．中国科学技术出版社，2004.

上海植物志．上海科学院．上海科学技术文献出版社，1993.

山东植物志．陈汉斌．青岛出版社，1992.

中国蕨类植物科属志．吴兆洪，秦仁昌．科学出版社，1991.

中国高等植物(第十三卷)．傅立国，陈潭清等．青岛出版社，2002.

云南植物志(第十三卷　种子植物)．吴征镒．科学出版社，2004.

中国植物志(第十七卷)．郎楷永，陈心启等．科学出版社，1999.

中国植物志(第十八卷)．陈心启，吉占和等．科学出版社，1999.

中国植物志(第十九卷)．吉占和，陈心启等．科学出版社，1999.

浙江植物志(第七卷)．林泉．浙江科学技术出版社，1993.

景观植物实用图鉴(第十一辑)．薛聪贤．百通集团．北京科学技术出版社，2002.

参 考 文 献

北京林业大学园林系花卉教研室.1990.花卉学[M].北京:中国林业出版社.

陈汉斌.1992.山东植物志[M].青岛:青岛出版社.

陈俊愉,程绪珂.1990.中国花经[M].上海:上海文化出版社.

陈俊愉,刘师汉.1980.园林花卉[M].上海:上海科学技术出版社.

陈心启,吉占和,等.1999.中国植物志(第十八卷)[M].北京:科学出版社.

戴志棠.1994.室内观叶植物及装饰[M].北京:中国林业出版社.

傅立国,陈潭清,等.2002.中国高等植物(第十三卷)[M].青岛:青岛出版社.

胡正山,陈立君.1992.花卉鉴赏词典[M].长沙:湖南科学技术出版社.

华东师范大学,上海师范学院.1982.种子植物属种检索表[M].北京:人民教育出版社.

吉占和,陈心启,等.1999.中国植物志(第十九卷)[M].北京:科学出版社.

江苏省植物研究所.1997.江苏植物志[M].南京:江苏人民出版社.

《江西植物志》编辑委员会.2004.江西植物志[M].北京:中国科学技术出版社.

郎楷永,陈心启,等.1999.中国植物志(第十七卷)[M].北京:科学出版社.

李尚志.2000.水生植物造景艺术[M].北京:中国林业出版社.

林泉.1993.浙江植物志(第七卷)[M].杭州:浙江科学技术出版社.

龙雅宜.2004.园林植物栽培手册[M].北京:中国林业出版社.

马太和.1989.观叶植物大全[M].北京:中国旅游出版社.

上海科学院.1993.上海植物志[M].上海:上海科学技术文献出版社.

邵利桶.1994.观赏蕨类的栽培与用途[M].北京:金盾出版社.

王意成.2000.时尚观叶植物100种[M].北京:中国农业出版社.

吴涤新.1994.花卉应用与设计[M].北京:中国农业出版社.

吴应祥.1980.兰花[M].北京:中国林业出版社.

吴应祥.1991.中国兰花[M].北京:中国林业出版社.

吴兆洪,秦仁昌.1991.中国蕨类植物科属志[M].北京:科学出版社.

吴征镒.1985.西藏植物志[M].北京:科学出版社.

吴征镒.2004.云南植物志(第十三卷.种子植物)[M].北京:科学出版社.

肖良,印丽萍,泽.2001.一、二年生园林花卉[M].北京:中国农业出版社.

薛聪贤.2000.观叶植物225种[M].郑州:河南科学技术出版社.

薛聪贤.2002.景观植物实用图鉴(第十一辑)[M].北京:百通集团,北京科学技术出版社.

薛聪贤.2000.球根花卉·多肉植物150种[M].郑州:河南科学技术出版社.

薛聪贤.2000.宿根草花150种[M].郑州:河南科学技术出版社.

薛聪贤.2000.一年生草花120种[M].郑州:河南科学技术出版社.

余树勋,吴应祥.1999.花卉词典[M].北京:中国农业出版社.

张守约,赖达蓉.1986.仙人掌与多浆花卉[M].成都:四川科学技术出版社.

章守玉.1982.花卉园艺[M].沈阳:辽宁科学技术出版社.

赵祥云,陈沛仁,孙亚莉.1996.花卉学[M].北京:中国建筑出版社.

赵祥云,侯芳梅,陈沛仁.2001.花卉学[M].北京:气象出版社.

中国科学院植物研究所.1996.新编汉拉英植物名称[M].北京:航空工业出版社.

拉丁名索引

（按字母顺序排列）

中文名索引

（按拼音字母顺序排列）